普通高等教育“十三五”规划教材

弹 道 学

侯保林　高旭东　编

国防工业出版社
·北京·

内容简介

本书包括内弹道学和外弹道学两大部分。内弹道学部分主要阐述经典内弹道理论的基本假设、火药的燃烧规律、弹丸在膛内的运动规律、内弹道求解方法、不同装填条件对内弹道性能的影响、内弹道设计及内弹道学在枪炮武器系统设计中的应用等内容。外弹道学部分介绍无控弹丸外弹道的基础理论和知识,包括与外弹道相关的大气知识、作用在弹丸上的空气动力和力矩、标准条件和非标准条件下弹丸的质点弹道方程、弹丸外弹道的基本特性、散布和射击误差分析、刚体弹道一般方程和弹丸飞行稳定性理论、射表的编拟和使用、外弹道试验方法等。

本书着重强调对内、外弹道重要物理概念的分析和理解,同时兼顾了工程分析和设计的实用性,可作为高等院校有关专业的教材,也可作为从事枪炮武器研究、设计、生产及试验的工程技术人员的参考书。

图书在版编目(CIP)数据

弹道学/侯保林,高旭东编. —北京:国防工业出版社,2016.12(2023.8 重印)
ISBN 978-7-118-11142-2

Ⅰ.①弹… Ⅱ.①侯… ②高… Ⅲ.①枪炮内弹道学 ②枪炮外弹道学 Ⅳ.①TJ012

中国版本图书馆 CIP 数据核字(2017)第 003904 号

※

国防工业出版社出版发行
(北京市海淀区紫竹院南路 23 号 邮政编码 100048)
三河市天利华印刷装订有限公司印刷
新华书店经售

*

开本 787×1092 1/16 **印张** 16¼ **字数** 370 千字
2023 年 8 月第 1 版第 2 次印刷 **印数** 2001—4000 册 **定价** 39.80 元

(本书如有印装错误,我社负责调换)

国防书店:(010)88540777 发行邮购:(010)88540776
发行传真:(010)88540755 发行业务:(010)88540717

前　言

内弹道学和外弹道学是枪炮、弹药等军工技术领域的一门基础理论和实用学科，涉及武器系统的论证、设计、加工、试验、作战指挥、战斗使用等各个环节。

本书将内弹道学和外弹道学融合于一体，以适应相关专业短学分（2~2.5学分）的需要。与其他类似教科书相比，本书概念阐述更加细致，理论推导更加严谨，在强调内、外弹道物理概念理解的基础上，同时兼顾工程分析和设计的实用性。

全书共14章。第1章~第6章为内弹道学部分，第7章~第14章为外弹道学部分。绪论介绍枪炮发射的整个弹道过程；第1章介绍火药的基本知识以及内弹道学的研究内容、研究任务以及经典内弹道学的研究方法；第2章建立密闭爆发器条件下火药燃烧的基本方程，包括火药的燃烧速度定律和几何燃烧定律，详细阐述内弹道学的若干基本概念；第3章建立弹丸在膛内运动时期的内弹道基本方程，包括弹丸运动方程、弹后空间压力分布以及内弹道基本方程等内容；第4章阐述内弹道方程组及其求解方法，分析了装填条件的变化对内弹道性能的影响；第5章阐述内弹道设计的基本原理和方法；第6章介绍火炮火药装药结构及其对内弹道性能的影响，供课外阅读使用；第7章介绍与外弹道学紧密相关的基础知识，包括地球和大气的相关知识以及外弹道学中的标准气象条件；第8章从空气动力学的基本概念出发，阐述无控弹丸的空气动力和力矩的形成机理与计算方法；第9章建立标准条件下的弹丸质点弹道基本方程；第10章进一步给出了弹道、气象以及地形等非标准条件下的质点弹道方程；第11章从加深对弹丸外弹道特性理解的角度，分析了射角、弹道系数、初速以及气象条件等因素对弹道的影响，同时阐述了落点散布、直射弹道的基本知识；第12章基于坐标变换和受力分析，建立刚体弹道的一般方程，并运用相关物理概念讨论陀螺稳定、尾翼稳定、动态稳定和追随稳定性的基本概念；第13章介绍射表编拟及其使用方法；第14章简要介绍外弹道常用试验方法。

本书主要作为高等院校武器系统与工程及相关专业的教材，也可作为从事枪炮武器研究、设计、生产及试验的工程技术人员的参考书。

本书由南京理工大学侯保林和高旭东共同编写。绪论、第1章~第6章由侯保林撰写，第7章~第14章由高旭东撰写。由于作者水平有限，书中错误在所难免，恳请读者批评指正。

编　者

2016年7月

目 录

绪论 …… 1

内弹道学部分

第1章 内弹道学概述及火药的基本知识 …… 6

1.1 内弹道学概述 …… 6

1.1.1 内弹道学的研究内容及任务 …… 6

1.1.2 内弹道学的研究方法 …… 7

1.1.3 内弹道学在武器设计中的应用 …… 8

1.2 火药的基本知识 …… 8

1.2.1 火药的化学成分、制造过程和性能特点 …… 8

1.2.2 火药的能量特征量 …… 11

第2章 密闭爆发器条件下火药燃烧的基本方程 …… 14

2.1 密闭爆发器以及火药在密闭爆发器内燃烧的气体状态方程 …… 14

2.1.1 密闭爆发器 …… 14

2.1.2 火药气体的状态方程 …… 15

2.2 火药燃烧的物理化学过程与火药的燃烧速度定律 …… 16

2.2.1 火药的燃烧过程和影响燃速的因素 …… 16

2.2.2 火药的燃烧速度定律 …… 19

2.3 火药的几何燃烧定律 …… 19

2.4 火药燃烧线速度、火药气体生成速率与形状函数 …… 22

2.4.1 火药燃烧线速度 …… 22

2.4.2 气体生成速率 $d\psi/dt$ …… 23

2.4.3 相对燃烧表面积 $\sigma=f(z)$ 的确定与形状函数 …… 23

2.5 火药的增面燃烧和减面燃烧以及形状函数系数的计算 …… 24

2.5.1 火药的增面燃烧和减面燃烧 …… 24

2.5.2 增面燃烧和减面燃烧火药的形状函数系数计算 …… 24

2.6 火药的几何形状对相对燃烧表面积与火药已燃质量百分比的影响 …… 28

2.7 压力全冲量与火药气体生成速率的另一种表达形式 …… 29

2.7.1 压力全冲量概念及燃烧速度函数的试验确定 …… 29

2.7.2 火药气体生成速率的另一种表达形式 …… 30
2.8 热力学第一定律在密闭爆发器中的应用与火药力的基本概念 …… 32
2.9 药室中混合装药燃烧的基本方程 …… 35
2.10 火药在药室中燃烧时弹道参数的计算方法 …… 38

第3章 弹丸在膛内运动时期的内弹道基本方程 …… 42

3.1 弹丸挤进压力 …… 42
3.2 弹后空间气体速度与膛内气体压力分布 …… 43
3.2.1 弹后气体速度分布 …… 43
3.2.2 弹丸受力与膛内气体压力分布 …… 45
3.3 弹丸运动方程 …… 49
3.4 膛底、弹底及平均膛压之间的关系 …… 51
3.5 弹丸在膛内运动过程中火药气体所做的各种功 …… 52
3.5.1 射击过程中火药能量的转换,各种机械功 …… 52
3.5.2 膛线作用在弹带上的力与枪炮射击过程中的各种功 …… 52
3.6 次要功计算系数 φ 与内弹道学基本方程 …… 57
3.6.1 次要功计算系数 φ …… 57
3.6.2 内弹道学基本方程 …… 58
3.6.3 膛内气体平均温度 …… 59
3.7 弹丸极限速度的概念 …… 59

第4章 内弹道方程组及其求解 …… 60

4.1 火炮射击过程的不同时期 …… 60
4.1.1 前期 …… 60
4.1.2 热力学第一时期 …… 60
4.1.3 热力学第二时期 …… 61
4.1.4 后效期 …… 61
4.2 内弹道方程组 …… 61
4.3 计算例题 …… 65
4.4 内弹道方程组的解析解法 …… 69
4.4.1 前期解析解法 …… 69
4.4.2 热力学第一时期 …… 71
4.4.3 热力学第二时期 …… 74
4.5 装填条件的变化对内弹道性能的影响及最大压力和初速的修正公式 …… 75
4.5.1 装填条件的变化对内弹道性能的影响 …… 75
4.5.2 最大压力和初速的经验修正公式 …… 81

第5章 内弹道设计 …… 83

5.1 引言 …… 83

5.2 设计方案的评价标准 …… 83
5.3 内弹道设计的基本步骤 …… 86
5.3.1 起始参量的选择 …… 86
5.3.2 内弹道方案的计算步骤 …… 88
5.4 加农炮内弹道设计的特点 …… 91
5.5 榴弹炮内弹道设计的特点 …… 91

第6章 火炮火药装药结构及其对内弹道性能的影响 …… 95

6.1 火炮火药装药结构 …… 95
6.1.1 药筒定装式火炮装药结构 …… 95
6.1.2 药筒分装式火炮装药结构 …… 97
6.1.3 药包分装式火炮装药结构 …… 100
6.1.4 模块装药 …… 101
6.2 装药结构对内弹道性能的影响 …… 108
6.2.1 膛内压力波形成的机理 …… 108
6.2.2 装药设计因素对压力波的影响 …… 111
6.2.3 抑制压力波的技术措施 …… 117
6.3 提高弹丸初速的装药技术 …… 119
6.3.1 提高装药量 …… 119
6.3.2 提高火药力 …… 121
6.3.3 改变燃气生成规律 …… 122
6.3.4 降低装药温度系数 …… 125

外弹道学部分

第7章 外弹道学概述与基础知识 …… 129

7.1 外弹道学研究内容与发展历史 …… 129
7.2 外弹道学在武器研制中的作用 …… 130
7.2.1 弹道计算与射表编制 …… 130
7.2.2 武器系统设计 …… 131
7.2.3 武器系统测试与试验 …… 131
7.3 重力与科氏惯性力 …… 131
7.4 大气的特性 …… 132
7.4.1 大气状态方程与虚拟温度 …… 133
7.4.2 气压随高度的变化 …… 133
7.4.3 气温随高度的变化 …… 134
7.4.4 声速随高度的变化 …… 134
7.5 标准气象条件 …… 135
7.5.1 国际标准大气和我国国家标准大气 …… 135

7.5.2 我国炮兵标准气象条件 …… 136
7.5.3 我国空军标准气象条件 …… 137
7.5.4 我国海军标准气象条件 …… 137

第8章 作用在弹丸上的空气动力和力矩 …… 138

8.1 弹丸的气动外形与飞行稳定方式 …… 138
8.2 空气阻力的组成 …… 139
8.2.1 旋转弹的零升阻力 …… 139
8.2.2 尾翼弹的零升阻力 …… 148
8.3 作用在弹丸上的力和力矩 …… 149
8.3.1 有攻角时的空气动力和空气动力矩 …… 149
8.3.2 与自转和角运动有关的空气动力和力矩 …… 151

第9章 质点弹道及外弹道解法 …… 154

9.1 阻力系数、阻力定律、弹形系数 …… 154
9.1.1 阻力系数曲线变化的特点 …… 154
9.1.2 阻力定律和弹形系数 …… 154
9.2 阻力加速度、弹道系数和阻力函数 …… 157
9.3 弹丸质心运动矢量方程 …… 159
9.4 笛卡儿坐标系的弹丸质心运动方程 …… 159
9.5 自然坐标系里的弹丸质心运动方程组 …… 160
9.6 以 x 为自变量的弹丸质心运动方程组 …… 161
9.7 抛物线弹道的特点 …… 162
9.7.1 抛物线弹道诸元公式 …… 162
9.7.2 抛物线弹道的特点 …… 164
9.8 空气弹道一般特性 …… 165
9.8.1 速度沿全弹道的变化 …… 165
9.8.2 空气弹道的不对称性 …… 168
9.8.3 空气弹道基本参数及外弹道表 …… 168
9.9 外弹道解法 …… 170
9.9.1 弹道表解法 …… 170
9.9.2 弹道方程的数值解法 …… 171

第10章 非标准条件下的质点弹道 …… 173

10.1 弹道条件非标准时的弹丸质心运动微分方程 …… 173
10.2 气象条件非标准时的弹丸质心运动微分方程 …… 173
10.2.1 气温、气压非标准时的处理 …… 173
10.2.2 纵风、横风和垂直风的处理 …… 174
10.2.3 气象条件非标准时的弹丸质心运动微分方程 …… 175

10.3 地形条件非标准时的弹丸质心运动微分方程 …… 176
10.3.1 计及科氏效应时的弹丸质心运动微分方程 …… 176
10.3.2 考虑地球表面曲率和重力加速度变化时的弹丸质心运动微分方程 …… 177
10.4 考虑所有非标准条件时的弹丸质心运动微分方程 …… 180

第11章 弹道特性及散布和射击误差分析 …… 182

11.1 概述 …… 182
11.2 射角对弹道的影响 …… 182
11.2.1 射角对射程的影响及最大射程角 …… 182
11.2.2 射角误差产生的原因及跳角形成的机理 …… 183
11.2.3 射程对射角的敏感程度 …… 184
11.3 弹道系数对弹道的影响 …… 185
11.3.1 口径和弹丸质量对弹道的综合影响 …… 185
11.3.2 弹道系数对散布的影响 …… 185
11.4 初速对弹道的影响 …… 186
11.4.1 初速误差产生的原因 …… 186
11.4.2 射程对初速的敏感程度 …… 186
11.5 气象条件对弹道的影响 …… 187
11.5.1 气象条件对散布和射击误差的影响 …… 187
11.5.2 弹道对气象条件的敏感程度 …… 187
11.6 散布的计算与分析 …… 189
11.6.1 射程散布的计算 …… 189
11.6.2 方向散布的计算 …… 190
11.6.3 散布随射程的变化规律 …… 191
11.6.4 射击误差及其与散布的相互关系 …… 191
11.7 直射弹道特性与立靶散布 …… 192
11.7.1 弹道刚性原理及炮目高低角对瞄准角的影响 …… 192
11.7.2 立靶散布分析 …… 193
11.7.3 直射射程及有效射程 …… 194

第12章 刚体弹道学与飞行稳定性简介 …… 196

12.1 坐标系及坐标变换 …… 196
12.1.1 坐标系 …… 196
12.1.2 各坐标间的转换关系 …… 198
12.2 弹丸运动方程的一般形式 …… 201
12.2.1 弹道坐标系上的弹丸质心运动方程 …… 201
12.2.2 弹轴坐标系上弹丸绕质心转动的动量矩方程 …… 202
12.2.3 弹丸绕质心运动的动量矩计算 …… 203

12.2.4 有动不平衡时的惯性张量和动量矩 …… 205
12.2.5 弹丸绕心运动方程组 …… 207
12.2.6 弹丸刚体运动方程组的一般形式 …… 207
12.3 有风情况下的气动力和力矩分量的表达式 …… 207
12.3.1 相对气流速度和相对攻角 …… 208
12.3.2 有风时的空气动力 …… 209
12.3.3 有风时的空气动力矩 …… 210
12.4 弹丸的6自由度刚体弹道方程 …… 213
12.5 稳定飞行原理及飞行稳定性理论概述 …… 214
12.5.1 稳定飞行的原理及飞行稳定的必要条件 …… 215
12.5.2 飞行稳定条件 …… 218
12.6 动力平衡角和偏流产生的原因及追随稳定条件 …… 219
12.6.1 动力平衡角和偏流产生的原因 …… 219
12.6.2 追随稳定条件 …… 220

第13章 射表编拟和使用简介 …… 221

13.1 有关射表的基本知识 …… 221
13.1.1 射表的作用与用途 …… 221
13.1.2 标准射击条件 …… 221
13.1.3 射表的内容与格式 …… 222
13.1.4 射表体系 …… 225
13.2 射表编拟方法简介 …… 226
13.2.1 概述 …… 226
13.2.2 确定射表编拟方法时应考虑的几个问题 …… 227
13.2.3 射表编拟过程 …… 228
13.2.4 射表编拟的一般程序 …… 229
13.3 射表的使用 …… 231
13.4 射表误差初步分析 …… 233

第14章 外弹道试验 …… 235

14.1 弹丸飞行速度的测定 …… 235
14.2 迎面阻力系数的射击试验测定 …… 237
14.3 弹丸空间坐标和飞行时间的测定 …… 238
14.4 弹丸转速的测定 …… 238
14.5 立靶密集度试验与地面密集度试验 …… 240

附录 …… 242

表1 虚温随高度变化表 …… 242
表2 气压函数表 …… 242

表 3　空气密度函数表 …………………………………………………… 243
表 4　声速随高度数值表 ………………………………………………… 244
表 5　43 年阻力定律 c_{x0n} ………………………………………………… 244
表 6　$G(v)$ 函数表(43 年定律) ………………………………………… 245
表 7　火炮直射距离表(43 年阻力定律) ………………………………… 246
表 8　火炮直射射角表(43 年阻力定律) ………………………………… 246
表 9　最大射程表(43 年阻力定律) ……………………………………… 247
表 10　最大射程角表(43 年阻力定律) …………………………………… 247

参考文献 …………………………………………………………………… 249

绪　论

从手枪到重型火炮，存在各种各样的管式武器，尽管它们的技术性能表现出明显的差异，但是，从弹道的观点来看，它们却都是相似的。大部分管式武器都采用传统火炮的发射原理，即一种利用火药在身管中燃烧所产生的高温高压气体膨胀做功将弹丸抛射出身管的发射装置。其中身管为工作机，火药为能源，而弹丸是做功的对象，三者即构成了弹丸发射子系统。

所有枪炮的共同特征部分是身管（炮管、枪管），在身管内弹丸被赋予期望的运动速度和方向。装药根据结构形式的不同，可以分为药筒定装式（图 0-1）、药筒分装式、药包分装式及模块装药等类型。不管装药采用什么形式，发射时都要放在身管的药室中。除采用火箭原理的无后坐炮外，一般枪炮的身管尾端都设置有炮尾、炮闩，用于发射时密闭身管尾部的火药气体，另外，还提供了供输弹药的通道。

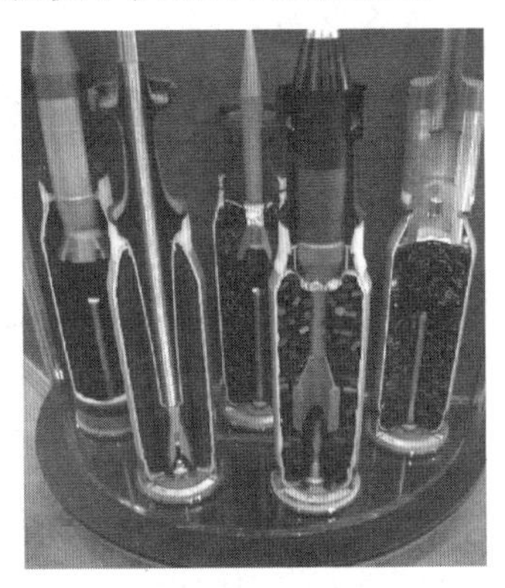

图 0-1　药筒定装式弹药

火药（发射药）为发射弹丸提供了能源。在适当的外界能量作用下，火药自身能在密闭条件下进行迅速而有规律的燃烧，同时生成大量高温燃气。在内弹道过程中，身管中的固体火药通过燃烧将蕴涵在火药中的化学能转变为热能，弹后空间中的热气急剧膨胀驱动弹丸在身管内高速前进。图 0-2 所示为一种典型药粒。图 0-3 所示为用于大口径火炮的模块装药。

图 0-2　19 孔三基药粒

图 0-3　大口径压制火炮用模块装药

为了发射弹丸,首先要点燃发射药。击发是整个弹道过程的开始,通常利用机械方式(或用电、光)作用于底火(或火帽),使底火药着火,图0-4显示了不同尺寸和类型的点火和传火管。在现代大口径或者大威力火炮中普遍采用中心传火管,这对于提高药床的点火一致性、减小压力波、提高发射的安全性,具有非常重要的意义。

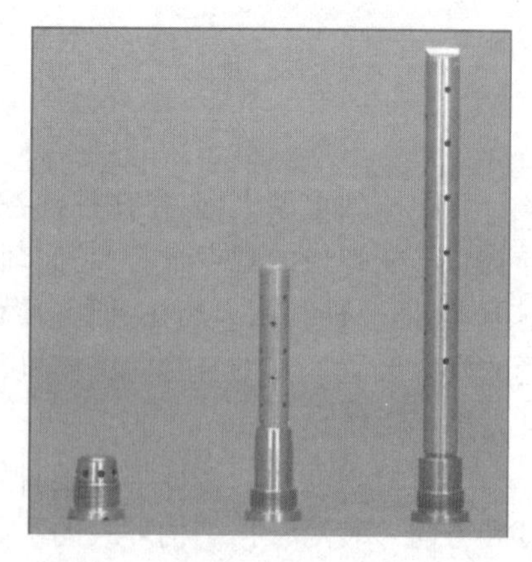

图0-4 不同尺寸的底火和传火管

传统底火被击发后,底火产生的火焰穿过底火盖而引燃火药床中的点火药,使点火药燃烧产生高温高压的燃气和灼热的固体微粒,通过对流换热的方式,将靠近点火源的发射药首先点燃。而后,点火药和发射药的混合燃气逐层地点燃整个火药床,这就是内弹道过程开始阶段的点火和传火过程。

在完成点火、传火过程之后,随着火药的燃烧,产生大量高温高压燃气,推动弹丸运动。弹丸开始启动瞬间的压力称为启动压力。弹丸启动后,因弹带的直径略大于膛内阴线的直径,弹带必须逐渐挤进膛线。当弹带全部挤进时,弹带已被膛线刻成沟槽并与膛线紧密吻合(图0-5),此时相应的燃气压力称为挤进压力。这个过程也称为挤进过程。

图0-5 被雕刻的弹带

弹带全部挤入膛线后,弹后空间的火药固体仍在继续燃烧并不断补充高温燃气,高温高压气体的急速膨胀做功,使火炮以及身管膛内产生了多种形式的复杂运动,包括弹丸的直线运动和旋转运动(对于线膛身管)、弹带与膛线之间的摩擦、正在燃烧的药粒和燃气的运动、火炮后坐部分的后坐运动、火药气体与身管、身管与外界的热交换、身管的弹性振动等。所有这些运动既同时发生又相互影响,形成了复杂的射击现象。不同阶段的内弹道过程如图0-6所示。

膛内不同现象的相互制约和相互作用,形成了膛内燃气压力变化的特性。其中,火药燃气生成速率和由于弹丸运动而形成的弹后空间增加的速率,是决定这种变化的两个主要因素。前者的增加使压力上升,后者的增加使压力下降,而压力的变化又反过来影响火药的燃烧和弹丸的运动。在开始阶段,燃气生成速率的因素超过弹后空间增长的因素,压力曲线将不断上升。当这两种相反效应达到平衡时,膛内达到最大压力p_m。而后随弹丸速度不断的增大,弹后空间增大的因素超过燃气生成速率的因素,膛内压力开始下降。当火药全部燃完时,膛压曲线随弹丸运动速度的增加而不断下降,直至弹丸射出炮口,完成了整个内弹道过程。这时的燃气压力称为炮口压力p_g,弹丸速度称为炮口速度v_g。典型的内弹道曲线如图0-7所示。

当弹丸飞出炮口之后,在它后面的火药气体也随着一起流出(图0-8),因为这时气体的速度大于弹丸的速度,所以对弹丸仍然起一定的推动作用,从而使弹丸的速度继续增

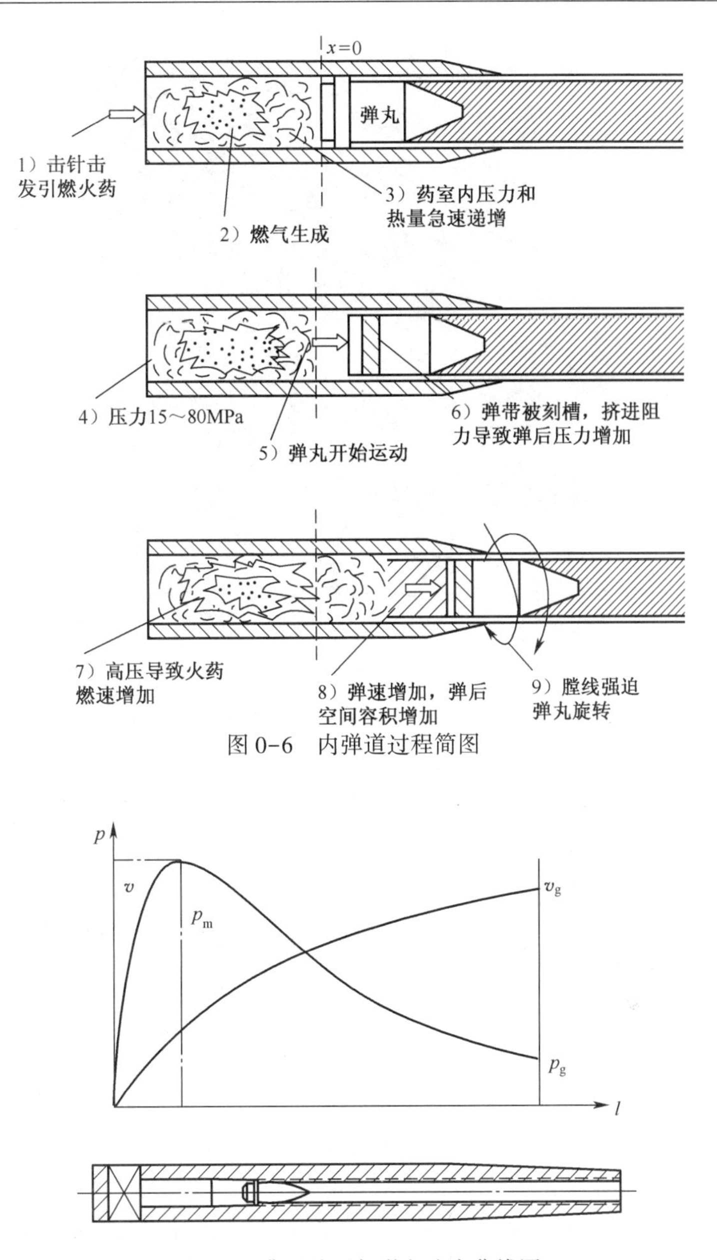

图 0-6　内弹道过程简图

图 0-7　典型膛压与弹丸速度曲线图

加。但是,气体出炮口之后,要向四周迅速扩散,因而在炮口前的一定距离上,火药气体的速度即很快地衰减到小于弹丸运动的速度,对弹丸不再起加速作用,这时弹丸就达到射击过程中的最大速度。

弹丸的内弹道过程结束后,并不是直接进入外弹道过程,而是要经历一个短暂的中间弹道过程。中间弹道学就是研究从内弹道学向外弹道学过渡的弹道学分支学科。中间弹道学研究弹丸穿越枪炮膛口流场时的受力和运动规律,研究伴随膛内火药燃气排空过程发生的各种物理现象,并研究膛口流场的形成与发展机理、火药燃气对弹丸的后效作用、火药燃气对武器的后效作用、膛口气流对周围环境的影响等方面。弹丸飞出枪炮膛口时,高温、高压的火药燃气被突然释放,在膛口外急剧膨胀,超越并包围弹丸,形成气动力结构

图 0-8 弹丸出炮口瞬间的烟圈

异常复杂的膛口流场,继续对武器及弹丸产生后效作用。同时在膛口周围形成膛口冲击波、噪声及膛口焰,并构成对周围环境的危害。

当刚体弹丸在空中飞行的时候,弹丸受到与弹丸飞行特性及大气特性紧密相关的复杂空气动力和力矩的作用,弹丸的真实运动为六个自由度的刚体运动。外弹道学就是研究弹丸在空中运动规律、飞行特性、相关现象及其应用的一门学科。

作为刚体的弹丸,其在空中的飞行运动包括弹丸的质心运动和绕质心的转动。质心在空间的位置用三个坐标确定,质心的运动规律取决于作用在弹丸上的力,包括重力、空气动力与力矩等,对于有控或无控火箭弹,还要受到发动机推力以及其他操纵力矩的作用。弹丸质心运动的轨迹称为弹道。弹体在空间的方位则用三个角度或称三个角坐标来确定,通常其中两个是弹轴相对于地面坐标系的高低角和方位角,另一个是弹丸绕弹轴自转的自转角。三个角坐标的变化就可描述弹丸绕地面坐标系或绕质心的转动,转动规律取决于作用在弹丸上的力矩,包括空气动力矩、发动机推力对质心的力矩以及操纵力矩等。

但实际上质心运动与绕质心的转动是互相影响的。当弹轴与质心速度方向保持一致时,可将弹丸看作一个质点,不考虑绕质心的转动,空气动力中只有与速度方向相反的阻力。然而,实际上弹丸飞行时弹轴并不能始终保持与速度方向一致,二者之间的夹角 δ 称为攻角,由于攻角的出现,增大了阻力,并且产生了升力、侧力以及对质心的空气动力矩,它们不仅改变了质心速度的大小和方向,而且引起弹丸绕质心的转动,改变了弹轴的方位,引起攻角变化,从而又使空气动力和空气动力矩的大小及方向变化,进一步影响质心运动和绕质心的转动。如此反复交错,使质心运动与绕质心的转动互相影响。图 0-9 表示了一个旋转弹丸在空中运动的复杂性。

如果弹丸在飞行中保持攻角 δ 很小(如小于 10°),则弹轴与速度方向基本一致,弹丸就能平稳地向前飞行,我们称弹丸的运动是稳定的;反之,如果攻角很大,甚至越来越大,则称弹丸飞行是不稳定的。飞行不稳定的弹丸会使射程大减,飞行性能变差,弹道散布增大，严重时甚至弹底着地不发火或在空中翻跟头坠落。因此，保证弹丸飞行稳定性是外弹道学研究的一个重要内容。

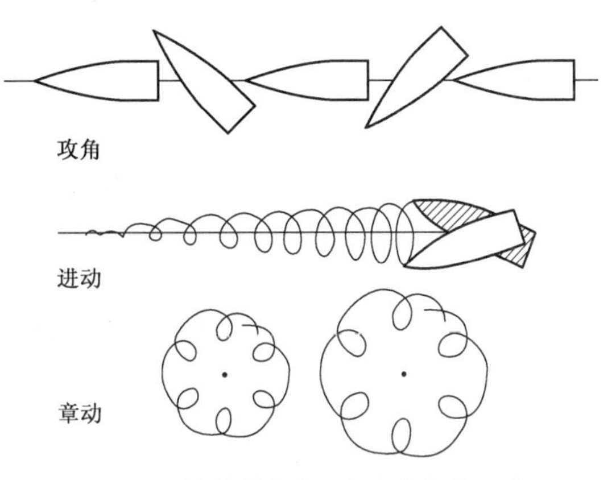

图 0-9 旋转弹丸在空气中的复杂运动

在攻角 δ 较小的情况下，空气动力和力矩是攻角 δ 的线性函数，由此得出的稳定性条件是线性运动稳定条件，如陀螺稳定性、动态稳定性、追随稳定性、共振不稳定性等；如果考虑大攻角情况下空气动力和力矩的非线性，则弹丸的攻角变化方程是非线性的，弹丸非线性运动及其稳定性与线性运动及其稳定性有较大的差别。

在飞行稳定的前提下，质心运动弹道决定了弹丸的射程、侧偏、最大弹道高、至落点或弹着点的飞行时间、落点处速度大小及对目标的命中角等。对于弹丸设计，这些是最重要的弹道数据指标；对于武器系统的作战使用，这些是最重要的弹道诸元。因此，研究准确实用的弹道数学模型，解决弹道计算、试验射程标准化、射表编制和火控弹道模型的建立是外弹道学研究的重要任务。但是质心的弹道轨迹既与发射参数及起始条件（如火炮发射时的炮口扰动）有关，又与弹丸结构参数（例如弹重、重心位置、转动惯量、外形尺寸等）、空气动力参数（阻力、升力、力矩等）以及大气参数（例如气温、气压、湿度、风等）有关。就各发弹而言，这些参数是不可能完全相同的，而都是在其平均值附近随机变化的，这就形成弹道落点（或弹着点）的随机变化，称这种现象为射弹散布或弹道散布。弹道散布将影响到武器系统对目标的命中概率和毁伤概率以及毁伤目标所需弹药消耗量。如何减小由随机因素造成的弹道散布是外弹道学的又一项重要研究内容，它现在甚至成了外弹道研究的核心。显然，弹道散布不仅与弹丸本身有关，还与火炮或发射装置（其也可产生初速和射角的随机变化）有关，所以射弹散布是属于整个武器系统的，只是系统内各部分引起的散布在总散布中所占比例不同。根据对武器系统总散布的限制，分配给弹、炮、火控、气象测量和炮位、目标位置测量等分系统以散布大小限制，这是武器系统精度分配中的一项重要工作，外弹道学在这个工作中也起着重要作用。

当弹丸在空中飞行结束去打击目标时，就变成了终点弹道学的研究范畴。终点弹道学是研究弹丸或战斗部在目标区域的运动规律、对目标的作用机理及威力效应的弹道学分支学科。它涉及连续介质力学、爆炸动力学、冲击动力学、弹塑性理论等学科领域。

本课程包括内弹道学和外弹道学两大部分。内弹道学部分主要阐述经典内弹道理论的基本假设、火药的燃烧规律、弹丸在膛内的运动规律、内弹道求解方法、不同装填条件对内弹道性能的影响、内弹道设计及内弹道学在武器系统设计中的应用等问题；外弹道学部分主要阐述弹丸在空中飞行过程中所受的空气动力和力矩、弹丸质心运动微分方程组及其解法、弹丸飞行稳定性的基本概念、外弹道修正的基本原理、外弹道设计的基本概念、弹丸的起始扰动和射击散布分析、射表编制及外弹道试验等内容。通过本课程的学习，使学生熟悉并系统掌握武器弹道学基础理论知识，培养学生综合运用弹道学基本知识解决实际工程技术问题的能力。

内弹道学部分

第1章 内弹道学概述及火药的基本知识

1.1 内弹道学概述

1.1.1 内弹道学的研究内容及任务

在火炮发射时,发生了复杂的物理、化学、传热以及机械现象,不同形式能量之间发生了非常迅速的转化。固体火药的化学能首先转化为火药燃气的热能,然后转化为“弹丸—火药—后坐部分”系统运动的动能。

内弹道过程所经历的时间是非常短暂的,只有几毫秒到十几毫秒的时间。因此,从一般力学的范围来看,膛内的各种相互作用和输运现象具有瞬态特征,它属于瞬态力学范畴。从热力学范围来看,膛内射击过程是一个非平衡态不可逆过程。从流体力学的观点来看,膛内射击现象又属于一个带化学反应的非定常的多相流体力学问题。

根据内弹道过程中所发生的各种现象的物理实质,内弹道学所要研究的内容可归纳为以下几个方面的问题:

(1) 有关点火药和火药的热化学性质、燃烧机理以及点火、传火的规律。

(2) 有关火药燃烧及燃气生成的规律。

(3) 有关枪炮膛内火药燃气和火药颗粒的多维多相流动及其相间输运现象。

(4) 有关膛内压力波产生机理、影响因素及抑制技术。

(5) 有关弹带挤进膛线的受力变形现象,弹丸以及炮身的运动规律。

(6) 有关膛内能量转换及传递的热力学现象和燃气与膛壁之间的热传导现象。

在这些现象研究的基础上,建立起反映内弹道过程中物理化学实质的内弹道数学模型和相应方程。

根据内弹道理论和实践的要求,内弹道学研究的主要任务有以下三个方面:

(1) 弹道计算,也称为内弹道正面问题。即已知枪炮内膛结构诸元和装填条件,计算膛内燃气压力变化规律和弹丸运动规律,为武器弹药系统设计及弹道性能分析提供基本数据。

(2) 弹道设计,也称为内弹道反面问题。在已知口径 d ,弹丸质量 m ,初速 v_0 及指定最大膛压 p_m 的条件下,计算出能满足上述条件的武器内膛构造诸元(如药室容积 W_0、弹丸行程长 l_g、药室长度 l_{W_0} 及内膛全长 L_{nt} 等)和装填条件(如装药质量 ω、火药的压力全冲量 I_k、火药厚度 $2e_1$ 等)。弹道设计是多解的,在满足给定条件下可有很多个设计方案。因此,在设计过程中需对各方案进行比较和选择。

(3) 装药设计。在内弹道设计的基础上,为实现给定的武器内弹道性能,保证内弹道性能的稳定性和射击安全性,必须对选定的发射药、点火系统及装药辅助元件进行合理匹配和装药元件空间配置的结构设计,这一过程称为内弹道装药设计。它是内弹道设计的继续,是武器弹药系统设计的重要组成部分。

1.1.2　内弹道学的研究方法

内弹道学和其他自然科学一样,主要是通过理论分析、试验研究和数值模拟等手段,以掌握射击过程的物理化学本质,找出其内在的规律,达到认识和控制射击现象的目的。

1. 理论分析

通过对射击过程中各种现象的分析,认识其物理实质和相互之间的关系。抓住影响射击过程的主要因素,例如不同能量之间的相互转换和能量守衡,忽略或暂不考虑某些次要因素,给出反映射击过程的物理模型。再根据流体力学、热力学、传热学、化学及数学等基础学科构造出数学模型。也就是建立起描述膛内射击过程的内弹道基本方程。

内弹道学问题可以运用不同层次的气体动力学模型来进行求解,包括零维模型、一维(1D)模型、二维(2D)模型和三维(3D)模型。零维气体动力学模型假定某一瞬间的整个弹后空间的气流状态参数(p、W、T 和 ρ)可以用其平均值来表示,这是经典内弹道理论解决问题所采用的典型方法。一维(1D)模型假定参数 p、W、T 和 ρ 只随时间 t 变化,二维(2D)模型假定这些参数随 2 个坐标的变化而变化,三维(3D)模型假定这些参数随空间的 3 个坐标变化。

经典内弹道数学模型是建立在以下几个基本假设的基础之上的:

(1)火药燃烧服从几何燃烧定律,即整个发射药同时点火,并按平行层或同心层逐步燃烧。

(2)火药的燃烧是在弹后空间中的瞬态平均压力下进行的。燃烧速度与压力成正比式或指数式。

(3)弹后空间火药和火药气体的质量是均匀分布的。从而可以推得,弹后空间速度呈线性分布,弹后压力呈抛物线分布。

(4)火药气体服从仅有余容修正项的范得瓦尔状态方程,即诺贝尔状态方程。火药气体的热力学量(如火药力 f、余容 α、比热容比 k 等)在射击过程中被认为是常量。

(5)弹丸挤进所消耗的功不单独考虑,挤进过程被认为是瞬时完成的。

(6)火药及火药气体运动、火炮后坐、弹丸旋转和摩擦阻力等因素的影响,不做细致的个别计算,而由一个总的虚拟质量系数 φ 来描述。习惯上把这些因素当做次要的。这些次要因素对能量方程和弹丸运动方程折算的虚拟系数是不一样的,且一般来说是个变量。但假定它们相等且为常量。

(7)管壁的热散失不直接计算,一般通过一个热量损失系数来考虑。

2. 数值模拟

在建立了内弹道基本方程的基础上,可以根据射击过程的初始条件和内膛结构的边界条件进行数值模拟。在经典内弹道学范畴内,主要是求解常微分方程的初值问题。

3. 试验研究

试验研究是内弹道学的一个重要组成部分,也是检验内弹道理论和数值模拟的根本依据。由于膛内过程具有高温、高压、高速和瞬态的特点,给内弹道实验研究带来一定的困难。然而近代光学和电子技术的高度发展也极大地促进了弹道试验技术的发展。测压和测速技术已达到比较高的水平。试验研究包括火药的点火和燃烧、火药颗粒运动、挤压和破碎、相间传热和阻力、弹带挤进过程等基础研究,以及膛内燃气压力、弹丸运动规律和燃气温度变化的内弹道性能综合试验研究。

1.1.3 内弹道学在武器设计中的应用

内弹道学在火炮武器设计中的作用,主要表现为以下几个方面:

(1) 内弹道学是火炮设计的理论基础。内弹道学的研究主要服务于现有武器弹道性能的改进和新武器弹道设计方案的提出。因此,内弹道学的理论和实践就是为武器设计及武器弹道性能分析提供理论基础。事实上,整个武器弹药系统的设计往往是以内弹道计算和内弹道设计作为先导的。

(2) 在武器弹药系统设计中起协调作用。火炮武器弹药系统的设计包括火炮、弹丸、引信、药筒、底火及发射装药等。在具体的实践当中,它们之间往往会发生各种矛盾。例如,在内弹道设计中最大压力的确定,它不仅影响到火炮的内弹道性能,而且还直接影响到火炮、弹丸、引信和装药等设计的问题。最大压力选择是否适当将影响到武器弹药系统设计的全局。因此,可通过内弹道的优化设计将武器弹药系统之间的矛盾协调起来,在总体上实现武器弹药系统良好的弹道性能。

(3) 火炮武器弹道性能的评价作用。武器的弹道性能的优劣必须通过某些弹道参量来衡量。通过这些参量来评价武器弹道性能是否满足火炮武器系统总体性能的要求。内弹道性能评价标准包括火药能量利用效率的评价标准、炮膛工作容积利用效率的评价标准、火药相对燃烧结束位置、炮口压力和身管寿命等。

射击安全性是武器弹药系统设计中一个十分重要的问题。尤其是具有高膛压、高初速和高装填密度特征的高性能火炮,在射击过程中容易产生大振幅的危险压力波,由此可能引起灾难性的膛炸事故。因此利用内弹道的相关理论,给出射击安全性评价标准是非常必要的。

(4) 在火炮新发射原理研究中起指导作用。内弹道学是研究火炮发射原理的科学,在内弹道理论的发展过程中,可以派生出一些发射技术的新概念,并形成新的发射原理,如可获得超高初速的轻气炮发射技术、随行装药技术、钝化和包覆装药技术,以及液体发射药火炮、电热化学炮等新概念和新能源技术的应用,这些都离不开内弹道理论的指导。

1.2 火药的基本知识

1.2.1 火药的化学成分、制造过程和性能特点

传统的火炮或轻武器仍都以火药作为射击的能源。这主要是因为它具有以下一些优点。首先,火药是一种固体物质,生产、储存、运输、使用比较方便。其次,在射击过程中,火药经过点火作用产生急速的化学变化,分解出大量的高温气体,在一定的条件下膨胀做功,从而使炮膛中的弹丸获得较大的速度。而且还可以通过火药的成分、形状和尺寸的变化,控制它的燃烧规律,从而控制射击现象,达到我们所要求的弹道性能。

火药通常分为混合火药和溶塑火药两大类。

1. 混合火药

混合火药是以某种氧化剂和还原剂为主要成分,并配合其他成分,经过机械混合和压制成型等过程而制成的。黑火药就是一种典型的混合火药,它由硝石 75%、木炭 15%和硫磺 10%三种成分组成。过去,这种火药曾作为发射药使用。它的能量较小,燃烧后又

有较多的固体残渣使炮膛污染,因而在出现了溶塑火药之后,很快就被淘汰了。但是,由于它的着火速度很快,燃烧后所形成的炽热固体粒子易于起引燃作用,目前仍被广泛地作为点火药使用。

2. 溶塑火药

溶塑火药的基本成分是硝化纤维素。任何纤维素脱脂,用浓硝酸和浓硫酸组成的混酸处理,经过硝化作用,就可以制成硝化纤维素。由于一般都采用棉纤维为原料,习惯上都称之为硝化棉。如果混酸的组成不同,硝化的程度又将不同,因而制成硝化棉的化学组成也就不同。通常都以单位重量硝化棉的含氮量百分数来表示这种组成。现在溶塑火药所采用的硝化棉,按含氮量来区分,主要有以下三种:

1 号棉,又称强棉,含氮量为 13.0%~13.5%;

2 号棉,也称强棉,含氮量为 12.05%~12.4%;

3 号棉,称为弱棉,或称胶棉,含氮量为 11.5%~12.1%。

硝化棉溶解于某些溶剂后,可以形成可塑体,再经过一系列的加工过程,就可以制成溶塑火药。由于所用的溶剂不同,就可制成不同类型的溶塑火药。现代的溶塑火药主要有以下三类。

1) 硝化棉火药

这类火药是用 1 号棉和 2 号棉的混合物溶于醇醚溶剂中,形成可塑体后压制成型,再经过浸泡把醇醚溶剂排出,最后烘干而制成的。火药成品中含有少量的水分和剩余溶剂。为了防止保存期间的分解作用,还附加有像二苯胺这样的安定剂,所以硝化棉火药的成分一般包含有:

硝化棉	94%~98%
挥发性溶剂	0.2%~5.0%
水分	0.8%~1.5%
安定剂(二苯胺)	1%~2%

硝化棉火药按其成分来讲,硝化棉是唯一的主要成分,故称单基药。而按溶剂性质来讲,醇醚属于易挥发的溶剂,故又称为挥发性溶剂火药。

硝化棉火药在制造成型时,为了使得溶剂易于排除,火药厚度不能不受到一定的限制,因而这类火药常应用于中小口径的武器中。这类火药含有挥发性溶剂并具有一定的吸湿性,因而在保存期间,随着溶剂的挥发和水分的变化,火药的弹道性能将会发生变化。所以,为了保证弹道性能的稳定性,这类火药在保存时应该具有良好的密封条件。

2) 硝化甘油火药

硝化甘油是一种难挥发的液态爆炸性物质。它可以溶解含氮量较低的 3 号硝化棉,形成可塑体,压制成型后,可以制成溶塑火药。这类火药的成分一般包含有:

硝化棉	30%~60%
硝化甘油	25%~40%
安定剂	1%~5%
水分	0.5%~0.7%
其他成分	1%~3%

同硝化棉火药的成分相比,这类火药具有两种主要成分,即硝化棉和硝化甘油,故称

双基药。从溶剂的性质来讲,这类火药中的硝化甘油是难挥发性溶剂。为了与硝化棉火药的挥发性醇醚溶剂相区别,故又称难挥发性溶剂火药。

同硝化棉火药的性能相比,这类火药在制造过程中没有挥发性溶剂的排除问题,因而生产周期较短,并适宜于制造厚度较大的药粒,所以这类火药常应用于较大口径的火炮中。因为硝化棉和硝化甘油的比例可以在较大范围内变化,所以这类火药的能量能满足多种弹道性能的要求。但是,这种火药的燃烧温度较高,炮膛易于产生烧蚀现象。此外,在保存期内,硝化甘油易于渗出,出现所谓的"渗油"现象,影响安定性,增加贮藏的困难。

为了降低这种火药对炮膛的烧蚀现象,可在其中加入一些降温剂。目前常用的降温剂大都是芳香族化合物,如二硝基甲苯,它们本身是缺氧物质,所以加入双基药后能降低火药的氧平衡,从而降低了火药的燃烧温度。此外,二硝基甲苯还是增塑剂,对硝化棉有溶解能力,使火药结构更加致密,不易吸湿。这种火药可用在大口径火炮中。它们又称为双芳型火药。

事实上,现在的所谓双基药已不单纯是指硝化甘油火药,凡是与硝化甘油性质类似的爆发性物质并能代替硝化甘油而与硝化棉制成溶塑体的,都可以制成双基药。例如,以硝化二乙二醇作为硝化棉的溶剂所制成的硝化二乙二醇火药也是双基药。常用的硝化二乙二醇火药的型号有两种:一种是在其中加入降温剂二硝基甲苯,称乙芳火药;不加的就称双乙火药。硝化二乙二醇火药的威力稍低于硝化甘油火药,但它对炮膛的烧蚀比硝化甘油火药要小,这是它的一个主要优点。

3) 硝基胍火药

硝化二乙二醇火药的燃烧速度比较慢,如果在其中加入20%~30%的硝基胍,则可以克服这一缺点。在硝化二乙二醇火药中加入硝基胍,就是硝基胍火药。由于硝基胍中含氢和氮比较多,含氧很少,所以硝基胍火药的燃烧温度比较低,对炮膛的烧蚀比较小,因此常称硝基胍火药为"冷火药"。又因它的主要成分有三种,即硝化棉、硝化二乙二醇和硝基胍,所以又称三基药。

溶塑火药属于固态胶体,根据火药的成分及厚度的不同,呈半透明或不透明状。硝化棉火药一般为灰黄色略带绿色,硝化甘油火药为棕褐色。在强度方面,前者比较坚硬,后者比较柔软并有弹性。在外观方面,前者比较粗糙无光泽,后者比较光滑,略有光泽。

步兵武器用的小粒火药,为了增加装填密度,并避免相互摩擦产生静电,表面都滚有石墨,所以小粒枪药的外观不但光滑,而且有黑色光泽。

根据武器的弹道性能及实际装药的需要,火药都要有一定的形状和尺寸。这是因为火药燃烧时气体生成的速度是与火药的表面面积有关的,而在燃烧过程中火药的表面面积的变化取决于火药的厚度和形状。我们通过对火药形状和尺寸的改变来调整在单位时间内火药气体的生成量,从而调整膛内压力变化的大小和规律,以保证在射击时得到所需要的弹丸速度。因此,火药的形状和尺寸是火药分类的一个重要标志。

现代武器所应用的火药形状是多种多样的。常见的有管状、带状、片状、棍状、球状和圆环等简单形状,以及七孔、花边形七孔、花边形十四孔等复杂形状。在大口径火炮中常用长的管状药,在中小口径火炮及大口径的轻武器中常用七孔药,在小口径的轻武器中常用短管状或球状药,在无后坐炮中根据具体的装药结构,有的用花边形七孔或十四孔药,也有的用带状药,在迫击炮中常用圆环状及带状药。火药的尺寸都是根据一定的要求来设计和制造的。图 1-1 表示了若干典型简单火药的形状图。为了适应大口径火炮弹药全自动装填的需要,还发展出了模块装药,如图 1-2 所示。图 1-3 所示 BCM 为小号装药,TCM 为大号装药。

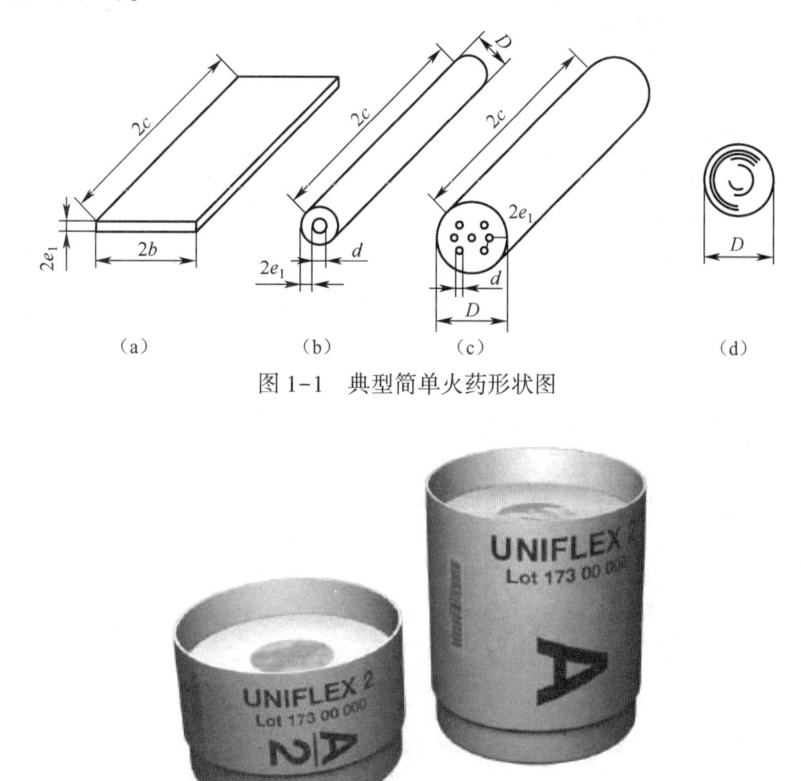

图 1-1 典型简单火药形状图

图 1-2 大口径榴弹炮所用的模块装药

1.2.2 火药的能量特征量

前面已经说过,火药的种类各种各样,性质各不相同,而火药的性质直接影响到武器的弹道性能,因此必须引入一些物理量来描述火药的性质。这些描述火药性质的物理量,称为火药的特征量,其中描述能量的就称为能量特征量。

火药之所以能在炮膛中在极短时间内完成大量的功,其原因即在于它在燃烧时能放出大量的气体和热量,所放出的热量又以增高气体温度的形式反映出来。温度越高,气体的做功能力也越大。因此,热量、生成气体多少,以及气体温度就是体现火药做功能力大小的三个能量特征量。对这三个量分别定义如下。

1. 爆热 Q_W(水)

1kg 火药在定容情况下燃烧并将其气体冷却到 15℃时所放出的热量,称为火药的爆热。这个量通常是用量热计来测定的。但是应该指出,火药在量热计中燃烧期间所生成的水分是以气态存在,冷却到 15℃时则以液态存在,水分状态不同时,热量值也不相同。它们之间有如下的关系:

$$Q_W(\text{水}) = Q_W(\text{汽}) + 2514\frac{n}{100}$$

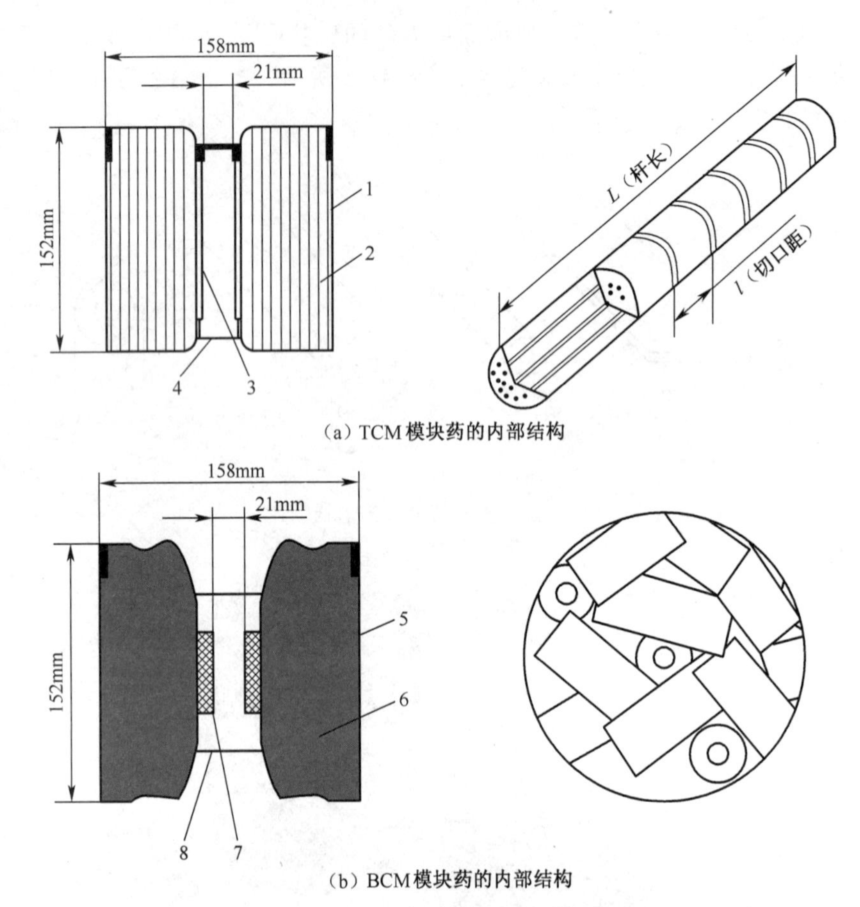

（a）TCM模块药的内部结构

（b）BCM模块药的内部结构

图 1-3　法国一种模块装药的内部结构

1—壳体；2—火药束；3—点火具；4—密封盖；5—壳体；6—火药束；7—点火具；8—密封盖。

式中：$n/100$ 为火药分解生成物中含水的百分数；2514 为 1kg 水蒸气凝结并冷却到 15℃ 时所放出的热量。如将 Q_W(水) 乘以热功当量，就得到火药的潜能 Q_W(水)。这就是爆热以功的形式所表示的量。爆热越大，即火药的潜能越大，在同样条件下，火药做功的能力也越大。

2. 火药气体的比体积 $W_1/(\mathrm{dm}^3/\mathrm{kg})$

火药燃烧后生成有一氧化碳、二氧化碳、水蒸气、氢气、氧化氮以及氮气等各种气体。火药不同，混合气体的组成也不相同，因而在同一状况下的气体体积也各不相同。燃烧 1kg 火药所产生的气体，在压力为 0.098MPa 和温度为 0℃ 条件下，而水保持为汽态时所占有的体积，称为火药气体的比体积。

这个量的测量通常是，在量热计测量爆热后，将气体放入气量计中，并在大气压力和 15℃ 时测量气体的体积，然后换算到 0℃ 时的体积，再加上 0℃ 的水蒸气的体积。显然，从做功的能力来讲，气体比体积越大，则在同样条件下，做功的能力也越大。

3. 燃烧温度(爆温) T_1 /K

火药燃烧生成的爆热 Q_W(水) 或 Q_W(汽) 作为内能的形式储存在 n 个摩尔分数的火药气体之中，并以温度的形式表现出来。火药的燃烧温度 T_1，就是指火药在燃烧瞬间没有任何能量消耗的情况下，火药气体具有的温度。

以上所列举的火药能量特征量,显然是与火药成分有关的,不同成分的火药,也就有不同的能量特征量。而决定火药性质的,对于硝化棉火药而言,主要是含氮量 $N\%$ 和挥发性溶剂含量 $H\%$;而在挥发性溶剂含量中,则又包括醇醚溶剂及水分两种含量。含氮量越高及挥发性溶剂含量越小,火药的能量越大。对硝化甘油火药而言,火药性质主要取决于硝化甘油含量:硝化甘油含量越大,能量也越大。

除了以上的能量特征量之外,火药的密度也是一个重要的特征量。在火药的体积相同的情况下,火药密度越大,火药重量越大,所以总的能量也越大。密度的大小,不仅与火药成分有关,而且还与制造过程中压制成型的条件有关。

火药的各种特征量如表 1-1 所列。

表 1-1 火药的特征量

特征量	硝化棉火药	硝化甘油火药
爆热 Q_W/(MJ/kg)	3.416~3.843	4.697~5.124
气体比体积 W_1/(dm^3/kg)	900~970	800~860
燃烧温度 T_1/K	2500~2800	3000~3500
挥发物含量 H/%	2.0~7.0	0.5
火药密度 δ/(kg/dm^3)	1.56~1.62	1.56~1.62

第 2 章 密闭爆发器条件下火药燃烧的基本方程

2.1 密闭爆发器以及火药在密闭爆发器内燃烧的气体状态方程

2.1.1 密闭爆发器

热静力学(Thermostatics)研究定容条件下火药固体的燃烧规律和火药气体的生成规律。热力学(Thermodynamics)研究连续变容情况下火药固体的燃烧规律和火药气体的生成规律。

热静力学环境产生于密闭爆发器中,也可以产生在弹丸开始运动前的火炮药室中。密闭爆发器用于研究火药在定容情况下的燃烧过程以及相应的火药燃烧规律。

在内弹道试验中使用的定容密闭容器称为密闭爆发器(图 2-1)。密闭爆发器的本体是用炮钢制成的圆筒 1,在其两端开口的内表面上制有螺纹。一端旋入点火塞 2,依靠电流点燃点火药 3,从而使火药 4 着火燃烧。产生的压力及其随时间变化的规律,则由另一端旋入的测压传感器 5 并通过各种记录仪器记录。图中 6 是排气装置。目前常用的是以下几种容积的密闭爆发器:50mL(内径 28 mm)、100mL(内径 36 mm)和 200mL(内径为 44mm)等三种容积。

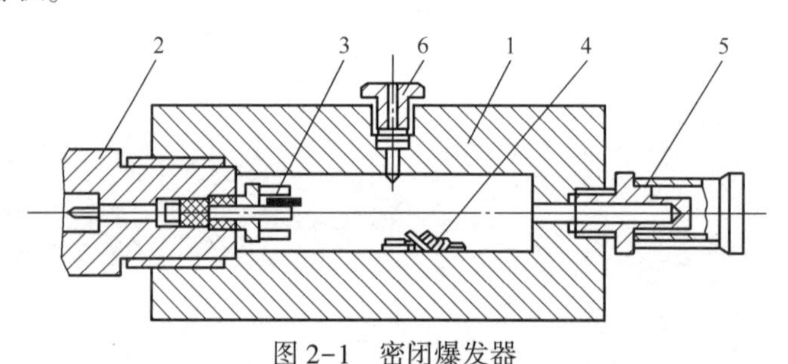

图 2-1 密闭爆发器

1—圆筒;2—点火塞;3、4—火药;5—测压传感器;6—排气装置。

在密闭爆发器常规试验中,试验压力一般在 400MPa 以下。但随着高膛压火炮的出现,用于研究火药定容燃烧性能的密闭爆发器,其试验压力也需要相应提高。如图 2-2 所示的是一种 700MPa 以上的高压密闭爆发器。为了提高密闭爆发器的承压能力,本体采用复合层结构,内筒还经过专门的高压自紧装置自紧。外筒热套在内筒上,给内筒产生一定的预紧力。经过这样的处理后,本体的耐压强度得到较大幅度的提高。点火塞 2 和放气塞 11 与本体之间的密封形式也采取特殊的自动密封结构。当火药气体作用在自紧塞 3 和 7 时,自紧塞再压缩后面的密封胶环 4、8 和密封铜垫圈 5、9。这时密封件 4、8、5 和 9 与本体 1 之间就产生密封力,而且这一密封力随着火药气体压力增加而增大,从而达到高压密封的目的。

本节主要阐述在定容情况下火药燃烧的物理过程和相应的数学方程。

在弹丸开始运动前,火药在火炮药室中的燃烧过程与火药在密闭爆发器中的燃烧过程可以认为是相同的。

假定未装火药的火炮药室的初始容积为 W_0,ω 为装药质量。随着火药固体的不断燃烧,产生了质量为 ω_g 的火药气体,此时的火药气体体积为

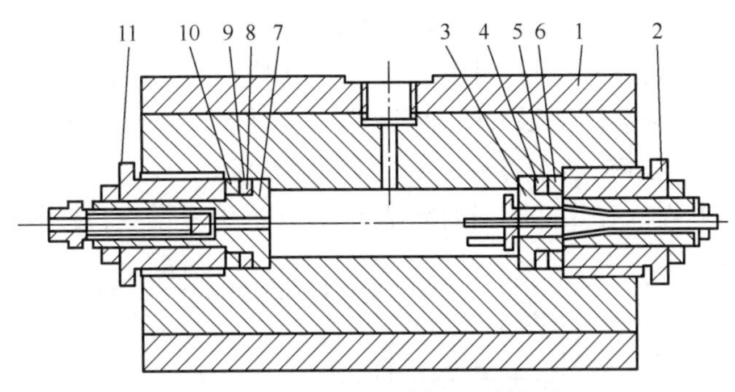

图 2-2 高压密闭爆发器结构图

1—本体;2—点火塞;3,7—自紧塞;4,8—密闭胶环;

5,9—密闭铜垫圈;6,10—垫圈;11—放气塞。

$$W = W_0 - W_{pwd} \tag{2-1}$$

式中:W_{pwd} 为未燃的火药固体体积与气体分子自身所占体积之和。

我们引入一火药相对燃烧量,即火药燃去的质量百分比:$\psi = \omega_g/\omega$(ω_g 为燃烧过程中转变为气相的装药质量),有

$$\omega_g = \omega\psi \tag{2-2}$$

生成的火药气体的弹道特性可由以下状态参数来描述:压力 p、密度 ρ 和温度 T,气体状态方程可以建立起这些参数之间的相互联系。

2.1.2 火药气体的状态方程

气体状态方程是如下函数关系:

$$F = F(p,\rho,T) \tag{2-3}$$

它把状态参数彼此联系在一起。状态方程中一个参数的变化会导致其他参数的变化,根据这一特性,方程(2-3)也可以写为下面的形式:

$$p = F(\rho,T) \tag{2-4}$$

取决于是理想气体还是非理想气体,这些方程的具体数学表达式可能有不同的形式。所谓理想气体指的是气体分子没有体积而且气体分子间不存在相互作用力的一类气体。理想气体的状态方程可由下面的方程描述:

对于单位质量理想气体:

$$pW = RT \tag{2-5}$$

对于气体质量为 ω_g 的理想气体:

$$pW = \omega_g RT \tag{2-6}$$

在方程(2-5)和(2-6)中,R 为气体常数:

$$R = nr \tag{2-7}$$

其中 n 为单位质量气体的物质的量:

$$n = \frac{1000}{M_g} \tag{2-8}$$

M_g 为气体的摩尔质量;$r = 8.3143\text{kJ/(kmol·K)}$ 为普适气体常数。对于火药气体 $M_g = 23 \sim 25\text{g/mol}$,$n = 40 \sim 44\text{mol/kg}$,$R = 360 \sim 380\text{J/(kg·K)}$。理想气体状态方程(2-5)和(2-6)通常适用于压力不超过 7~10MPa 的情况。

火炮发射时,膛内会产生很高的气体压力,同时膛内火药气体具有很高的密度,气体分子自身所占有的体积就必须进行考虑。在这种情况下,进行内弹道计算时就不能使用理想气体状态方程,否则会产生很大的计算错误。考虑到火药气体的真实气体特性,就必须使用真实(非理想)气体的状态方程。

真实气体状态方程具有几种不同的数学形式,在内弹道学中,常用以下形式:

$$p = N_1 \left(\frac{1}{\rho}\right)^{-n_1} - N_2 \left(\frac{1}{\rho}\right)^{-n_2} + \frac{AT}{1/(\rho - \alpha)} \tag{2-9}$$

$$\left[p + \frac{a}{(1/\rho)^2}\right]\left(\frac{1}{\rho} - b\right) = RT \tag{2-10}$$

$$\frac{p}{\rho RT} = Z \tag{2-11}$$

$$Z = 1 + B\rho + C\rho^2 + D\rho^3 + E\rho^4 \tag{2-12}$$

$$\rho = \omega_g / W \tag{2-13}$$

式中:Z 为可压缩因子;B、C、D、E 分别为第二、第三、第四维里系数;常量 N_1、N_2、n_1、n_2、A 和 α 取决于气体特性,N_1 和 N_2 反映了气体分子间的排斥和吸引力,α 是考虑了每个分子作用范围的气体分子自身所占体积,称为余容;ρ 为气体密度。

在内弹道学计算中,直接运用方程(2-9)是非常困难的,因为这个方程的计算需要若干个经验系数。而范德瓦尔(Van-Derwaals)状态方程(2-10)更容易使用。在该方程中,系数 a 是一个与气体分子吸引力相关的特征量,b 是一个表示气体分子自身体积的量。在高温情况下,系数 a 可以被忽略。那么方程(2-10)就转化为诺贝尔-阿贝尔(Noble-Abel)方程形式:

$$p(1/\rho - b) = RT \tag{2-14}$$

在这个方程中,$b = \alpha$ 。于是

$$p = \frac{\omega_g RT}{W - \alpha\omega_g} \tag{2-15}$$

把 $W = \omega_g / \rho$ 代入得

$$p = \frac{RT}{1/\rho - \alpha} \tag{2-16}$$

式中:气体常数 R 的物理意义是 1kg 火药气体在一个大气压下,温度升高一度对外膨胀所做的功。为了能够运用状态方程,我们必须知道在任一时刻所产生的火药气体质量 ω_g ,它的数值取决于火药燃烧过程中的气体生成速率。

2.2 火药燃烧的物理化学过程与火药的燃烧速度定律

2.2.1 火药的燃烧过程和影响燃速的因素

混合固体火药的燃烧能够在没有氧气进入燃烧室的情况下进行,并且燃烧伴随着大量的热能和气体产物的生成。

想要使火药燃烧就应该对火药进行点火。所谓点火就是在火药药粒表面形成一个局部温床,当温床的温度达到点火温度时即发生点火。有烟火药在空气中的点火温度为 270~320℃ ,无烟火药在空气中的点火温度约在 200℃左右。

燃烧反应沿火药表面蔓延被称为点火过程。对于有烟火药，点火速率为1~3m/s，而对于无烟火药为0.001~0.004m/s。

燃烧就是指火药药粒由表层到内部的热氧化反应过程。有烟火药在常压下的燃烧速率为1mm/s，无烟的硝化棉火药为0.07mm/s，硝化甘油火药为0.06~0.15mm/s。

火药表面被点燃之后，火焰即向火药内部扩展，进行燃烧。火药的燃烧是一个复杂的物理化学过程。燃烧过程的特性与火药本身的组成和火药装药条件有着密切的关系。重要的火药燃烧特性有火药的燃速、压力指数、燃速温度系数以及火焰温度等。长期以来，为有效地控制火药的燃烧性质，适应武器发展对装药的要求，许多学者对火药燃烧机理进行了大量的试验和理论研究，取得了一定的成就。但是，由于火药燃烧是在高温、高压条件下进行的，受外界条件影响又很大，加之燃烧反应速度很快，燃烧区域很薄，这就使得对火药燃烧过程的深入研究变得十分困难。因此，迄今为止所建立的各种燃烧模型都是在一定的试验观察基础上提出一系列假设经简化得到的，仍属半经验性质。

对均质(单基、双基)火药燃烧过程的研究证明，火药燃烧的最终产物不是瞬间一步生成的，而是从凝聚相到气相经过一系列中间化学变化才达到的。现代理论认为，均质火药的燃烧过程是多阶段的，可分为四个区域，如图2-3所示。它们是亚表面及表面反应区、嘶嘶区、暗区和火焰区。在这四个区中，火药进行一系列连续的物理化学变化，并且彼此相互影响，不能截然分开。

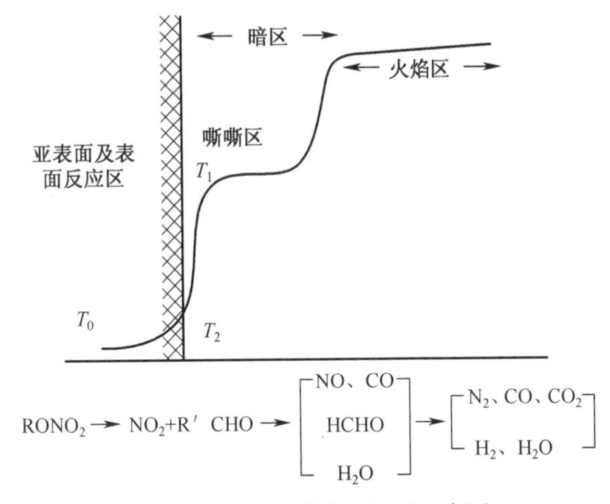

图2-3　均质火药燃烧过程示意图

在亚表面及表面反应区，距火药燃烧表面较远的火药层中，主要发生硝酸酯的分解反应，这一反应是吸热的：

$$R-ONO_2 = NO_2 + R'-CHO$$

$$\begin{bmatrix} NC \\ NG \end{bmatrix} \qquad \begin{bmatrix} HCHO \\ CH_3CHO \\ HCOOH \end{bmatrix} \qquad \text{吸热反应}$$

在更接近火药燃烧表面的一层中，则进行如下放热反应：

$$NO_2 + CH_2O = NO + H_2O + CO$$

$$2NO_2 + CH_2O = 2NO + H_2O + CO_2$$

通常情况下,该区反应的总热效应是正的(放热的),其放热量约占火药总放热量的10%。燃烧表面温度 T_s 一般在300℃左右,并随着压力的增大而有所提高。该区厚度随压力增加而减小。

嘶嘶区是一个混合相区。除了固体或液体微粒熔化、蒸发等物理变化外,还发生下述化学反应:

$$NO_2 + R'—CHO = NO + C—H—O$$

$$\begin{bmatrix} HCHO \\ CH_3CHO\text{等} \\ HCOOH \end{bmatrix} \qquad \begin{bmatrix} CO、CO_2 \\ CH_4、H_2O \\ H_2\text{等} \end{bmatrix}$$

及

$$NO_2 + H_2 = NO + H_2O$$

$$NO_2 + CO = NO + CO_2$$

上述反应都是放热的,使嘶嘶区形成较陡的温度梯度。该区放热量约占火药总放热量的40%,温度 T_1 可达700~1000℃。嘶嘶区厚度也随压力增加而变薄。在本区中燃烧产生大量的NO、H_2、CO,这些中间产物的还原需要在高温、高压的条件下才能有效地进行。在太低的压力下,火药的燃烧就可能在本区结束。

在暗区,由嘶嘶区燃烧生成的中间产物的还原反应进行得很慢。因此,该区温度梯度极小,温度约在1500℃左右,没有光亮。暗区厚度较厚,但随压力升高,厚度显著减小。

火焰区是燃烧的最终阶段。该区进行着强烈的氧化还原放热反应:

$$NO + C—H—O = N_2 + CO_2 + H_2O$$

$$\begin{bmatrix} CO、H_2 \\ CH_4 \end{bmatrix}$$

典型的反应有

$$NO + H_2 = 1/2N_2 + H_2O$$

该区放热量约占火药总放热量的50%。燃气在本区被加热到最高温度。随火药组分的不同,这一温度可达2000~3500℃。在此温度下,该区产生光亮的火焰。火焰区距燃烧表面的距离随压力升高而减小。

依照上述燃烧模型,列出热平衡方程,通过求解可得到均质火药燃烧速度的理论表达式。但是,由于模型本身以及在求解过程中所作的许多假设,在实际上所得公式不能用来进行燃速的定量计算。但是,可以定性地说明燃速的影响因素与试验规律是基本一致的。例如,均质火药的能量越大,燃速增加;火药初温增高,燃速增大;火药密度增加,燃速降低等。在燃烧过程中,压力对燃速的影响是最重要、最复杂的。这是因为压力不仅影响气相化学反应速度,还影响燃烧过程中的各种物理过程。而且在不同压力下,火药的燃烧火焰结构是不同的,这说明火药的燃烧机理是随压力而变化的。在高压下燃烧经过四个区,嘶嘶区和暗区被压缩得很薄,火焰区距火药表面很近,火焰区的反应进行得很快且很完全,该区反应放出的大量热可直接反馈给凝聚相,维持火药的正常燃烧。在此情况下,火焰区的反应是火药燃烧的主导反应,是速率决定步骤。随着压力降低,暗区变厚,火焰区远离火药表面且该区反应速度减缓。当压力低至一定程度时,火焰区消失,燃烧就在暗区结束。由于暗区反应速度很慢，放热量又很少，因此向火药燃烧表面反馈的热量主要由嘶嘶区提供。此时，嘶嘶区反应是火药燃烧的主导反应，是速率决定步骤。当压力降至很低时，嘶嘶区离燃烧表面较远，且该区反应速度也大大减缓，火药燃烧只到嘶嘶区即结束，产生 NO_2 等大量不完全燃烧产物，通常称为嘶嘶燃烧。在这种情况下，燃烧表面的凝聚相反应起着主导作用。

2.2.2 火药的燃烧速度定律

$u = de/dt$ 称为火药燃烧的线速度，即单位时间内沿垂直药粒表面方向燃烧掉的药粒厚度。

火药燃烧速度定律描述了火药描述燃烧线速度 u 与气体压力 p 的函数关系。

研究者提出了多种燃烧速度定律的表达形式，但常用的主要有以下几种：

指数式：

$$u = ap^{\nu} \tag{2-17}$$

二项式：

$$u = a + bp$$

正比式：

$$u = u_1 p \tag{2-18}$$

式中：常量 ν、a、b、u_1 为由试验确定的常数，由常用密闭爆发器试验求得。

密闭爆发器试验表明，燃烧指数 ν 变化范围为 0.85~0.95。

二项式中的系数 a 是与凝聚相反应特性有关的参数，b 为与火药初温等因素有关的参数，$b = b_0 e^{-\frac{E}{kT_1}}$（$E$ 为分子的活化能，T_1 为爆温，k 为 Boltsmann 常数）。二项式适用于 $p > 100\text{MPa}$，并且气体温度在 2000~4000K 的情况。确定二项式的难点在于 b_0 和 E 的获取困难。

正比式通常适用于 $p > 30\text{MPa}$ 的枪炮弹道。式（2-18）中的系数 u_1 的物理意义是单位压力下火药的燃烧速率，称为燃速系数，它由火药本身的性质、化学组分以及药粒温度所决定。温度 15℃下的若干种典型火药的燃速系数列出在表 2-1 中。

表 2-1 典型火药的燃速系数

火药类型	u_1 /(mm/(MPa·s))
小口径武器使用的硝化棉火药	0.9~1.0
火炮用硝化棉火药	0.75~0.85
迫击炮用硝化甘油火药	1.15~1.20
导弹用硝化甘油火药	0.7

2.3 火药的几何燃烧定律

在大量的射击试验中，人们发现，从炮膛里抛出来的未燃完的残存药粒，除了药粒的绝对尺寸发生变化以外，它的形状仍和原来的形状相似；另外，在密闭爆发器的试验中，也发现这样的事实，图 2-4 是国外某火药药粒的原始形状与中断燃烧后的形状对比。这说明性质相同的两种火药的装填密度相同时，如果它们的燃烧层厚度分别为 $2e_1$ 和 $2e_1'$，所测得的燃烧结束时间分别为 t_k 和 t_k'，则它们近似地有如下关系：

$$\frac{2e_1}{2e_1'}=\frac{t_k}{t_k'}$$

即火药燃完的时间与燃烧层厚度成正比。

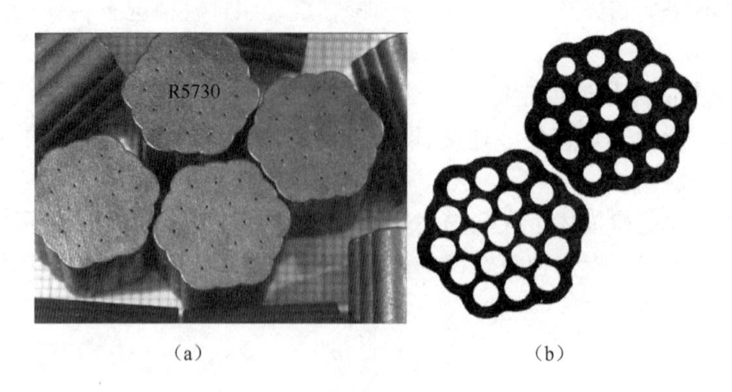

（a）　　　　　　（b）

图 2-4　某火药的原始形状与中断燃烧后的形状

根据以上事实,火药的燃烧过程可以认为是按药粒表面平行层逐层燃烧的。这种燃烧规律称为皮奥伯特定律或几何燃烧定律。几何燃烧定律是理想化的燃烧模型,它是建立在下面几个假设基础上的:

(1) 装药中的所有药粒的理化性质相同;

(2) 装药中的所有药粒具有完全相同的几何形状和尺寸;

(3) 所有药粒表面都同时着火;

(4) 所有药粒沿药粒的表面法线方向按平行层燃烧,在任一瞬间都具有相同燃烧速度;

(5) 药粒燃烧过程中保持其初始外形不变。

在上述假设的理想条件下,所有药粒都按平行层燃烧,并始终保持相同的几何形状和尺寸。因此只要通过一个药粒的燃气生成规律的研究,就可以表达出全部药粒的燃气生成规律。而一个药粒的燃气生成规律,在上述假设下,将完全由其几何形状和尺寸所确定。这就是几何燃烧定律的实质和称为几何燃烧定律的原因。

正是由于几何燃烧定律的建立,经典内弹道理论才形成了完备和系统的体系。发现了药粒几何形状对于控制火药燃气生成规律的重要作用,发明了一系列燃烧渐增性良好的新型药粒几何形状。对指导装药设计和内弹道理论的发展及应用起到了重要的促进作用。

虽然几何燃烧定律只是对火药真实燃烧规律的初步近似,它给出了实际燃烧过程的一个理想化了的简化,但是由于火药在实际制造过程中,已经充分注意和力求将其形状和尺寸的不一致性减小到最小程度,在点火方面也采用了多种设计,尽量使装药的全部药粒实现其点火的同时性,因此这些假设与实际的情况相比也不是相差太远,所以几何燃烧定律确实抓住了影响燃烧过程的最主要和最本质的影响因素。当被忽略的次要因素在实际过程中确实没有起主导作用时,几何燃烧定律就能较好地描述火药燃气的生成规律,这也就是 1880 年法国学者维也里提出几何燃烧定律以来,几何燃烧定律在内弹道学领域一直被广泛应用的缘故。

当然在应用几何燃烧定律来描述火药的燃烧过程时，必须记住它只是实际过程的理想化和近似，它不能解释实际燃烧的全部现象，它与实际燃气的生成规律还有一定的偏差，有时这个偏差还相当大，所以在历史上，几乎与几何燃烧定律提出的同时及之后，曾提出过一系列的所谓火药实际燃烧规律或称为物理燃烧定律，表明火药燃烧规律的探索和研究，一直是内弹道学研究发展的中心问题之一。

定义下列符号：

Λ_1——药粒燃前体积；

Λ——药粒的当前体积；

n——装药中的药粒总数；

δ——固体火药密度；

Λ_c——药粒已燃体积，即 $\Lambda_c = \Lambda_1 - \Lambda$。

于是

$$\psi = \frac{\Lambda_c \delta n}{\Lambda_1 \delta n} = 1 - \frac{\Lambda}{\Lambda_1} \tag{2-19}$$

在式(2-19)中的药粒总数 n 对公式没有影响，这与假设(2)一致，因此，我们就可以以单个药粒为例进行研究。如图 2-5 所示为药粒几何外形。

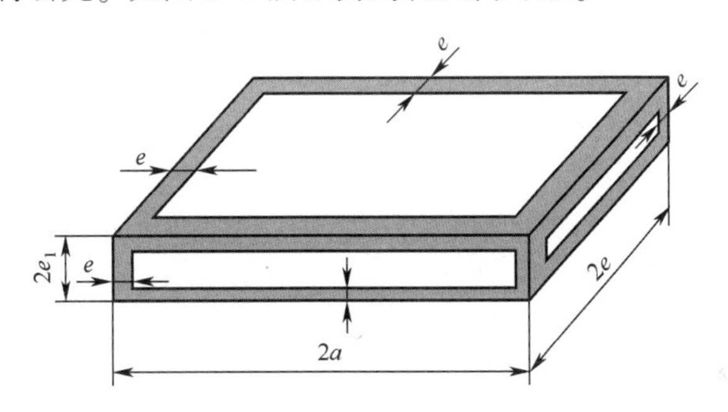

图 2-5　药粒几何外形

原始体积：

$$\Lambda_1 = 2e_1 2a 2c$$

记

$$z = e/e_1 \tag{2-20}$$

式中：z 称为相对厚度；e 为药粒烧掉厚度的 1/2；e_1 为药粒原始厚度的 1/2。

根据图 2-5，可知 $\Lambda = (2e_1 - 2e)(2a - 2e)(2c - 2e)$。于是

$$\begin{aligned}\psi &= 1 - \frac{(2e_1 - 2e)(2a - 2e)(2c - 2e)}{2e_1 2a 2c} \\ &= 1 - \left(1 - \frac{2e}{2e_1}\right)\left(1 - \frac{2ee_1}{2ae_1}\right)\left(1 - \frac{2ee_1}{2ce_1}\right)\end{aligned}$$

令 $\alpha = \dfrac{2e_1}{2a}$，$\beta = \dfrac{2e_1}{2c}$，则

$$\psi = 1 - (1 - z)(1 - \alpha z)(1 - \beta z)$$

或

$$\psi = (1+\alpha+\beta)z\left(1-\frac{\alpha+\beta+\alpha\beta}{1+\alpha+\beta}z+\frac{\alpha\beta}{1+\alpha+\beta}z^2\right)$$

令

$$\begin{cases}\chi = 1+\alpha+\beta \\ \lambda = -\dfrac{\alpha+\beta+\alpha\beta}{1+\alpha+\beta} \\ \mu = \dfrac{\alpha\beta}{1+\alpha+\beta}\end{cases} \tag{2-21}$$

有

$$\psi = \chi z(1+\lambda z+\mu z^2) \tag{2-22}$$

式中:χ、λ、μ 为仅取决于火药形状和尺寸的常量,通常称为火药形状特征量。表 2-2 给出了几种不同形状火药的形状特征量。

表 2-2 简单形状火药的形状特征量

序号	药粒形状	$2a$	$2c$	α	χ	λ	μ
1	管状	—	∞	0	$1+\beta$	$-\beta/(1+\beta)$	0
2	带状	—	—	—	$1+\alpha+\beta$	$-\dfrac{\alpha+\beta+\alpha\beta}{1+\alpha+\beta}$	$\dfrac{\alpha\beta}{1+\alpha+\beta}$
3	方片状	$2a=2b$	$2c=2a$	$\alpha=\beta$	$1+2\beta$	$-\dfrac{(2\beta+\beta^2)}{(1+2\beta)}$	$\dfrac{\beta^2}{(1+2\beta)}$
4	方棍状	$2a=2e_1$	—	1	$2+\beta$	$-\dfrac{1+2\beta}{2+\beta}$	$\dfrac{\beta}{2+\beta}$
5	立方体状	$2c=2e_1$	$2c=2e_1$	$\alpha=\beta=1$	3	-1	1/3

除上述药粒形状以外,多孔火药(7 孔、14 孔、19 孔)在火炮内弹道中也有非常广泛的应用。取决于火药药粒的几何形状,药粒的燃烧可以是增面燃烧、等面燃烧或减面燃烧。

2.4 火药燃烧线速度、火药气体生成速率与形状函数

2.4.1 火药燃烧线速度

把式(2-20)对时间 t 求导,我们可以得到

$$\frac{\mathrm{d}z}{\mathrm{d}t} = \frac{1}{e_1}\frac{\mathrm{d}e}{\mathrm{d}t} \tag{2-23}$$

$\dfrac{\mathrm{d}e}{\mathrm{d}t}$ 的值反映的是火药燃烧速度的快慢,称为火药燃烧的线速度,它的值可由方程(2-17)或(2-18)求出。

对于指数式燃烧规律:

$$\frac{\mathrm{d}z}{\mathrm{d}t} = \frac{u}{e_1} = \frac{ap^{\nu}}{e_1} \tag{2-24}$$

对于正比式燃烧规律:

$$\frac{dz}{dt}=\frac{u}{e_1}=\frac{u_1 p}{e_1} \tag{2-25}$$

在以上两个方程中，要想求得 dz/dt，需要先求出试验参数 a、ν 和 u_1。

2.4.2 气体生成速率 $d\psi/dt$

由式(2-19)可知，火药已燃百分数 $\psi=1-\frac{\Lambda}{\Lambda_1}$。为了确定参数 ψ，需要将式(2-19)对时间 t 求导：

$$\frac{d\psi}{dt}=\frac{1}{\Lambda_1}\frac{d\Lambda_c}{dt}=\frac{1}{\omega}\frac{d\omega_g}{dt}$$

由于

$$d\Lambda_c=Sde$$

那么

$$\frac{d\psi}{dt}=\frac{S}{\Lambda_1}\frac{de}{dt}$$

在方程右边乘于和除以 S_1，有

$$\frac{d\psi}{dt}=\frac{S_1}{\Lambda_1}\frac{S}{S_1}\frac{de}{dt}$$

记 $\frac{S}{S_1}=\sigma$，是正在燃烧的药粒表面积与药粒初始表面积之比，称为相对燃烧表面积。

于是

$$\frac{d\psi}{dt}=\frac{S_1}{\Lambda_1}\sigma\frac{de}{dt}$$

$d\psi/dt$ 代表单位时间内的气体生成量，称为气体生成速率。为了掌握膛内的压力变化规律，必须了解气体生成速率的变化规律，从而达到控制射击现象的目的。

在上述方程右边乘于和除以 e_1 并考虑到式(2-20)式，可得

$$\frac{d\psi}{dt}=\frac{S_1 e_1}{\Lambda_1}\sigma\frac{dz}{dt} \tag{2-26}$$

或

$$\frac{d\psi}{dt}=\frac{S_1}{\Lambda_1}\sigma\frac{de}{dt} \tag{2-27}$$

因为 $\Lambda_1=\omega/(n\delta)$，那么式(2-27)可改写为

$$\frac{d\psi}{dt}=\sigma\frac{S_1 n\delta}{\omega}\frac{de}{dt} \tag{2-28}$$

在经典内弹道学中，式(2-27)是一个非常重要的方程。

归功于几何燃烧规律，我们容易建立 σ 与 z 的函数关系 $\sigma=f(z)$。

2.4.3 相对燃烧表面积 $\sigma=f(z)$ 的确定与形状函数

将式(2-22)对时间 t 求导，可得

$$\frac{d\psi}{dt}=\chi(1+2\lambda z+3\mu z^2)\frac{dz}{dt} \tag{2-29}$$

联立式(2-26)和式(2-29),我们可以得到

$$\sigma \frac{\mathrm{d}z}{\mathrm{d}t} \frac{S_1 e_1}{\Lambda_1} = \chi(1 + 2\lambda z + 3\mu z^2) \frac{\mathrm{d}z}{\mathrm{d}t}$$

或

$$\sigma \frac{S_1 e_1}{\Lambda_1} = \chi(1 + 2\lambda z + 3\mu z^2) \tag{2-30}$$

当 $z = 0$, $S = S_1$ 和 $\sigma = 1$ 时,火药形状特征量为

$$\chi = \frac{S_1 e_1}{\Lambda_1} \tag{2-31}$$

把式(2-31)代入式(2-30),最后得

$$\sigma = 1 + 2\lambda z + 3\mu z^2 \tag{2-32}$$

再根据式(2-26),有

$$\psi = \chi \int_0^z \sigma \mathrm{d}z = \chi z(1 + \lambda z + \mu z^2)$$

可见,如果以 z 为自变量,则 $\sigma = f_1(z)$ 、$\psi = f_2(z)$,因此称 f_1 和 f_2 为形状函数。

2.5 火药的增面燃烧和减面燃烧以及形状函数系数的计算

2.5.1 火药的增面燃烧和减面燃烧

火药燃烧时药粒表面的变化,可以用相对燃烧表面积来表示:

$$\sigma = S/S_1$$

式中:S 为当前药粒正在燃烧着的表面积, S_1 为药粒的初始表面积。

当火药燃烧时, σ 值可能小于 1(减面燃烧),可能等于 1(等面燃烧),也可能大于 1(增面燃烧)。表 2-2 中所给出的火药都是药粒表面不断减小的火药,即减面火药。

管状药和带状药在燃烧过程中,燃烧表面积基本上保持不变。这是因为管状药燃烧时,药孔燃烧面积的增加补偿了外表面燃烧面积的减小。

存在着这样的火药:药粒一开始是增面燃烧,燃烧到一定程度后,按照几何燃烧定律,药粒会分裂成若干个小的棱柱体,随后这些小的棱柱体燃烧为减面燃烧。在枪炮中广泛使用的多孔火药就属于这种类型,例如常用的 7 孔和 19 孔火药,见图 2-6。

几何参数 $2a$ 、$2b$ 和 $2e_1$ 是火药药粒的重要特征量,计算相对厚度 z 和火药燃去质量百分比 ψ 时要用到这些参数。

2.5.2 增面燃烧和减面燃烧火药的形状函数系数计算

1. 药粒分解前的形状函数系数计算

下面,以没有分解的多孔火药为例进行讨论。我们将根据几何燃烧定律,给出孔数为 n 可具有任何外形的药粒的形状函数系数计算的数学表达式。

对于如图 2-7 所示的药粒,方程(2-19)可以写为

$$\psi = 1 - \frac{\left(1 - \frac{2e}{2e_1}\right)\left(1 - \frac{2e}{2c}\right)\left(1 - \frac{2e}{2a}\right) - n2b\left(1 + \frac{2e}{2a}\right)2d\left(1 + \frac{2e}{2d}\right)2c\left(1 + \frac{2e}{2c}\right)}{1 - n\frac{2b2d2c}{2e_1 2c2a}} \tag{2-33}$$

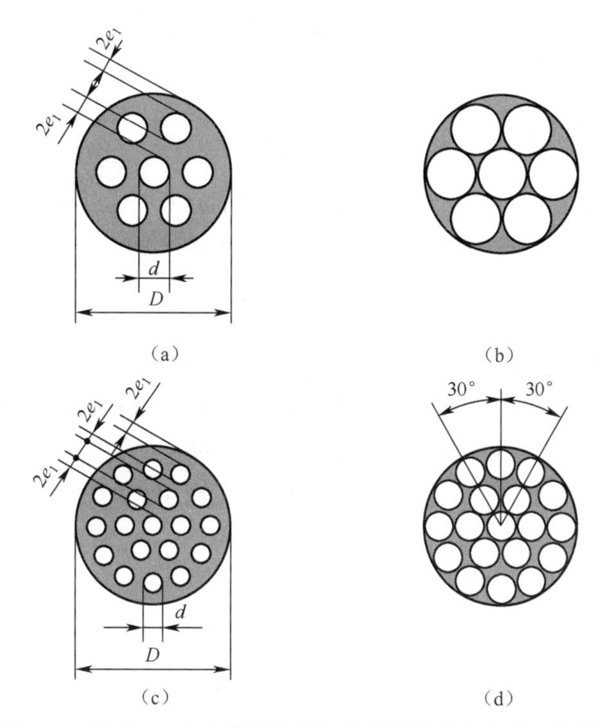

图 2-6　7 孔和 19 孔火药药粒的初始外形及药粒分解时的外形

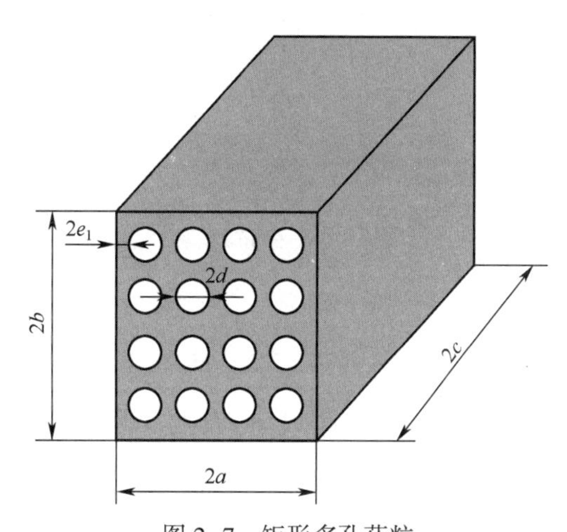

图 2-7　矩形多孔药粒

式中：$2a$、$2b$、$2c$ 和 $2e_1$ 为药粒的外部尺寸；$2d$、$2c$ 为药粒的孔道尺寸。

记 $\alpha = \dfrac{2e_1}{2a}$，$\beta = \dfrac{2e_1}{2c}$，$\alpha_1 = \dfrac{2e_1}{2b}$，$\beta_1 = \dfrac{2e_1}{2d}$，$\theta = \dfrac{\alpha}{\alpha_1\beta_1}$。

在进行代数变换后，可以得到关于 n 孔火药的如下方程：

$$\psi = \chi_1 z(1 + \lambda_1 z + \mu_1 z^2) \tag{2-34}$$

其中

$$\chi_1 = \frac{1 + \alpha + \beta + n\theta(\alpha + \alpha_1 + \beta_1)}{1 - n\theta} \tag{2-35}$$

$$\lambda_1 = \frac{\alpha + \beta + \alpha\beta - n\theta(\alpha_1\beta_1 + \alpha\beta_1 + \alpha\alpha_1)}{\chi_1} \tag{2-36}$$

$$\mu_1 = \frac{\alpha\beta - n\theta\alpha\alpha_1}{\chi_1} \tag{2-37}$$

对式(2-35)至式(2-37)进行简单分析可知,当 $n=0$ 时退化成了式(2-21)。若 $n=1$(管状药),$\alpha \approx 0$、$\theta = 0$,有

$$\chi_1 = 1 + \beta \quad , \lambda_1 = \frac{\beta}{1+\beta} \quad , \mu_1 = 0 \qquad \text{(见表 2-2)}$$

对于分裂解前的火药药粒,式(2-34)至式(2-37)既可以描述减面燃烧($n=0$ 或 $n=1$)药粒的形状函数系数,也可以描述增面燃烧($n > 1$)药粒的形状函数系数。

我们知道,多孔火药属增面性燃烧火药。这类火药的燃烧可以分为两个阶段:火药分裂前阶段和火药分裂后阶段。对于圆柱形多孔火药,利用式(2-33),容易得

$$\begin{aligned}\psi &= \left(1 + \frac{2\Pi_1}{Q_1}\right)\beta z + \frac{n-1-2\Pi_1}{Q_1}\beta^2 z^2 - \frac{n-1}{Q_1}\beta^3 z^3 \\ &= \frac{Q_1 + 2\Pi_1}{Q_1}\beta z\left[1 + \frac{n-1-2\Pi_1}{Q_1+2\Pi_1}\beta z - \frac{(n-1)\beta^2}{Q_1+2\Pi_1}z^2\right]\end{aligned}$$

可以写成式(2-34)的形式:$\psi = \chi_1 z(1 + \lambda_1 z + \mu_1 z^2)$。

其中:

$$\Pi_1 = \frac{D + nd}{2c} \tag{2-38}$$

$$Q_1 = \frac{D^2 + nd^2}{(2c)^2} \tag{2-39}$$

$$\beta = \frac{2e_1}{2c} \tag{2-40}$$

$$\chi_1 = \frac{Q_1 + 2\Pi_1}{Q_1}\beta \tag{2-41}$$

$$\lambda_1 = \frac{n-1-2\Pi_1}{Q_1 + 2\Pi_1}\beta \tag{2-42}$$

$$\mu_1 = -\frac{(n-1)\beta^2}{Q_1 + 2\Pi_1} \tag{2-43}$$

计算 7 孔或 19 孔火药燃烧第一阶段的形状函数系数将会用到式(2-34)及式(2-38)至式(2-43)。

2. 增面多孔火药药粒分裂后的形状函数计算

为了计算火药燃烧第二阶段的形状函数系数,有如下假定:在药粒燃烧结束点,有 $\psi = 1$ 和 $z_1 = z_k - 1$。那么,有如下等式:

$$\psi = \psi_s + \chi_2 z_1(1 + \lambda_2 z_1 + \mu_2 z_1^2) \tag{2-44}$$

当 $\psi = 1$ 时,有

$$1 - \psi_s = \chi_2(z_k - 1)[1 + \lambda_2(z_k - 1) + \mu_2(z_k - 1)^2]$$

其中 ψ_s 为药粒分裂瞬间($z=1$)的 ψ 值：

$$\psi_s = \chi_1(1+\lambda_1+\mu_1) \tag{2-45}$$

χ_2、λ_2 和 μ_2 为火药分裂后的待求形状函数系数。

为了计算系数 χ_2、λ_2 和 μ_2，我们还需要建立两个附加方程。其中之一可以根据燃烧结束点时相对燃烧表面积 $\sigma=0$ 得到。

下面我们建立这两个方程。

根据式(2-32)：$\sigma = 1+2\lambda z+3\mu z^2$，在火药分裂时刻($z=1$)，有

$$\sigma = \sigma_s = 1+2\lambda_1+3\mu_1 \tag{2-46}$$

药粒分裂后

$$\sigma = 1+2\lambda_2 z_1+3\mu_2 z_1^2 \tag{2-47}$$

式中：$z_1 = z-1$，$0 \leqslant z_1 \leqslant z_k$。

在药粒燃烧结束点有 $\sigma=\sigma_k=0$，我们得到如下方程：

$$1+2\lambda_2(z_k-1)+3\mu_2(z_k-1)^2=0$$

于是，为了计算 χ_2、λ_2 和 μ_2 三个未知量，我们得到下面的方程组：

$$\begin{gathered} 1=\psi_s+\chi_2 z_1(1+\lambda_2 z_1+\mu_2 z_1^2) \\ 0=1+2\lambda_2(z_k-1)+3\mu_2(z_k-1)^2 \end{gathered} \tag{2-48}$$

为了求解方程(2-48)，对于分裂成棱柱形的火药残粒，俄国 G. V. Oppokov 教授建议使用二次抛物线函数来描述：

$$\Delta\psi = \chi_2 z_1(1+\lambda_2 z_1)$$

式中：参数 χ_2 和 λ_2 为描述火药分裂后特性的常用形状函数系数。对于燃烧结束点 $\psi=1$、$\sigma=0$，为了求解系数 χ_2 和 λ_2，我们要利用下列方程组：

$$\begin{gathered} 1=\psi_s+\chi_2 z_1(1+\lambda_2 z_1) \\ 0=1+2\lambda_2(z_k-1) \end{gathered}$$

这个方程组的解为

$$\begin{gathered} \lambda_2 = -\frac{1}{2(z_k-1)} \\ \chi_2 = \frac{2(1-\psi_s)}{z_k-1} \end{gathered} \tag{2-49}$$

为了计算系数 z_k，可以使用

$$z_k = \frac{e_1+\rho_1}{e_1} \tag{2-50}$$

其中：

对于多孔圆柱形药粒有

$$\rho_1 = \frac{(3-\sqrt{3})^2}{4(4-\sqrt{3})}(d+2e_1) = 0.1772(d+2e_1) \tag{2-51}$$

对于多孔梅花形药粒有

$$\rho_1 = \frac{2-\sqrt{3}}{2\sqrt{3}}(d+2e_1) = 0.0774(d+2e_1)$$

2.6 火药的几何形状对相对燃烧表面积与火药已燃质量百分比的影响

利用2.5节所给出的计算公式和数学方程,使我们可以讨论药粒几何形状对相对燃烧表面积σ、已燃质量百分比ψ,以及火药已燃相对厚度z的影响。

知道了不同火药的形状函数系数χ、λ和μ就可以计算ψ值和绘制方程$\sigma=f(\psi)$和$z=f(\psi)$的曲线图(图2-8和图2-9)。通过对曲线图进行分析表明,减面火药在燃烧的第一阶段气体产生量比它在燃烧的第二阶段(火药分裂后)气体产生量要多。图2-10表示了增面火药和减面火药在膛内燃烧时所产生压力的不同特性。我们可以发现,使用增面火药可以降低最大膛压但增大了炮口压力,同时会使得弹丸炮口速度减小(图2-11)。为了在不增大最大膛压的情况下达到规定的炮口速度,我们可以选择混合装药方式来实现。经验表明,在混合装药中装填减面火药量与增面火药量之比为0.4:0.6时,可以减小最大膛压值14%,增大炮口压力值3%而炮口速度仅减小2.3%。

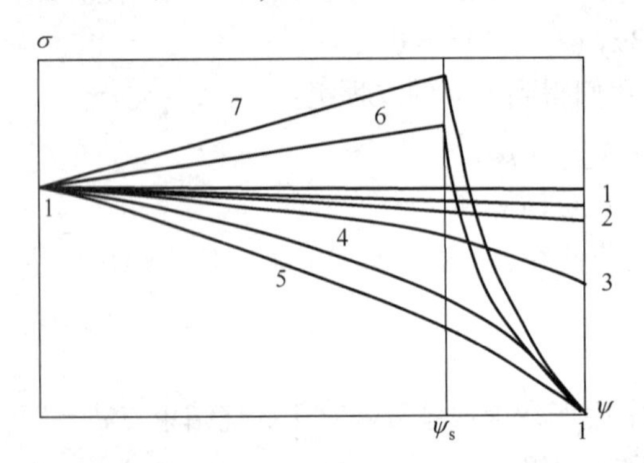

图2-8 燃烧表面$\sigma=f(\psi)$的变化情况

1—管状药;2—带状药;3—方片状药;4—方棒状药;5—立方体药;6—7孔火药;7—19孔火药。

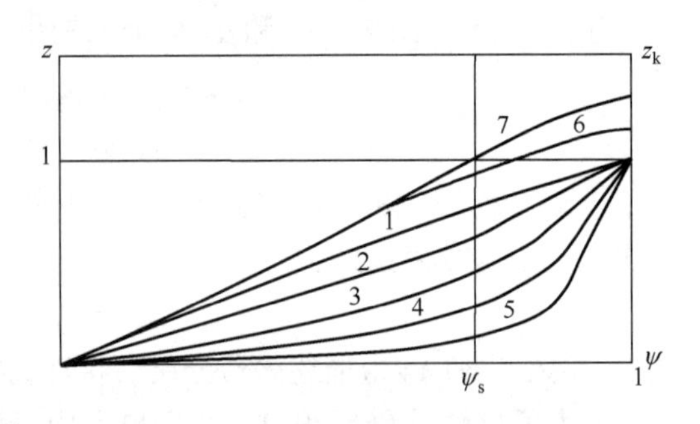

图2-9 相对厚度$z=f(\psi)$的变化情况

1—管状药;2—带状药;3—方片状药;4—方棒状药;5—立方体药;6—7孔火药;7—19孔火药。

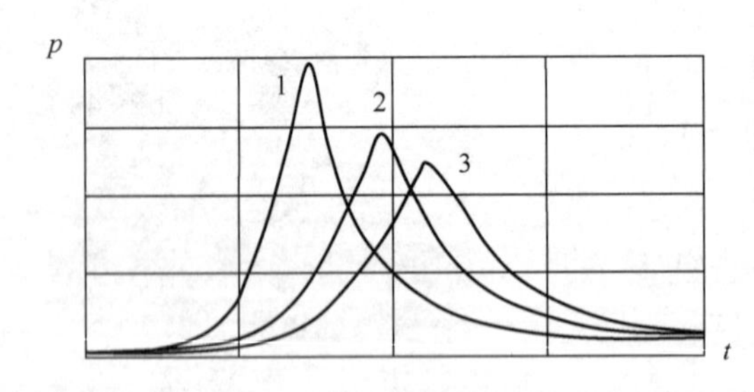

图2-10 燃烧增面性对压力的影响

1—减面燃烧;2—增面燃烧(7孔火药);3—增面燃烧(19孔火药)。

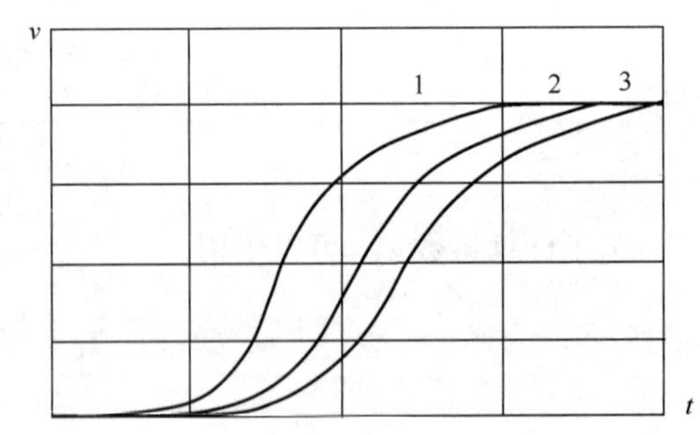

图2-11 燃烧增面性对弹丸速度的影响

1—减面燃烧;2—增面燃烧(7孔火药);3—增面燃烧(19孔火药)。

在表2-3中,给出了$d=e_1$、药粒长度为2.5D的7孔和19孔标准多孔火药的形状函数和几何特征量的计算结果。

表 2-3　7 孔和 19 孔火药的形状函数和几何特征量计算值

参　数	火药类型 4/7	火药类型 11/19
e_1 /mm	0.4	1.16
d /mm	0.2	0.58
D /mm	2.2	9.86
l /mm	5.5	24.65
χ_1	0.7043	0.5804
λ_1	0.2337	0.4162
μ_1	-0.02174	-0.02162
ψ_s	0.8536	0.8094
z_k	1.5316	1.5316
χ_2	0.5508	0.7170
λ_2	-0.9406	-0.9406
σ_s	1.4022	1.7670

2.7　压力全冲量与火药气体生成速率的另一种表达形式

2.7.1　压力全冲量概念及燃烧速度函数的试验确定

遵循正比式燃速函数规律的燃气压力与时间的变化曲线，具有一种重要的特性，在内弹道应用上有重要的意义。对于积分：

$$u = \frac{\mathrm{d}e}{\mathrm{d}t} = u_1 p$$

得

$$\frac{e}{u_1} = \int_0^t p\mathrm{d}t = I$$

式中：I 称为压力冲量，即 $p-t$ 曲线下的面积。当火药燃烧结束时，则有 $t = t_k$ ，而式中 I_k 称为压力全冲量，它可以根据密闭爆发器试验得到的 $p-t$ 曲线计算确定，其中 I_k 对应于出现最大压力 p_m 的瞬间。显然 p_m 及 t_k 与试验采取的装填密度有关，Δ 越大，p_m 增大而 t_k 减小；如果火药燃烧速度确实遵循正比式，那么对一定性质、厚度、温度的火药，其 I_k 应等于常量 e_1/u_1，而与装填密度无关。这种不同装填密度下的 $p-t$ 曲线全面积的等同性，正是正比式燃速函数反映在压力曲线上的特点，可以用来作为试验中判别火药燃烧是否遵循正比式燃速函数的方法。在证实可以应用正比式时，还可由该方法确定燃速系数：

$$u_1 = e_1/I_k$$

由密闭爆发器试验所求出的 u_1 值，用于火炮内弹道计算时往往误差较大，膛内的燃烧速度往往大于密闭爆发器中的燃烧速度（在相同压力 p 时），所以在实际应用时，u_1 值的选取要以实际射击试验的结果进行修正。尽管如此，用密闭爆发器测得的 u_1 值，对不同种类火药或同类火药不同批号间火药的燃速性能的比较，是有实际应用价值的。

应用密闭爆发器的实测 $p-t$ 曲线，确定火药的燃烧速度函数是内弹道发展中的一个重要标志，这个问题的解决，使得火药燃烧规律的数学模型建立得以完成，为经典内弹道体系和数学模型的建立打下了基础。

根据实测的 p-t 曲线,可通过气体状态方程式将它换算为 $\psi - t$ 关系式(p 要进行点火压力修正,但一般不作热散失修正),再利用形状函数可转化为 $z - t$,从而得到 $e - t$ 的变化关系,然后采用数值微分计算求得燃烧速度 u ,其最简单的方法是令 $u = \Delta e/\Delta t$ 。这样就得到了燃烧速度 u 与压力(实测压力,不进行点火压力修正,它代表了火药燃烧的实际环境压力)的函数关系 $u - p$ 。

对满足指数函数式 $u = u_1 p^{\nu}$ 的燃烧速度函数而言,为确定其 u_1 和 ν ,可取对数得

$$\lg u = \lg u_1 + \nu \lg p$$

根据试验数据点作出的 $\lg u - \lg p$ 的分布近似为一直线,但不可能严格呈一直线,有些点会有一定的散布,因此可以采用最小二乘法确定逼近试验点的回归直线,直线的截距和斜率分别代表 $\lg u_1$ 和 ν 。

2.7.2 火药气体生成速率的另一种表达形式

火药气体生成速率可以用两种形式表示。第一种形式利用方程(2-34)和(2-44)建立,第二种形式利用方程(2-19)建立。

首先,让我们分析第一种形式的建立过程。

分别将式(2-34)和式(2-44)对时间 t 求导:

药粒分裂前有

$$\frac{d\psi}{dt} = \chi_1(1 + 2\lambda_1 z + 3\mu_1 z^2)\frac{dz}{dt} \tag{2-52}$$

药粒分裂后,若忽略三次项,有

$$\frac{d\psi}{dt} = \chi_2(1 + 2\lambda_2 z)\frac{dz}{dt}$$

这里,燃烧速度 $\frac{dz}{dt}$ 是一个未知量。

因为 $z = e/e_1$,那么

$$\frac{dz}{dt} = \frac{1}{e_1}\frac{de}{dt} \tag{2-53}$$

燃烧线速度 $u = \frac{de}{dt}$ 可由式(2-17)或式(2-18)求出,两种形式都会经常用到。

把式(2-17)和式(2-18)分别代入式(2-53)中可得

$$\frac{dz}{dt} = \frac{1}{e_1}ap^{\nu} \tag{2-54}$$

$$\frac{dz}{dt} = \frac{1}{e_1}u_1 p \tag{2-55}$$

对于 $\nu = 1$(正比式),可得积分形式:

$$e = \int_0^t u dt = u_1\int_0^t p dt = u_1 I \tag{2-56}$$

式中,I 为火药气体压力冲量:

$$I = \int_0^t p \mathrm{d}t \tag{2-57}$$

在燃烧结束点 $e = e_1$ 时,有

$$I = I_k = \int_0^{t_k} p \mathrm{d}t \tag{2-58}$$

I_k 称为压力全冲量。

于是 $e_1 = u_1 I_k$,压力全冲量为

$$I_k = \frac{e_1}{u_1} \tag{2-59}$$

把式(2-59)代入到式(2-55),可得

$$\frac{\mathrm{d}z}{\mathrm{d}t} = \frac{p}{I_k} \tag{2-60}$$

式(2-60)也可以写成另外一种形式。由于 $e = u_1 I$ 及 $e_1 = u_1 I_k$,那么

$$z = \frac{I}{I_k} \tag{2-61}$$

进一步,有

$$\frac{\mathrm{d}z}{\mathrm{d}t} = \frac{1}{I_k}\frac{\mathrm{d}I}{\mathrm{d}t} \tag{2-62}$$

当 $\nu \neq 1$,即指数式时,积分形式为

$$e = \int_0^t u \mathrm{d}t = a\int_0^t p^{\nu} \mathrm{d}t \tag{2-63}$$

在燃烧结束点,有

$$e = e_1 = \int_0^{t_k} u \mathrm{d}t = a\int_0^{t_k} p^{\nu} \mathrm{d}t \tag{2-64}$$

记 $p' = p^{\nu}$。

由式(2-64)可知

$$e = e_1 = \int_0^{t_k} u \mathrm{d}t = a\int_0^{t_k} p' \mathrm{d}t$$

那么在燃烧结束点,有

$$e_1 = \int_0^{t_k} u \mathrm{d}t = aI'_k \tag{2-65}$$

则

$$I'_k = \frac{e_1}{a} \tag{2-66}$$

$$\frac{\mathrm{d}z}{\mathrm{d}t} = \frac{p^{\nu}}{I'_k} \tag{2-67}$$

$$z=\frac{I'}{I'_{\mathrm{k}}} \tag{2-68}$$

$$\frac{\mathrm{d}z}{\mathrm{d}t}=\frac{1}{I'_{\mathrm{k}}}\frac{\mathrm{d}I'}{\mathrm{d}t} \tag{2-69}$$

比较式(2-58)~式(2-62)和式(2-65)~式(2-69)可知,在两种情况下方程形式是相同的。

接下来,请看第二种形式的建立过程。

根据式(2-19),有 $\psi=1-\frac{\Lambda}{\Lambda_1}$,把此式对时间 t 求导得到

$$\frac{\mathrm{d}\psi}{\mathrm{d}t}=-\frac{1}{\Lambda_1}\frac{\mathrm{d}\Lambda}{\mathrm{d}t}$$

或

$$\frac{\mathrm{d}\psi}{\mathrm{d}t}=\frac{1}{\omega}\frac{\mathrm{d}\omega_{\mathrm{g}}}{\mathrm{d}t}$$

式中:ω_{g} 为由火药固体转变成的气体质量。

由于 $d\Lambda_c=S\mathrm{d}e$,那么

$$\frac{\mathrm{d}\psi}{\mathrm{d}t}=\frac{S}{\Lambda_1}\frac{\mathrm{d}e}{\mathrm{d}t}$$

公式右边乘以和除于 S_1,有

$$\frac{\mathrm{d}\psi}{\mathrm{d}t}=\frac{S_1}{\Lambda_1}\frac{S}{S_1}\frac{\mathrm{d}e}{\mathrm{d}t}$$

由于 $\frac{S}{S_1}=\sigma$,方程右边乘以和除以 e_1,并考虑到 $z=e/e_1$,可得

$$\frac{\mathrm{d}\psi}{\mathrm{d}t}=\frac{S_1}{\Lambda_1}\sigma\frac{\mathrm{d}e}{\mathrm{d}t}$$

那么

$$\frac{\mathrm{d}\psi}{\mathrm{d}t}=\frac{S_1e_1}{\Lambda_1}\sigma\frac{\mathrm{d}z}{\mathrm{d}t} \tag{2-70}$$

把式(2-70)与式(2-29)两式联立得

$$\sigma\frac{S_1e_1}{\Lambda_1}=\chi(1+2\lambda z+3\mu z^2) \tag{2-71}$$

当 $z=0$ 时,$S=S_1$,也就是说 $\sigma=1$,我们可以利用式(2-71)求出参数 χ:

$$\chi=\frac{S_1e_1}{\Lambda_1} \tag{2-72}$$

对于燃烧规律为指数式的火药,式(2-70)可写为

$$\frac{\mathrm{d}\psi}{\mathrm{d}t}=\chi\sigma\frac{p^{\nu}}{I'_{\mathrm{k}}} \tag{2-73}$$

2.8 热力学第一定律在密闭爆发器中的应用与火药力的基本概念

在密闭爆发器中,若不计热量损失,并考虑到密闭爆发器中的装药量比较小,根据热

力学第一定律,有

$$dQ = dE + pdW \tag{2-74}$$

式中:dQ 为进入到工作容积内的热能变化量;dE 为气体内能的变化量;pdW 为气体膨胀做功能量的变化量。

在定容条件下,如果火药固体体积很小,则气体膨胀做功 pdW 项可以忽略。那么,方程(2-74)变为

$$dQ = dE$$

或

$$Q = E \tag{2-75}$$

也就是说,在定容条件下火药燃烧产生的所有热能全部转化为了气体的内能。

在火药燃烧过程中,气体质量 $\omega_g = \omega\psi$(见式(2-2))是不断增大的。因此,与之对应的热能也不断增多,有

$$Q = Q_W\omega_g \tag{2-76}$$

式中:Q_W 为火药的爆热。爆热定义为1kg火药在绝热定容条件下燃烧,燃气冷却至15℃所放出的热量,单位是kJ/kg。爆热高的火药,其做功的能力也大。

在定容条件下,特别是对于密闭爆发器,气体内能可表示为

$$E = \omega_g c_v T \tag{2-77}$$

引入比热容比 $k = \dfrac{c_p}{c_v}$,并考虑迈耶(Mayer)方程:

$$c_p - c_v = R \tag{2-78}$$

可得 $E = \omega_g \dfrac{RT}{k-1}$,然后,再利用状态方程(2-15)有

$$E = \frac{pW}{\theta} \tag{2-79}$$

式中:θ 定义为 $\theta = k - 1$。

联立式(2-76)与式(2-79),可得

$$\frac{pW}{\theta} = Q_W\omega_g$$

又有

$$\omega_g = \omega\psi\ ,\ Q_W = c_v T_1$$

则

$$\frac{pW}{\theta} = c_v T_1 \omega\psi$$

利用式(2-77)和 $c_v = \dfrac{R}{\theta}$,上式经变换后可得 $pW = RT_1\omega\psi$,于是

$$p = \frac{RT_1\omega\psi}{W} \tag{2-80}$$

从式(2-80)我们可知:在定容条件下,药室内压取决于火药已燃百分数比 ψ。

我们把这个压力记作 $p_\psi = p$,气体体积记作 $W_\psi = W$,那么

$$p_{\psi} = \frac{f\omega\psi}{W_{\psi}} \tag{2-81}$$

式中：$f = RT_1$。f 在内弹道学中称作“火药力”。火药力的物理意义是：1kg 火药燃烧后的气体生成物，在一个大气压下，当温度由 0 升高到 T_1 时膨胀所作的功。f 表示单位质量火药做功的能力。由于火药的成分不同，气体常数 R 和爆温 T_1 也就不同，因而火药力 f 也就不同。表 2-4 列出了若干种火药的火药力。

表 2-4 若干种火药的火药力

火药牌号	火药类型	平均弧厚/mm	火药力计算值/（kgf·dm/kg）	主要用途
4/1	单基药	0.30~0.55	1032100	1959 式 152mm 加榴炮榴弹减变装药
5/7 高	单基药	0.58~0.65	1050700	1959 式 30mm 航空机关炮发射药装药
7/14	单基药	0.70~0.85	1041400	1955 式 37mm 高射炮弹发射药装药
双芳-2-19/1	双基药	1.88~1.98	960900	1960 式 122mm 加农炮全装药
三芳-2-15/7	三基药	1.35~1.60	1070000	1972 式 85mm 高射炮

在方程（2-81）中：

$$W_{\psi} = W_0 - \frac{\omega}{\delta}(1 - \psi) - \alpha\omega\psi \tag{2-82}$$

式中：W_{ψ} 称为药室自由容积；W_0 为药室的初始容积。

让我们分析一下式（2-82）。在 $t = 0$（火药燃烧开始前）时，有

$$W_{\psi} = W_0 - \frac{\omega}{\delta} \tag{2-83}$$

当 $\psi = 1$（燃烧结束点）时，有

$$W_{\psi} = W_0 - \alpha\omega \tag{2-84}$$

把式（2-83）与式（2-84）进行比较可以得出结论：当 $1/\delta < \alpha$ 时，W_{ψ} 值不断地减小。

由热力学基本方程（2-81）我们知道，在定容条件下的压力最大值发生在火药燃烧结束瞬间。此时 $\psi = 1$，有

$$p_{\mathrm{mm}} = p_{\psi=1} = \frac{f\omega}{W_0 - \alpha\omega} \tag{2-85}$$

引入装填密度概念：$\Delta = \frac{\omega}{W_0}$，代入式（2-85）得

$$p_{\mathrm{mm}} = \frac{f\Delta}{1 - \alpha\Delta} \tag{2-86}$$

方程（2-85）确定了最大的热静力学压力。利用这个方程，通过在密闭爆发器中做试验可以求出火药弹道特性参量 f 和 α。为了求出这两个参量，我们通过试验在两种不同火药的装填密度 Δ_1 和 Δ_2 条件下找出它们燃烧时压力最大值 p_{mm1} 和 p_{mm2}，列出方程组：

$$p_{\mathrm{mm1}} = \frac{f\Delta_1}{1 - \alpha\Delta_1}$$

$$p_{\mathrm{mm}2}=\frac{f\Delta_2}{1-\alpha\Delta_2}$$

求解：

$$\alpha=\frac{\dfrac{p_{\mathrm{mm}2}}{\Delta_2}-\dfrac{p_{\mathrm{mm}1}}{\Delta_1}}{p_{\mathrm{mm}2}-p_{\mathrm{mm}1}}$$

$$f=\frac{p_{\mathrm{mm}2}}{\Delta_2}-\alpha p_{\mathrm{mm}2} \tag{2-87}$$

点火压力 p_{b} 对热静力学基本方程的影响可以记为：$p'_{\psi}=p_{\mathrm{b}}+p_{\psi}$。在火炮中，黑火药(75%硝酸钾、15%碳和10%硫)被用作点火药。我们有如下假设：在压力 p_{ψ} 的作用下，点火药被瞬间点火。

为了减小测试的误差，在选择 Δ_1 和 Δ_2 时，应注意到低装填密度不能选得过低，因为装填密度越低，相对热损失就越大，由此所造成的 f、α 的误差就越大。高装填密度 Δ_2 也不能太高，在此装填密度下的最大压力不能超过密闭爆发器强度所允许的数值。一般情况下，取 $\Delta_1=0.10\mathrm{g/cm^3}$，$\Delta_2=0.20\mathrm{g/cm^3}$。

事实上，无论取多大的装填密度进行试验，热散失总是存在的。因此，用这种方法测定火药力 f 和余容 α，所得结果 f 偏低而 α 偏高。为了提高测定 f 和 α 的准确度，必须用理论与试验的方法，确定出因热散失造成的压力降，依此来修正试验测得的最大压力值，从而使 f 和 α 接近真值。

所有上述方程只是针对单一装药给出的，下面给出混合装药的情况。

2.9 药室中混合装药燃烧的基本方程

混合装药是由多种不同火药组成的装药，这些火药可以是彼此化学性质不同，也可以是药粒几何尺寸不同，或者两者皆不同。混合装药在燃烧起始点 $t=0$ 时具有如下初始条件：

(1) 初始压力等于点火压力 $p=p_{\mathrm{b}}$；

(2) 气体初始温度等于点火温度 $T=T_{\mathrm{ign}}$；

(3) 火药已燃相对厚度 z_i 和 ω_{g_i} 均为0；

(4) 药室初始容积为 W_0；

(5) 药室剩余容积为

$$W=W_0-\sum_{i=1}^{N}\frac{\omega_i}{\delta_i} \tag{2-88}$$

式中：ω_i 为第 i 种火药的装药质量；δ_i 为第 i 种固体火药的密度；N 为火药种类数。

参照式(2-61)，第 i 种火药的相对厚度可以表示为

$$z_i=\frac{I}{I_{ki}} \tag{2-89}$$

下面写出混合装药情况下的形状函数。第 i 种火药的 ψ_i 值的计算方法如下：

当 $z_i<1$ 时，有

$$\psi_i=\chi_{1i}z_i(1+\lambda_{1i}z_i+\mu_{1i}z_i^2) \tag{2-90}$$

当 $1 \leqslant z_i \leqslant z_{ki}$ 时，有

$$\psi_i = \psi_{si} + \chi_{2i}(z_i - 1) + \lambda_{2i}c_{2i}(z_i - 1)^2 \tag{2-91}$$

在燃烧结束点时 $\psi_i = 1$。

火药分裂点 $z_{ki} = 1$，那么计算时就可以利用式(2-45)式进行计算。火药分裂前的几何形状特征量 c_{1i}，λ_{1i}，μ_{1i} 和火药分裂后的几何形状特征量 c_{2i}，λ_{2i} 可由 2.5.2 节的公式求解。知道了某一时刻的 z_i 和 ψ_i 值，以下的特征量也就确定了：

①第 i 种火药生成的气体质量：

$$\omega_{g_i} = \omega_i \psi_i \tag{2-92}$$

(2) 某一时刻药室中气体总质量：

$$\omega_g = \sum_N \omega_{g_i} \tag{2-93}$$

(3) 火药气体体积：

$$W = W_0 - \sum_1^N \left[\frac{\omega_i}{\delta_i}(1 - \psi_i) + \alpha_i \omega_i \psi_i \right] \tag{2-94}$$

利用能量守恒方程来计算火药气体温度：

$$\frac{dQ}{dt} = \frac{dE}{dt} + p\frac{dW}{dt} + \frac{dQ_l}{dt} \tag{2-95}$$

式中：$\frac{dQ}{dt} = Q_W G_{pr}$ 为火药燃烧所产生的热能；$\frac{dQ_l}{dt}$ 为热量损失；$G_{pr} = \frac{d\omega_g}{dt}$ 为火药燃烧期间的气体生成率。单位质量火药的能量为爆热：

$$Q_W = c_v T_1 \tag{2-96}$$

式中：c_v 为火药定容比热容；$\frac{dE}{dt}$ 为火药内能变化量；$\frac{dW}{dt}$ 为火药燃烧时气体体积变化量。

将式(2-94)对时间 t 求导，有

$$\frac{dW}{dt} = \sum_N \left(\frac{\omega_i}{\delta_i} - \alpha_i \omega_i \right) \frac{d\psi_i}{dt} \tag{2-97}$$

利用迈耶(Mayer)方程(2-78)，有

$$c_{vi} = \frac{R_i}{k_i - 1}$$

那么，

$$Q_{Wi} = c_{vi} T_{1i} = \frac{R_i T_{1i}}{k_i - 1} = \frac{R_i T_{1i}}{\theta_i} \tag{2-98}$$

把式(2-98)代入到式(2-95)中，可得

$$\frac{dQ_i}{dt} = c_{vi} T_{1i} G_{pri} \tag{2-99}$$

某一种火药燃烧时气体质量生成率可由如下方程计算：

$$\frac{d\omega_{g_i}}{dt} = \omega_i \frac{d\psi_i}{dt} \tag{2-100}$$

其中，当 $z_i \leqslant 1$ 时，

$$\frac{d\psi_i}{dt}=\chi_{1i}(1+2\lambda_{1i}z_i+3\mu_{1i}z_i^{\,2})\frac{p}{I_{ki}} \tag{2-101}$$

当 $z_i>1$ 时,有

$$\frac{d\psi_i}{dt}=\chi_{2i}(1+2\lambda_{2i}z_{1i})^2\frac{p}{I_{ki}} \tag{2-102}$$

式中: $z_{1i}=z_i-1$。

内能变化为

$$\frac{dE_i}{dt}=c_{vi}\frac{dT_{g_i}}{dt} \tag{2-103}$$

假定经药室壁的热量损失 $\frac{dQ_l}{dt}$ 占输入热量的一部分,即

$$\frac{dQ_l}{dt}=K_q\frac{dQ}{dt} \tag{2-104}$$

其中:

$$\frac{dQ}{dt}=c_vT_1G_{pr} \tag{2-105}$$

热损失系数 K_q 为

$$K_q=\frac{Q_l}{\sum\limits_N c_{vi}T_{1i}\omega_i}$$

对于混合装药生成的气体混合物,它们符合机械混合规律(加法原理)。因此,我们可以利用如下关系计算气体常数、爆温、绝热系数和余容:

$$R=\frac{1}{\omega_g}\sum_N R_i\omega_i\psi_i \tag{2-106}$$

其中:

$$R_i=\frac{f_i}{T_{1i}} \tag{2-107}$$

式中: f_i 为第 i 种火药的火药力, T_{1i} 为第 i 种火药的爆温。

$$T_1=\frac{1}{\omega_g}\sum_N T_{1i}\omega_i\psi_i \tag{2-108}$$

$$\theta=\frac{\sum\limits_N\frac{f_i\omega_i\psi_i}{T_{1i}}}{\sum\limits_N\frac{f_i\omega_i\psi_i}{T_{1i}\theta_i}} \tag{2-109}$$

$$\alpha=\frac{1}{\omega_g}\sum_N\alpha_i\omega_i\psi_i \tag{2-110}$$

把所有相关公式代入到式(2-95)中即可得到计算混合气体某一瞬间的温度方程如下:

$$\frac{\mathrm{d}T_{\mathrm{g}}}{\mathrm{d}t}=\frac{G_{pr}}{\omega_{\mathrm{g}}}\left\{\left[T_1(1-K_q)-T_{\mathrm{g}}\right]-\frac{p\theta}{R}\left(\frac{1}{\delta}-\alpha\right)\right\} \tag{2-111}$$

2.10 火药在药室中燃烧时弹道参数的计算方法

利用前面各节所获得的公式,我们可以计算火药在密闭爆发器中燃烧的形状函数系数、燃烧速率和内弹道参数。下面,让我们以一般药粒形状为例,考虑上述模型的计算方法。

对于多孔火药,它的外径 D 可由下列关系式计算:

$$D=\begin{cases}2e_1, & n=0\\ 2\cdot 2e_1+d, & n=1\\ 4\cdot 2e_1+3d, & n=7\\ 6\cdot 2e_1+5d, & n=19\end{cases} \tag{2-112}$$

式中:$2e_1$ 为火药弧厚;d 为药孔直径;n 为药孔数。

1. 输入数据

$2e_1$——火药弧厚;

$2a$——药粒宽度;

$2c$——药粒长度;

D——药粒外径;

d——药孔直径;

n——药孔数;

τ——时间积分步长;

u_1——火药燃烧系数(单位压力情况下的火药燃烧速度);

p_{b}——点火压力;

W_0——药室初始容积;

ω_{ign}——点火药质量;

α_{ign}——点火药气体的余容;

N——装药种类数;

δ_i——混合装药中第 i 种火药的密度;

α_i——混合装药中第 i 种火药的余容;

T_{1i}——混合装药中第 i 种火药的爆温;

f_i——混合装药中第 i 种火药的火药力;

θ_i——混合装药中第 i 种火药的绝热系数;

ν_i——第 i 种火药的燃烧指数;

K_q——热损失因子。

2. 预备计算

1)减面燃烧火药的药粒形状函数系数计算:

(1)系数 $\alpha=\dfrac{2e_1}{2a}$(见 2.3 节);

(2) 系数 $\beta = 2e_1/2c$（见 2.3 节）；

(3) $\chi = 1 + \alpha + \beta$（式(2-21)）；

(4) $\lambda = -\dfrac{\alpha + \beta + \alpha\beta}{1 + \alpha + \beta}$（式(2-21)）；

(5) $\mu = \dfrac{\alpha\beta}{1 + \alpha + \beta}$（式(2-21)）。

2）增面燃烧火药的形状函数系数计算：

(6) 系数 $\beta = 2e_1/2c$（式(2-40)）；

(7) $\Pi_1 = \dfrac{D + nd}{2c}$（式(2-38)）；

(8) $Q_1 = \dfrac{D^2 + nd^2}{(2c)^2}$（式(2-39)）；

(9) $\chi_1 = \dfrac{Q_1 + 2\Pi_1}{Q_1}\beta$（式(2-41)）

(10) $\lambda_1 = \dfrac{n - 1 - 2\Pi_1}{Q_1 + 2\Pi_1}\beta$（式(2-42)）；

(11) $\mu_1 = -\dfrac{n - 1}{Q_1 + 2\Pi_1}\beta^2$（式(2-43)）；

(12) $\psi_s = \chi_1(1 + \lambda_1 + \mu_1)$（式(2-45)）；

(13) $\sigma_s = 1 + 2\chi_1 + 3\lambda_1$（式(2-46)）；

(14) $\rho_1 = 0.1772(d + 2e_1)$（式(2-51)）；

(15) $z_k = \dfrac{e_1 + \rho_1}{e_1}$（式(2-50)）；

(16) $\lambda_2 = -\dfrac{1}{2(z_k - 1)}$（式(2-49)）；

(17) $\chi_2 = \dfrac{2(1 - \psi_s)}{z_k - 1}$（式(2-49)）；

(18) $I_k = \dfrac{e_1}{u_1}$（式(2-59)）；

(19) $\omega = \sum_1^N \omega_i$ 为总的装药质量；

(20) $R_i = \dfrac{f_i}{T_{1i}}$（式(2-107)）。

(1)~(20) 项的计算对每种装药成分都要执行。

3. 初始条件($t = 0$)

压力 $p = p_b$；$\psi_i = 0$；$z_i = 0$；

$$W = W_0 - \sum_{i=1}^{N} \frac{\omega_i}{\delta_i}\text{（式(2-88)）}$$

4. 不同时刻的计算

（21）当前时间 $t = t + \tau$；

（22）如果 $\nu \neq 1$，那么 $\frac{dz}{dt} = \frac{p^{\nu}}{I'_k}$（利用龙格-库塔（Runge-Cutta）法求解该方程可以获得当前的 z 值）；

（23）如果 $\nu = 1$，那么 $\frac{dz}{dt} = \frac{p}{I_k}$（利用 Runge-Cutta 法求解该方程可以获得当前的 z 值）。

1）对于每一种装药计算其已燃质量百分比

对于减面燃烧火药：

（24）$\psi = \chi z(1 + \lambda z + \mu z^2)$（式（2-22））；

（25）$\sigma = 1 + 2\lambda z + 3\mu z^2$（式（2-32））；

（26）$\frac{d\psi}{dt} = \chi(1 + 2\lambda z + 3\mu z^2)\frac{dz}{dt}$（式（2-29））；

（27）或 $\frac{d\psi}{dt} = \chi\sigma\frac{p^{v}}{I'_k}$（式（2-73））；

（28）$G_{pr} = \frac{d\omega_g}{dt} = \omega\frac{d\psi}{dt}$（式（2-100））；

对于增面燃烧火药：

（29）如果 $z < 1$，$\psi_i = \chi_{1i}z_i(1 + \lambda_{1i}z_i + \mu_{1i}{z_i}^2)$（式（2-90））；

（30）$\frac{d\psi_i}{dt} = \chi_{1i}(1 + 2\lambda_{1i}z_i + 3\mu_{1i}z_i^2)\frac{p}{I_{ki}}$（式（2-101））；

（31）如果 $z = 1$（火药分裂瞬间），$\psi_{si} = \chi_{1i}(1 + \lambda_{1i} + \mu_{1i})$（式（2-45））；

（32）如果 $z > 1$，那么 $z_{1i} = z_i - 1$；$\psi_i = \psi_{si} + \chi_{2i}(z_{1i} - 1) + \lambda_{2i}\chi_{2i}(z_{1i} - 1)^2$（式（2-91））；

（33）$\frac{d\psi_i}{dt} = \chi_{2i}(1 + 2\lambda_{2i}z_{1i})p/I_{ki}$（式（2-102））。

2）内弹道参数计算

（34）$W = W_0 - \sum_{1}^{N}\left[\frac{\omega_i}{\delta_i}(1 - \psi_i) + \alpha_i\omega_i\psi_i\right] - \alpha_b\omega_b$（在式（2-94）中考虑点火药气体）；

（35）$\omega_{g_i} = \omega_i\psi_i$（式（2-92））；

（36）$\omega_g = \sum_{N}\omega_{g_i}$（式（2-93））；

（37）$\rho = \frac{\omega_g}{W}$；

（38）$G_{pri} = \frac{d\omega_{g_i}}{dt} = \omega_i\frac{d\psi_i}{dt}$（式（2-100））；

（39）$G_{pr} = \frac{d\omega_g}{dt} = \omega\frac{d\psi}{dt}$（式（2-100））；

(40) $R = \frac{1}{\omega_g}\sum_N R_i\omega_i\psi_i$（式(2-106)）；

(41) $\theta = \frac{\sum_N \frac{f_i\omega_i\psi_i}{T_{1i}}}{\sum_N \frac{f_i\omega_i\psi_i}{T_{1i}\theta_i}}$（式(2-109)）；

(42) $\alpha = \frac{1}{\omega_g}\sum_N \alpha_i\omega_i\psi_i$（式(2-110)）；

(43) $\psi = \frac{1}{\omega}\sum_N \omega_i\psi_i$；

(44) $\delta = \frac{1}{\omega}\sum_N \omega_i\delta_i$；

(45) $p = \frac{f\omega\psi}{W}$（式(2-81)）；

(46) $\frac{\mathrm{d}T_g}{\mathrm{d}t} = \frac{G_{pr}}{\omega_g}\left\{[T_1(1-K_q)-T_g]-\frac{p\theta}{R}\left(\frac{1}{\delta}-\alpha\right)\right\}$（方程(2-111)）。

利用龙格-库塔法求解，可以求得气体温度的当前值。

(47) 如果 $\psi<1$，需要从(21)项起重复计算。

第3章 弹丸在膛内运动时期的内弹道基本方程

3.1 弹丸挤进压力

火炮进行实弹射击时,首先将炮弹装填到炮膛的正确位置。弹丸的弹带与坡膛紧密接触,使药室处于密闭状态。弹带的直径通常略大于炮膛阴线直径,有一定的过盈量。目的是为了更好地密闭膛内火药气体,强制弹丸沿膛线运动。

火炮射击时,击针撞击底火,点燃点火药。根据经典内弹道学的基本假设,瞬时点燃发射药,而后发射药继续燃烧,膛内气体压力逐渐上升,当达到某个值时,弹丸开始运动,弹带产生塑性变形逐渐挤进膛线。弹带的变形阻力随弹带挤进坡膛的长度而增加,弹带全部挤进坡膛时弹丸运动阻力达到了最大值,以 $p_{x\max}$ 表示。由于弹丸是加速运动,所以弹丸出现最大运动阻力时,此瞬时膛内火药气体压力要大于弹丸运动阻力 $p_{x\max}$。

经典内弹道学略去了弹带挤进膛线起始部的过程,假定当膛内火药气体力 $p_0 = p_{x\max}$ 时弹丸开始运动。

所以定义 p_0 为弹丸挤进压力,或称为启动压力。

从物理意义来讲,膛内火药气体压力达到 p_0 时,才能克服弹丸运动阻力 $p_{x\max}$ 使弹丸开始运动。

弹丸启动压力 p_0 是内弹道学中一个很重要的特征量,标志着内弹道过程的起始状态,为求解弹道方程组提供了稳定的边界条件。

弹带挤进坡膛过程中,弹丸运动阻力的变化规律如图3-1所示。

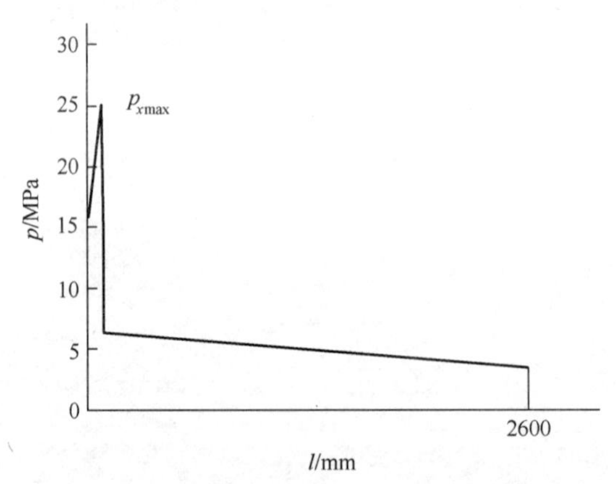

图3-1 弹丸运动阻力 p_x 变化曲线图

图3-1中曲线为76mm加农炮使用油压机推动弹丸在膛内运动过程中弹带与膛线间的运动阻力曲线。该曲线表明,当弹带挤入膛线前,为弹带弹性变形阶段,阻力立刻上升到15MPa,随弹带逐渐挤入,弹带处于塑性变形阶段,阻力很快上升到25MPa左右。这时由于弹带已全部挤进膛线,阻力很快下降到7MPa左右。在以后的弹丸行程中阻力缓慢下降,这时的阻力主要用于克服弹丸和膛壁间的摩擦阻力。到炮口处阻力下降到3MPa左右。

美国155mm榴弹炮阳线直径为154.9mm,阴线直径为157.56mm,弹带直径为

157.91 mm,弹带材料为铜镍合金。弹丸运动阻力曲线如图3-2所示,射击前弹带前端与坡膛相接触,处于静止状态。弹底压力增加到一定值后,推动弹丸运动,随弹带挤入坡膛长度的增加,弹带塑性变形量增大,阻力迅速上升,当弹带变形量不再增加,阻力保持不变。而后弹带变形量不断减小,阻力则逐渐下降。

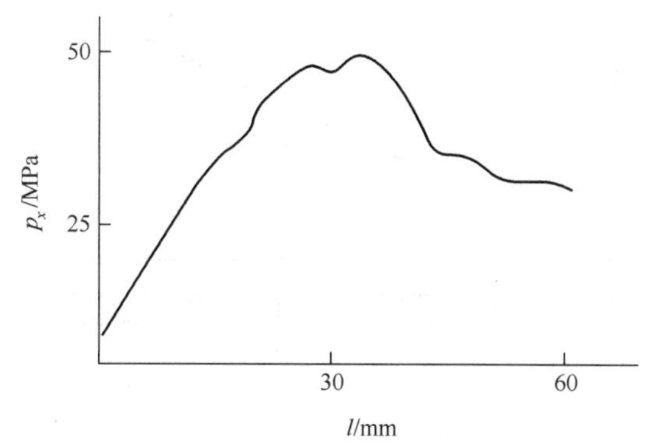

图3-2　美国155 mm榴弹炮弹带挤进膛线弹丸运动阻力 p_x 变化曲线

枪弹和炮弹挤进膛线过程,原理是相同的;不同之处是枪弹没有弹带,相当于弹带的是枪弹挤进膛线的圆柱表面层,与炮弹相比,相对塑性变形量增加,所以在一般情况下,枪弹要比炮弹挤进膛线的运动阻力高。

应该指出,采用油压机推动弹丸挤进膛线得到的弹丸运动阻力曲线,并没有完全反映出弹丸在火药气体作用下运动阻力的变化规律,因为弹带的变形规律和膛内火药气体压力的变化规律有关。用油压机推动弹丸运动得到的弹丸运动阻力曲线,基本是在平衡条件下测得的,实际上是包含克服弹带与膛壁的摩擦阻力和弹带塑性变形阻力。要准确地测定弹带挤进膛线起始部的运动阻力,可以采用实弹射击的办法,测出弹底压力和弹丸的加速度,利用弹丸运动方程求出运动阻力。

影响弹丸启动压力的因素有弹带、坡膛结构和弹带材料的机械性能等。长期以来,在火炮、弹药的研究、设计中,都把弹丸启动压力作为一个符合参数来使用。依据技术特性相近火炮的启动压力值,预选一个 p_0,一般选30MPa左右,轻武器的 p_0 值取40MPa左右,计算出 $p-l$, $v-l$ 曲线,进行一系列技术设计。当装药结构和弹道炮加工完成后,仍需要进行大量的弹道性能试验。测量弹丸初速和膛内压力变化规律,将试验结果进行标准化处理以后,建立 $p_{试}-l$, $v_{试}-l$ 的试验曲线。以火炮内膛、弹丸、装药结构设计为基础,通过调整弹丸启动压力 p_0 的方法,求解弹道方程组,得到 $v_{理}-l$, $p_{理}-l$ 曲线。当理论计算曲线和试验曲线一致时,此时的 p_0 值即为弹丸启动压力的符合参数值,并在 p_0 条件下求出各项弹道诸元。

3.2　弹后空间气体速度与膛内气体压力分布

3.2.1　弹后气体速度分布

由于火药气体的黏性,弹底气体流动速度 v_d 应该等于弹丸速度 v 。如果不知道炮膛内气流速度的分布,就不能确定气体在炮膛内的压力分布和温度分布。因此,一个必须解决的问题是:如何求出炮管内膛底到弹底之间的任一横截面上气流速度 ν_x、压力 p_x 和温

度 T_x 。下面,我们通过运用膛内气体流动过程的一维气动力学连续方程、动量方程和能量方程,将给出上述问题的解。

首先,我们需要建立质量守恒方程——连续方程。为此,在图 3-3 中,我们取一段身管进行讨论。

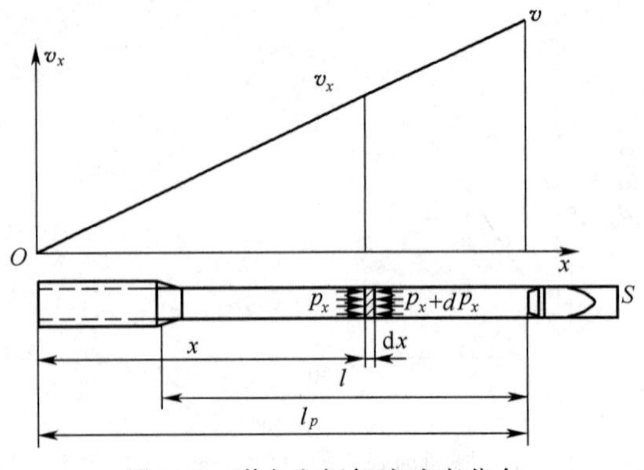

图 3-3 弹丸空间气流速度分布

在图 3-4 中,为了更具有一般性,身管段的两个端部截面 1-1 和 2-2 具有不同的面积。根据连续性假设,流过两个截面的气体质量流量应保持不变。让我们分析图示微元体,其质量为 δ_m、截面积为 S_x、厚度为 δ_x、密度为 ρ_x 。

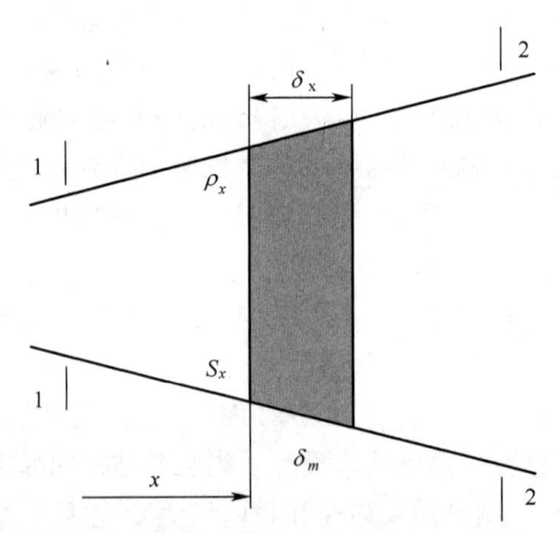

图 3-4 为建立连续方程所取的一段身管

根据连续性假设,有

$$\frac{d\delta_m}{dt} = 0$$

气体质量

$$\delta_m = \rho_x S_x \delta_x$$

于是

$$\frac{d\delta_m}{dt} = \frac{d(\rho_x S_x \delta_x)}{dt}$$

全微分可以用以下偏导数之和表示:

$$\frac{\mathrm{d}(\rho_x S_x \delta_x)}{\mathrm{d}t} = \frac{\partial(\rho_x S_x \delta_x)}{\partial t} + v_x \frac{\partial(\rho_x S_x \delta_x)}{\partial x}$$

由此可知：

$$\frac{\partial(\rho_x S_x)}{\partial t} + v_x \frac{\partial(\rho_x S_x)}{\partial x} = 0 \tag{3-1}$$

式中：$v_x = \frac{\mathrm{d}x}{\mathrm{d}t}$ 为沿 x 坐标方向上的气体流动速度；ρ_x 为截面内的气体密度。

利用连续方程(3-1)，我们能够求出弹后身管不同横截面上的气流速度。根据弹后空间气固混合物均匀分布的假设，在任一时刻弹底与膛底之间的气体密度可以视作一个准常量：$\rho_x = \rho$ 。由此，我们可知

$$\frac{\partial(\rho_x S_x)}{\partial t} = C_1 \tag{3-2}$$

把式(3-2)代入到式(3-1)中可以得到

$$C_1 + v_x \frac{\mathrm{d}(\rho_x S_x)}{\mathrm{d}x} = 0$$

对上式进行积分，可得

$$C_1 x + \rho_x S_x v_x + C_2 = 0 \tag{3-3}$$

常数 C_1 和 C_2 可由边界条件求出：

当 $x = 0$ 时(膛底)，$v_x = 0$、$\rho_x = \rho$ 、$S_x = S$ ；

当 $x = l_p$ 时(弹底)，$v_x = v$ ，$\rho_x = \rho$ ，$S_x = S$ 。

由第一个条件可以得到 $C_2 = 0$，由第二个条件可以得到 $C_1 = -v\frac{\rho}{l_p}$ 。把求得的 C_1 和 C_2 代入到式(3-3)中，可以得到

$$v_x = v\frac{x}{l_p} \tag{3-4}$$

由此可知，由于采用了膛底和弹底间气体密度为一常量的假设，导致了弹后空间内气体速度呈线性分布规律。

3.2.2 弹丸受力与膛内气体压力分布

由于弹底压力的作用，弹丸在炮膛内发生高速向前的运动。为了建立弹丸运动方程，我们需要分析弹丸在膛内运动期间作用在弹丸上的力(图3-5)。

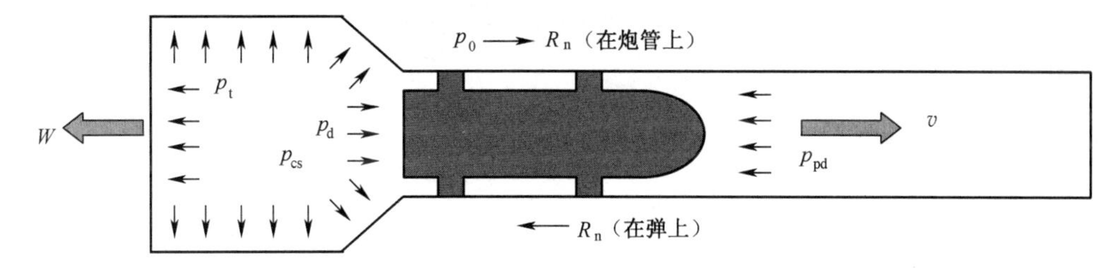

图3-5 弹丸在膛内运动时弹丸的受力图

图3-5中各符号的意义如下：p_t 为膛底压力；p_d 为弹底压力；p_{cs} 为药室坡膛处压力；

p_{pd} 为弹前空气阻力；p_0 为挤进压力；R_n 为弹丸运动时所受的总摩擦阻力；v 为弹丸速度；W 为后坐部分的自由后坐速度。

力 $P_d = Sp_d - R_n - R_{cp}$ 推动弹丸向前运动；力 $P_t = S_t p_t - S_{cs} p_{cs} - R_n$ 使身管后坐。在该方程中，S_t 为膛底面积，S_{cs} 为药室坡膛部在垂直于身管轴线面上的投影面积。

计算表明，对于小的药室坡膛部角度，气流速度沿药室变化不大。为此，我们取 $p_t = p_{cs}$，所以 $P = p_t S - R_n$，这个力使身管后坐。对于线膛火炮 S 值为

$$S = n_s d^2$$

式中：d 为身管口径；n_s 为与膛线深相关的系数。

系数 n_s 取决于膛线深度，通常它由膛线深占口径的百分比决定：对于 1%膛线，$n_s = 0.80$；对于 2%膛线，$n_s = 0.83$；对于滑膛身管，$n_s = \pi/4 = 0.785$。

在自由后坐条件下，我们假定火炮后坐部分运动时所受阻力可以忽略不计。

为了获得弹后气体的压力分布规律，我们需要运用气流动量方程。气流动量方程可以通过对气体微元体运用牛顿第二定律得到：

$$\frac{\mathrm{d}(v_x \delta_m)}{\mathrm{d}t} = \sum_i P_i \tag{3-5}$$

式中：$\sum_i P_i$ 为作用在宽度为 δ_x、质量为 δ_m 的气体微元体上的所有作用力之和。为了求解 $\sum_i P_i$，我们对如图 3-6 所示气体微元体进行受力分析。

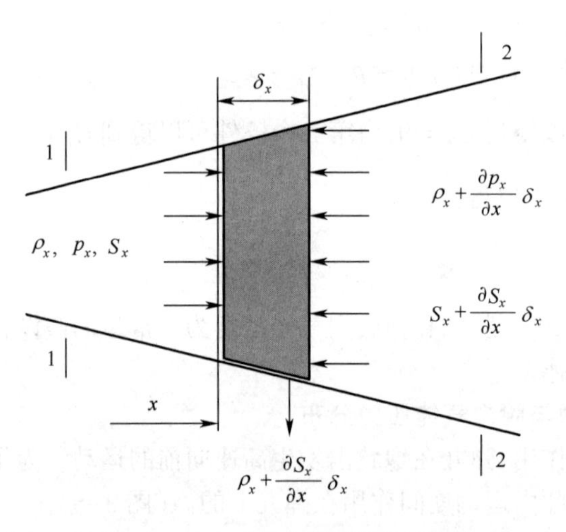

图 3-6 建立动量方程所用的计算图

根据图 3-6，可知：

$$\sum_i P_i = p_x S_x - \left(p_x + \frac{\partial p_x}{\partial x}\delta_x\right)\left(S_x + \frac{\partial S_x}{\partial x}\delta_x\right) + p_x \frac{\partial S_x}{\partial x}\delta_x \tag{3-6}$$

由于 $\delta_m = \rho_x S_x \delta_x$，那么式(3-5)也可以写为

$$\frac{\mathrm{d}\rho_x S_x v_x \delta_x}{\mathrm{d}t} = p_x S_x - p_x S_x - p_x \frac{\partial S_x}{\partial x}\delta_x - S_x \frac{\partial p_x}{\partial x}\delta_x - \frac{\partial p_x}{\partial x}\frac{\partial S_x}{\partial x}\delta_x^2 + p_x \frac{\partial S_x}{\partial x}\delta_x$$

化简后可得

$$\frac{\mathrm{d}(\rho_x S_x v_x \delta_x)}{\mathrm{d}t} = -p_x \frac{\partial S_x}{\partial x}\delta_x - S_x \frac{\partial p_x}{\partial x}\delta_x + p_x \frac{\partial S_x}{\partial x}\delta_x$$

或

$$\frac{\mathrm{d}(\rho_x S_x v_x \delta_x)}{\mathrm{d}t} = -\frac{\partial(p_x S_x)}{\partial x}\delta_x + p_x \frac{\partial S_x}{\partial x}\delta_x \tag{3-7}$$

式(3-7)的左半部分也可以用以下方式表示。

考虑到 $\delta_m = \rho_x S_x \delta_x$,那么式(3-7)的左边可以写作

$$\frac{\mathrm{d}(\delta_m v_x)}{\mathrm{d}t} = \delta_m \frac{\mathrm{d}v_x}{\mathrm{d}t}$$

把它代入到式(3-7)中,我们将会得到

$$\delta_m \frac{\mathrm{d}v_x}{\mathrm{d}t} = -p_x \frac{\partial S_x}{\partial x}\delta_x - S_x \frac{\partial p_x}{\partial x}\delta_x + p_x \frac{\partial S_x}{\partial x}$$

展开 δ_m ,可得

$$\rho_x S_x \delta_x \frac{\mathrm{d}v_x}{\mathrm{d}t} = -S_x \frac{\partial p_x}{\partial x}\delta_x$$

消去 $S_x\delta_x$,可以得到

$$\frac{\mathrm{d}v_x}{\mathrm{d}t} = -\frac{1}{\rho_x}\frac{\partial p_x}{\partial x} \tag{3-8}$$

由于气体速度 $v_x = f(t,x)$,那么

$$\frac{\mathrm{d}v_x}{\mathrm{d}t} = \frac{\partial v_x}{\partial t} + v_x \frac{\partial v_x}{\partial x}$$

最后我们得

$$\frac{\partial v_x}{\partial t} + v_x \frac{\partial v_x}{\partial x} + \frac{1}{\rho_x}\frac{\partial p_x}{\partial x} = 0 \tag{3-9}$$

式中:$\frac{\partial v_x}{\partial t}$ 为横截面 x 上气流速度对时间 t 的偏导数,反映了截面 x 上气流速度随时间的变化。$v_x \frac{\partial v_x}{\partial x}$ 为牵连导数,反映了在某一瞬时气流速度随坐标 x 的变化。

方程(3-11)是经典内弹道学中一个重要方程,用于求解弹底压力和膛底压力。在弹底与膛底之间气流速度呈线性分布的假设下,我们可利用方程(3-9)来建立弹后空间的压力分布规律。

(1) 下面让我们来确定 $\frac{\partial v_x}{\partial t}$。

由于 $v_x = \frac{vx}{l_p}$, $l_p = f(t)$ 和 $v = f(t)$,所以

$$\frac{\partial v_x}{\partial t} = \frac{\partial\left(\frac{vx}{l_p}\right)}{\partial t} = \frac{x l_p \frac{\mathrm{d}v}{\mathrm{d}t} - vx\frac{\mathrm{d}l_p}{\mathrm{d}t}}{l_p^2}$$

由于 $v=\dfrac{\mathrm{d}l_p}{\mathrm{d}t}$,那么

$$\frac{\partial v_x}{\partial t}=\frac{x}{l_p}\frac{\mathrm{d}^2l_p}{\mathrm{d}t^2}-\frac{x}{l_p^2}\left(\frac{\mathrm{d}l_p}{\mathrm{d}t}\right)^2 \tag{3-10}$$

或

$$\frac{\partial v_x}{\partial t}=\frac{x}{l_p}\frac{\mathrm{d}v}{\mathrm{d}t}-\frac{x}{l_p^2}v^2 \tag{3-11}$$

(2) 下面我们确定 $v_x\dfrac{\partial v_x}{\partial x}$。

把式(3-4)对 x 求导,可得

$$\frac{\partial v_x}{\partial x}=\frac{v}{l_p} \tag{3-12}$$

于是

$$v_x\frac{\partial v_x}{\partial x}=\frac{vx}{l_p}\frac{v}{l_p}=\frac{x}{{l_p}^2}v^2 \tag{3-13}$$

把式(3-11)、式(3-12)和式(3-13)代入到式(3-9)中有

$$\frac{1}{\rho}\frac{\mathrm{d}p_x}{\mathrm{d}x}=-\left[\frac{x}{l_p}\frac{\mathrm{d}^2l_p}{\mathrm{d}t^2}\right]=-\frac{x}{l_p}\frac{\mathrm{d}v}{\mathrm{d}t}$$

对得到的方程进行积分,可得

$$p_x=-\rho\left[\frac{x^2}{2l_p}\frac{\mathrm{d}^2l_p}{\mathrm{d}t^2}\right]+C_3=-\rho\left[\frac{x^2}{2l_p}\frac{\mathrm{d}v}{\mathrm{d}t}\right]+C_3 \tag{3-14}$$

积分常数 C_3 可由如下边界条件求出:

当 $x=0$(膛底)时,

$$p_x=p_{\mathrm{t}} \tag{3-15}$$

当 $x=l_p$ (弹底)时,

$$p_x=p_{\mathrm{d}} \tag{3-16}$$

把条件(3-15)代入到方程(3-14)中,可以得到 $C_3=p_{\mathrm{t}}$。于是式(3-14)可以写为

$$p_x=p_{\mathrm{t}}-\frac{\rho x^2}{2l_p}\frac{\mathrm{d}v}{\mathrm{d}t} \tag{3-17}$$

从这个方程可知,当 $x=0$(膛底)、$p_x=p_{\mathrm{t}}$ 时,如果 $x=l_p$,有

$$p_d=p_{\mathrm{t}}-\frac{\rho l_p}{2}\frac{\mathrm{d}v}{\mathrm{d}t} \tag{3-18}$$

方程(3-14)中的系数 C_3 在边界条件(3-16)条件下为

$$C_3=p_{\mathrm{d}}+\rho\left[\frac{l_p}{2}\frac{\mathrm{d}^2l_p}{\mathrm{d}t^2}\right]$$

把 C_3 代入式(3-14)中,我们可以得到

$$p_x=p_{\mathrm{d}}+\frac{\rho l_p}{2}\left(1-\frac{x^2}{l_p^2}\right)\frac{\mathrm{d}^2l_p}{\mathrm{d}t^2} \tag{3-19}$$

考虑到 $\dfrac{\mathrm{d}l_p}{\mathrm{d}t}=v$,方程(3-19)可以改写为

$$p_x=p_{\mathrm{d}}+\frac{\rho l_p}{2}\left(1-\frac{x^2}{l_p^2}\right)\frac{\mathrm{d}v}{\mathrm{d}t} \tag{3-20}$$

方程(3-20)称为 Piober 方程。

3.3 弹丸运动方程

在经典内弹道学中,方程(3-4)和方程(3-17)是两个重要方程。但是,要实际应用这两个方程,还必须知道弹丸加速度 $\mathrm{d}v/\mathrm{d}t$,这可由弹丸运动方程求出。

我们对在身管中运动的弹丸应用牛顿第二定律:

$$m\frac{\mathrm{d}v_{\mathrm{a}}}{\mathrm{d}t}=Sp_{\mathrm{d}}-R_{\mathrm{n}}-R_{\mathrm{cp}} \tag{3-21}$$

式中:S 为身管横截面面积;p_{d} 为弹底压力;R_{n} 为膛线导转侧作用在弹丸上的总阻力;R_{cp} 为弹前空气阻力;v_{a} 为弹丸相对于地球的速度;m 为弹丸质量。

弹丸在膛内运动过程中,气体压力呈抛物线规律分布,气流速度呈线性分布(图 3-7)。

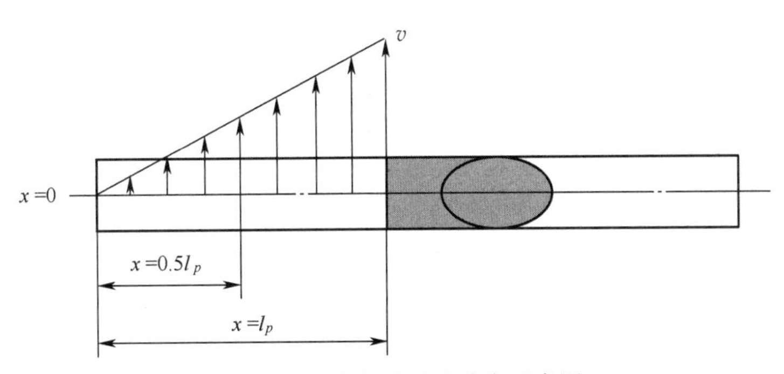

图 3-7 膛内气流速度分布示意图

弹丸绝对速度 v_{a} 为

$$v_{\mathrm{a}}=v-W \tag{3-22}$$

式中:W 为火炮自由后坐速度。

为了计算 W ,我们给出发射系统(弹丸-装药-身管)的动量守衡方程:

$$mv_{\mathrm{a}}+\omega\bar{\boldsymbol{v}}_{\mathrm{za}}+Q_0W=\mathrm{const}$$

假如发射前,系统处于静止状态,则

$$mv_{\mathrm{a}}+\omega\bar{\boldsymbol{v}}_{\mathrm{za}}+Q_0W=0 \tag{3-23}$$

式中:Q_0 为后坐部分质量;$\bar{\boldsymbol{v}}_{\mathrm{za}}$ 为装药质心相对于地球的速度矢量。

为了求解热力学状态下零维的气体动力学问题,我们把任一时刻弹后空间的所有气体参数值都取为平均值,由此可得

$$\bar{\boldsymbol{v}}_{\mathrm{za}}=\frac{v}{2}-W=\frac{v_{\mathrm{a}}-W}{2}$$

把 v_{a} 和 $\bar{\boldsymbol{v}}_{\mathrm{za}}$ 代入到式(3-23)中,并改写为下面形式:

$$m(v-W)+\omega\left(\frac{v}{2}-W\right)-Q_0W=0$$

此式经变换后可得

$$W=\frac{m+0.5\omega}{m+\omega+Q_0}v \tag{3-24}$$

计

$$a_1=\frac{m+0.5\omega}{m+\omega+Q_0} \tag{3-25}$$

我们可得

$$W=a_1v \tag{3-26}$$

考虑到在实际中, $Q_0\gg(m+\omega)$,可以采用下面更简单的方程:

$$a_1=\frac{m+0.5\omega}{Q_0} \tag{3-27}$$

把 v_a 和式(3-27)代入到式(3-21)式中,我们可得

$$m\frac{\mathrm{d}(v-a_1v)}{\mathrm{d}t}=Sp_\mathrm{d}-R_\mathrm{n}-R_\mathrm{cp}$$

或

$$m(1-a_1)\frac{\mathrm{d}v}{\mathrm{d}t}=Sp_\mathrm{d}\left(1-\frac{R_\mathrm{n}+R_\mathrm{cp}}{Sp_\mathrm{d}}\right)$$

记

$$a_2=\frac{R_\mathrm{n}+R_\mathrm{cp}}{Sp_\mathrm{d}} \tag{3-28}$$

可得

$$m(1-a_1)\frac{\mathrm{d}v}{\mathrm{d}t}=Sp_\mathrm{d}\left(1-\frac{R_\mathrm{n}+R_\mathrm{cp}}{sp_\mathrm{d}}\right)=Sp_\mathrm{d}(1-a_2)$$

令

$$\varphi_1=\frac{1-a_1}{1-a_2} \tag{3-29}$$

可得

$$\frac{\mathrm{d}v}{\mathrm{d}t}=\frac{Sp_\mathrm{d}}{\varphi_1m} \tag{3-30}$$

把式(3-30)右端乘于和除于平均压力 p ,可得

$$\frac{\mathrm{d}v}{\mathrm{d}t}=\frac{Sp_\mathrm{d}}{\varphi_1m}\frac{p}{p}=\frac{Sp}{\varphi_1m}\frac{p_\mathrm{d}}{p}$$

记

$$\varphi'=\varphi_1\frac{p}{p_\mathrm{d}} \tag{3-31}$$

最后得

$$\frac{\mathrm{d}v}{\mathrm{d}t}=\frac{sp}{\varphi' m} \tag{3-32}$$

参数φ'称为弹丸的虚拟质量系数,因为虚拟弹丸质量$m'=\varphi' m$的引入允许将真实的弹丸运动表示为一个质点的运动。在系数φ'的物理意义中,包括了后坐过程对弹丸速度的影响(通过系数a_1),阻力对弹丸运动的影响(通过系数a_2),以及平均膛压与弹底压力的压力差对弹丸运动的影响。

3.4　膛底、弹底及平均膛压之间的关系

把式(3-30)代入到式(3-17)中,可得

$$p_x=p_{\mathrm{t}}-\frac{\rho x^2}{2l_p}\frac{Sp_{\mathrm{d}}}{\varphi_1 m} \tag{3-33}$$

当$x=l_p$、$p_x=p_{\mathrm{d}}$,式(3-33)的解为(其中$l_p=l+l_{W_0}$):

$$p_{\mathrm{t}}=p_{\mathrm{d}}+\frac{\rho Sp_{\mathrm{d}}l_p}{2\varphi_1 m} \tag{3-34}$$

由于

$$\rho=\frac{\omega}{Sl_p} \tag{3-35}$$

可得

$$p_{\mathrm{t}}=p_{\mathrm{d}}\left(1+\frac{1}{2}\frac{\omega}{\varphi_1 m}\right) \tag{3-36}$$

也即

$$\frac{p_{\mathrm{t}}}{p_{\mathrm{d}}}=1+\frac{1}{2}\frac{\omega}{\varphi_1 m} \tag{3-37}$$

除了膛底压力p_{t}和弹底压力p_{d}之外,平均压力p也常用于内弹道计算中。p定义为弹后空间的气体压力的平均值,由式(3-38)计算:

$$p=\frac{1}{l_p}\int_0^{l_p}p_x\mathrm{d}x \tag{3-38}$$

把式(3-19)代入到式(3-38)中,我们可以得到

$$p=\frac{1}{l_p}\int_0^{l_p}\left\{p_{\mathrm{d}}+\frac{\rho l_p}{2}\left[1-\left(\frac{x}{l_p}\right)^2\right]\frac{\mathrm{d}v}{\mathrm{d}t}\right\}\mathrm{d}x \tag{3-39}$$

把$\rho=\dfrac{\omega}{Sl_p}$代入式(3-39)并积分,可得

$$\frac{p}{p_{\mathrm{d}}}=1+\frac{1}{3}\frac{\omega}{\varphi_1 m} \tag{3-40}$$

联立式(3-36)和式(3-39),我们可得

$$\frac{p}{p_{\mathrm{t}}}=\frac{1+\dfrac{1}{3}\left(\dfrac{\omega}{\varphi_1 m}\right)}{1+\dfrac{1}{2}\left(\dfrac{\omega}{\varphi_1 m}\right)} \tag{3-41}$$

根据式(3-40)和式(3-41),可以用平均压力 p 求解弹底压力 p_d 和膛底压力 p_t 。从式(3-31)可知,平均压力 p 与弹底压力 p_d 的关系可由系数 φ_1 和 φ' 确定:

$$\frac{p}{p_d}=\frac{\varphi'}{\varphi_1} \tag{3-42}$$

虚拟质量系数 φ' 可由方程(3-40)和(3-42)联立求解来求得

$$\varphi'=\varphi_1+\frac{1}{3}\left(\frac{\omega}{m}\right) \tag{3-43}$$

我们把由式(3-29)计算求解的系数 φ_1 称为阻力系数(或 Sluhotsky 系数)。这个系数的计算是非常困难,因为计算它需要应用弹性和塑性理论来求解力 R_n 。因此,实用弹道学计算通常会推荐使用下面所列出的一些值。对于大威力火炮, $\varphi_1=1.02\sim1.03$;对于中等威力火炮($l/d>30$), $\varphi_1=1.05$;对于 $l/d<30$ 的榴弹炮, $\varphi_1=1.06$;对于小口径武器, $\varphi_1=1.10$。

利用式(3-40)和式(3-41)计算 p_t 和 p_d 时,需要知道平均膛压力 p 。为了计算这个压力,我们需要建立射击时的能量守恒方程,即热力学基本方程。

3.5 弹丸在膛内运动过程中火药气体所做的各种功

3.5.1 射击过程中火药能量的转换,各种机械功

1. 弹丸在膛内运动过程中火药气体所做的各种功

射击过程中火药的能量将转变为如下几种功:

(1) 强迫弹丸向前运动;

(2) 弹丸在线膛身管内的旋转运动;

(3) 克服膛线与弹带之间的摩擦阻力;

(4) 膛内气固混合物的运动;

(5) 火炮后坐部分的运动;

(6) 弹丸挤进膛线消耗的能量;

(7) 身管的弹性变形;

(8) 身管、药筒和弹丸的发热;

(9) 弹丸前端空气被压缩推动;

(10) 气流流出弹丸与膛壁之间间隙而造成的能量损失,从炮口流出的能量损失,或从导气管流出的能量损失。

前 5 个功吸收了火药燃烧能量的大部分。接下来计算这些功。

3.5.2 膛线作用在弹带上的力与枪炮射击过程中的各种功

热力学基本方程是根据火炮射击过程中的能量守恒方程获得的。在前述方程(2-75)中,我们给出了火药在密闭爆发器条件下燃烧的能量平衡。在火炮发射过程中,由于存在弹丸运动,造成了燃烧条件的变化,即火药在容积不断变化的环境下进行燃烧。

弹丸在膛内运动时的能量守恒方程可写为

$$Q=E+A\pm Q_1+Q_L \tag{3-44}$$

式中: Q 为由于固体火药燃烧而进入弹后空间的热能; E 为气体内能; A 为弹丸在膛内运动时火药气体做的各种功; Q_1 为流入(符号为+)或流出(符号为-)弹后空间的能量; Q_L

为热损失。

首先,让我们考虑火炮射击过程中的各种做功 A 。

1. 作用在弹带上的力

当弹丸在炮膛内运动时,有如下反力作用在弹丸上:身管径向反力 Φ ,膛线导转侧作用力 N,如图 3 - 8 所示 。其中, d_n 为阴线直径, d 为口径(阳线直径), t 为膛线深度, a 为阴线宽度, b 为阳线宽度。Φ 表示作用在弹丸接触面上的炮管对弹丸的径向作用力,当离心力增大或身管横截面上的硬度提高时,这个力会随之增大;而当弹丸的导引元件发生磨损时,这个力会随之减小。一般情况下,在弹道计算中力 Φ 可以不予考虑。但是,在设计弹丸的导引元件时这个力是非常重要的。

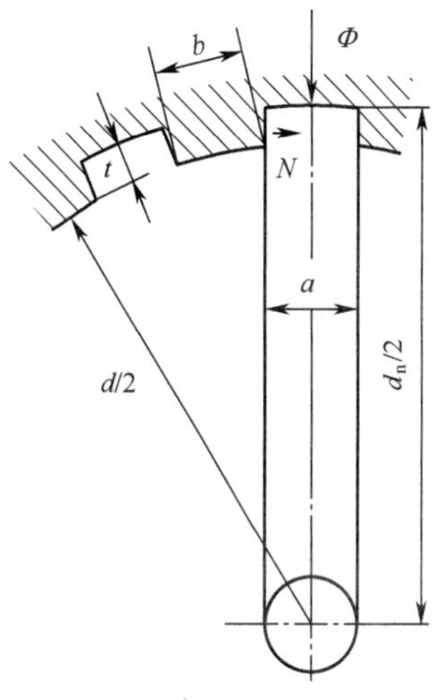

图 3-8 作用在弹带上的力

由法向接触应力引起的沿炮膛轴线方向的膛线对弹丸阻力 R_{bp} 可以表示为

$$R_{bp} = \frac{1}{nS}\int_{0}^{S_k}\sigma_k(\sin\alpha + f\cos\alpha)\,dS$$

式中:σ_k 为法向接触应力(对于铜合金,$\sigma_k = 150 \sim 200\text{N/mm}^2$;对于铁合金,$\sigma_k = 200 \sim 300\text{N/mm}^2$;对于塑料,$\sigma_k = 100 \sim 200\text{N/mm}^2$);$n$ 为膛线条数;α 为缠角;S_k 为接触表面面积;f 为摩擦系数。

缠角 α 值的大小与缠度 η 的大小相关,两者间关系为 $\tan\alpha = \pi/\eta$ 。对于等齐膛线,缠角是常数。既有右旋膛线也有左旋膛线。

阻力 R_{bp} 是弹丸纵向运动的阻力。这个力的变化特性取决于膛线的具体形式,如等齐膛线、渐速膛线(抛物线膛线)、正旋膛线、立方—抛物线膛线(图 3-9)。

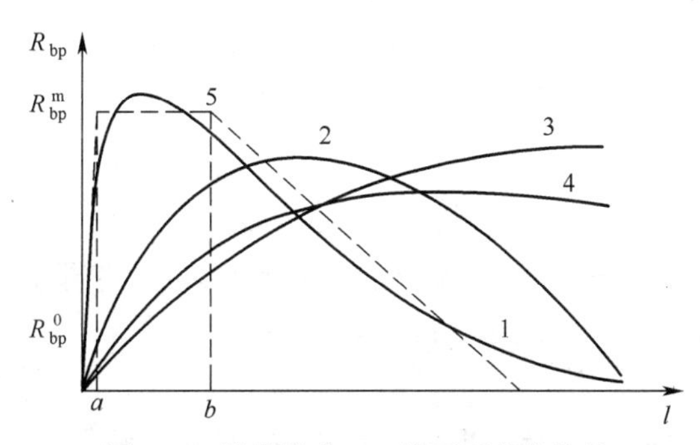

图 3-9 膛线阻力 R_{bp} 的不同变化特性

1—等齐膛线;2—立方—抛物线膛线;

3—抛物线膛线;4—正旋膛线;5—等齐膛线的梯形近似。

对于等齐膛线,力 R_{bp} 的变化特性表现为一个梯形的形式:首先,力从初始值 R_{bp}^0 迅速升高至最大值 R_{bp}^m ,然后在区间 $l_{bp} = [a - b]$ 内保持最大值不变,最后又很快变为 0 值。

膛线阻力 R_{bp} 可以由试验方法确定,即做一个推动模拟弹丸通过身管的试验。试验结果表明:这个力一开始是增大的,这是因为接触表面的增大;随后,弹丸前行距离等于弹带宽度时,该阻力达到最大值并且在 l_{bp} 区间内保持为常量。膛线阻力初始值 R_{bp}^{0} 通常只有在药筒分装式和药包分装式时才把它考虑在内。在这种装药的情况下,弹带必须和膛线起始部啮合卡住,以防止大射角下弹丸的滑落。

当弹丸在炮管内运动时,膛线导转侧对弹丸的作用载荷的分布是不均匀的,我们把这些力归结为一个总力 N,它沿表面法线方向作用在膛线导转侧。图 3-10 给出了这个力的作用图示。

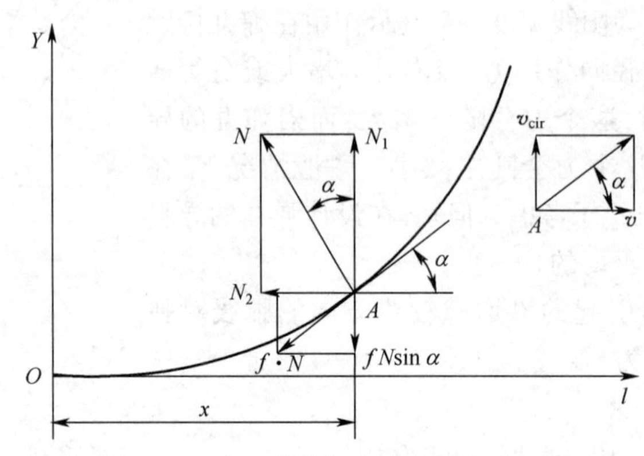

图 3-10　力 N 的分解和弹丸的速度矢量

为了计算力 N,我们写出弹丸旋转运动方程:

$$J\frac{d\Omega}{dt}=M \tag{3-45}$$

其中弹丸绕其对称轴的转动惯量为

$$J=m\rho^2 \tag{3-46}$$

式中:M 为作用在弹丸上的旋转力矩;m 为弹丸质量;ρ 为弹丸惯性半径。

弹丸旋转的角速度为

$$\Omega=\frac{v_{cir}}{r} \tag{3-47}$$

式中:r 为弹丸半径,切向弹丸速度为

$$v_{cir}=v\tan\alpha \tag{3-48}$$

在图 3-10 中,分力 $N_1=N\cos\alpha$,摩擦力分力为 $fN\sin\alpha$,于是有

$$M=N(\cos\alpha-f\sin\alpha)rn \tag{3-49}$$

式中:n 为膛线条数。

把式(3-46)~式(3-49)所得结果代入到式(3-45)中,我们可以得到

$$\frac{m\rho^2}{r^2}\left(\tan\alpha\frac{dv}{dt}+v\frac{d\tan\alpha}{dt}\right)=Nn(\cos\alpha-f\sin\alpha)$$

记 $K_\alpha=\dfrac{d\tan\alpha}{dl}$,$\Lambda=\left(\dfrac{\rho}{r}\right)^2$,有

$$N=\frac{\Lambda}{n}\frac{m\dfrac{dv}{dt}\tan\alpha+K_\alpha mv^2}{\cos\alpha-f\sin\alpha} \tag{3-50}$$

这里的参数 Λ 是弹丸质量分布系数,反映了弹丸质量沿弹丸轴线的分布特性。

对于普通高爆榴弹, $\Lambda = 0.53$;

对于薄壁爆破高爆榴弹, $\Lambda = 0.58$;

对于高爆穿甲弹, $\Lambda = 0.52$;

对于硬芯脱壳穿甲弹, $\Lambda = 0.25 - 0.31$。

把弹丸运动方程(3-32)代入到式(3-50)式中,我们可得

$$N = \frac{\Lambda}{n}\frac{pS\tan\alpha + K_\alpha\varphi' mv^2}{\varphi'(\cos\alpha - f\sin\alpha)} = \frac{\Lambda}{n}\frac{p_\mathrm{d}S\tan\alpha + K_\alpha\varphi_1 mv^2}{\varphi_1(\cos\alpha - f\sin\alpha)} \tag{3-51}$$

让我们对式(3-51)进行仔细分析。对于一般的火炮,它的缠角一般都不会超过13°。如果 $\alpha < 13°$, $\cos\alpha \approx 1$,那么$f\sin\alpha \approx 0$;除此之外, φ' 值稍大于1。那么 $\varphi'(\cos\alpha - f\sin\alpha) \approx 1$。于是式(3-51)可以写为

$$N = \frac{\Lambda}{n}(pS\tan\alpha + K_\alpha\varphi' mv^2) \tag{3-52}$$

如果膛线规律已知,那么我们可以计算出系数 K_α。例如,对于方程可以写作 $\tan\alpha = C_1 l + C_2 l^2$ 的膛线, $K_\alpha = \frac{\mathrm{d}\tan\alpha}{\mathrm{d}l} = C_1 + 2C_2 l$。那么,式(3-52 式可以写为

$$N = \frac{\Lambda}{n}[pS(C_1 l + C_2 l^2) + (C_1 + 2C_2 l)\varphi' mv^2] \tag{3-53}$$

对于等齐膛线 $K_\alpha = 0$,那么

$$N = \frac{\Lambda}{n}pS\tan\alpha\ ,\text{或}\ N = \frac{\Lambda}{n}p_\mathrm{d}S\tan\alpha \tag{3-54}$$

而弹丸运动所受阻力为

$$R_\mathrm{n} = Nn(\sin\alpha + f\cos\alpha) \tag{3-55}$$

2. 弹丸直线运动动能

弹丸直线运动动能:

$$A_1 = \frac{mv_\mathrm{a}^2}{2} \tag{3-56}$$

考虑到 $v_\mathrm{a} = (1 - a_1)v$,有 $A_1 = K_1\frac{mv^2}{2}$,其中 $K_1 = (1 - a_1)^2$。

3. 弹丸旋转动能

弹丸旋转功:

$$A_2 = \frac{J\Omega^2}{2} \tag{3-57}$$

由式(3-46)和式(3-47)可得

$$A_2 = K_2\frac{mv^2}{2} \tag{3-58}$$

式中: $K_2 = \Lambda\tan^2\alpha$。

4. 弹丸膛内运动时摩擦力所消耗的功

为了确定这个功的大小,参见图 3-11 有

$$\mathrm{d}A_3 = fNn\frac{\mathrm{d}l}{\cos\alpha} \tag{3-59}$$

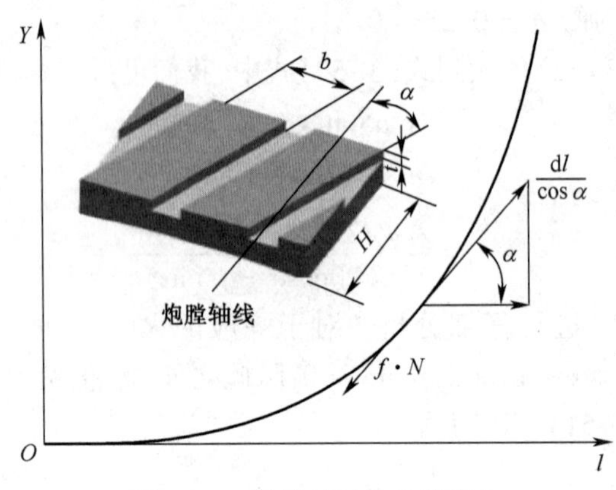

图 3-11　膛线对弹丸的摩擦力

对于等齐膛线,力 N 可由方程(3-54)求得。对该微分方程进行积分,可得

$$A_3 = \int_0^l f\frac{\Lambda}{n}pSn\tan\alpha\frac{1}{\cos\alpha}\mathrm{d}l \tag{3-60}$$

或

$$A_3 = f\Lambda\frac{\tan\alpha}{\cos\alpha}\int_0^l pS\mathrm{d}l$$

把式(3-32)整理得

$$\frac{1}{2}\varphi' mv^2 = \int_0^l pS\mathrm{d}l \tag{3-61}$$

把这个方程代入到 A_3 中,可得

$$A_3 = K_3\frac{mv^2}{2} \tag{3-62}$$

式中:$K_3 = \varphi'\Lambda f\dfrac{\tan\alpha}{\cos\alpha}$

5. 膛内气固混合物的运动动能

根据图 3-12 可知:$\mathrm{d}A_4 = \mathrm{d}\omega\dfrac{v_{a_x}^2}{2}$

在离膛底距离 x 处取一微元体,它的体积为 $S\mathrm{d}x$,质量用 $\mathrm{d}\omega$ 表示:$\mathrm{d}\omega = \dfrac{\omega}{l_p}\mathrm{d}x$。考虑到 $v_{a_x} = v_x - a_1v$,$v_x = \dfrac{x}{l_p}v$,可以得到

$$\mathrm{d}A_4 = \frac{1}{2}\frac{\omega}{l_p}v^2\left(\frac{x}{l_p} - a_1\right)^2\mathrm{d}x \tag{3-63}$$

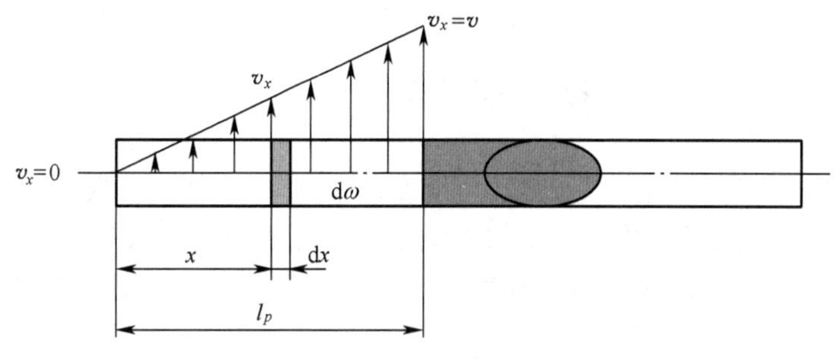

图 3-12　弹后空间气体速度分布图

把此方程从 0 到 l_p 进行积分：

$$A_4 = \frac{1}{2}\frac{\omega}{l_p}v^2\left(\frac{x^3}{3l^2{}_p} - \frac{2x^2a_1}{2l_p} + a_1^2x\right)\Bigg|_0^{l_p} \tag{3-64}$$

忽略二次项 a_1^2，可得

$$A_4 = \frac{1}{2}\frac{\omega}{l_p}v^2\left(\frac{l_p}{3} - a_1l_p\right)\frac{m}{m} \tag{3-65}$$

或

$$A_4 = K_4\frac{mv^2}{2}$$

式中：$K_4 = \frac{\omega}{m}\left(\frac{1}{3} - a_1\right) \approx \frac{1}{3}\frac{\omega}{m}$

6. 火炮后坐部分运动功

$$A_5 = \frac{Q_0W^2}{2}$$

由于 $W = a_1v$，可得

$$A_5 = K_5\frac{mv^2}{2} \tag{3-66}$$

式中：$K_5 = \frac{m}{Q_0}\left(1 + 0.5\frac{\omega}{m}\right)^2$。

3.6　次要功计算系数 φ 与内弹道学基本方程

3.6.1　次要功计算系数 φ

通过上面的分析推导，我们建立了各次要功与弹丸直线运动动能的关系。对所有功求和，我们可得

$$\sum_{i=1}^{5}A_i = (K_1 + K_2 + K_3 + K_4 + K_5)\frac{mv^2}{2} \tag{3-67}$$

记 $\varphi = K_1 + K_2 + K_3 + K_4 + K_5$，则可以得到

$$\sum_{i=1}^{5}A_i = \varphi\frac{mv^2}{2} \tag{3-68}$$

引入系数 $K = K_1 + K_2 + K_3 + K_5$，可以得到

$$\varphi = K + \frac{1}{3}\frac{\omega}{m} \tag{3-69}$$

式中：系数 K 包含了除气固混合物运动动能以外的所有次要功影响，系数 φ 称为次要功计算系数。

把式(3-69)与式(3-43)进行比较，可以发现 φ 和 φ' 之间的一致性。

尽管前述的虚拟质量系数 φ' 与次要功计算系数 φ 的物理意义不同，但它们的值是相同的，在弹丸运动方程中就可以用 φ 代替 φ' 。这样，我们就可获得下面描述弹丸在膛内运动的公式。

3.6.2 内弹道学基本方程

系数 φ' 和 φ_1 用于弹丸方程，同时系数 φ 和 K 应用于能量方程。把式(3-68)代入到式(3-44)，可得

$$Q = E + \varphi \frac{mv^2}{2} \pm Q_1 + Q_L \tag{3-70}$$

考虑到式(2-76)和式(2-79)，并且假定热损失量 Q_L 与火药总能量成比例，可得

$$(1 - K_q) Q_W \omega_g = \frac{pW}{\theta} + \varphi \frac{mv^2}{2} \pm Q_1 \tag{3-71}$$

由于 $\omega_g = \omega\psi$, $Q_W = c_v T_1$ 和 $c_v = R/\theta$,把它们代入到式(3-71)中，可得

$$p = \frac{(1 - K_q) f\omega\psi - \theta\varphi \dfrac{mv^2}{2} \pm \theta Q_1}{W} \tag{3-72}$$

记 $f_0 = (1 - K_q) f$,我们最终得

$$p = \frac{f_0\omega\psi - \theta\varphi \dfrac{mv^2}{2} \pm \theta Q_1}{W} \tag{3-73}$$

其中：

$$W = W_\psi + Sl \tag{3-74}$$

$$\frac{\mathrm{d}l}{\mathrm{d}t} = v \tag{3-75}$$

药室自由容积 W_ψ 可以由药室自由容积缩径长来表示：

$$W_\psi = Sl_\psi \tag{3-76}$$

式中：$l_\psi = \dfrac{W_0 - \dfrac{\omega}{\delta}(1 - \psi) - \alpha\omega\psi}{S}$,称为药室自由容积缩径长。而 $W = S(l_\psi + l)$ 。

方程(3-77)称为热力学基本方程。这个方程是由法国的弹道学家 H. Resal 在 19 世纪提出的，因此，又被称为 Resal 方程。分析 Resal 方程可知，对于弹丸在膛内运动的任一时刻，火药已燃质量百分比 ψ 的变化都转化成了火药气体的内能和弹丸的动能，而平均膛压的变化取决于火药在变容情况下燃烧的条件和能量输入。由于燃烧能量的输入伴随次要功的产生，所以需要计算次要功系数 φ 或虚拟质量系数 φ' 。

$$\varphi = \varphi' = K + \frac{1}{3}\frac{\omega \pm \Delta\omega}{m} \tag{3-77}$$

能量方程(3-73)不仅能够用于计算火药气体压力,还可以用于计算气体温度和弹丸极限速度。

3.6.3 膛内气体平均温度

让我们把式(3-73)转变为如下形式。由于 $pW = \omega\psi RT_g$,$f = RT_1$,那么通过变换可以得到计算膛内气体平均温度的方程:

$$T_g = (1 - K_q)T_1 - \frac{0.5\theta\varphi mv^2 \pm \theta Q_1}{R\omega\psi} \tag{3-78}$$

3.7 弹丸极限速度的概念

在没有热损失、额外气体流入以及额外能量流入的情况下,所有气体内能都用于推动弹丸,并且 $U\to 0$,$p\to 0$,$T_g\to 0$ 和 $l_g\to\infty$,此时弹丸可以获得极限弹丸速度 v_j。在这些前提下,热力学基本关系式可以写为 $0 = f\omega - 0.5\theta\varphi mv^2$。那么

$$v_j = \sqrt{\frac{2f\omega}{\theta\varphi m}} \tag{3-79}$$

对该公式进行分析可知:为了提高弹丸速度,我们可以使用气体常数 R 较大的气体或者提高气体温度。

首先,让我们看一下第一种方法。由于气体常数 $R = nr$(式(2-7)),我们可以认识道使用分子质量较轻的氢或者氦能得到大的 R 值。理论上,在常用的火药气体作用下,弹丸极限速度为 5300~5600m/s。在实际情况下,传统火炮能达到的速度为 1800~1900 m/s,也就是说只有极限速度的 1/3。这主要是由于弹丸速度受到身管长度、弹丸质量、装药量以及次要功的能量损失的限制。

如果使用轻质量气体,与火药气体相比火药力 $f = RT_1$ 就会增大(对于火药的火焰温度(爆温)一定的情况而言)。例如,R 值在实际火药气体的情况下为 451.2J/(kg·K),而用氦代替时为 2079J/(kg·K),用氢代替时为 4194 J/(kg·K)。R 值是提高极限弹丸速度的重要因素。

另一种提高弹丸速度的方法可以通过增加气体能量来实现,这可以利用气体压缩或在膛内输入附加能量(如电能或电磁能)的方法来实现。

如果膛内工作气体为氢或者氦时,弹丸可以获得高达 6~7km/s 的极限速度。

第 4 章　内弹道方程组及其求解

4.1　火炮射击过程的不同时期

火炮膛内射击过程包含以下几个时期:前期(热静力学阶段);热力学第一时期;热力学第二时期;后效期。

在前期,点火发生后,装药开始燃烧。随着火药燃烧的进行,内膛压力增加,当压力超过挤进压力 p_0 时,弹丸开始在炮膛内运动。

4.1.1　前期

当药室压力低于挤进压力时,弹丸在膛内不发生运动。在实际情况下,由于气体压力的作用,弹丸的挤进应是一个渐进的过程,这个时期的弹道过程的研究也是弹道学的一个分支,称为起始内弹道。图 4-1 给出了这一时期气体压力的变化规律。图 4-1 中,前期时刻记作 t_0,射击启动压力(挤进压力)记作 p_0,相应的火药燃烧参数分别记作 I_{k0}、z_0 和 ψ_0。

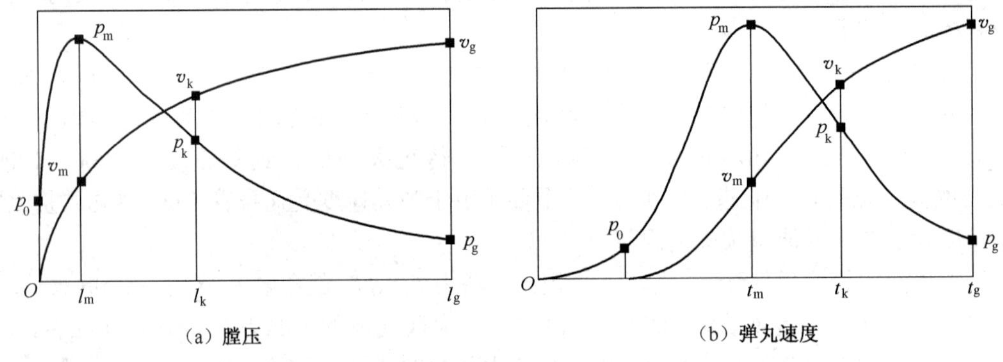

图 4-1　膛压和弹丸速度随弹丸行程及时间的变化

4.1.2　热力学第一时期

热力学第一时期从 t_0 时刻开始一直持续到火药燃烧结束点。如果火炮装药设计不够合理的话,就有可能发生弹丸已经出炮口而这一阶段还没有结束的情况。对于好的弹道学设计,这一阶段所需时间应该只占弹丸出炮口时间的一部分。在热力学第一时期,弹丸在膛内的运动使弹后空间体积不断增大,火药是在变容情况下燃烧。弹底和膛底之间容积变化率随着弹丸速度的增加而增加。在这一时期的开始阶段,弹丸速度很小,以至于火药燃烧后的气体生成速率迅速升高,因此,膛内压力增加。在 t_m 时刻,达到了容积变化率和气体生成速率的平衡。这一时刻,膛内压力达到了最大压力 p_m。在最大膛压 p_m 以后,由于气体生成速率不能补偿弹后容积的增大变化率,膛压开始下降。在 t_m 时刻的燃烧参数 I、z 和 ψ 将用下标 m 标记,记作 I_m、z_m 和 ψ_m,弹丸速度和行程分别记为 v_m 和 l_m。

在某一特定时刻 t_k,火药燃烧结束。相应的火药燃烧参数在该时刻用下标 k 来标记,分别记为:t_k、p_k、I_k、z_k、$\psi_k=1$、v_k 和 l_k。图 4-1 给出了压力和弹丸速度随弹丸行程及时间的变化关系。

4.1.3　热力学第二时期

从火药燃烧结束点（$t=t_k$，$\psi=1$，$z=z_k$）开始，一直持续到弹底与炮口重合时刻（$t=t_g$）结束。在这个时期，弹丸在弹底压力作用下继续加速。在 t_g 时刻弹丸获得炮口速度 v_g，弹丸在身管中运动行程为 l_g。图4-1给出了弹丸速度与膛内压力随弹丸行程和时间变化的关系曲线。

4.1.4　后效期

从 t_g 时刻开始，一直持续到平均弹道压力等于临界压力 $p=p_{cr}$ 时结束。对于火药气体流出到空气中（$k=1.4$）的情况，临界压力 $p_{cr}\approx0.18\text{MPa}$。

4.2　内弹道方程组

在写出内弹道方程组时，采用以下假设：

（1）火药气体的流动是零维的、无黏性的和不可压缩的，膛内气流边界层效应可以忽略不计。

（2）火药固体和气体混合物可由 Nobel-Abel 状态方程描述。

（3）火药燃烧服从几何燃烧定律，不考虑火药的侵蚀燃烧。

（4）可以使用药粒的平均尺寸（长度、半径等）来描述药粒的实际几何尺寸，并假定所有药粒具有相同大小和外形。对于多孔火药，认为孔是均匀分布的，而且孔对应的所有弧厚都是均匀相等的。

（5）在 $t=0$ 时刻，所有药粒同时着火。

（6）在任一瞬间，单位质量火药固体分解后所释放的热量都是在当前平均气温下进行的。

（7）不考虑火药气体混合物主要成分的再分解。

（8）通过火炮身管表面的热量损失可以根据火药燃烧所释放的总能量来计算，它占火药燃烧总放热量的百分比可以用系数 K_q 来表示。

（9）弹带与炮膛形成了一个完全的气体密封。

（10）可以利用拉格朗日（Lagrange）问题的解来建立起平均压力、膛底压力与弹底压力之间的相互关系。

（11）火药气固混合物在膛内是均匀分布的。

（12）绝热系数 $\theta=k-1$ 是一个常数。

（13）火药气体混合物是一种机械混合，火药燃气生成物成分保持不变。

（14）火药气体混合物的物理特性，可由机械混合的相应公式计算。

（15）弹丸在膛内运动时期，弹丸前端所受的空气阻力可以忽略不计。

1. 输入的基本数据

N——混合装药种数；

n_i——第 i 种装药的药粒药孔数；

ω_i——第 i 种装药的质量；

$2e_{1i}$——第 i 种药粒的弧厚；

$2c_i$——第 i 种装药的药粒长度；

d_{0i}——第 i 种装药的药粒孔径；

D_i ——第 i 种装药的药粒外径；
p_b ——点火压力；
T_b ——点火温度
u_{1i} ——第 i 种装药的燃速系数；
ν_i ——第 i 种装药的燃速指数；
I_{ki} ——第 i 种装药的压力全冲量；
ν_i ——第 i 种火药的燃烧指数；
f_i ——第 i 种装药的火药力；
T_{1i} ——第 i 种装药的火焰温度(爆温)；
θ_i ——第 i 种装药的绝热系数；
δ_i ——第 i 种装药的火药密度；
α_i ——第 i 种装药的余容；
W_0 ——药室初始容积；
φ_1 或 K ——次要功计算系数；
n_s ——膛线深系数；
d ——火炮口径；
m ——弹丸质量；
l_g ——弹丸膛内行程长；
p_0 ——挤进压力；
K_q ——平均热损失系数；
τ ——微分方程积分求解的时间步长。

2. 初步计算

对于每一种装药,其几何特性由下列公式计算：

(1) $\beta = 2e_1/2c$ ——药粒的相对弧厚；

(2) $\Pi_1 = \dfrac{D + nd_0}{2c}$ ——相对周长；

(3) $Q_1 = \dfrac{D^2 + nd_0^2}{(2c)^2}$ ——相对燃烧表面；

3. 多孔火药药粒分裂前和分裂后的形状函数系数

(4) $\chi_1 = \dfrac{Q_1 + 2\Pi_1}{Q_1}\beta$；

(5) $\lambda_1 = \dfrac{n - 1 - 2\Pi_1}{Q_1 + 2\Pi_1}\beta$；

(6) $\mu_1 = -\dfrac{(n - 1)\beta^2}{Q_1 + 2\Pi_1}$；

(7) $\chi_2 = \dfrac{2(1 - \psi_s)}{z_k - 1}$；

(8) $\lambda_2 = -\dfrac{1}{2(z_k - 1)}$；

(9) $\rho_1 = 0.1772(d_0 + 2e_1)$ ——当多孔火药燃烧到火药孔彼此相切瞬间时的棱柱半径；

(10) $z_k = \frac{e_1 + \rho_1}{e_1}$ ——药粒在燃烧结束点时的相对厚度；

(11) $\psi_s = \chi_1(1 + \lambda_1 + \mu_1)$ ——多孔火药燃烧到药孔彼此相切时的相对气体质量。

4. 内弹道计算的初始条件

$t=0$、$p=p_b$、$p_t=p_b$、$p_d=p_b$、$T_g=T_b$、$T_t=T_b$、$T_d=T_b$、$z_i=0$、$\psi_i=0$、$v=0$、$l=0$、$\frac{dv}{dt}=0$、$\frac{dl}{dt}=0$、$S=n_s d^2$ 为炮膛横截面积。

5. 不同时刻的内弹道计算

(1) $\omega = \sum_{i=1}^{N} \omega_i$ ——总装药质量；

(2) $\frac{dI}{dt} = p$ ——某一时刻火药燃烧冲量；

(3) $z_i = I/I_{ki}$ ——火药药粒燃烧到某一时刻的药粒相对厚度；

(4) 如果 $z<1$，那么 $\psi_i = \chi_{1i} z_i (1 + \lambda_{1i} z_i + \mu_{1i} z_i^2)$ ——多孔火药在药孔相遇前某一瞬间的相对气体质量；

(5) 当 $z = 1$ 时，那么 $\psi_{si} = \chi_{1i}(1 + \lambda_{1i} + \mu_{1i})$ ——多孔火药燃烧到火药孔彼此相切瞬间的相对气体质量；

(6) $z_{1i} = z_i - 1$；

(7) 当 $z > 1$ 时，$\psi_i = \psi_{si} + \chi_{2i} z_{1i} + \lambda_{2i} \chi_{2i} z_{1i}^2$ ——多孔火药药孔相切后某一瞬间的相对气体质量；

(8) 当 $z_i < 1$ 时，$\frac{d\psi_i}{dt} = \chi_{1i}(1 + 2\lambda_{1i} z_i + 3\mu_{1i} z_i^2) \frac{p}{I_{ki}}$ ——多孔火药在药孔相遇前某一瞬间的气体生成速率；

(9) 当 $z_i = 1$ 时，$\frac{d\psi_i}{dt} = \chi_{1i}(1 + 2\lambda_{1i} + 3\mu_{1i}) \frac{p}{I_{ki}}$ ——多孔火药燃烧到药孔彼此相切瞬间的气体生成速率；

(10) 当 $z_i > 1$ 时，$\frac{d\psi_i}{dt} = \chi_{2i}(1 + 2\lambda_{2i} z_{1i}) \frac{p}{I_{ki}}$ ——药孔相遇后某一瞬间气体生成速率；

(11) $W_\psi = W_0 - \sum_{i=1}^{N} \left[\frac{\omega_i}{\delta_i}(1 - \psi_i) + \alpha_i \omega_i \psi_i \right]$ ——弹丸开始运动前火药气体所占体积；

(12) $\omega_g = \sum_N \omega_{g_i}$ ——所有装药燃烧结束后产生的膛内气体总质量；

(13) $G_{pri} = \frac{d\omega_{g_i}}{dt} = \omega_i \frac{d\psi_i}{dt}$ ——由于第 i 种火药燃烧而进入膛内的气体量随时间的变化率；

(14) $R_i = \dfrac{f_i}{T_{1i}}$——第 i 种火药的气体常数，f_i 为第 i 种火药的火药力；

(15) $R = \dfrac{1}{\omega_g}\sum_{i=1}^{N} R_i\omega_i\psi_i$——气体混合物的气体常数等效值；

(16) $T_1 = \dfrac{1}{\omega_g}\sum_{i=1}^{N} T_{1i}\omega_i\psi_i$——气体混合物火焰温度(爆温)的等效值；

(17) $\theta = \dfrac{\sum_N \dfrac{f_i\omega_i\psi_i}{T_{1i}}}{\sum_N \dfrac{f_i\omega_i\psi_i}{T_{1i}\theta_i}}$——气体混合物比热容比；

(18) $\alpha = \dfrac{1}{\omega_g}\sum_{1}^{N} \alpha_i\omega_{g_i}$——气体混合物的余容等效值；

(19) $C_{vi} = \dfrac{R_i}{k_i - 1}$——在混合气体中，第 i 种火药气体的定容比热容；

(20) $W = W_\psi + Sl$——弹后空间火药气体所占体积；

(21) $\varphi = \varphi_1 + \dfrac{1}{3}\dfrac{\omega}{m}$——次要功计算系数；

(22) $\dfrac{\mathrm{d}v}{\mathrm{d}t} = \dfrac{sp}{\varphi m}$——火药气体作用下的弹丸运动方程，在 $p < p_0$ 时，$\dfrac{\mathrm{d}v}{\mathrm{d}t} = 0$；

(23) $\dfrac{\mathrm{d}l}{\mathrm{d}t} = v$；

(24) $p = (1 - K_q)\dfrac{RT_1\omega\psi}{W} - \dfrac{0.5\theta\varphi m v^2}{W}$——平均膛压；

(25) $v_x = \dfrac{vx}{l + l_{W_0}}$——距离膛底 x 处的横截面上的气体速度值，其中 l_{W_0} 为药室长度；

(26) $p_t = p\dfrac{1 + \dfrac{1}{2}\left(\dfrac{\omega}{\varphi_1 m}\right)}{1 + \dfrac{1}{3}\left(\dfrac{\omega}{\varphi_1 m}\right)}$——膛底压力；

(27) $p_x = p_d\left\{1 + \dfrac{\omega}{2\varphi_1 m}\left[1 - \left(\dfrac{x}{l + l_{W_0}}\right)^2\right]\right\}$——横截面 x 处的气体压力；

(28) $p_d = \dfrac{p}{1 + \dfrac{1}{3}\left(\dfrac{\omega}{\varphi_1 m}\right)}$——弹底压力；

(29) $T_t = \dfrac{p_t W}{R\omega}$——膛底处温度；

(30) $T_d = \dfrac{p_d W}{R\omega}$——弹底处温度；

(31) $T_g=(1-K_q)T_1-\dfrac{0.5\theta\varphi mv^2}{R\omega\psi}$——气体平均温度。

求解上述方程组,就可以获得内弹道前期、热力学第一时期以及热力学第二时期的弹道特性参数。对于前期的求解,需要排除(20)~(23)以及(25)~(31)项,而在第(24)项中 $v=0$。热力学第一时期由上述所有方程描述。

对热力学第二时期求解时,(2)~(10)项不需要考虑,在此时期取 $z=z_k,\psi=1$。

上述内弹道方程组((8)~(31)项)是零维气体动力学问题,该方程组既可以用于求解内弹道学正面问题,也可以用于求解内弹道反面问题。这种弹道学求解方法也被称为集中参数法。

利用这些方程计算时,必须首先知道火药的几何特性参数和物理特性参数。

4.3 计算例题

在本节将给出两个算例。

表4-1给出了某30mm火炮内弹道计算的原始参数,该火炮的装药为单基5/7高火药。图4-2给出了计算获得的内弹道特性曲线。

表4-1 某30mm火炮内弹道计算原始参数表

口径/mm	30	火药燃速系数 u_1/(dm·MPa^{-n}·s^{-1})	0.018
弹丸质量/kg	0.41	火药密度/(kg·dm^{-3})	1.6
炮膛横断面积/dm^2	0.0738	分裂前燃速指数	0.85
药室容积/dm^3	0.1175	分裂后燃速指数	1.0
弹丸全行程长/dm	14.8	火药弧厚/mm	0.605
比热容比	1.25	火药内孔直径/mm	0.215
挤进压力/MPa	30.0	火药长度/mm	4.1
次要功系数 φ_1	1.09	火药药孔数	7
热损失系数 K_q	0.05	火药力/(kJ·kg^{-1})	1050
火药质量/kg	0.095	火药余容/(dm^3·kg^{-1})	1.0

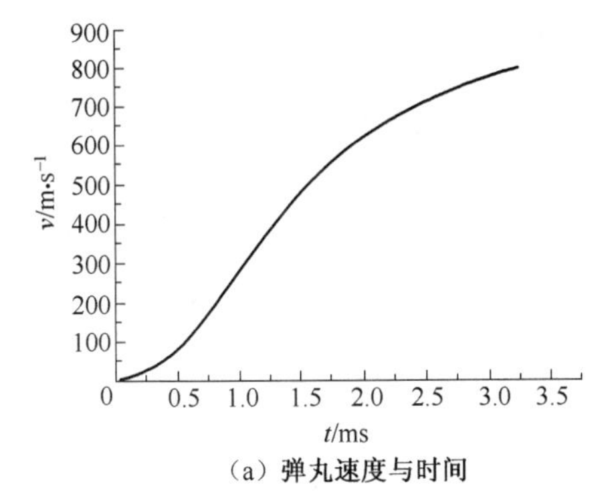

(a) 弹丸速度与时间

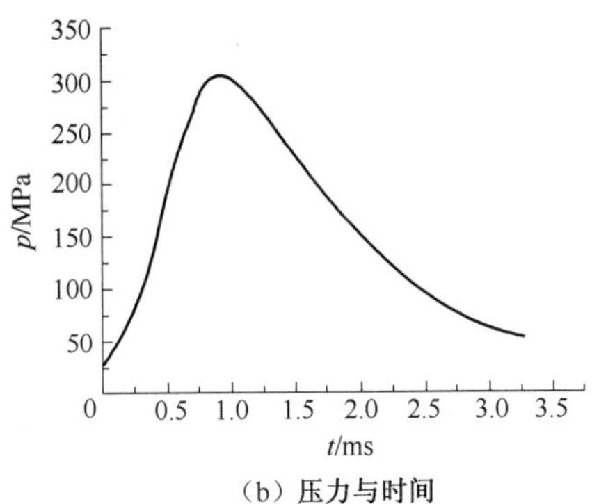

(b) 压力与时间

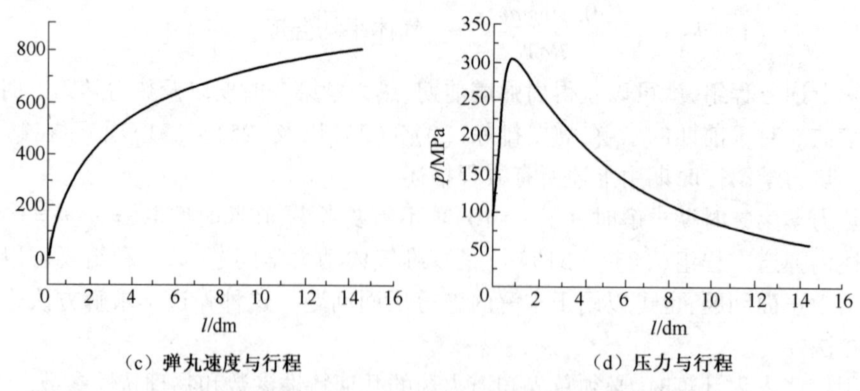

（c）弹丸速度与行程　　（d）压力与行程

图 4-2　某 30mm 火炮内弹道计算曲线

表 4-2 例出了某 122mm 榴弹炮全装药内弹道计算的原始参数，该全装药采用混合装药，包括单基 4/1 和单基 9/7 两种火药。图 4-3 给出了计算获得的内弹道特性曲线。

表 4-2　某 122mm 火炮内弹道计算原始参数表

口径/mm	122	火药燃速系数 u_1/(dm · MPa^{-n} · s^{-1})	0.0185
弹丸质量/kg	21.76	薄火药密度/(kg · dm^{-3})	1.6
炮膛横断面积/dm^2	1.196	厚火药密度/(kg · dm^{-3})	1.6
药室容积/dm^3	3.770	分裂前燃速指数	0.82
弹丸全行程长/dm	23.84	分裂后燃速指数	1.0
点火药质量/kg	0.03	薄火药弧厚/mm	0.48
点火药火药力/(kJ · kg^{-1})	280.0	薄火药内孔直径/mm	0.3
比热容比	1.20	薄火药长度/mm	6.5
挤进压力/MPa	30.0	薄火药药孔数	1
次要功系数 φ_1	1.05	厚火药质量/kg	1.76
火药余容/(dm^3 · kg^{-1})	1.0	厚火药火药力/(kJ · kg^{-1})	980
装药总数	2	厚火药弧厚/mm	1.0
薄火药质量/kg	0.34	厚火药内孔直径/mm	0.50
热损失系数 K_q	0.1	厚火药长度/mm	12.0
火药力/(kJ · kg^{-1})	980.0	厚火药药孔数	7

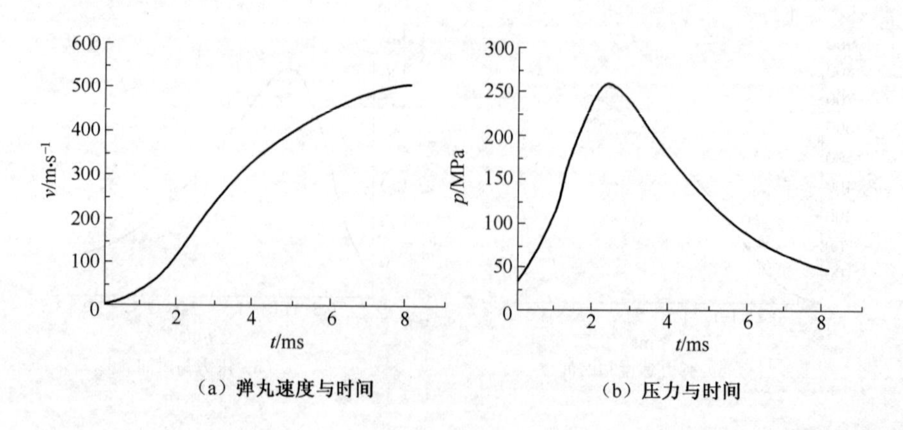

（a）弹丸速度与时间　　（b）压力与时间

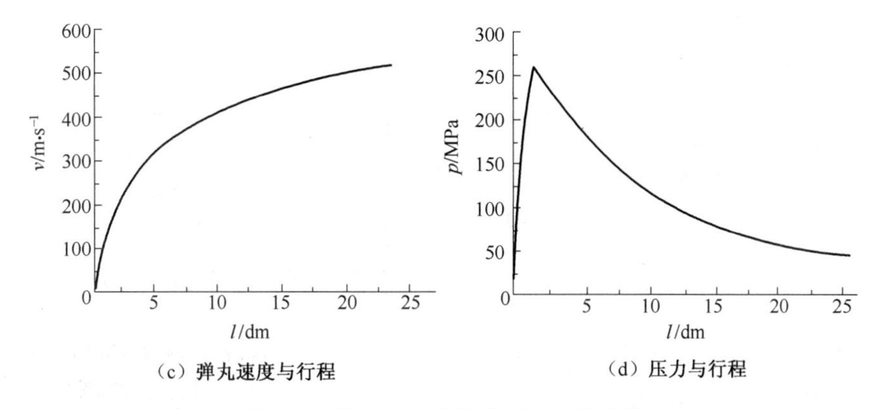

（c）弹丸速度与行程　　（d）压力与行程

图 4-3　某 122mm 火炮内弹道计算曲线

为了使大家对内弹道特性曲线有更多直观的印象，图 4-4 至图 4-11 给出了由美国学者计算所获得的若干美国火炮的内弹道特性曲线，表 4-3 是对这些曲线的简单说明。

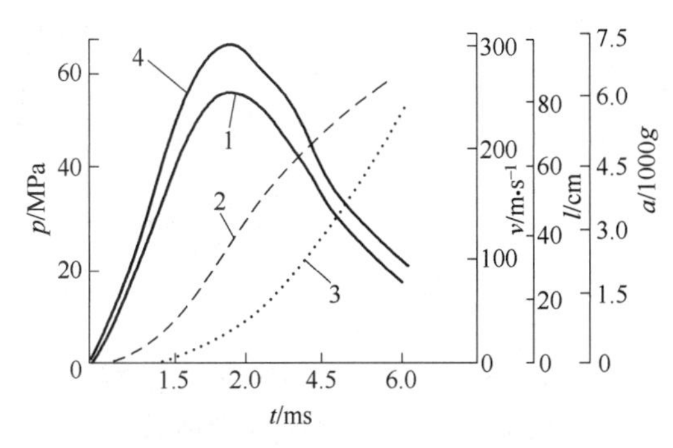

图 4-4　81mm 迫击炮最大号装药的压力、行程、速度、加速度与时间曲线

1—压力—时间曲线；2—速度—时间曲线；3—行程—时间曲线；4—加速度—时间曲线。

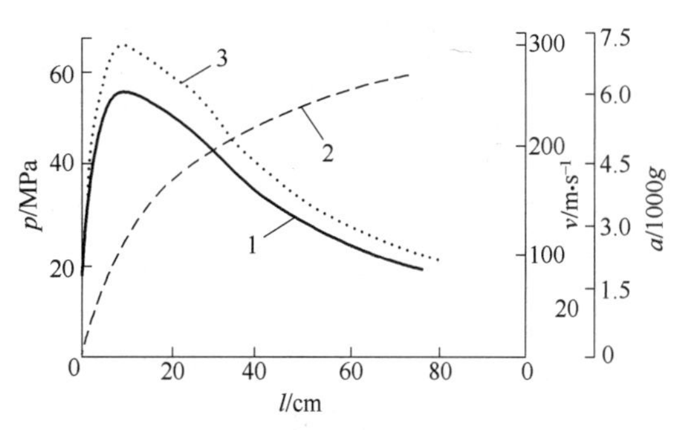

图 4-5　81mm 迫击炮最大号装药压力、速度、加速度与行程曲线

1—压力—行程曲线；2—速度—行程曲线；3—加速度—行程曲线。

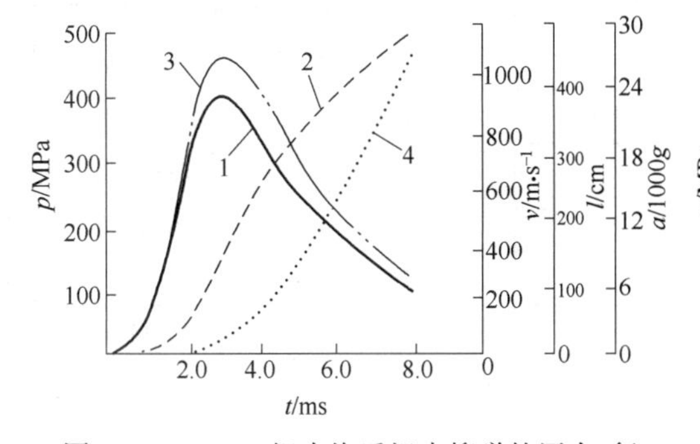

图 4-6　105mm 坦克炮反坦克榴弹的压力、行程、速度、加速度与时间曲线

1—压力—时间曲线；2—速度—时间曲线；3—加速度—时间曲线；4—行程—时间曲线。

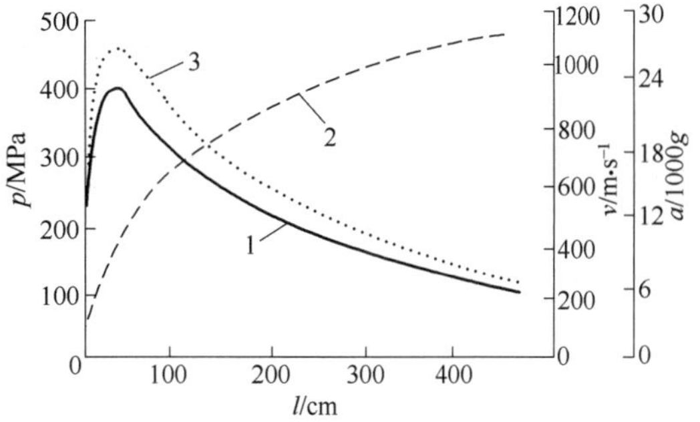

图 4-7　105mm 坦克炮反坦克榴弹的压力、速度、加速度与行程曲线

1—压力—行程曲线；2—速度—行程曲线；3—加速度—行程曲线。

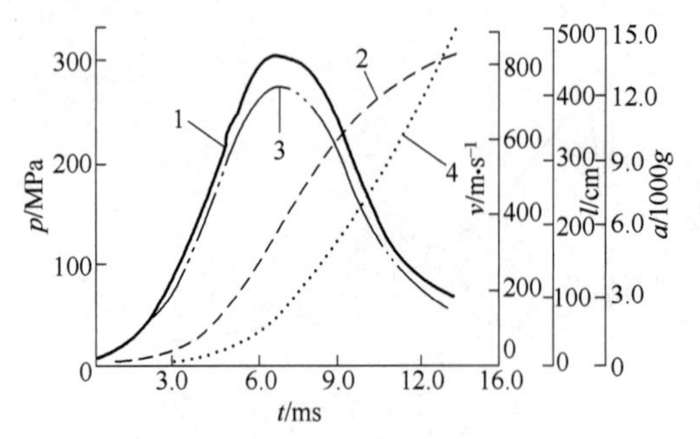

图 4-8　155mm 榴弹炮大号装药的压力、速度、行程、加速度与时间曲线

1—压力—时间曲线；2—速度—时间曲线；3—加速度—时间曲线；4—行程—时间曲线。

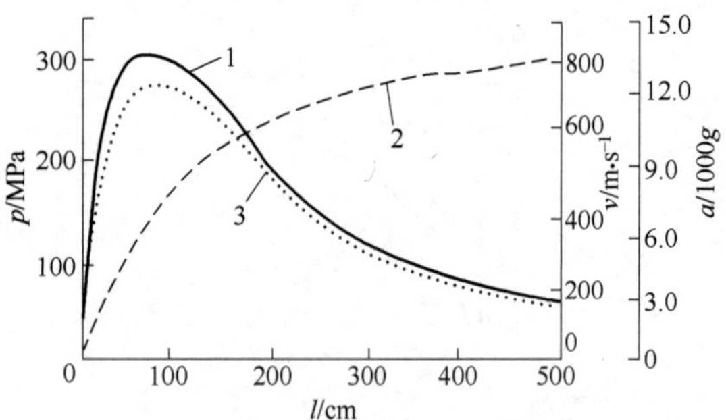

图 4-9　155mm 榴弹炮大号装药的压力、速度、加速度与行程曲线

1—压力—行程曲线；2—速度—行程曲线；3—加速度—行程曲线。

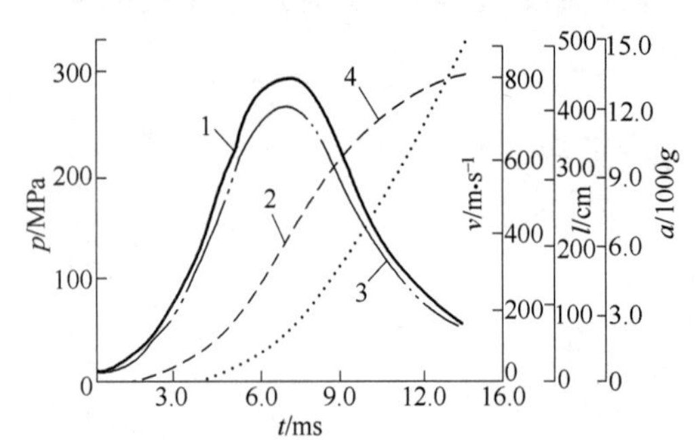

图 4-10　155mm 榴弹炮大号装药火箭增程弹的压力、速度、行程、加速度与时间曲线

1—压力—时间曲线；2—速度—时间曲线；3—加速度—时间曲线；4—行程—时间曲线。

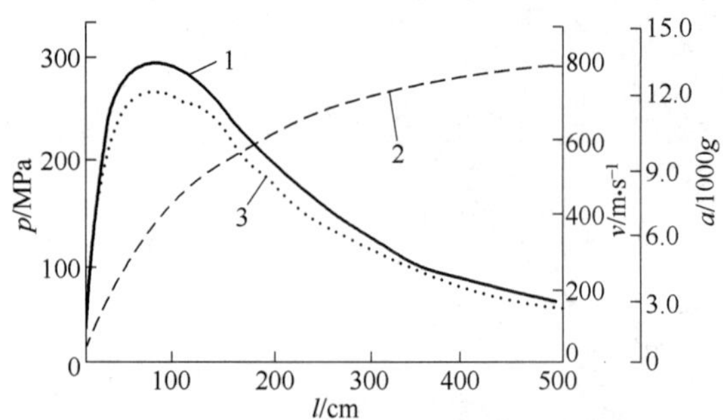

图 4-11　155mm 榴弹炮大号装药火箭增程弹的压力、速度、加速度与行程曲线

1—压力—行程曲线；2—速度—行程曲线；3—加速度—行程曲线。

表 4-3　美国若干火炮武器内弹道曲线说明

内弹道曲线		武器	81mm 迫击炮		105mm 坦克炮		155mm 榴弹炮		155mm 榴弹炮	
		曲线	时间曲线	行程曲线	时间曲线	行程曲线	时间曲线	行程曲线	时间曲线	行程曲线
		图号	4-4	4-5	4-6	4-7	4-8	4-9	4-10	4-11
图曲线说明	弹丸类型		榴弹		曳光榴弹		榴弹		火箭增程榴弹	
	装药类型		大号装药				大号装药		大号装药	
	$v_0/(\mathrm{m\cdot s^{-1}})$		267		1174		684		823.4	
	p_m/MPa		57.9		409.8		206.8		306.4	
装药说明	$W_0/\mathrm{cm^3}$		1.0324		5.099		19.123		19.123	
	$S/\mathrm{cm^2}$		0.52		0.891		1.92		1.92	
	l_g/cm		8.33		47.2		50.7		50.7	
	q/kg		4.08		10.5		43.09		43.5	
	ω/kg		0.108		5.53		9.2		11.93	
	发射药类型				M30		M6		M30A1	

4.4 内弹道方程组的解析解法

4.4.1 前期解析解法

在进行内弹道方程的解析求解时,需要分成不同阶段。

1. 前期(热静力学时期)

这一时期的起点为火药点火瞬间,终点是平均膛压等于挤进压力 p_0 瞬间。点火压力为

$$p_b = \frac{f_b \omega_b}{W_0 - \dfrac{\omega}{\delta} - \alpha_b \omega_b} \tag{4-1}$$

如果式(4-1)中的点火压力已知,那么可以求出点火药质量为

$$\omega_b = \frac{p_b\left(W_0 - \dfrac{\omega}{\delta}\right)}{p_b \alpha_b + f_b} \tag{4-2}$$

如果把点火压力考虑在内的话,那么热静力学基本关系式可以表示为

$$p = \frac{f_b \omega_b + f\omega\psi}{W_0 - \dfrac{\omega}{\delta}(1 - \psi) - \alpha\omega\psi - \alpha_b \omega_b} \tag{4-3}$$

或

$$p = p_b + \frac{f\omega\psi}{W_0 - \dfrac{\omega}{\delta}(1 - \psi) - \alpha\omega\psi - \alpha_b \omega_b} \tag{4-4}$$

如果取 $p = p_0$,那么通过方程(4-4)就可以求出前期火药燃烧百分比 ψ_0:

$$\psi_0 = \frac{(p_0 - p_b)\left(W_0 - \dfrac{\omega}{\delta} - \alpha_b \omega_b\right)}{f\omega - (p_0 - p_b)\left(\dfrac{\omega}{\delta} - \alpha\omega\right)} \tag{4-5}$$

装填密度 $\Delta = \omega/W_0$,并把式(4-5)的分子和分母同时除以 $(p_0 - p_b)$ 可以得到

$$\psi_0 = \frac{\dfrac{1}{\Delta_0} - \dfrac{\alpha_b \omega_b}{\omega} - \dfrac{1}{\delta}}{\dfrac{f}{p_0 - p_b} + \alpha - \dfrac{1}{\delta}} \tag{4-6}$$

若忽略点火药质量的影响,式(4-6)可以写为

$$\psi_0 = \frac{\dfrac{1}{\Delta_0} - \dfrac{1}{\delta}}{\dfrac{f}{p_0 - p_b} + \alpha - \dfrac{1}{\delta}} \tag{4-7}$$

求出 ψ_0 后,可以利用方程:

$$\psi_0 = \chi z_0 (1 + \lambda z_0 + \mu z_0^2) \tag{4-8}$$

求解弹丸开始运动瞬间的药粒相对燃烧厚度。方程(4-8)可由数值方法求解,在采用二

项式的情况下为

$$\psi_0 = \chi z_0(1 + \lambda z_0) \tag{4-9}$$

有

$$z_0 = \frac{-1 + \sqrt{1 + 4\dfrac{\lambda}{\chi}\psi_0}}{2\lambda} \tag{4-10}$$

利用火药相对燃烧表面积方程(2-32),可以将式(4-10)进行变换,在采用二项式的情况下:

$$\sigma_0 = 1 + 2\lambda z_0 \tag{4-11}$$

比较式(4-10)和式(4-11),我们可以发现 $1 + 2\lambda z_0 = \sqrt{1 + 4\dfrac{\lambda}{\chi}\psi_0}$,于是

$$\sigma_0 = \sqrt{1 + 4\frac{\lambda}{\chi}\psi_0} \tag{4-12}$$

求出系数 ψ_0、z_0 和 σ_0 后,有

$$W_{\psi_0} = W_{\psi=\psi_0} = W_0 - \frac{\omega}{\delta}(1 - \psi_0) - \alpha\omega\psi_0 - \alpha_b\omega_b$$

在弹丸开始运动瞬间的药室自由容积缩径长:

$$l_{\psi_0} = \frac{W_{\psi_0}}{s} \tag{4-13}$$

前期的持续时间可用热静力学基本关系式(2-81)计算。对时间进行求导可得

$$\frac{\mathrm{d}p_\psi}{\mathrm{d}t} = f\omega\frac{\mathrm{d}(\psi/W_\psi)}{\mathrm{d}t} \tag{4-14}$$

方程(4-14)右边中的参数 ψ 和 W_ψ 是复杂变化的,因此难于找到解析解。为了获得解析解,需要引入一些假设:假设 $W_\psi = W_{\psi_{cp}}$,对应于 $\psi_{cp} = 0.5$ 的容积 $W_{\psi_{cp}}$(点火药气体体积影响忽略不计)为

$$W_{\psi_{cp}} = W_0 - 0.5\left(\frac{1}{\delta} + \alpha\right) \tag{4-15}$$

那么方程(4-14)可以写为

$$\frac{\mathrm{d}p_\psi}{\mathrm{d}t} = \frac{f\omega}{W_{\psi_{cp}}}\frac{\mathrm{d}\psi}{\mathrm{d}t} \tag{4-16}$$

为了求解气体生成速率 $\dfrac{\mathrm{d}\psi}{\mathrm{d}t}$,可利用方程(2-70)。因为 $\dfrac{\mathrm{d}e}{\mathrm{d}t} = u = u_1 p$,我们可得

$$\frac{\mathrm{d}p_\psi}{\mathrm{d}t} = \frac{f\omega}{W_{\psi_{cp}}}\frac{S_1}{\Lambda_1}\sigma u_1 p_\psi \tag{4-17}$$

对于管状药或带状药,火药相对燃烧表面积 σ 在燃烧过程中基本保持不变。那么在式(4-17)中,可取 $\sigma = \sigma_{cp} = \mathrm{const}$,有

$$\frac{\mathrm{d}p_\psi}{\mathrm{d}t} = \frac{f\omega}{W_{\psi_{cp}}}\frac{S_1}{\Lambda_1}\sigma_{cp} u_1 p_\psi \tag{4-18}$$

记

$$\tau_0 = \frac{f\omega}{W_{\psi_{cp}}} \frac{S_1}{\Lambda_1} \sigma_{cp} u_1 \tag{4-19}$$

有

$$\frac{dp_\psi}{dt} = \tau_0 p_\psi \tag{4-20}$$

对式(4-20)进行积分,可得

$$\int_{p_b}^{p_0} \frac{dp_\psi}{p_\psi} = \int_0^{t_0} \tau_0 dt$$

则有

$$p_0 = p_b e^{t_0/\tau} \tag{4-21}$$

由于式中 p_0 和 p_b 是已知量,利用式(4-21)可以计算出初期持续时间:

$$t_0 = \tau_0 \ln \frac{p_0}{p_b} \tag{4-22}$$

4.4.2 热力学第一时期

在热力学第一时期,火药已燃百分比 ψ 从 ψ_0 变化到 1。

为了对热力学第一时期求解,我们需要使用下列简化的内弹道方程:

(1) 火药燃烧规律:

$$u = u_1 p \tag{4-23}$$

(2) 弹丸运动方程:

$$\frac{dv}{dt} = \frac{pS}{\varphi m} \tag{4-24}$$

(3) 气体生成规律:

$$\psi = \chi z(1 + \lambda z) \tag{4-25}$$

(4) 热力学基本关系式:

$$pW = f\omega\psi - \theta \frac{\varphi m v^2}{2} \tag{4-26}$$

我们需要解决的问题是:求出四个变量 ψ、v、l 和 p 之间的相互关系。

1. 对弹丸速度 v 求解

为了求解弹丸速度,我们把弹丸运动方程(4-24)转换为如下形式:

$$\varphi m dv = pS dt$$

则

$$v = \frac{S}{\varphi m} \int_{t_0}^{t} p dt = \frac{S}{\varphi m}(I - I_0) \tag{4-27}$$

在式(4-27)右边部分乘于和除于压力全冲量 I_k,可得

$$v = \frac{SI_k}{\varphi m}\left(\frac{I}{I_k} - \frac{I_0}{I_k}\right) = \frac{SI_k}{\varphi m}(z - z_0)$$

令 $x = z - z_0$,得方程:

$$v = \frac{SI_k}{\varphi m}x \tag{4-28}$$

在火药燃烧结束点,式(4-28)取下面形式:

$$v = \frac{SI_k}{\varphi m}(l - z_0) \tag{4-29}$$

2. 对弹丸行程 l 求解

为了求解弹丸行程,使用方程(4-26):

$$pS(l_\psi + l) = f\omega\left(\psi - \frac{\theta\varphi m v^2}{2f\omega}\right)$$

其中:

$$W = S(l_\psi + l) \tag{4-30}$$

对于给定的装填条件,弹丸的最大速度为

$$v_j = \sqrt{\frac{2f\omega}{\theta\varphi m}} \tag{4-31}$$

则

$$pS(l_\psi + l) = f\omega\left(\psi - \frac{v^2}{v_j^2}\right) \tag{4-32}$$

弹丸运动方程(4-24)还可以写成另外一种形式:

$$\varphi m \frac{dl}{dt}dv = pSdl$$

或

$$\varphi m v dv = pSdl \tag{4-33}$$

把式(4-32)与式(4-33)联立求解:

$$\frac{dl}{l_\psi + l} = \frac{\varphi m}{f\omega}\frac{v dv}{\psi - \frac{v^2}{v_j^2}} \tag{4-34}$$

N. F. Drozdov 教授在 1903 年给出了求解式(4-34)的方法。在他的求解方法中,把 $x = z - z_0$ 取为自变量,有

$$z = x + z_0 \tag{4-35}$$

利用方程(4-25),把式(4-35)代入其中:

$$\psi = \psi_0 + k_1 x + \chi\lambda x^2 \tag{4-36}$$

其中:

$$k_1 = \chi\sigma_0 \tag{4-37}$$

将式(4-28)和式(4-36)代入式(4-34),经代数变换后得

$$\psi - \frac{v^2}{v_j^2} = \psi_0 + k_1 x - \left(\frac{\theta}{2}\frac{S^2 I_k^2}{f\omega\varphi m} - \chi\lambda\right)x^2$$

记

$$B = \frac{S^2 I_k^2}{f\omega\varphi m} \tag{4-38}$$

$$B_1 = \frac{B\theta}{2} - \chi\lambda \tag{4-39}$$

在式(4-34)中替代 $\psi - \frac{v^2}{v_j^2}$,可得

$$\frac{\mathrm{d}l}{l_\psi + l} = B\frac{x\mathrm{d}x}{\psi_0 - k_1 x - B_1 x^2} \tag{4-40}$$

参量 B 称为综合装填参量,它是各种装填条件组合起来的一个综合参量,它的变化对最大压力和燃烧结束点位置都有显著的影响,是一个重要的弹道参量。

如果 $l_\psi = l_{\mathrm{cp}} = \mathrm{const}$,那么就可以对式(4-40)进行积分。由于 $l_\psi = \frac{W_\psi}{S}$, $W_\psi = W_0 - \frac{\omega}{\delta}(1-\psi) - \alpha\omega\varphi$,有

$$l_\psi = \frac{W_0}{S} - \frac{\frac{\omega}{\delta}(1-\psi) - \alpha\omega\varphi}{S}$$

定义参量:

$$l_0 = W_0/S \tag{4-41}$$

式中:l_0 称为药室容积缩径长。把 l_0 和装填密度 $\Delta = \omega/W_0$ 代入到式(4-41)可得

$$l_\psi = l_0\left[1 - \frac{\frac{\omega}{\delta}(1-\psi) - \alpha\omega\varphi}{Sl_0}\right] = l_0\left[1 - \frac{\frac{\omega}{\delta}(1-\psi) - \alpha\omega\psi}{W_0}\right]$$

$$= l_0\left[1 - \frac{\Delta}{\delta}(1-\psi) - \alpha\Delta\psi\right] = l_0\Delta\left[\frac{1}{\Delta} - \frac{1}{\delta}\right] + l_0\Delta\psi\left(\frac{1}{\delta} - \alpha\right)$$

记

$$l_\Delta = l_0\Delta\left[\frac{1}{\Delta} - \frac{1}{\delta}\right] \tag{4-42}$$

可得

$$l_\psi = l_\Delta + l_0\Delta\psi\left(\frac{1}{\delta} - \alpha\right) \tag{4-43}$$

类似于式(4-43),有

$$l_{\psi_{\mathrm{cp}}} = l_\Delta + l_0\Delta\psi_{\mathrm{cp}}\left(\frac{1}{\delta} - \alpha\right) \tag{4-44}$$

于是,式(4-40)就可以写为

$$\frac{\mathrm{d}l}{l_{\psi_{\mathrm{cp}}} + l} = B\frac{x\mathrm{d}x}{\psi_0 - k_1 x - B_1 x^2} \tag{4-45}$$

则方程(4-45)的解为如下形式:

$$l = l_{\psi_{\mathrm{cp}}}(Z^{-\overline{B}} - 1) \tag{4-46}$$

其中:

$$\overline{B} = B/B_1 \tag{4-47}$$

$$Z=\left(1-\frac{2}{b+1}\beta\right)^{\frac{b+1}{2b}}\left(1+\frac{2}{b-1}\right)^{\frac{b-1}{2b}} \tag{4-48}$$

$$b=\sqrt{1+4\gamma} \tag{4-49}$$

$$\beta=\frac{B_1}{k_1}x \tag{4-50}$$

这一时期的平均膛压的计算,可利用热力学基本方程(4-32)。根据方程(4-32)可知:

$$p=\frac{f\omega}{S(l_\psi+l)}\left(\psi-\frac{v^2}{v_j^2}\right)$$

考虑到式(4-28)、式(4-31)和式(4-38),做简单的变换可得

$$p=\frac{f\omega}{S}\left(\psi-\frac{B\theta}{2}x^2\right)/(l_\psi+l) \tag{4-51}$$

4.4.3 热力学第二时期

热力学第二时期从火药燃烧结束点开始到弹底在炮口位置结束。在这个时期中,火药膨胀对弹丸做的功继续推动弹丸在膛内向前运动。这一时期弹丸行程 l 是一个独立变量。l 值取值范围在 l_k(火药燃烧结束点时的弹丸行程)与 l_g(弹丸在膛内的全行程)之间。

为了获得内弹道设计公式,我们使用绝热方程:

$$pW^{\theta+1}=p_k W_k^{\theta+1} \tag{4-52}$$

式中:p_k 和 W_k 分别为燃烧结束点时的平均膛压和弹后空间体积。

从式(4-52)我们可知:

$$p=p_k\left(\frac{W_k}{W}\right)^{\theta+1} \tag{4-53}$$

其中体积:

$$W=W_0-\alpha\omega+Sl=S(l_1+l)$$

$$W_k=W_0-\alpha\omega+Sl_k=S(l_1+l_k)$$

把 W_k 和 W 代入到式(4-53)中,可得

$$p=p_k\left(\frac{l_1+l_k}{l_1+l}\right)^{\theta+1} \tag{4-54}$$

为了求解热动力学第二时期的弹丸速度,我们使用燃烧结束点($\psi=1$)的热力学基本方程(4-26)。有

$$pS(l_{\psi=1}+l)=f\omega-\theta\frac{\varphi m v^2}{2} \tag{4-55}$$

记

$$l_1=l_{\psi=1}=l_\Delta+l_0\Delta\left(\frac{1}{\delta}-\alpha\right) \tag{4-56}$$

或

$$l_1=l_0(1-\alpha\Delta) \tag{4-57}$$

我们可以把式(4-55)改写为

$$pS(l_1 + l) = f\omega - \theta\frac{\varphi m v^2}{2} = f\omega\left(1 - \frac{v^2}{v_j^2}\right) \tag{4-58}$$

在 $l=l_k$ 时，式(4-58)可以写为

$$pS(l_1 + l_k) = f\omega\left(1 - \frac{v_k^2}{v_j^2}\right) \tag{4-59}$$

把式(4-59)与式(4-58)相除，可得

$$\frac{p(l_1 + l_k)}{p_k(l_1 + l)} = \frac{1 - \dfrac{v^2}{v_j^2}}{1 - \dfrac{v_k^2}{v_j^2}} \tag{4-60}$$

把式(4-54)代入到式(4-60)中，可得

$$v = v_j\sqrt{1 - \left(\frac{l_1 + l_k}{l_1 + l}\right)^{\theta}\left(1 - \frac{v_k^2}{v_j^2}\right)} \tag{4-61}$$

在方程(4-54)和方程(4-61)中，$l_k \leqslant l \leqslant l_g$。当 $l=l_g$ 时，方程(4-54)和方程(4-61)可以写为

$$p_g = p_k\left(\frac{l_1 + l_k}{l_1 + l_g}\right)^{\theta+1} \tag{4-62}$$

$$v_g = v_j\sqrt{1 - \left(\frac{l_1 + l_k}{l_1 + l_g}\right)^{\theta}\left(1 - \frac{v_k^2}{v_j^2}\right)} \tag{4-63}$$

4.5　装填条件的变化对内弹道性能的影响及最大压力和初速的修正公式

4.5.1　装填条件的变化对内弹道性能的影响

在研究武器的弹道性能中，固然需要研究整个弹道曲线的变化规律，但特别需要着重研究其中的某些主要弹道诸元，如最大压力及其出现的位置、初速和火药燃烧结束位置等内弹道诸元，这些量都标志着不同性质的弹道特性，并具有不同的实际意义。例如，最大压力及其出现的位置就直接影响到身管强度设计问题；初速的大小又直接体现了武器的射击性能；而火药燃烧结束位置则标志着火药能量的利用效果。因此掌握它们的变化规律具有十分重要的意义。当然在这些量之中最大压力和初速尤为重要。所以在研究装填条件的变化对弹道性能的影响问题时，主要是指对最大压力和初速的影响。

装填条件包括火药的形状、装药量、火药力、火药的压力全冲量、弹丸质量、药室容积、挤进压力、拔弹力和点火药量等。下面分别研究它们的变化对弹道性能的影响。

1. 火药形状变化的影响

装填条件中火药形状的变化通常是由于两种不同原因引起的：一种是为了改善弹道性能，有目的地改变药形；另一种是由于工艺过程所造成的如孔的偏心、碎药、端面的偏斜、药体弯曲、切药毛刺等偏差。此外，火药燃烧过程中着火的不一致性也会造成火药形状的变化。所有这些因素都将影响火药形状特征量 χ 发生变化。在减面燃烧火药形状的情况下，χ 越大即表示火药燃烧减面性越大，压力曲线的形状便显得越陡峭。在其他条件都不变的情况下，χ 的增加，使最大压力增加，火药燃烧结束较早，从而使初速有所增加。

但χ的变化,对p_m、l_m、v_g和l_k。这四个量的影响程度并不相同。现以100mm加农炮为例,利用恒温解法计算,以$\chi=1.7$的弹道解为基准,与其他不同χ的弹道解进行比较,其结果如表4-4所列。

表4-4 χ变化对内弹道性能的影响

χ	$\Delta\chi$/%	p_m/MPa	Δp_m/%	l_m/m	Δl_m/%	v_g/(m·s^{-1})	Δv_g/%	l_k/m	Δl_k/%
1.632	-4	316	-5.3	0.470	+3.7	875.6	-1.2	3.237	+5.5
1.666	-2	325	-2.6	0.461	+1.8	881.2	-0.61	3.152	+2.8
1.70	0	334	0	0.453	0	886.6	0	3.067	0
1.734	+2	344	+2.8	0.444	-1.96	891.8	+0.59	2.989	-2.5
1.768	+4	353	+5.5	0.436	-3.7	896.0	+1.1	2.914	-5.0

由表4-4可以看出,随着χ的增加,p_m增加很快,v_g增加很慢,而l_m和l_k都相应地减少。

应当指出,χ的概念虽然是由几何燃烧定律引入的,但是由于几何燃烧定律的偏差,实际的χ值并不是按几何尺寸的理论计算值,而是代表火药形状各种因素影响弹道性能的一个综合量。正由于χ对弹道性能有着十分敏感的影响,因而在实践中我们就必须注意火药形状的选择、工艺条件的控制、工艺方法的改进以及合理设计装药结构等,从而达到改善火炮弹道性能的目的。

2. 装药量变化对内弹道性能的影响

装药量的变化是经常遇到的,例如每批火药出厂时为满足武器膛压和初速的要求,总是采取选配装药量的方法,以达到所要求的初速或膛压的指标,因此掌握装药量变化对各弹道性能的影响是有很大实际意义的。

从理论上分析,装药量的增加实际就是火药气体总能量的增加,因此在其他条件不变情况下将使最大压力增加,初速也增加。但是由于装药量的变化对最大压力的影响比对初速的影响大,所以随着装药量的增加,最大压力增加比初速增加要快。表4-5给出了85mm高炮的试验结果。

表4-5 装药量的变化对p_m和v_0的影响

ω/kg	v_{0cp}/(m·s^{-1})	p_{mcp}/MPa
3.855	989.1	309
3.930	1000.7	316
4.005	1018.3	342
4.080	1033.8	362

正是因为装药量的增加对最大压力变化比对初速的变化要敏感得多,因此为了提高武器的初速,就不能单纯地采取增加装药量的方法。否则将会造成最大压力过高。

3. 火药力变化对内弹道性能的影响

火药力的变化常常是由于采用不同成分的火药所引起的,例如就5/7火药而言,由于硝化棉的含氮量的不同,就有5/7高、5/7和5/7低三种不同牌号,因此它们所表现的弹道性能也各不相同。

我们已知火药力的增加实际上就是火药能量的增加。从弹道方程组中看出，由于火药力 f 和装药量 ω 总是以总能量 $f\omega$ 这样的乘积形式出现，因此变化 f 和变化 ω 具有相同的弹道效果，其差别也仅仅是两者对余容项的影响不同。ω 的变化可以引起余容项变化，而 f 的变化则与余容项无关。但是余容项的变化对各弹道性能的影响一般说来是不显著的，所以可以认为变化 f 和变化 ω 对弹道诸元的影响没有什么差别。下面以 76mm 加农炮为例，计算火药力变化对各弹道性能的影响如表 4-6 所列。

表 4-6　火药力 f 的变化对内弹道性能的影响

$f/(\mathrm{kJ\cdot kg^{-1}})$	l_m/m	p_m/MPa	l_k/m	η_k	$v_g/(\mathrm{m\cdot s^{-1}})$	p_g/MPa
900	0.281	244	1.888	0.72	656.7	51
1000	0.310	299	1.409	0.54	704.8	56
1100	0.332	364	1.105	0.42	750.1	60
1200	0.345	439	0.899	0.34	792.9	65

数据表明，火药力对最大压力和火药燃烧结束位置的影响比对初速的影响要显著得多。

4. 火药压力全冲量对内弹道性能的影响

火药的压力全冲量 I_k 的变化包括两种情况，一种是火药厚度 e_1 的变化，另一种是燃烧速度系数 u_1 的变化。根据气体生成速率公式：

$$\frac{\mathrm{d}\psi}{\mathrm{d}t}=\frac{\chi}{I_k}\sigma$$

表明 $\mathrm{d}\psi/\mathrm{d}t$ 与 I_k 成反比。所以在其他装填条件不变的情况下，I_k 越小，$\mathrm{d}\psi/\mathrm{d}t$ 越大，则压力上升越快，从而使最大压力和初速增加，而燃烧结束则相应地较早。现在以 76mm 加农炮为例，计算不同 I_k 值对各弹道性能影响如表 4-7 所列。

表 4-7　压力全冲量 I_k 的变化对内弹道性能的影响

$I_k/(\mathrm{MPa\cdot s})$	l_m/m	p_m/MPa	l_k/m	η_k	$v_g/(\mathrm{m\cdot s^{-1}})$
0.594	0.307	284	1.275	0.49	674.4
0.601	0.300	275	1.375	0.53	671.2
0.609	0.205	267	1.478	0.57	667.8
0.625	0.288	251	1.733	0.67	660.6
0.633	0.820	244	1.877	0.72	656.7
0.647	0.274	233	2.167	0.83	650.2
0.660	0.271	222	2.497	0.96	643.4

表 4-7 数据表明，p_m 及 l_k 对于火药厚度的变化具有较大的敏感性，而对初速的影响则较小。为了能够在允许的最大压力下获得较高的初速，必须选用具有适当压力全冲量的火药，从而获得所需要的弹道性能。但由于火药在生产过程中，每批火药不论是几何尺寸还是理化性能都在一定范围内散布，因而火药的压力全冲量也不是一个恒定值，不同批数的火药其压力全冲量 I_k 不一定相同，因而通常都利用调整装药量的方法来消除因火药性能的不一致所产生的弹道偏差。

最后还应指出一点,火药的燃烧速度是与温度有关的,随着药温的变化,燃烧速度也相应地变化,从而导致压力全冲量变化。所以 I_k 对各弹道诸元影响的变化规律也反映了药温对各弹道诸元影响的规律。

5. 弹丸质量变化对内弹道性能的影响

弹丸在加工过程中,由于公差的存在,因而弹丸质量的不一致性是不可避免的。弹丸质量的变化同样也会影响到各弹道诸元的变化。很明显,弹丸质量的增加就表示弹丸的惯性增加,其结果必然使最大压力增加和初速减小。在其他条件不变时,计算 76mm 加农炮弹丸质量变化对各弹道诸元的影响如表 4-8 所列。

表 4-8 弹丸质量变化对内弹道性能的影响

m/kg	l_m/m	p_m/MPa	l_k/m	η_k	v_g/(m·s^{-1})
6.55	0.228	244	1.887	0.72	656.7
6.65	0.285	248	1.801	0.69	654.1
6.75	0.288	252	1.722	0.66	651.5
6.95	0.294	260	1.579	0.61	646.3
7.05	0.297	264	1.576	0.58	643.8

数据表明,随着弹丸质量的增加,最大压力增加而初速减小,燃烧结束位置也随着减小。85mm 高炮的试验给出了类似的结果如表 4-9 所列。

表 4-9 85mm 火炮的试验数据

m/kg	v_g/(m·s^{-1})	p_{mcp}/MPa
8.8	1013.6	304
9.3	1000.7	316
9.8	986.7	328
10.3	971.9	344

在实际射击中,为了修正弹丸质量变化对弹道诸元的影响,通常都将弹丸按不同质量分级。以标准弹丸质量为基础,凡相差(2/3)%划为一级,其分级的标志如下:

$-3——-2\frac{1}{3}\%$ ---- $+\frac{1}{3}——+1\%$ +

$-2\frac{1}{3}——-1\frac{2}{3}\%$ --- $+1——+1\frac{2}{3}\%$ ++

$-1\frac{2}{3}——-1\%$ -- $+1\frac{2}{3}——+2\frac{1}{3}\%$ +++

$-1——-\frac{1}{3}\%$ - $+2\frac{1}{3}——+3\%$ ++++

$-\frac{1}{3}——+\frac{1}{3}\%$ ±

其中"-"号表示轻弹的标号;"+"号表示重弹的标号;"±"号表示弹丸质量散布的中值。在射击时,为了提高射击精度,一般射表中都给出弹丸质量影响和修正值。

6. 药室容积变化对弹道性能的影响

药室容积变化也是经常会遇到的。例如测量火炮膛内压力时,要在药室中加入测压弹,而引起了药室容积的减小;又如火炮在使用过程中逐渐磨损,也必然使得药室容积扩大。当然,火炮磨损所产生的弹道影响是复杂的,除了使药室容积加大外,还会产生使挤进压力降低等现象。药室容积的这种变化即表示气体自由容积的增大,必然引起各弹道诸元的相应变化,例如85mm高炮在其他装填条件不变情况下,药室容积的变化对p_m和v_0影响的试验结果如表4-10所列。

表4-10 药室容积变化对p_m和v_0的影响

W_0/m^3	$v_{0cp}/(m \cdot s^{-1})$	p_{mcp}/MPa
5.624×10^{-3}	1001	—
5.519×10^{-3}	1008	336
5.449×10^{-3}	1013	349
5.379×10^{-3}	1016	356

7. 挤进压力变化对弹道性能的影响

挤进压力p_0虽然不属于装填条件,却是一个弹道的起始条件,它的变化对弹道性能也有一定的影响。引起挤进压力变化的原因是很多的,其中包括火炮膛线起始部和弹带的结构,在使用过程中的磨损和其他各种复杂因素。为了说明挤进压力对弹道性能的影响,现以76mm加农炮为例,在其他条件都不变的情况下,用不同的挤进压力计算出各弹道诸元,如表4-11所列。

表4-11 挤进压力变化对内弹道性能的影响

p_0/MPa	p_m/MPa	l_k/m	η_k	$v_g/(m \cdot s^{-1})$
10	203	2.438	0.94	623.3
20	224	2.128	0.82	645.8
30	244	1.897	0.73	656.7
40	263	1.691	0.65	665.9
50	281	1.528	0.59	674.0
60	293	1.390	0.53	681.1

不难理解,挤进压力的增加即表示弹丸开始运动瞬间的压力增加,因而在弹丸运动之后,压力增长得也较快,而使最大压力增加和燃烧结束较早,从而使初速也相应增加,如表4-11所列。就挤进压力对弹道性能的影响而言,应该从两方面来看:挤进压力的增加引起最大压力增加,这是不利的;但是可以改善点火条件,使点火燃烧达到更好的一致性,又是有利的。因此,即使对于滑膛炮,也需要一定的启动压力。

8. 拔弹力变化对弹道性能的影响

弹丸同弹壳或药筒之间相结合的牢固程度是决定于拔弹力的大小,拔弹力的大小与口径、射速和装填方式等因素有关,例如:

	射速/(发·min^{-1})	拔弹力/N
37mm高炮	160~180	9000~12000
57mm高炮	105~120	>35000
100mm高炮	16~17	>2000

不论从运输保管还是从使用上讲,具有一定的拔弹力都是必要的。如果拔弹力过小,弹丸可能因药筒分离导致火药流失,特别是在连续发射过程中易产生弹头脱落,甚至造成事故。所以不论枪弹还是定装式炮弹,对拔弹力都有一定要求。

表 4-12 枪弹拔弹力对膛压初速的影响

拔弹力/N	v_0/(m·s^{-1})	p_m/MPa
100	825	262
200	836	284
300	847	308

从表 4-12 中数据看出,增加拔弹力将使最大压力和初速增加,而前者又比后者增加的显著得多,这是因为拔弹力虽然不同于挤进压力,但拔弹力的变化将直接影响挤进压力的变化,从而影响各弹道诸元,这两者影响的弹道效果是类似的,所以在弹药装配过程中,应尽可能保持拔弹力的一致,否则将易造成初速的分散。最大压力修正系数表如表 4-13 所列。

表 4-13 最大压力修正系数表

	m_{I_k}				m_ω				m_f			
p_m/MPa \ Δ/(kg·dm^{-3})	0.5	0.6	0.7	0.8	0.5	0.6	0.7	0.8	0.5	0.6	0.7	0.8
200	1.49	1.40	1.32	1.24	2.04	2.17	2.29	2.38	1.6	1.78	1.72	1.64
250	1.50	1.46	1.40	1.33	2.14	2.28	2.43	2.57	1.81	1.81	1.76	1.67
300	1.50	1.50	1.46	1.40	2.22	2.39	2.56	2.74	1.78	1.81	1.78	1.69
350	1.43	1.51	1.50	1.44	2.30	2.49	2.69	2.90	1.73	1.78	1.78	1.70
400	1.36	1.48	1.50	1.46	2.38	2.59	2.82	3.05	1.66	1.73	1.76	1.71
450	1.24	1.42	1.48	1.47	2.45	2.69	2.94	3.19	1.58	1.68	1.74	1.71
	m_m				m_{W_0}				l_{W_0}			
200	0.69	0.73	0.76	0.78	1.36	1.45	1.52	1.59	$\Lambda_g=4$	6	8	10
250	0.72	0.78	0.81	0.83	1.48	1.58	1.67	1.74	0.34	0.23	0.16	0.14
300	0.72	0.80	0.84	0.86	1.57	1.68	1.78	1.86				
350	0.70	0.80	0.86	0.88	1.63	1.75	1.86	1.96				
400	0.66	0.79	0.87	0.89	1.66	1.80	1.92	2.03				
450	0.59	0.76	0.86	0.89	1.68	1.83	1.96	2.08				

表 4-14 初速修正系数表

	Λ_g	4				6				8				10			
	p_m/MPa \ Δ/(kg·dm^{-3})	0.5	0.6	0.7	0.8	0.5	0.6	0.7	0.8	0.5	0.6	0.7	0.8	0.5	0.6	0.7	0.8
l_{I_k}	200	0.38	0.55	—	—	0.30	0.45	0.49	—	0.25	0.38	0.46	—	0.22	0.33	0.46	—
	250	0.24	0.39	0.53	—	0.18	0.29	0.44	0.48	0.16	0.26	0.37	0.46	0.14	0.22	0.32	0.45
	300	0.17	0.28	0.41	0.50	0.12	0.21	0.32	0.46	0.10	0.17	0.37	0.39	0.09	0.15	0.23	0.34
	350	0.12	0.20	0.31	0.43	0.09	0.15	0.23	0.35	0.07	0.12	0.19	0.29	0.07	0.11	0.17	0.26
	400	0.09	0.15	0.23	0.33	0.07	0.11	0.17	0.25	0.06	0.09	0.14	0.21	0.05	0.08	0.13	0.19
	450	0.07	0.12	0.18	0.26	0.05	0.09	0.13	0.18	0.05	0.08	0.11	0.15	0.04	0.07	0.1	0.14

（续）

Λ_g		4				6				8				10			
	$\Delta/(\mathrm{kg}\cdot\mathrm{dm}^{-3})$ p_m/MPa	0.5	0.6	0.7	0.8	0.5	0.6	0.7	0.8	0.5	0.6	0.7	0.8	0.5	0.6	0.7	0.8
l_{W_0}	200	0.86	0.97	—	—	0.76	0.87	0.95	—	0.73	0.83	0.92	—	0.72	0.80	0.89	0.93
	250	0.76	0.86	0.97	—	0.68	0.77	0.86	0.92	0.66	0.73	0.81	0.88	0.65	0.71	0.77	0.84
	300	0.68	0.77	0.86	0.94	0.63	0.69	0.75	0.82	0.61	0.66	0.71	0.77	0.60	0.65	0.69	0.74
	350	0.63	0.70	0.77	0.84	0.59	0.63	0.68	0.73	0.58	0.61	0.65	0.68	0.56	0.6	0.63	0.67
	400	0.60	0.65	0.71	0.76	0.56	0.59	0.63	0.66	0.55	0.58	0.60	0.62	0.54	0.56	0.58	0.61
	450	0.58	0.62	0.67	0.71	0.54	0.56	0.59	0.62	0.53	0.55	0.57	0.58	0.52	0.54	0.55	0.57
t_f	200	0.69	0.77	—	—	0.66	0.72	0.73	—	0.63	0.69	0.72	—	0.62	0.67	0.72	0.69
	250	0.63	0.69	0.75	—	0.61	0.66	0.71	0.72	0.59	0.64	0.69	0.71	0.57	0.62	0.66	0.71
	300	0.59	0.64	0.69	0.72	0.57	0.61	0.66	0.71	0.56	0.60	0.64	0.68	0.54	0.57	0.61	0.66
	350	0.57	0.6	0.64	0.69	0.55	0.58	0.62	0.66	0.54	0.57	0.60	0.64	0.53	0.55	0.58	0.62
	400	0.55	0.58	0.61	0.64	0.54	0.56	0.59	0.62	0.53	0.55	0.57	0.60	0.52	0.54	0.56	0.59
	450	0.54	0.56	0.59	0.62	0.53	0.55	0.57	0.59	0.52	0.54	0.56	0.57	0.52	0.53	0.55	0.57
l_m	200	0.28	0.18	—	—	0.32	0.26	0.19	—	0.34	0.29	0.21	—	0.36	0.31	0.26	0.21
	250	0.34	0.29	0.20	—	0.37	0.32	0.27	0.22	0.29	0.34	0.29	0.23	0.40	0.36	0.31	0.26
	300	0.38	0.33	0.28	0.22	0.40	0.36	0.32	0.27	0.42	0.38	0.34	0.29	0.43	0.39	0.35	0.30
	350	0.41	0.37	0.33	0.28	0.42	0.39	0.35	0.32	0.44	0.41	0.37	0.33	0.44	0.41	0.38	0.34
	400	0.43	0.39	0.36	0.32	0.44	0.41	0.38	0.35	0.45	0.43	0.40	0.37	0.45	0.43	0.40	0.37
	450	0.44	0.41	0.38	0.35	0.45	0.43	0.40	0.38	0.46	0.44	0.42	0.4	0.46	0.44	0.42	0.40

4.5.2　最大压力和初速的经验修正公式

内弹道模型的计算机程序，虽然可以通过输入不同装填条件的数据，得到相应的弹道解，作为研究各装填条件对弹道影响的依据。但是在火炮、弹药的生产部门或验收单位，为了检验火炮、弹药的性能所进行的内弹道靶场试验过程中，装填条件仅限于在小范围内变动。在这种情况下，经常需要应用形式简单的公式，能迅速方便地估计出装填条件的某个变化对弹道诸元所产生的影响，这种公式经常采用的是微分修正系数的形式

$$
\begin{cases}
\dfrac{\Delta p_m}{p_m} = m_x \dfrac{\Delta x}{x} \\
\dfrac{\Delta v_0}{v_0} = l_x \dfrac{\Delta x}{x}
\end{cases}
$$

式中：x 代表某个装填条件，如弹质量 m、装药量 ω、火药能量特征量 f 等。在保持其他装填条件都一定的情况下，仅仅 x 发生变化，则 m_x 及 l_x 即分别代表 x 变化所导致最大膛压和初速变化的敏感系数，或称修正系数。显然，系数的符号表明装填条件 x 的变化，与相应弹道量的变化方向是否一致，一致则为正号，否则为负。其数值的大小则标志影响的程度。当各个装填条件变化相互独立时，则多种装填条件同时变动，所导致的最大膛压和初速的变化，可表示为分别作用的代数和。例如苏联靶场曾应用的 ИКОПЗ 公式即为这种

形式，它给出了装药量、火药厚度、药室容积、弹丸质量、火药的挥发物含量及药温等因素的综合修正公式：

$$\begin{cases}\dfrac{\Delta p_{\mathrm{m}}}{p_{\mathrm{m}}}=2\dfrac{\Delta\omega}{\omega}-\dfrac{4}{3}\dfrac{\Delta e_1}{e_1}-\dfrac{4}{3}\dfrac{\Delta W_0}{W_0}+\dfrac{3}{4}\dfrac{\Delta m}{m}-0.15(\Delta H\%)+0.0036\Delta t℃\\ \dfrac{\Delta v_0}{v_0}=\dfrac{3}{4}\dfrac{\Delta\omega}{\omega}-\dfrac{1}{3}\dfrac{\Delta e_1}{e_1}-\dfrac{1}{3}\dfrac{\Delta W_0}{W_0}-\dfrac{2}{5}\dfrac{\Delta m}{m}-0.04(\Delta H\%)+0.0011\Delta t℃\end{cases}\tag{4-64}$$

这种经验性的公式既然是大量试验结果的总结，在应用中也必然有一定局限性。也就是说，只当使用条件同确定该公式的条件相同时，才能得到比较可靠的结果。式(4-64)在中等威力火炮，$v_0=400\sim600\mathrm{m/s}$ 时比较适用。为了扩大这类公式的使用，那么式(4-64)中的修正系数就不能取作恒定值，应当随装填条件而变。为此，苏联的斯鲁哈茨基曾建立了修正系数表，见表 4-13 和表 4-14，表中各装填条件的最大膛压修正系数表示为 p_{m} 及 Δ 的函数，而初速的修正系数则表示为 p_{m}、Δ 及 Λ_{g} 的函数。但表中所列均为绝对值，符号应参见式(4-64)。此外，关于温度修正系数是通过压力全冲量 I_{k} 来体现的，因此可以通过压力全冲量修正系数来计算。火药的温度变化与 I_{k} 的变化采用如下的关系式计算。

对硝化棉火药：

$$\frac{\Delta I_{\mathrm{k}}}{I_{\mathrm{k}}}=-0.0027\Delta t$$

对硝化甘油火药：

$$\frac{\Delta I_{\mathrm{k}}}{I_{\mathrm{k}}}=-0.0035\Delta t$$

于是火药温度变化的修正系数 m_t 和 l_t 是：

对硝化棉火药：

$$m_t=-0.0027m_{I_{\mathrm{k}}},\ l_t=-0.0027l_{I_{\mathrm{k}}}$$

对硝化甘油火药：

$$m_t=-0.0035m_{I_{\mathrm{k}}},\ l_t=-0.0035l_{I_{\mathrm{k}}}$$

上述修正系数表是根据内弹道数学模型计算得出的，由于数学模型的近似性，因此得出的修正系数与实际也有一定差异，所以当某火炮在研制试验或定型试验时，通常要由实际试验来确定其修正系数，尤其是药量和药温修正系数。不过有不少火炮的实测值和上述方法确定的值还是很接近的，因此经验值和由表确定的值，在研制过程中仍有实际的应用价值。但是必须注意，应用修正公式的前提是装填条件变化不大时，才能近似认为弹道量的变化与装填条件变化成正比。当装填条件变化大时，不宜使用该公式来修正，它将带来显著的误差。

第5章　内弹道设计

5.1　引言

根据火炮构造诸元和装填条件,利用内弹道基本方程组,分析膛内火药气体压力变化规律和弹丸的运动规律,称为内弹道解法,是内弹道学的正面问题。而已知要求的内弹道性能和火炮的设计指标,利用内弹道基本方程组,确定火炮的构造诸元和弹药的装填条件,称为内弹道设计或弹道设计,是内弹道学的反面问题。

在外弹道设计完成之后,即进入内弹道设计阶段。内弹道设计就是根据外弹道设计所确定出的口径 d、弹丸质量 m,初速 v_0 作为起始条件,利用内弹道理论,通过选择适当的最大压力 p_m、药室扩大系数 χ_{W_0} 以及火药品种,计算出满足上述条件的最佳的装填条件(如装药量、火药厚度等)和膛内构造诸元(如药室容积 W_0、弹丸全行程长 l_g、药室长度 l_{W_0} 及炮膛全长 L_{nt} 等)。

需要注意的是,在进行内弹道设计时,可以有很多个设计方案满足给定条件,这就必须在设计计算过程中对各方案进行分析和比较,从中选择出最合理的方案。

5.2　设计方案的评价标准

内弹道设计是一个多解问题,因此,它必然包含一个方案的选择和优化过程。方案选择的任务是使所选方案不仅能满足战术上的要求,而且其弹道性能还必须是优越的。在方案选择时,可以直接地比较各种不同方案的构造诸元及装填条件,但由于这些量之间有着密切的制约关系,其反映往往是不全面和不深刻的。因此,有必要选取一些能综合反映弹道性能的特征量作为对不同方案弹道性能的评价标准。

1. 火药能量利用效率的评价标准

火炮是利用火药燃烧后所释放出来的热能使之转变为弹丸动能的一种特殊形式的热机。显然,火药的能量是否能充分利用,应当作为评价火炮性能的一条很重要的标准。这一标准称为热力学效率或有效功率 γ_g:

$$\gamma_g = \frac{\frac{1}{2}mv_g^2}{\frac{f\omega}{\theta}} \tag{5-1}$$

式中:m 为弹丸质量;v_g 为弹丸炮口速度;f 为火药力;ω 为装药量。

在火药性质一定的条件下(即 f、θ 一定),上述标准可进一步转化为

$$\eta_\omega = \frac{\frac{1}{2}mv_g^2}{\omega} \tag{5-2}$$

式中:η_ω 称为装药利用系数,显然两者有以下关系:

$$\eta_\omega = \frac{f}{\theta}\gamma_g \tag{5-3}$$

它们的本质是一样的。在进行弹道设计方案比较时,采用其中一个就可以了。它们的数值大小,表示火药装药能量利用效率的高低。从能量利用效率的角度看,弹道效率γ_g或装药利用系数η_ω应该越大越好。在一般火炮中,γ_g约在0.16~0.30之间。

2. 炮膛工作容积利用效率的评价标准

炮膛工作容积利用效率η_g定义

$$\eta_g=\frac{\int_0^{l_g}p\mathrm{d}l}{l_g p_m}=\frac{S\int_0^{l_g}p\mathrm{d}l}{Sl_g p_m} \tag{5-4}$$

式中:S为炮膛横断面积。由于$\int_0^{l_g}p\mathrm{d}l$为$p-l$曲线下的面积,$S\int_0^{l_g}p\mathrm{d}l$为火药气体所做的压力功,而$Sl_g$为炮膛工作容积,因此,炮膛工作容积利用效率代表了$p_m$一定时单位炮膛工作容积所做的功,其数值的大小意味着炮膛工作容积利用效率的高低。

由式(5-4)还可看出,炮膛工作容积利用效率还表示了$p-l$曲线下的面积充满$p_m l_g$矩形面积的程度,如图5-1所示。

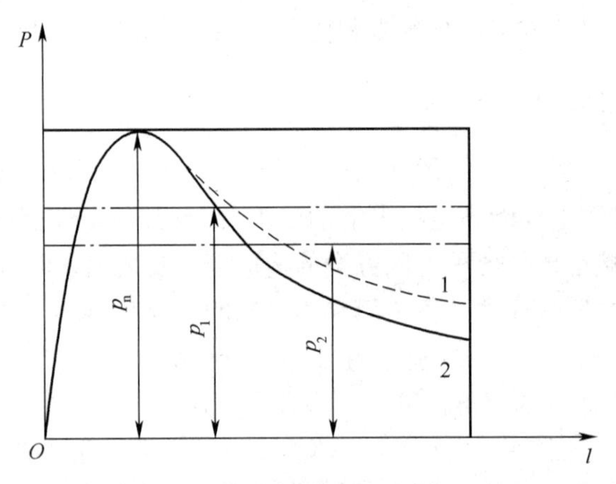

图5-1 炮膛工作容积利用效率的图示

在相同p_m下,炮膛工作容积利用效率的高低反映了压力曲线的平缓或陡直情况。在满足p_m及v_0的前提下,炮膛工作容积利用效率越高,则弹丸全行程l_g较短,它意味着火炮炮身重量轻、机动性好。所以从炮膛利用效率来看,炮膛工作容积利用效率应越高越好。η_g的大小与武器性能有关,一般火炮的η_g约在0.4~0.66之间,加农炮的η_g较大,榴弹炮的η_g较小。几种典型火炮的η_g如表5-1所列。

表5-1 典型火炮的η_ω、η_g、η_k和p_g值

火炮名称 \ 方案评价标准	η_ω/kJ·kg^{-1}	η_g	η_k	p_g/kPa
1955年式57mm战防炮	1062	0.646	0.612	—
1956年式85mm加农炮	1210	0.640	0.506	13850
1960年式122mm加农炮	1090	0.664	0.548	104440
1959年式130mm加农炮	1121	0.650	0.495	100020

(续)

火炮名称 \ 方案评价标准	η_{ω}/kJ·kg^{-1}	η_g	η_k	p_g/kPa
1959年式152mm加农炮	1208	0.604	0.540	64920
1955年式37mm高射炮	1339	0.484	0.546	68650
1959年式57mm高射炮	1177	0.558	0.599	78550
1959年式100mm高射炮	1098	0.606	0.564	94140
1954年式122mm榴弹炮	1393	0.479	0.277	42360
1956年式152mm榴弹炮	1483	0.419	0.290	33340

3. 火药燃烧相对结束位置

火药相对燃烧结束位置定义为

$$\eta_k = \frac{l_k}{l_g} \tag{5-5}$$

式中:l_k为火药燃烧结束位置。由于火药点火的不均匀性以及药粒厚度的不一致性,不可能所有药粒在同一位置 l_k燃完。事实上,l_k仅是一个理论值,各药粒的燃烧结束位置分散在这个理论值附近的一定区域内。因此,当理论计算出的火药燃烧结束位置 l_k接近炮口时,必然会有一些火药没有燃完即从炮口飞出。在这种情况下,不仅火药的能量不能得到充分的利用,而且由于每次射击时未燃完火药的情况不可能一致,因而会造成初速的较大分散,同时增加了炮口烟焰的生成。所以选择方案时,一般火炮的 η_k 应小于 0.70。加农炮 η_k 在 0.50~0.70 之间。榴弹炮是分级装药,考虑到小号装药也应能在膛内燃完,其全装药的 η_k 选取 0.25~0.30 之间比较合适。表 5-1 列出了各种典型火炮的 η_k 值。

4. 炮口压力

弹丸离开炮口的瞬间,膛内火药气体仍具有较高压力($4.9\times10^4 \sim 9.8\times10^4$kPa)和较高温度(1200~1500K)。它们高速流出炮口,与炮口附近的空气发生强烈的相互作用而形成膛口主流场,在周围空气中会形成强度很高的冲击波和声响。炮口压力越高,冲击波强度也越大,强度大的冲击波危及炮手安全,也促使炮口焰的生成。因此,对于不同的火炮,炮口压力要有一定的限制。在方案选择时,必须予以考虑。若干种典型火炮的炮口压力 p_g也已列于表 5-1 中。

5. 身管寿命

由于火药燃气的烧蚀作用,最终会使火炮性能逐渐衰退到火炮不能继续使用的程度。通常以武器在丧失一定的战术与弹道性能以前所能射击的发数来表示武器寿命。一般情况下,武器弹道性能衰退到下述情况之一,即认为是寿命的终止:

(1) 地面火炮距离散布面积或直射火炮立靶散布面积超过射表规定值的 8 倍。

(2) 弹丸初速降低 10%,对高射炮和舰炮来说,降低 5%~6%。

(3) 射击时切断弹带。

(4) 以最小号装药射击时,引信不能解除保险的射弹数超过了 30%。

这四项身管寿命判别条件在实际使用中存在诸多问题:

(1) 这种寿命判别法只能在试验场、研究部门使用,部队无法推广使用,受到技术、设备、场地等方面条件的限制,部队无法用四项判别条件检测火炮寿命,更不能确定火炮剩余的寿命。一旦出现其中一条,则寿命终止,其时机部队无法掌握和检测。

(2) 四项寿命条件是身管寿命终止的表现形式,作战部队即使观察到上述射击现象,战时不能及时换装,对于作战、训练,也失去指导意义。

(3) 初速下降量的规定值与火炮实际情况相差太大。火炮初速下降10%则寿命终止条件,其根据是什么？设计、研究人员也不清楚。从多种火炮的试验结果来看一些加农炮类型的火炮,初速下降量远远低于10%而寿命早已终止,例如85mm加农炮初速仅下降2.8%,130mm加农炮初速下降6.5%,100mm舰炮的初速下降5.07%,37mm舰炮初速下降6.5%寿命终止。而榴弹炮初速下降10%以后仍有剩余作战潜力,有的机枪初速下降20%~30%,其性能仍很正常。从上述多种火炮寿命试验结果来分析,这样的寿命判别条件是缺乏科学依据的。

(4) 四项寿命判别条件,在火炮试验和部队使用过程中不是同时出现,只要有一项出现则判火炮寿命终止。

有人对不同口径加农炮的射击试验数据进行了研究,发现身管寿命与膛线起始部阳线最高处首先受到挤压部位的耗损有很大关系。火炮寿命终止时,这一位置的耗损量一般达到原阳线直径的3.5%~5%。因此,可以将膛线起始部耗损量达到身管原直径的5%作为允许极限值。

事实上,影响武器寿命的因素很多,也很复杂。但从弹道设计的角度来看,最大压力、装药量、弹丸行程等因素是最主要的。膛压越高,火药气体密度也越大,从而促进了向炮膛内表面的传热,加剧了火药气体对炮膛的烧蚀。装药量越大,一般装药量与膛内表面积的比值也越大,因而烧蚀也就越严重。弹丸行程长则对武器寿命有着相矛盾的两种影响;一方面,身管越长,火药气体与膛内表面接触的时间越长,会加剧烧蚀作用;另一方面,在初速给定的条件下,弹丸行程越长,装药量可以相对地减少,炮膛内表面积增加,却又可以减缓烧蚀作用。在弹道设计中可使用下述半经验半理论公式估算武器寿命:

$$N = K' \frac{\Lambda_g + 1}{\dfrac{\omega}{m}} \tag{5-6}$$

式中:N为条件寿命;Λ_g为弹丸相对行程长;ω/m为相对装药量;K'为系数,对加农炮$K' \approx$ 200发。式(5-6)计算所得的条件寿命,可作为选择装药弹道设计方案的相对标准。

5.3 内弹道设计的基本步骤

5.3.1 起始参量的选择

1. 最大压力p_m的选择

最大压力p_m的选择是一个很重要的问题,它不仅影响到火炮的弹道性能,而且还直接影响到火炮、弹药的设计。因此,最大压力p_m的确定,必须从战术技术要求出发,一方面要考虑到对弹道性能的影响,同时也要考虑到火炮结构强度、弹丸结构强度、引信的作用及炸药应力等因素。由此看出,p_m的选择适当与否将影响武器设计的全局,因此,需要深入地分析由最大压力的变化而引起的各种矛盾。

在其他条件不变的情况下,提高最大压力可以缩短身管长度,增加η_ω以及减小η_k。

这就表明火药燃烧更加充分，提高了能量利用效率，同时也有利于初速的稳定，提高射击精度，这些都有利于弹道性能的改善，所以从内弹道设计角度来看，提高最大压力是有利的。但是随着 p_m 的提高，对火炮及弹药的设计带来了不利的影响。

(1) 增加最大压力，身管的壁厚要相应增加，炮尾或自动机的承载恶化。

(2) 增加最大压力，必然也增加了作用在弹体上的力，为了保证弹体强度，弹丸的壁厚也要相应增加。若弹丸质量一定，则弹体内所装填的炸药量也就减少，从而使得弹丸的威力降低。

(3) 增加最大压力，使得作用在炸药上的惯性力也相应增加，若惯性力超过炸药的许用应力，就有可能引起膛炸。

(4) 由于增加最大压力，在射击过程中药筒或弹壳的变形量也就增大，可能造成抽筒的困难。

(5) 由于最大压力增加，作用在膛线导转侧上的力也相应增加，因而增加了对膛线的磨损，使身管寿命降低。

综合上述分析可以看出，最大压力 p_m 的变化所引起其他因素的变化是很复杂的，因此在确定最大压力时，我们必须要从武器—弹药系统设计全局出发，对具体情况作具体分析。如要求初速比较大的武器，像高射武器、远射程加农炮以及采用穿甲弹的反坦克炮等，一般情况下，最大压力都比较高，通常在300MPa以上。而要求机动性较好的武器，如自动或半自动的步兵武器、步兵炮和山炮以及配有爆破榴弹或以爆破榴弹为主的火炮，一般情况下，最大压力都比较低一些，通常在300MPa以下。因为爆破榴弹是以炸药和弹片杀伤敌人，如果膛压过高，对增加炸药量是不利的，所以目前的榴弹炮的最大压力一般都低于250MPa。为了在不改变火炮阵地的情况下，在较大的纵深内杀伤敌人有生力量，榴弹炮的装药结构都采用分级装药，因此最小号装药的最大压力不能低于解脱引信保险所需要的压力，通常要大于60~70MPa，所以榴弹炮的最大压力的选择更为复杂。表5-2列出了目前各类典型武器所选用的最大压力。

表5-2 各类典型武器所选用的最大压力

武器名称	p/MPa	武器名称	p/MPa
1955年式57mm反坦克炮	304	1956年式152mm榴弹炮	220
100mm脱壳滑膛反坦克炮	321	1959年式152mm加农炮	230
1954年式122mm榴弹炮	230	1959年式57mm高射炮	304
1960年式122mm加农炮	309	1959年式130mm加农炮	309
23mmⅡ型航炮	300	30mmⅠ型航炮	305

表5-2中所列出的各类火炮的 p_m 数据可以作为我们在弹道设计中确定最大压力时的参考。但是，随着炮用材料的机械性能的提高和加工工艺的改进，对火炮的弹道性能要求的提高(如提高弹丸的初速)，最大压力 p_m 也有提高的趋势。

2. 药室扩大系数 χ_{W_0} 的确定

在内弹道设计时，药室扩大系数 χ_{W_0} 也是事先确定的。根据 χ_{W_0} 的意义，如果在相同的药室容积下，χ_{W_0} 值越大，则药室长度就越小。药室长缩短就使整个炮身长缩短。但 χ_{W_0} 增大后也将带来不利的方面，这就是使炮尾及自动机的横向结构尺寸加大，可能造成武器重量的增加;另外由于χ_{W_0}的增大,药室和炮膛的横断面积差也增大,根据气体动力学原理,坡膛处的气流速度也要相应增加,因此,加剧了对膛线起始部的冲击,使得火炮寿命降低。药室和炮膛的横断面积相差越大,药筒收口的加工也越困难。χ_{W_0}值越小,药室就越长,这又对发射过程中的抽筒不利。而长药室往往容易产生压力波的现象,引起局部压力的急升。所以χ_{W_0}值也应根据具体情况,综合各方面的因素来确定。

3. 火药的选择

选择火药时要注意以下几点:

(1) 一般要选择制式火药,选择生产的或成熟的火药品种。目前可供选用的火药仍然是单基药、双基药、三基药,以及由它们派生出来的火药,如混合硝酸酯火药、硝胺火药等。因为火药研制的周期较长,除特殊情况外,新火药设计一般不与武器系统的设计同步进行。

(2) 以火炮寿命和炮口动能为依据选取燃温和能量与之相应的火药。寿命要求长的大口径榴弹炮、加农炮,一般不选用热值高的火药。相反,迫击炮、滑膛炮、低膛压火炮,一般不用燃速低和能量低的火药。高膛压、高初速的火炮,尽量选择能量高的火药。高能火药包括双基药、混合硝酸酯火药,其火药力为1127~1176kJ/kg。低燃温、能量较低的火药有单基药和含降温剂的双基药,其燃温为2600~2800K,火药力为941~1029kJ/kg。三基药和高氮单基药是中能量级的火药,火药力约为1029~1127kJ/kg,燃温2800~3200K。

(3) 火药的力学性质是初选火药的重要依据。高膛压武器,应尽量选用强度高的火药。力学性质中重点考虑火药的冲击韧性和火药的抗压强度。在现有的火药中,单基药的强度明显高于三基药。三基药在高温高膛压和低温条件下,外加载荷有可能使其脆化和发生碎裂。双基药、混合酯火药的高温冲击韧性和抗压强度比单基药高。但双基药和混合硝酸酯火药在常、低温度段有一个强度转变点,低于转变点,火药的冲击韧性急剧下降,并明显低于单基药的冲击韧性。一般的火炮条件,现有的双基药、单基药、三基药和混合硝酸酯火药的力学性能都能满足要求。但对高膛压武器、超低温条件下使用的武器,都必须将力学性质作为选择火药的重要依据。

(4) 满足膛压和速度的温度系数要求。低能量火药的温度系数较低,利用这种火药,在环境温度变化时,火炮的初速和膛压变化不大。而高能火药的温度系数一般都很高。所以,要求低温初速降小和要求高温膛压不能高的火炮,都要重点考虑火药的温度系数。在装药结构优化的情况下,低能火药有可能好于高能火药的弹道效果。

5.3.2 内弹道方案的计算步骤

在给定的起始条件下,根据每一组的Δ和就可以计算出一个内弹道方案,而Δ和ω/q的确定又与武器的具体要求有关。

(1) 装填密度Δ的选择。在弹道设计中,装填密度Δ是一个很重要的装填参量。装填密度的变化直接影响到炮膛构造诸元的变化。如果在给定初速v_g和最大膛压p_m的条件下,保持相对装药量ω/m不变,则随着Δ的增加,药室容积W_0单调递减。而装填参量B及相对燃烧结束位置η_k却单调递增。至于弹丸行程全长l_g的变化规律,在开始阶段随Δ增加而减小,当$\Delta=\Delta_m$时,l_g达到最小值,然后又随Δ增加而增大。而充满系数η_g的变化规律恰好相反,在开始阶段随Δ增加而增大,当$\Delta=\Delta_m$时,η_g达到最大值,然后随Δ增加而减小,如图5-2和图5-3所示。

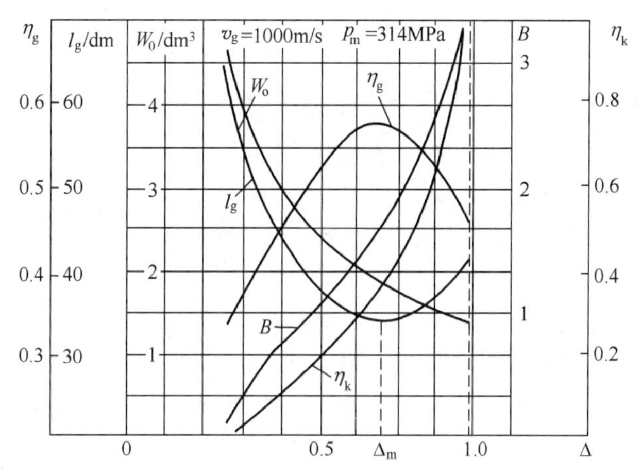

图 5-2　弹道参量和 Δ 的关系

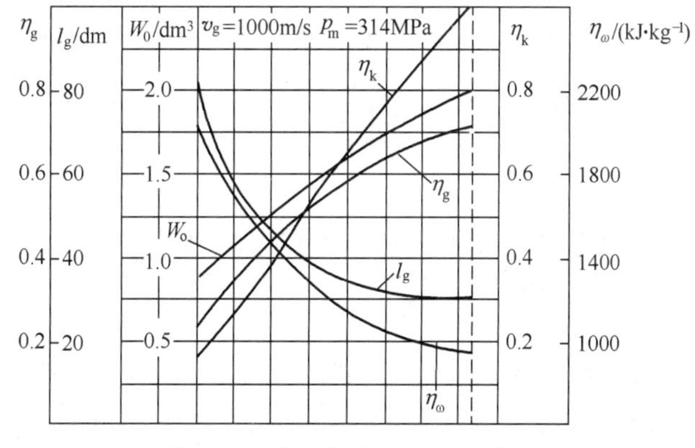

图 5-3　弹道参量和 ω/m 的关系

在选择 Δ 时，还可以参考同类型火炮所采用的 Δ 。现有火炮的数据表明，在不同类型火炮中，Δ 的变化范围较大；但在同类型火炮中，它的变化范围是比较小的。各种类型火炮的装填密度 Δ 见表 5-3。

表 5-3　各类武器的装填密度

武器类型	$\Delta/(\mathrm{kg\cdot dm^{-3}})$	武器类型	$\Delta/(\mathrm{kg\cdot dm^{-3}})$
步兵武器	0.70~0.90	全装药榴弹炮	0.45~0.60
一般加农炮	0.55~0.70	减装药榴弹炮	0.10~0.35
大威力火炮	0.65~0.78	迫击炮	0.01~0.2

从表 5-3 看出：步兵武器的装填密度比较大，因为增加 Δ ，可以减小药室容积，有利于提高射速。榴弹炮的装填密度一般都比加农炮的装填密度来得小，因为榴弹炮的最大压力 p_m 一般都低于加农炮的 p_m。而榴弹炮又采用分级装药，如果全装药的 Δ 取得太大，在给定 p_m 和 v_g 条件下，火药的厚度要相应增加，火药的燃烧结束位置也必然要向炮口前移，因此有可能在小号装药时不能保证火药在膛内燃烧完，影响到初速分散，所以榴弹炮的 Δ 要比加农炮的 Δ 小一些。加农炮的 Δ 介于步兵武器和榴弹炮之间，因为加农炮担负着直接瞄准射击的任务，如击毁坦克，破坏敌人防御工事，所以不仅要求加农炮的初速大，

而且要求弹道低伸，火线高要低，采用较大的装填密度 Δ ，可以缩小药室容积，有利于降低火线高和提高射速。

选择装填密度 Δ 除了考虑不同火炮类型的要求之外，还要考虑到实现这个装填密度的可能性，因为一定形状的火药都存在一个极限装填密度 Δ_j 。七孔火药 $\Delta_j = 0.8 \sim 0.9\text{kg/dm}^3$ ，长管状药 $\Delta_j = 0.75\text{kg/dm}^3$ 。如果我们选用的 $\Delta > \Delta_j$ ，那么这个装填密度是不能实现的。步兵武器火药的药粒都比较小，Δ_j 也比较大，某些火药的 Δ_j 可以接近于1。

（2）相对装药量 ω/m 的选择。在内弹道设计当中，弹丸质量 m 是事先给定的，因此改变 ω/m 也就是改变装药量 ω 。如果在给定 p_m 和 v_g 条件下，而保持 Δ 不变，随着 ω/m 的增加，药室容积 W_0 将单调递增，因为增加装药质量也就是增加对弹丸做功的能量，所以获得同样初速条件下，弹丸行程全长 l_g 可以缩短一些，它随 ω/m 增加而单调递减，并且在开始阶段递减较快，后来递减逐渐减慢，ω/m 超过某一个值以后，l_g 几乎保持不变。

在现有的火炮中，ω/m 的变化范围要比 Δ 的变化范围大得多，大约在 0.01～1.5 之间变化，所以一般都不直接选择 ω/m ，而是选择与 ω/m 成反比的装药利用系数 η_ω ，即

$$\eta_\omega = \frac{v_g^2}{2} \Big/ \frac{\omega}{m}$$

对同一类型的火炮而言，η_ω 只在很小范围内变化，例如：

全装药榴弹炮：1400～1600kJ/kg；

中等威力火炮：1200～1400kJ/kg；

步枪及反坦克炮：1000～1100kJ/kg；

大威力火炮：800～900kJ/kg；

以上数据可以给我们在弹道设计时选择 η_ω 作参考。当选定 η_ω 之后，根据给定的初速即可计算出 η_ω 。

（3）根据选定的 Δ、ω/m 按下式计算装药量 ω、药室容积 W_0 和次要功计算系数 φ：

$$\omega = \frac{\omega}{m} \cdot m$$

$$W_0 = \frac{\omega}{\Delta}$$

$$\varphi = \varphi_1 + \left(\frac{1}{3} \frac{\dfrac{1}{\chi_{W_0}} + \Lambda_g}{1 + \Lambda_g} \right) \frac{\omega}{m} \tag{5-7}$$

（4）在确定了药室容积 W_0、装药量 ω 以后，当火药性质、形状、挤进压力指定以后，就可以通过内弹道方程组，求出满足给定最大膛压 p_m 的火药弧厚值 $2e_1$。

（5）通过内弹道方程组，还可以求出满足给定初速的弹丸相对全行程长 Λ_g。

（6）根据 Λ_g 的定义，有

$$\Lambda_g = \frac{l_g}{l_0} = \frac{W_g}{W_0} \tag{5-8}$$

因此，可以分别求出炮膛工作容积 W_g 及弹丸行程全长 l_g。

（7）根据选定的χ_{W_0}求出药室的长度：

$$l_{W_0}=\frac{l_0}{\chi_{W_0}} \tag{5-9}$$

从而求出炮膛全长L_{nt}：

$$L_{nt}=l_g+l_{W_0} \tag{5-10}$$

以及炮身全长L_{sh}：

$$L_{sh}=l_g+l_{W_0}+l_c \tag{5-11}$$

式中：l_c代表炮闩长。

5.4 加农炮内弹道设计的特点

炮兵、防空兵或装甲兵为了射击空中活动目标、地面装甲目标和在远距离上支援步兵战斗，需要有一种射程远、初速大的火炮，这一类火炮习惯上称为加农炮。它包括各种地面加农炮、高射炮、反坦克炮、坦克炮和舰炮等。这种火炮初速一般都在700m/s以上，弹道低伸，身管长度大于口径40倍。从现有这类火炮诸元统计中，可以把它们的弹道特点归纳为以下几个方面。

1. 在内弹道性能方面

这类火炮初速较大。为了保证有较大的初速，加农炮的最大膛压p_m较高。同时为了使弹丸获得较大的炮口动能，加农炮的压力曲线下做功面积较大，也就是膛压曲线比较“平缓”，因此炮膛工作容积利用系数η_g较大。炮口压力p_g较高。火药燃烧结束相对位置η_k接近炮口，一般在0.5~0.7范围之内。反之，加农炮的η_ω较小。

2. 在装填条件方面

加农炮的装填密度都比较大，一般在0.65~0.80之间。为了勤务操作的方便和提高射击的速度，中小口径多采用定装式的装药。大口径加农炮由于弹药较重，采用分装式装药。但根据加农炮的弹道特点和射击任务要求，不论哪一种形式的装药，变装药的数目比榴弹炮少，大口径加农炮变装药数最多也只有四级至五级。另外，相对装药量ω/m也比较大，一般在0.25~0.60之间。

3. 在火炮膛内结构方面

为了降低火炮的火线高和提高射速，加农炮大都采用了长身管小药室的设计方案，同时采用较大的药室扩大系数χ_{W_0}。因此在火炮外观上，身管较长，一般为40~70倍口径。

5.5 榴弹炮内弹道设计的特点

除加农炮之外，在战场上经常使用的另一种类型火炮就是榴弹炮。这种火炮主要用来杀伤、破坏敌人隐蔽的或暴露的有生力量和各种防御工事。榴弹炮发射的主要弹种是榴弹。榴弹是靠爆炸后产生的弹片来杀伤敌人的。大量的试验证明，榴弹爆炸弹片飞散开的时候具有一定的规律性。弹片可以分成三簇：一簇向前，一簇向后，一簇成扇面形向弹丸的四周散开，向前的弹片约占弹片总数20%，向后的弹片约占10%，侧方约占70%。根据这一情况，为了充分发挥榴弹破片的杀伤作用，弹丸命中目标时，要求落角不能太小。因为落角太小时，占弹片总数比例最大的侧方弹片大都钻入地里或飞向上方，从而减小了杀伤作用。所以弹丸的落角 θ_c 最好不小于 25°~30°。

从外弹道学理论可知,对同一距离上的目标射击,弹丸落角的大小是和弹丸的初速及火炮的射角有关的,射角大,落角也大,所以榴弹炮的弹道比较弯曲。同时为了有效地支援步兵作战,要求榴弹炮具有良好的弹道机动性,也就是指在火炮不转移阵地的情况下,能在较大的纵深内机动火力。显然,如果仍然采用单一装药,火炮只具有一个初速是不能同时满足以上两个要求的。所以经常通过改变装药质量的方法,使榴弹炮具有多级初速来满足这种要求。现有的榴弹炮大多采用分级装药,如图 5-4 所示,变装药数目大约在十级左右。为了在减少装药质量的情况下能使火药在膛内燃烧完,榴弹炮通常采用肉厚不同的火药组成混合装药。如 1954 年式 122mm 榴弹炮的装药就是由 4/1 和 9/7 两种火药组成。根据这些特点,榴弹炮的弹道设计必然比较复杂。一般情况下,榴弹炮的弹道设计应该包括以下三个步序。

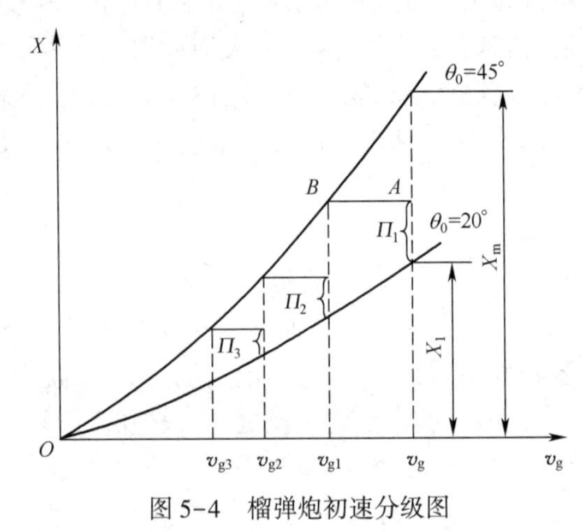

图 5-4 榴弹炮初速分级图

1. 全装药设计

根据对火炮最大射程的要求,通过外弹道设计,给出口径 d、弹丸质量 m 及全装药时的初速 v_g。同时经过充分论证选用一定的最大压力 p_m 和药室容积扩大系数 χ_{W_0}。在这些前提条件下,设计出火炮构造诸元和全装药时的装填条件,这就是全装药设计的任务。

榴弹炮的弹道设计计算仍然是按照一般设计程序来进行,但是在选择方案时应当注意到榴弹炮的弹道特点。为了使小号装药在减少装药量的情况下,仍然可以在膛内燃烧结束,全装药的 η_k 必须选择较小的数值。根据经验,榴弹炮的全装药 η_k 一般取 0.25~0.30 较适宜。

有一点应该注意,因为榴弹炮采用的是混合装药,所以全装药设计出的 ω、$2e_1$ 等都是混合装药参量,既不是厚火药的特征量也不是薄火药的特征量。如果要确定厚、薄两种火药的厚度,还必须在最小号装药设计中来完成。

2. 最小号装药设计

由于在全装药设计中已经确定了火炮膛内结构尺寸及弹重,所以最小号装药设计是在已知火炮构造诸元的条件下,计算出满足最小号装药初速的装填条件。根据火炮最小射程的要求,可以从外弹道给定最小号装药的初速 v_{gn},同时它的最大压力必须保证在各种条件最低的界限下能够解脱引信的保险机构,所以最小号装药的最大压力 p_{mn} 是指定的，不能低于某一个数值，一般为 60～70MPa。

因为最小号装药是装填单一的薄火药，因此通过设计计算得到的装药质量 ω_n 和弧厚 $2e_1$ 代表薄火药的装药量和弧厚。

根据上述的情况，最小号装药设计的具体步骤如下：

(1) 根据经验在 $\Delta_n = 0.10 \sim 0.15$ 的范围内选择某一个 Δ_n 值，从已知的药室容积 W_0 计算出最小号装药的装药量 ω_n，即

$$\omega_n = W_0 \Delta_n$$

(2) 由已知弹丸质量 m 计算次要功计算系数：

$$\varphi_n = \varphi_1 + \frac{1}{3}\frac{\omega_n}{m}$$

(3) 根据选定的最小号装药的火药类型，考虑到热损失的修正，确定火药的理化性能参数。

(4) 由选定的 Δ_n、v_{gn} 和 Λ_g，利用内弹道方程组进行内弹道符合计算，确定最小号装药的最大膛压 p_{mn} 和选用的火药的弧厚 $2e_{1n}$。如果 p_{mn} 小于指定的最小号装药的最大压力数值，则仍需要增加 Δ_n 值后再进行计算，一直到 p_{mn} 高于规定值为止。

(5) 计算厚火药的弧厚 $2e_{1m}$。因为全装药的弧厚 $2e_1$ 和薄火药的弧厚 $2e_{1n}$ 均已知，而全装药的 ω 和最小号装药的 ω_n 也已知，因此可以求出厚、薄两种装药的百分数：

$$\alpha' = \frac{\omega_n}{\omega}\alpha'' = 1 - \alpha' \tag{5-12}$$

则厚火药的弧厚 $2e_{1m}$ 为

$$2e_{1m} = \frac{\alpha'' \cdot 2e_1}{1 - \alpha' \dfrac{2e_1}{2e_{1n}}} \tag{5-13}$$

(6) 厚火药弧厚的校正计算。将步骤(5)中求出的薄火药和厚火药的弧厚及装药质量，再代入全装药条件中，进行混合装药的内弹道计算，如装药的 p_m 和 v_g 满足设计指标，则设计的薄、厚火药的弧厚和装药质量符合要求，如不满足，则可通过符合计算，调整厚火药的弧厚和装药质量参数，直到满足要求的最大压力和初速为止。

3. 中间号装药的设计

中间号装药设计主要解决两个问题：一个是全装药和最小号装药之间初速的分级；另一个是每一初速级对应的装药量应该是多少。

榴弹炮用不同号装药的射击结果表明：初速和混合装药质量的关系实际上接近于直线的关系，如图 5-5 所示。所以当选定全装药的装药质量 ω 和最小号装药的装药质量 ω_n 以后，其余中间各号的装药质量 ω_i 可以在上述确定初速分级的基础上，按下述的线性公式来计算：

$$\omega_i = \omega_n + \frac{\omega - \omega_n}{v_g - v_{gn}}(v_{gi} - v_{gn}) \tag{5-14}$$

按上述公式求出的 ω_i 是对应每一级初速的装药量，但这只作为装药设计的参考数据。由于考虑射击勤务的简便，在进行装药设计时各分级装药间应当采用等重药包，或某几个相邻初速级用等重药包，因此对计算出的各级装药 ω_i 还要做适当的调整才能确定下来。

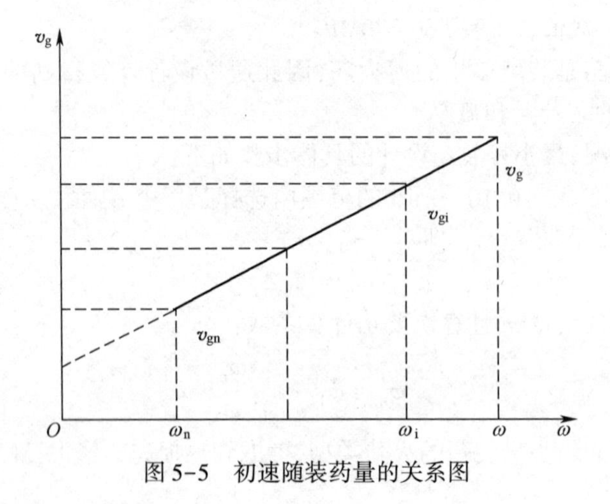

图 5-5　初速随装药量的关系图

第6章　火炮火药装药结构及其对内弹道性能的影响

6.1　火炮火药装药结构

火药装药结构设计是在弹道方案、火药形状尺寸已确定的情况下，选择发射药在药室中的位置、点火具的结构和选用其他装药元件(护膛剂、除铜剂、消焰剂等)，使装药能满足弹道指标和生产、运输、储存使用寿命等的要求。

装药结构对内弹道性能有重要的影响，装药结构设计是火药装药设计的重要组成部分。但装药结构设计理论还不完善，没有形成系统的设计方法，缺少设计所需的基础数据。目前的装药结构设计过程，首先是以现有结构为雏形，再经过试验检验、修改，直到形成满足要求的结构。

装药结构不合理会引起弹道反常。弹道稳定性、勤务操作与弹道指标是进行结构设计时需要考虑的重要内容。

6.1.1　药筒定装式火炮装药结构

现有中小口径加农炮、高射炮都采用药筒定装式装药。这种装药的装药量是固定的。无论在保管、运输或发射时，装有一定量火药装药的药筒都与弹丸结合成一个整体。该装药的优点是发射速度快，在战场上能迅速形成密集猛烈的火力，装配后的全弹结合牢固，密封性好，运输、储存和使用方便。

加农炮和高射炮的初速较高，火药装填密度较大。这类装药大部分使用单孔或多孔粒状药，少数使用管状药。

粒状药一般是散装在药筒内，管状药是成捆的装入药筒内。用底火或与辅助点火药一起作为点火器。大部分装药都使用护膛剂和除铜剂。为了固定装药还用了紧塞具。按一定结构将装药元件放在药筒后，再将药筒和弹丸结合成为一个弹药的整体。

1955年式37mm高射炮榴弹的装药就是一个典型的药筒定装式装药，如图6-1所示。火药是7/14的粒状硝化棉火药，散装在药筒内。装药用底-2式底火和5g质量的2#黑药点火。在药筒内侧和火药之间有一层钝感衬纸，在火药上方放有除铜剂，整个装药用厚纸盖和厚纸圈固定。药筒和弹丸配合后，在药筒口部辊口结合。

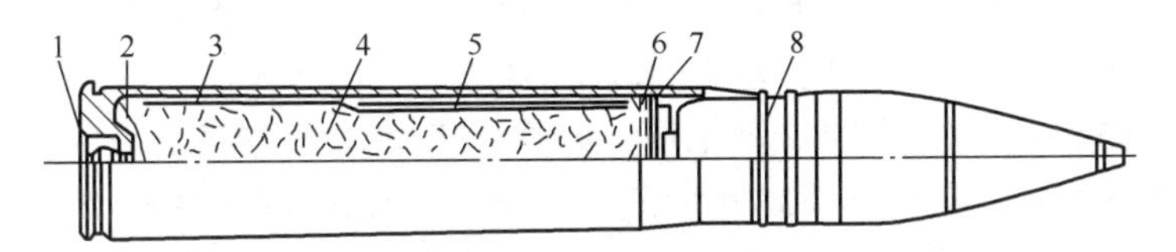

图6-1　1955年式37mm高射炮榴弹火药装药结构

1—底火;2—点火药;3—药筒;4—7/14火药;5—钝感衬纸;6—除铜剂;7—紧塞具;8—弹丸。

多孔粒状药的优点是装填密度高，同一种火药可用在不同的装药中，具有实用性。粒状药的缺点是在药筒较长时，上层药粒点火较困难。粒状药的装药长度大于500mm时，离点火药较远一端的药粒可能产生延迟点火。这是因为粒状药传火途径的阻力大，点火距离越长，越难全面同时点火。为了解决这个问题，常采取了以下几个措施：

(1) 利用杆状点火具，如中心点火管使点火药沿药筒纵向均匀分布，如图6-2所示。

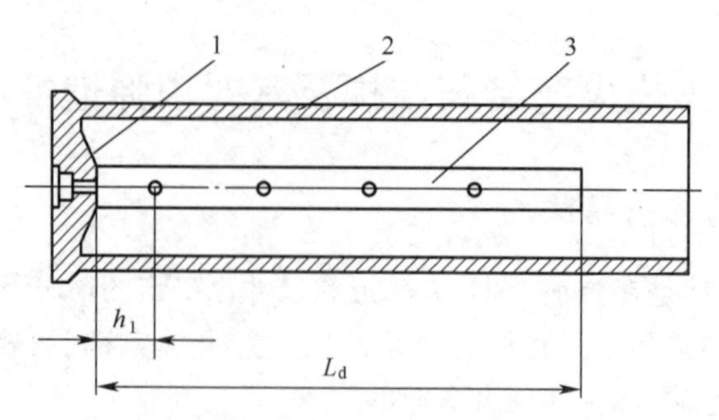

图 6-2　中心点火管示意图

1—底火;2—药筒;3—中心传火管。

(2) 将几个点火药包分别放在装药底部、中部或顶部等不同的部位,进行多点同时点火。

(3) 用单孔管状药药束替代传火管改善点火条件。

37mm 高射炮装药长 210mm,57mm 高射炮装药长 298mm,只用底火和点火药点火,没有其他装置。85mm 加农炮药筒长 558mm,就需要有附加的点火元件。

1956 年式 85mm 加农炮装药结构如图 6-3 所示。

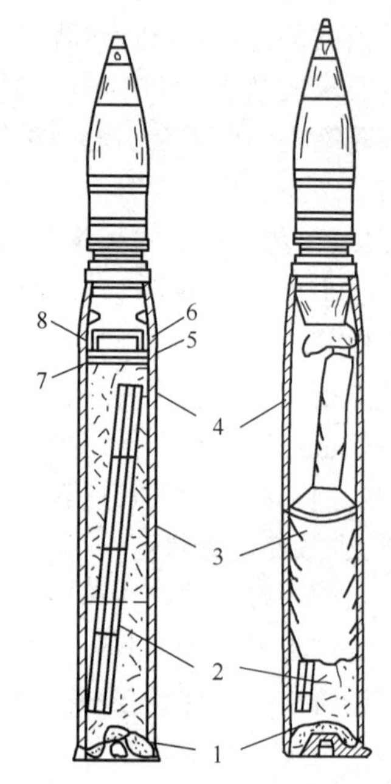

图 6-3　56 式 85mm 加农炮装药结构图

1—点火药;2—火药;3—药包纸;4—药筒;5—厚纸盖;6—紧塞具;7—厚纸筒;8—弹丸。

85mm 加农炮的全装药用 14/7 和 18/1 两种火药,14/7 火药占全部火药的 88%,18/1 管状药占 12%。装药时先将 18/1 药束放入药袋内,然后倒入 14/7 火药。再放除铜剂,药袋外包钝感衬纸后装入药筒内。装药用底-4 式底火和 1#黑药制成的点火药包点火,18/1 管状药束起传火管作用。

85mm 加农炮杀伤榴弹还配有减装药。装药量减少后,装药高度达不到药筒长度的 2/3。太短的装药燃烧时易产生压力波,使膛压反常增高。当装药高大于药筒长的 2/3 时,有助于避免反常压力波的形成。所以 85mm 加农炮的减装药采用一束管状药,其长度接近药筒的长度。

1959 年式 100mm 高射炮弹药使用管状药,是药筒定装式装药(图 6-4)。榴弹用双芳-3 (18/1 型)火药。火炮的药室长 607mm,用粒状药时比较难实现瞬时同时点火,而管状药可以改善装药的传火条件。因此,大口径加农炮常使用管状火药。100mm 高射炮的弹药装药时先把管状药扎成两个药束,依次放入药筒中。药筒和药束间有钝感衬纸,装药上方有除铜剂和紧塞具。装药用底-13 式底火和黑火药制成的点火药包点火。

高膛压火炮能使穿甲弹获得高初速。现有的高膛压火炮膛压可接近 800MPa,弹丸初速能达到 1800m/s。常用滑膛炮发射高速穿甲弹,有助于减少炮膛烧蚀,增加火炮使用寿命。该类装药有如下特点:

(1) 较高的装填密度,常采用多孔粒状药和中心点火管点火。

(2) 有尾翼的弹尾伸入到装药内占据部分装药空间,点火具长度有限制。

(3) 常用可燃的药筒和元器件,有助于提高装药总能量和示压效率;简化抽筒操作,提高发射速度,改善坦克内乘员的操作环境。

图6-5是120mm高膛压滑膛炮脱壳穿甲弹的结构示意图。

大口径弹药质量较重,装填操作困难,这是药筒定装式装药的一个缺点。

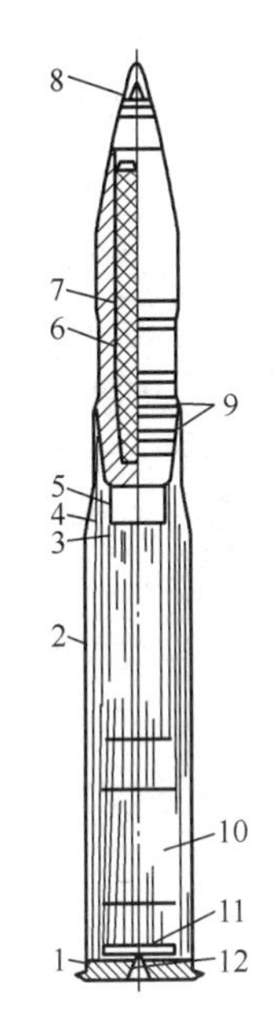

图6-4　59式100mm高射炮装药结构图

1—药筒;2—护膛剂;3—除铜剂;4—抑气盖;5—厚纸筒;6—炸药;7—弹头;8—引信;9—弹带;10—火药;11—点火药;12—底火。

6.1.2　药筒分装式火炮装药结构

使用这种装药结构的火炮有:大、中口径榴弹炮、加农榴弹炮和大口径加农炮,如122mm和152mm榴弹炮,152mm加农榴弹炮,122mm、130mm和152mm加农炮等。药筒材料一般使用金属材料制造。目前,在高膛压火炮中,为了抽筒的方便和经济上的考虑,广泛地使用了含能或不含能的可燃材料制成的可燃药筒以替代金属药筒。可燃药筒可分为全可燃药筒和半可燃药筒两种,半可燃药经常有一个金属短底座。

药筒分装式装药一般都是混合装药组成的可变装药,但也有个别情况由单一装药,这种混合装药可用多孔和单孔的粒状药,也可用单基或双基管状药。用薄火药制成基本药包,用厚火药制成附加药包。为了装药结合简单和战斗使用方便,附加药包大都制成等重量药包。单独使用基本药包射击时,必须保证规定的最低初速和解脱引信保险所必须的最小膛压,全装药必须保证规定的最大初速的实现,同时膛压不允许超出规定的最大膛压。因此,这种类型的装药在结构上考虑的因素就更多了。

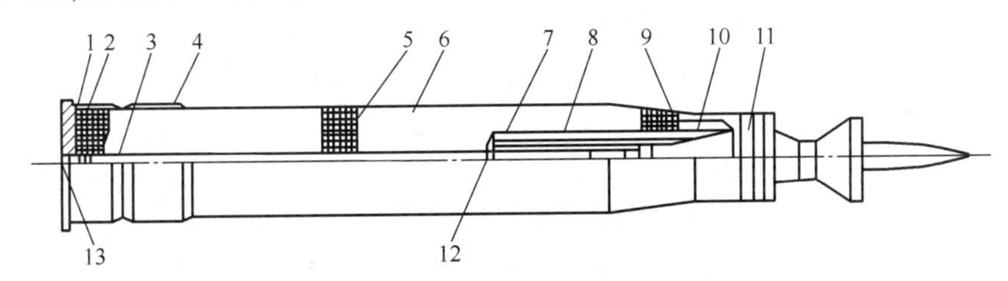

图6-5　120mm高膛压滑膛炮脱壳穿甲弹的结构示意图

1—底火;2—消焰剂药包;3—可燃传火管;4—可燃药筒;5—粒状药;6—护膛衬纸;7—尾翼药筒;8—管装传火管;9—紧塞具;10—火药固定筒;11—穿甲弹丸;12—上点火药包;13—O形密封圈。

因为使用这类装药的火炮口径较大,点火系统都是由底火和辅助点火药包所组成。依据具体的装药结构,辅助点火药包可以集中地放在药筒底部,也可以分散放在几处。大威力火炮变装药中还使用护膛剂和除铜剂,中等威力以下的装药中只用除铜剂。

由于这类火药大都采用了药包的形式,所以药包布就成为这种类型装药的一个基本组成元件,药包之间的传火就会受到药包布的阻碍,因此,对药包布就必须提出一定的要求。这些要求主要包括三方面:一方面是要有足够的强度,其次就是不能严重地妨碍火焰的传播;另一方面就是在射击后不能在膛内留有残渣。目前常用的药包布材料有:人造丝、天然丝、亚麻细布、棉麻细布、各种薄的棉织布(平纹布等)、硝化纤维织物、赛璐珞等。

药包位置的安放规律构成了这类装药结构的一个突出特点,药包位置的确定直接影响到点火条件的优劣、弹道性能的稳定以及阵地操作和射击勤务方便的问题。

例如,1910/30 年式 122mm 榴弹炮的装药如图 6-6 所示。它的基本药包和附加药包都是扁圆状的,一个一个重叠起来组成了整个装药,实际上每一个药包都形成了由两层药包组成的横断隔垫,点火药气体要穿过十几层药包布才能达到装药顶端,这样就恶化了点火条件,造成弹道的不稳定性。因此这种结构形式已经被淘汰。

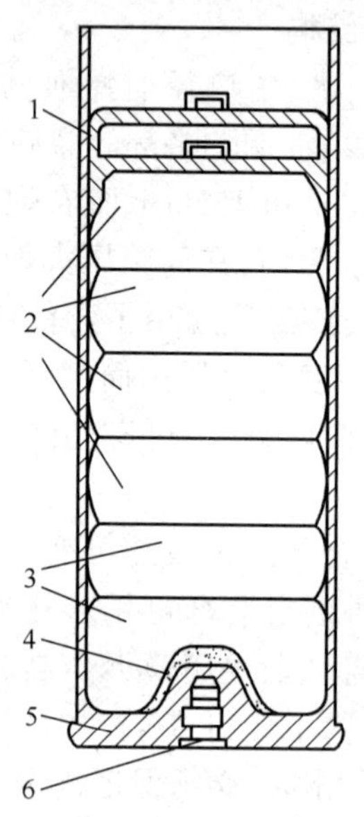

图 6-6　1910/30 年式 122mm 榴弹炮装药结构

1—密封盖;2—等重药包;3—基本药包;4—点火药;5—药筒;6—底火。

1954 年式 122mm 榴弹炮装药是用 4/1 火药组成扁圆状的基本药包。基本药包下部装有 30g 枪用有烟药作为辅助点火药,单独缝在一个口袋里。基本药包放置在底-4 式底火上部。用 9/7 火药组成八个附加药包,每四个一组,下面放四个较小的等重药包,上面放四个较大的等重药包,上药包约为下药包质量的三倍。附加药包都制成圆柱形,每组四个并排放置。由于药包间有较大的缝隙,这就便于点火药气体生成物向上传播,因而改善了点火条件,如图 6-7 所示。在整个装药上方放置有除铜剂及一厚纸盖作为紧塞具,为了防止火药在平时保管时受潮,顶部还加有密封盖。

1956 年式 152mm 榴弹炮的装药结构和 1954 年式 122mm 榴弹炮的装药是相似的。八个附加药包是用 12/7 火药制成,同样分成上下两组。基本药包也是采用 4/1 火药制成。在点火系统上,由于它的药室容积比 122mm 榴弹炮更大,若采用一个点火药包点火强度显得不够,因此在基本药包下部和上部缝有两个用黑火药制成的辅助点火药包。下点火药包点火药量重 30g,位于底-4 式底火之上,基本药包之下;上点火药包点火药重 20g,位于基本药包和附加药包之间,如图 6-8 所示。

以上两种火炮都是用粒状药组成变装药的典型。苏 1931/37 年式 122mm 加农炮的

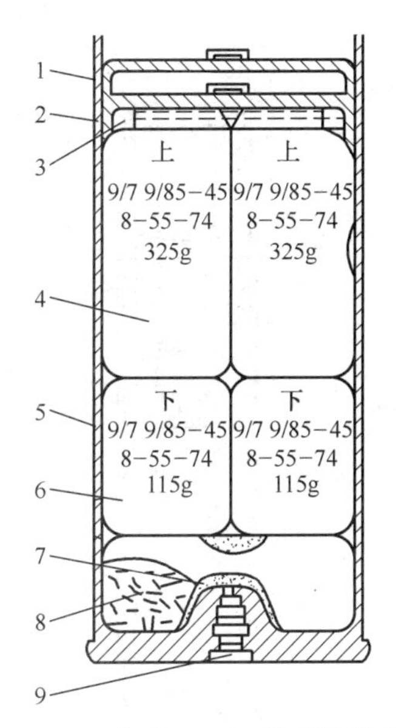

图 6-7　1954 年式 122mm 榴弹炮装药结构

1—密封盖；2—紧塞盖；3—除铜剂；4—上药包；5—下药包；6—基本药包；7—药筒；9—底火。

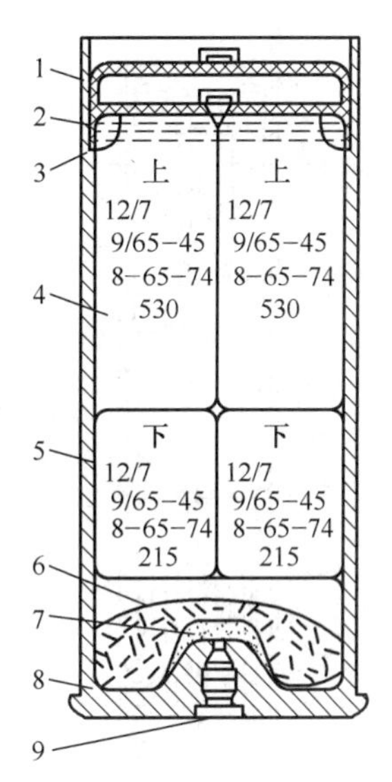

图 6-8　1969 年式 152mm 榴弹炮装药结构

1—密封盖；2—紧塞盖；3—除铜剂；4—上药包；5—下药包；6—基本药包；7—点火药；8—药筒；9—底火。

装药则是利用管状药组成药筒式分装药的典型。该炮装药由一个基本药束和三个附加药束采用乙芳-37/1 一种牌号火药。为了减少药包布对点火的影响，它的基本药束和中间附加药束都不用药包布包裹。基本药束下部扎有一个由 130g 枪药制成的辅助点火药包，外面用钝感衬纸包裹，直接放在药筒内，辅助点火药包压在底-4 式底火的上方。中心附加药束放置在基本药束上方的中间位置。其他两个附加药束为等重药束，用药包布制成两个药包，药包为扁平形，每个药包上缝两条长线，使每个药包分成三等分，中间装入火药。放在中心药束两边后，这两个等重附加药束就像一个等边六边形包围着中心附加药束。在整个装药上方放有除铜剂。与其他火炮不同的一点是使用两个紧塞盖作为紧塞具，如图 6-9 所示。射击时除全装药外还可以使用 1 号、2 号和 3 号装药，即依次取出一个、两个附加药束和中间附加药束。

1969 年式 122mm 加农炮的减变装药是由粒状药和管状药组成的，所以它在装药结构上又具有与上述几种火炮不同的特点。它的基本药包是由 12/1 管状药和 13/7 两种火药组成的双缩颈的瓶形装药，附加药包是由两个等重 13/7 药包组成。装药时，先把一个圆环形的消焰药包放在底火凸出部的周围，再放入下部带有点火药的基本药包。由于它是双缩颈的瓶形装药，所以解决了减变装药的装药高度问题。在第二个细颈部上扎有除铜剂。两个等重附加药包的内层有护膛剂，附加药包分成四等分，套在第二个细颈部上时成为一个四边形把基本药包包围在中间，装药上方有紧塞具和密封盖，如图 6-10 所示。

某 125mm 坦克炮穿甲弹装药见图 6-11 和图 6-12。由于坦克内空间有限，为便于输弹机操作，将药筒分为主、副两个药筒，副药筒和弹丸相连。主药筒装粒状药，底部有消焰药包，传火用中心传火管，主药筒有防烧蚀衬纸。为增加传火效率，在主副药筒间有传火药包。副药筒距底火较远，影响粒状药的瞬时同时点火，所以在副药筒中有用于传火的管状药。副药筒中有防烧蚀衬纸。

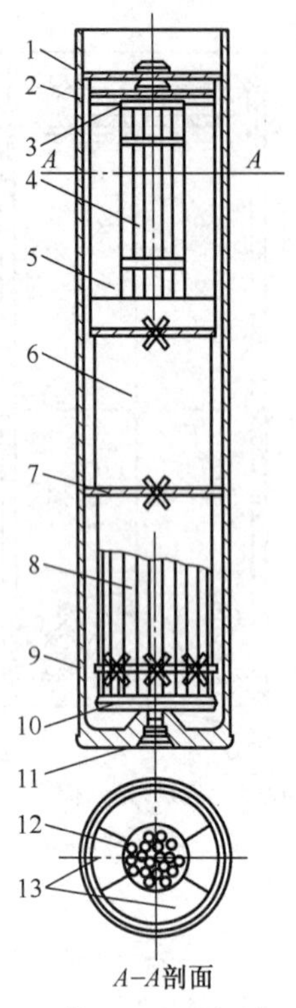

图 6-9 苏 1931/37 年式 122mm
加农炮装药结构

1—密封盖;2—紧塞盖;3—除铜剂;4—中间药束;
5—等重药包;6—钝感衬纸;7—捆紧绳;8—基本药包;
9—药筒;10—点火药;11—底火;
12—中间药束;13—等重药包。

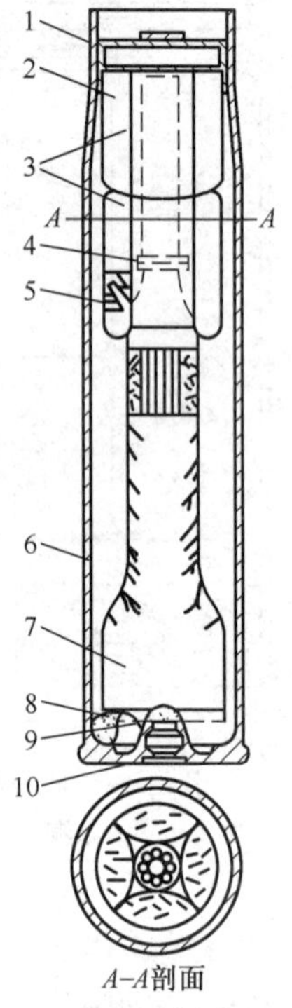

图 6-10 1969 年式 122mm
加农炮减变装药结构

1—密封盖;2—紧塞盖;3—等重药包;4—除铜剂;
5—钝感衬纸;6—药筒;7—三号装药;8—点火药;
9—消焰剂;10—底火。

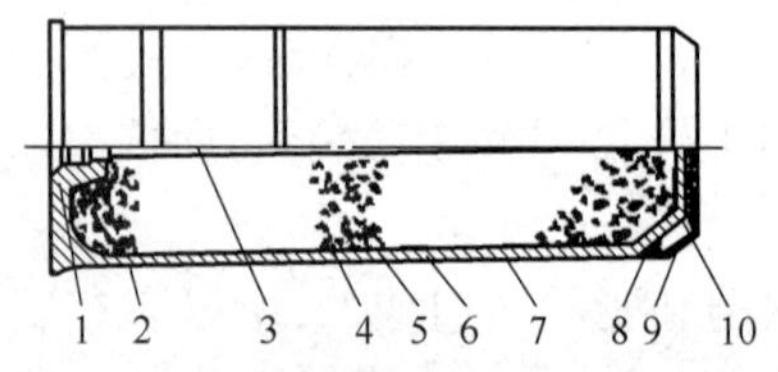

图 6-11 某 125mm 坦克炮主药筒装药示意图

1—底火;2—消焰药包;3—可燃传火管;4,5—粒状发射药;
6—可燃药筒;7—防烧蚀衬纸;8—上点火药包。

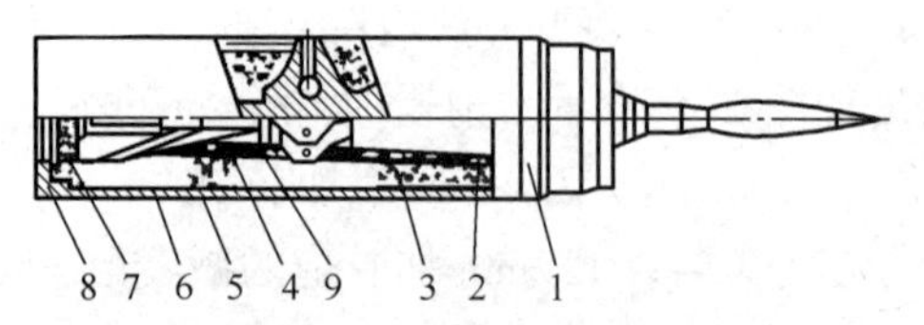

图 6-12 某 125mm 坦克炮副药筒装药示意图

1—弹丸;2,3—粒状发射药;4—管状药;5—副药筒;
6—防烧蚀衬纸;7—点火药包;8—底盖。

6.1.3 药包分装式火炮装药结构

药包分装式的装药结构同药筒分装式的装药结构大体相同,其差别即在于一个是用药包盛放装药,另一个则是用药筒盛放装药。由于这类装药是采用药包盛放装药,因此它有下述几个特点:一是在药包上有绳子、带子、绳圈等附件可以用来把药包绑扎在一起。二是装药平时保存在锌铁密封的箱子内。三是射击时,装药直接放入火炮的药室,因此应用这类装药的火炮炮闩必然要具有特殊的闭气装置。采用这类装药的火炮主要是大口径的榴弹炮和加农炮。

这种装药可用一种或两种火药。该装药可能只要一种组合装药就能满足几个等级初速的要求。但有时一种组合装药不能满足,要用两种组合装药,一个是能满足那些初速较高并包括最大初速的组合装药;另一种是能满足较低初速并包括最小初速的装药。

苏联 1931 年式 203mm 榴弹炮装药(图 6-13)由两部分组成:第一部分为减变装药,有一个基本药包和四个等重附加药包。基本药包和附加药包都采用 5/1 硝化棉火药,装在丝制的药包内。在基本药包上缝有 85g 黑药点火药包。第二部分为全变装药,由基本药包和装有 17/7 单基药的六个丝质等重药包组成。基本药包上缝有点火药包,装 200g 大粒黑药。

两部分装药都有除铜剂,用缝在基本药包上的丝带将基本药包和附加药包扎在一起。

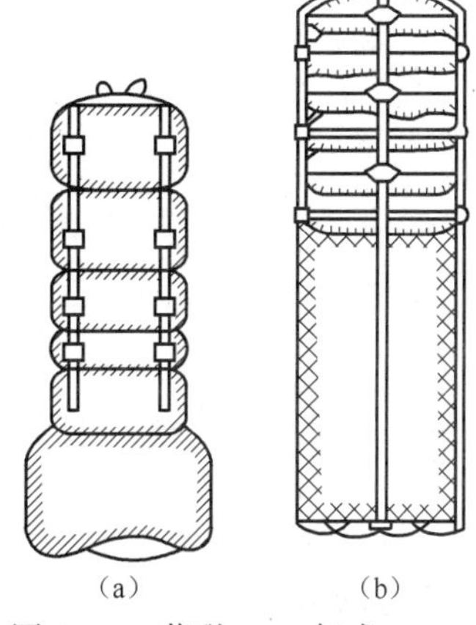

图 6-13 苏联 1931 年式 203mm 榴弹炮装药结构图

美国 155mm 火炮采用药包分装式装药和模块装药,药包分装式装药包括:

(1) M3A1 装药。该发射装药为绿色药包装药,由一个基本药包和四个附加药包组成,构成 1~5 号装药。附加药包用四条缝在基本药包上的布带捆在一起,手工在药包顶部打结。点火药包为红色,装 100g 清洁点火药(CBI),缝在基本药包后面。整个 M3A1 装药包含大约 2.5kg 单孔发射药。基本药包前方加一个消焰剂药包,每包 57g,附加药包 4 号和 5 号前各加一个消焰剂药包,每包 28g。消焰剂为硫酸钾或硝酸钾,其作用是限制炮尾焰、炮口焰和炮口超压冲击波。

(2) M4A2 装药。该发射装药为白色药包装药,由一个基本药包和四个附加药包组成,构成 3~7 号装药。其基本构造与 M3A1 装药相同。M4A2 装药包含大约 5.9kg 多孔发射药。基本药包前方加一个消焰剂药包,每包 28g。

(3) M119 装药。该发射装药为单一白色药包 8 号装药,中心传火管穿过整个装药的中心。装药前端缝有消焰剂药包。该装药仅用于长身管 155mm 榴弹炮(M19 系列和 M198)。储存时必须水平放置,以免中心传火管弯曲或折断。由于装药前端缝有消焰剂药包,该装药不能用来射击火箭增程弹。

(4) M119A1 装药。该发射装药除了前端缝有环形消焰剂药包外,与 M119 装药完全相同。这种消焰剂药包设计免除了射击火箭增程弹时对火箭发动机点火的影响。

(5) M119A2 装药。该发射装药为单一红色药包 7 号装药,用于装有 M185 和 M199 身管的 155mm 榴弹炮。装药前端有 85g 铅箔衬里和四个圆周均布纵向缝在主药包上的消焰剂药包,每个消焰剂药包含有 113g 硫酸钾。M119A2 装药是为与北约现行射表一致而设计的,可与 M119A/M119A1 互换使用,仅有微小的初速差异。

(6) M203 装药。该发射装药为单一红色药包 8 号装药,是为 M198、M109A5/A6 榴弹炮扩展射程而设计的。中心传火管穿过整个装药的中心,装药前端缝有环形消焰剂药包。该装药内装 M30A1 发射药,仅用于射击 M549A1 火箭增程弹、M825 发烟弹和 M864 底排弹。图 6-14 是美国 155mm 榴弹炮 8 号装药的结构示意图,该装药有中心传火管。

6.1.4 模块装药

由于布袋药包装药射速低和不适于机械装填等原因,近年来,对布袋装药进行了改进,将软包装变成硬包装。用可燃容器取代布袋装填不同重量的发射药及装药元件,成为单元模块。这些由单一或者几种模块组成的装药称为模块装药。在射击时,可根据不同

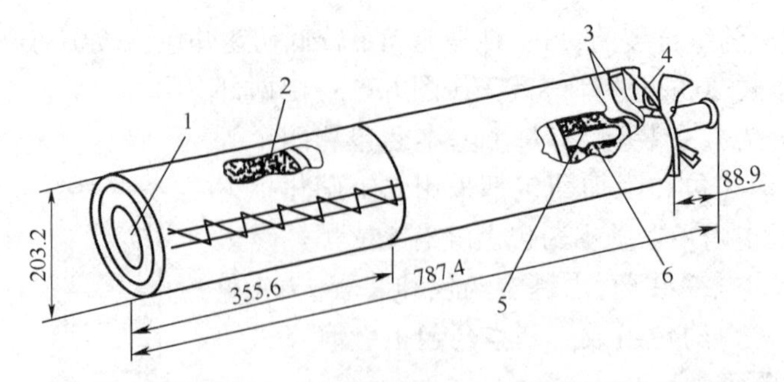

图 6-14　美国 155mm 榴弹炮 M203 8 号装药的结构示意图

1—底部点火药包;2—M30A1 发射药;3—除铜剂和缓蚀剂;4—消焰剂;5—中心传火药芯;6—传火药。

的射程要求,采用不同模块的组合来获得不同的初速。

模块装药又分为全等式和不等式两类。全等式所用的模块是相同的,改变模块数即可满足不同的初速、射程要求。但是,研究全等式模块装药还有困难。目前,国际上领先的模块装药是由两种模块组合的双模块装药,它是用两种不同模块的组合来满足几种不同的初速要求。

图 6-15 是美国的 155mm 榴弹炮 XM216 模块装药结构示意图,XM216 装药包括 A、B 两种模块,一个 A 模块可作为 2 号装药;一个 A 模块和一个 B 模块组成 3 号装药;一个 A 模块和两个 B 模块组成 4 号装药;每个模块均由内装的 M31A1E1 三基开槽杆状药和外部的可燃壳体组成。模块 A 长 267mm,装药量 3. 42kg,药柱弧厚 1. 75mm。模块 A 底部配有点火件,点火药是 85g 速燃药 CIB 和 15g 黑火药,模块 B 内装 M31A1E1 三基开槽杆状药 2. 8kg,可燃壳体内放有铅箔除铜剂,重约 42. 6g。

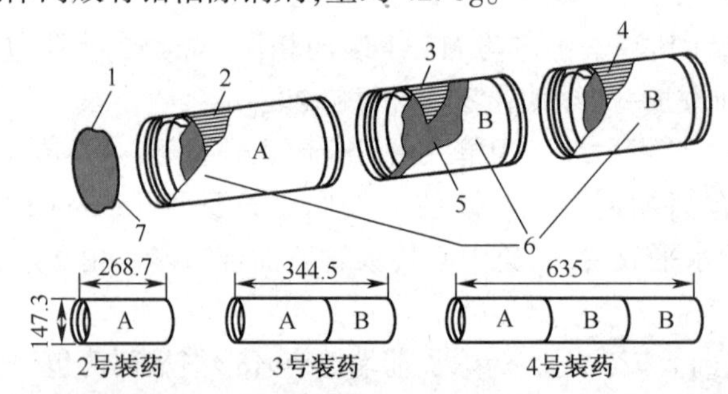

图 6-15　美国的 155mm 榴弹炮 XM216 模块装药结构示意图(1)

1—点火组件;2、3、4—发射药;5—除铜剂;6—可燃药筒;7—点火药。

155mm 榴弹炮的 5 号装药是一个模块(XM217),模块长 768. 3mm,直径 158. 7mm,内装 13. 16kgM31A1E1 三基开槽杆状药。

另一种形式的变装药包括 XM215 和 XM216 两种装药:XM216 装药的 A 模块长 127mm,直径 147mm,内装 1. 58kg M31A1E1 发射药(图 6-16)。由 2、3、4、5 个 A 模块分别

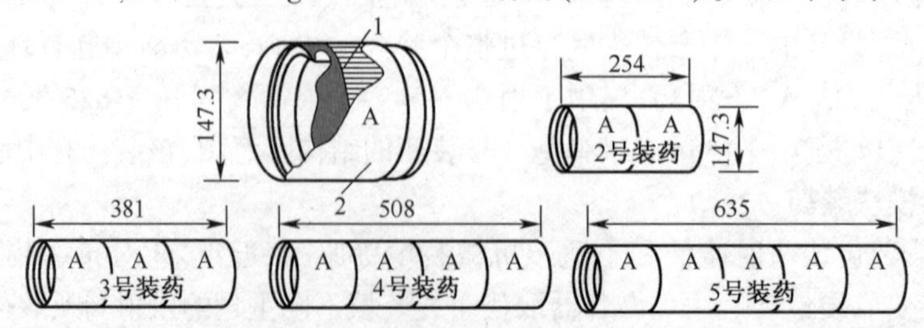

图 6-16　美国的 155mm 榴弹炮 XM216 模块装药结构示意图(2)

1—发射药;2—可燃药筒。

构成2、3、4、5号装药。XM215模块装药(图6-17)用于小号装药(1号),由直径147.3mm、长152.4mm的壳体和内装1.4kg单孔M1单基药组成,在装药底部有85g CBI和14g黑火药的点火件。

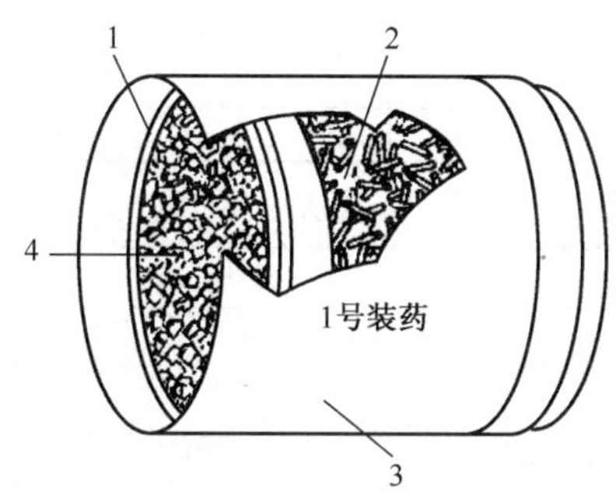

图6-17　美国的155mm榴弹炮XM215模块装药结构示意图

1—点火组件;2—M1发射药;3—可燃药筒;4—点火药。

由XM215、XM216、XM217组成的1、2、3、4、5号装药构成了155mm榴弹炮的初速分级,满足了不同的射程要求。

由美国发展的双模块系统MACS(模块化火炮装药系统)是155mm发射装药的替代装药系统,与传统药包装药相比简化了后勤处理。MACS由XM231装药模块和XM232装药模块组成。XM231模块用于小号装药射击(一次使用1或2个模块),XM232模块则用于大号装药射击(一次使用3、4、5或6个模块)。XM231和XM232都是基于单元装药设计,即具有双向中心点火系统,粒状发射药装于刚性可燃容器内等。然而XM231和XM232两者设计上并不相同,XM231模块使用的发射药是M1MP配方单基药,XM232模块则使用M30A2配方三基药。所有的XM231模块都是完全相同可以互换的(XM232模块也是这样)。这种设计使得MACS模块适于手工或自动操作,能够满足未来火炮的需要。MACS装药由美国ATK公司专为“十字军战士”设计,同时向下兼容现行的155mm野战火炮系统(即M109A6帕拉丁、M198牵引炮等)。

法国GIAT工业公司与SNPE公司共同发展一种与半自动装填和NATO联合谅解备忘录相容的155mm模块装药系统。这是一种双模块系统,是由用于近射程的基础模块(BCM)和用于中远射程的顶层模块(TCM)组成。

1. TCM模块装药

火药是分段半切割的杆状药,组分为19孔或7孔的NC/TEGDN/NQ/RDX或NC/NGL。两种可燃容器,壳体和密封盖都是由制毡工艺完成。

用黑药装填的点火具设置在模块中心轴的空间里。在装药模块的研究过程中曾进行了包括压力波、点火延迟、易损性和装填寿命等试验。BCM和TCM两种模块的结构相似,但两者可以通过颜色和形状加以识别。发射药是粒状单基药,点火药是黑药。

1) 发射药能量组分、几何尺寸和弧厚

(1) 发射药的选择。首先考虑的是火药的能量及其由此带来的燃温和烧蚀性质,表6-1是这些发射药的特性。

(2) 药型选择。根据TCM以及杆状药在装填密度、工艺和燃烧性能等方面的特点,首先确定在杆状药中选定药型和尺寸。取4种药型:开槽管状药、管状药、7孔和19孔药(表6-2)。

表 6-1 TCM 模块组分

发射药	$f/(\mathrm{MJ\cdot kg^{-1}})$	T_1/K	$n/(\mathrm{mol/kg})$	k	$\delta/(\mathrm{g\cdot cm^{-3}})$
HUX TEGDN/QB	1.065	2820	44.60	1.250	1.57
GB93/DB	1.079	3112	41.14	1.237	1.58
HUX/DEGDN/QB	1.070	2847	44.42	1.245	1.62
M30/TB	1.076	2994	43.21	1.244	1.68

表 6-2 TCM 模块装药选择的药型

药型		开槽管状药	管状药	7 孔	19 孔
内径/mm		0.5	1.5	0.5	0.5
初速/$(\mathrm{m\cdot s^{-1}})$		900	931	957	978
药重/kg		13.480	14.710	15.800	16.700
弧厚/mm		3.4	3.3	2.9	3.0
外径/mm		7.3	8.1	13.1	19.56
杆数量/根		314	252	93	43
1 杆表面积/$\mathrm{mm^2}$		41.66	49.76	133.41	296.76
杆总表面积/$\mathrm{mm^2}$		13081	12540	12407	12761
壳体表面积/$\mathrm{mm^2}$		有点火具:17671 没点火具:17181			
多孔度/%	无点火具	0.260	0.290	0.298	0.278
	有点火具	0.239	0.270	0.278	0.257
杆长度/mm		177	122	133	136

2）壳体的燃烧性能与机械性能

（1）TCM 可燃容器组分与结构。TCM 可燃容器结构见图 6-18。

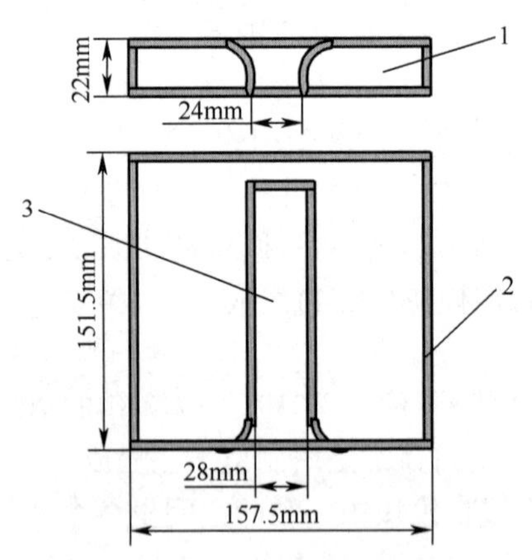

图 6-18 TCM 可燃容器结构

1—模块盖;2—模块壳体;3—模块中心通道。

点火药选择方式与发射药的选择方式相似,选择时也考虑能量和燃温等性质。最终确定的模块装药结构(图 6-19)是:

火药组成:双基药 NC/NG:66.5/34.8;

多基药 NC/TEGDN/NQ/RDX:52/26/8.6/10.7;

火药形状:段切的杆状药(图 6-20):7 孔/19 孔;

点火具:黑火药,30g。

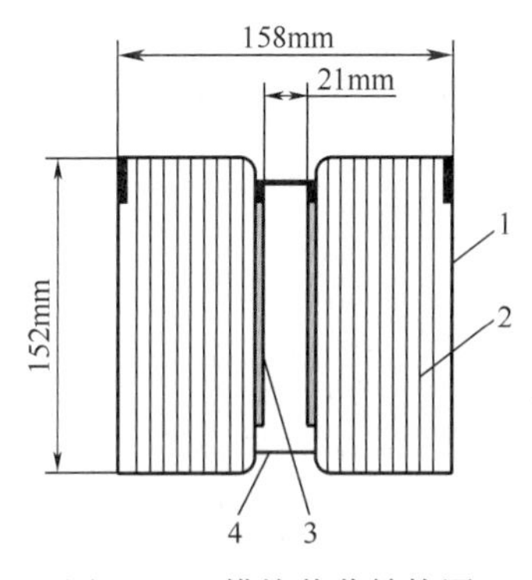

图 6-19 模块装药结构图

(模块最大外径 158mm;最小内径 21mm;最大高度 152mm)

1—壳体;2—火药束;3—点火具;4—密封盖。

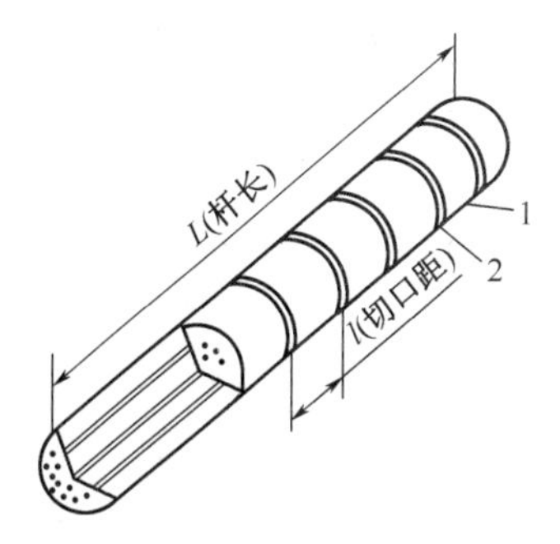

图 6-20 段切杆状药结构

1—杆状火药;2—切口。

(2) TCM 易损性等级。试验用完整的模块:2.4kg 分段切口多基发射药,7 孔,弧厚 1.9mm。组成:NC/TEGDN/NQ/RDX: 52/26/9/11;壳体质量 0.23kg,组成是 NC/牛皮纸/树脂: 68/26/5,点火是黑药 0.03kg。易损性试验结果见表 6-3。

表 6-3 易损性试验结果

试　　验	参考标准号	结果等级
快速自燃	4240	Ⅴ11s
缓慢自燃	4382	Ⅳ129.3℃
枪击试验	4241	Ⅳ/Ⅴ
爆轰感度	4396	Ⅲ

(3) TCM 模块机械承载。模块组成:可燃容器;点火器;2.500kg 发射药。试验结果,TCM 模块装药达到机械装填的要求(表 6-4)。

表 6-4 TCM 模块机械承载

试　　验		可燃容器	
		无缓蚀剂	有缓蚀剂
2914 跌落试验,裸壳体,3 次跌落		1.2m,通过	1.2m,通过
155AuF2 自动装填炮塔	机械承载(双侧-正反)	通过	通过
155-52CAESAR	在药室内承受装填撞击	通过	通过
在 TRG2 榴弹炮装填	在药室内尺寸相容性	通过	通过

(4)弹道试验选择。包括 TCM 全装药、高温和常温初速与膛压的选择试验等(表 6-5)。

表 6-5 TCM,在 52 倍口径 155mm 火炮,6 模块试验(21℃)

火药(弧厚/mm)	段切双基 19 孔(2.2)	段切多基 19 孔(2)	段切多基 7 孔(2.1)	最大值
质量/kg	13.02	13.89	14.05	
装填比	0.92	1	0.96	< 0.98
或然误差/$m \cdot s^{-1}$	2.5	1.3	0.8	1.6
最大压力/MPa(21℃)	342	341	336	
最大压力/MPa(63℃)	410	400	378	
最大压力/MPa(63℃)	430	416	390	406

经过上述试验确定选用多基药和7孔药。

(5) TCM 发射药对于温度系数的影响。TCM 发射药对于温度系数的影响见图6-21。

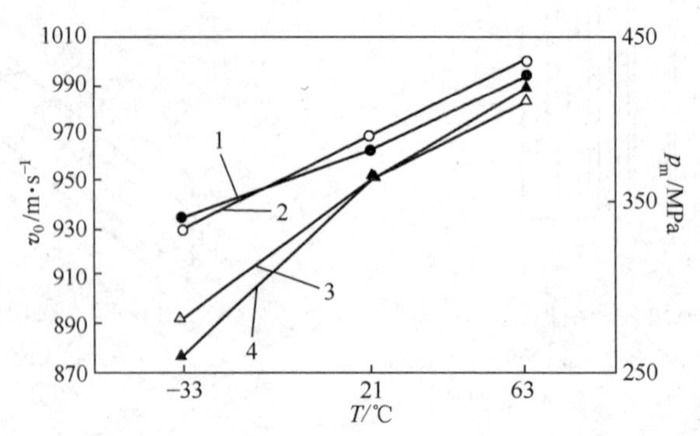

图6-21 TCM 发射药对于温度系数的影响

1—三基药初速;2—双基药初速;3—三基药膛压;4—双基药膛压。

装药压力温度系数,三基药0.5506%K^{-1}(高常温),双基药0.5000%K^{-1}(高常温)。

(6) TCM 中间射程试验。

表6-6是TCM 3模块的试验结果。

表6-6 3模块试验结果

发射药(弧厚/mm)	切双基19孔(2.2)	切多基19孔(2)	切多基7孔(2.1)
21℃初速/m·s^{-1}	532	532	
21℃最大压力/MPa	90	90	
-33℃初速/m·s^{-1}	536	520	500
-33℃最大压力/MPa	80	80	82

在壳体中加缓蚀剂时,射击后在药室与炮管中无残留物。

(7) TCM 壳体组分对温度系数的影响。TCM 壳体组分对温度系数的影响见图6-22。

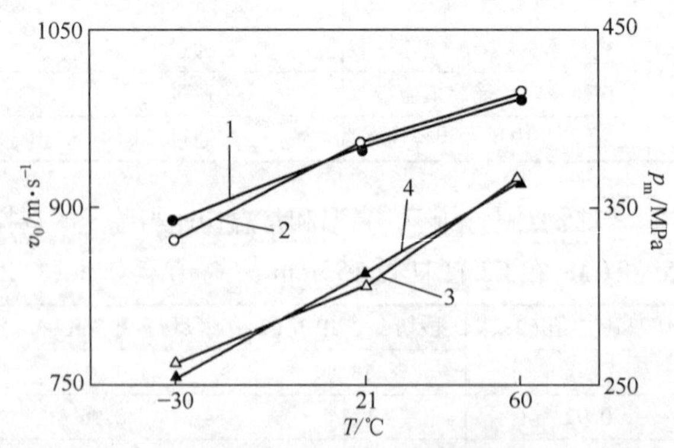

图6-22 TCM 壳体组分(缓蚀剂)对温度系数的影响

1—含缓蚀剂初速;2—无缓蚀剂初速;3—含缓蚀剂膛压;4—无缓蚀剂膛压。

(8) TCM 155-39口径3、4和5个模块射击结果 。39倍口径155mm火炮的射击结果，TCM 装药与药包装药相接近(表 6-7)，但 TCM 的压力波有所降低。

表 6-7　39 倍口径，21℃，TCM —— 3、4、5 模块射击结果

装药	初速/($m \cdot s^{-1}$)	最大压力/MPa	压差$\pm\Delta p$/MPa	作用时间/ms
5 模块	812	280	-10/+20	100
39 倍，装药 7 号	797	294	-25/+30	
4 模块	663	170	-5/+10	90
39 倍，装药 5	685	195	-20/+16	68
3 模块	510	100	-2/+4	90
39 倍，装药 4	488	102	-5/+5	75

2. BCM

1) 基础模块的结构

基础模块的结构见图 6-23。

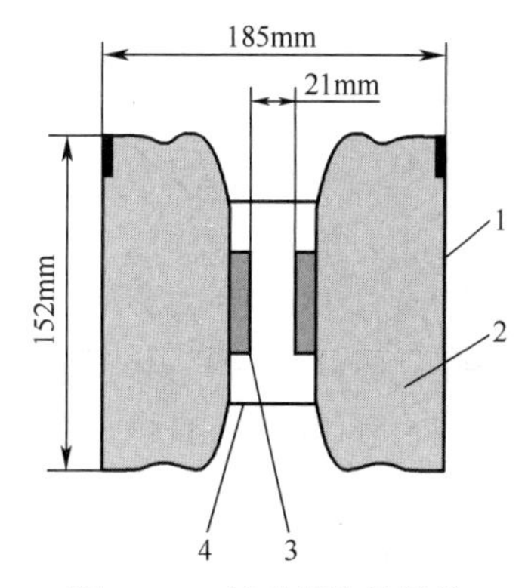

图 6-23　基础模块的结构

1—壳体；2—火药束；3—点火具；4—密封盖。

点火药为黑药，45g。发射药是单孔单基药，组分为硝化棉/二苯胺/DBP/消焰剂 = 93.7/1.0/4.5/0.8。

2) BCM 射击结果

表 6-8 是 155- 52 倍 1、2 模块的射击结果，图 6-24 为 p-t 曲线。

表 6-8　155-52 倍 1、2 模块的射击结果

温度	项目	1 模块	2 模块	最大值
21℃	初速/$m \cdot s^{-1}$	305	462	
	最大压力/MPa	61.2	171	
	作用时间/ms	46	40	300.25
-33℃	初速/$m \cdot s^{-1}$	301	457	
	最大压力/MPa	57	141	
	作用时间/ms	81	65	300.25

在壳体中加缓蚀剂的射击结果，射击后在药室与炮管中无残留物，压力和速度的温度系数较低。

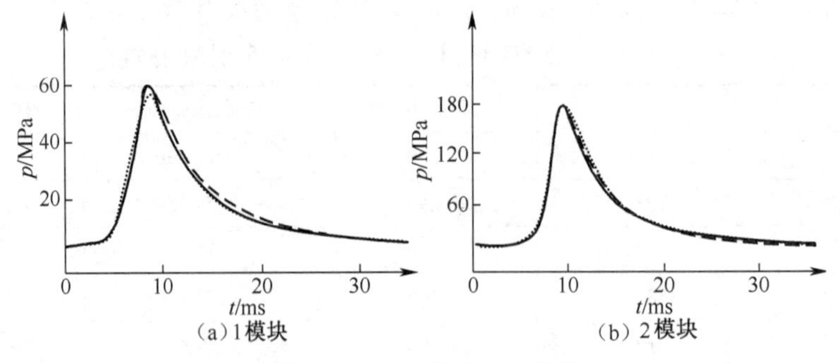

（a）1模块　　（b）2模块

图 6-24　BCM 射击 p-t 曲线

3）BCM 和 TCM 弹道性能

BCM 和 TCM 弹道性能见图 6-25 和表 6-9。

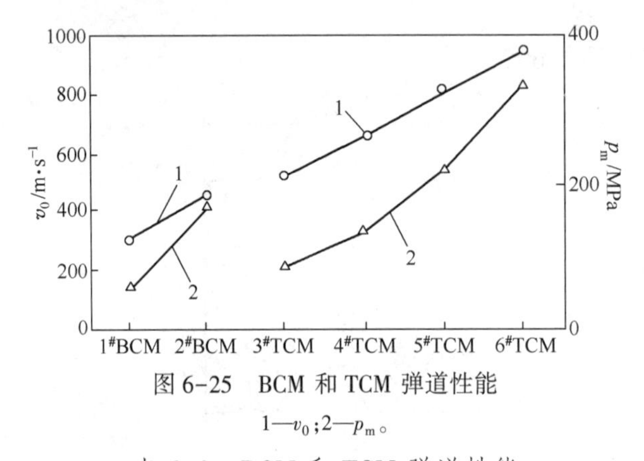

图 6-25　BCM 和 TCM 弹道性能

1—v_0；2—p_m。

表 6-9　BCM 和 TCM 弹道性能

温度	项目	BCM		TCM			
		1 模块	2 模块	3 模块	4 模块	5 模块	6 模块
21℃	初速/(m·s^{-1})	306	462	532	668	811	946
	最大压力/MPa	61.2	171	90	135	220	336

6.2　装药结构对内弹道性能的影响

6.2.1　膛内压力波形成的机理

射击过程中膛内所产生的压力波是一种可能发生不测事故的危险征兆。为了保证射击的安全可靠，采取某些有效的技术措施以抑制或削弱这种压力波现象，这是内弹道装药设计的一项重要任务。因此，首先对压力波形成机理及其特性作深入的分析。

1. 压力波的一般特性分析

膛内压力波现象首先表现在压力时间曲线上具有不光滑的“阶跃”特征，如图 6-26 所示。压力时间曲线上明显的出现两处“阶跃”现象，这种现象一般是由不均匀点火、药床运动和波的反射所造成的，所以压力曲线上的“阶跃”就是压力波的表征。但从某一特定位置的压力曲线还不能直观、定量地认识压力波的规律。为了在工程上应用方便，通常用膛底处测得的压力减去坡膛处测得的压力的差值，建立起压力差随时间变化曲线来量度压力波变化特征。所以,大量的研究工作是在试验测定压力差分曲线的基础上进行的。

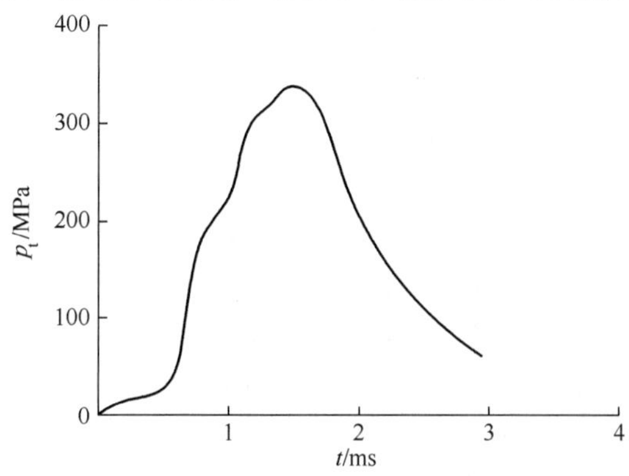

图 6-26 试验的压力时间曲线

2. 压力波的试验方法

压力波曲线的测试装置如图 6-27 所示。试验通过压电传感器获得压力的电信号,经电荷放大器将电信号放大,再输入瞬态记录仪进行转换,然后由计算机测试系统进行数据采集,根据压力标定结果将电信号还原为压力值存放在磁盘里,或将所测的结果打印输出。其中 $p_1-p_3=\Delta p$。与时间的关系即为压力波变化曲线。

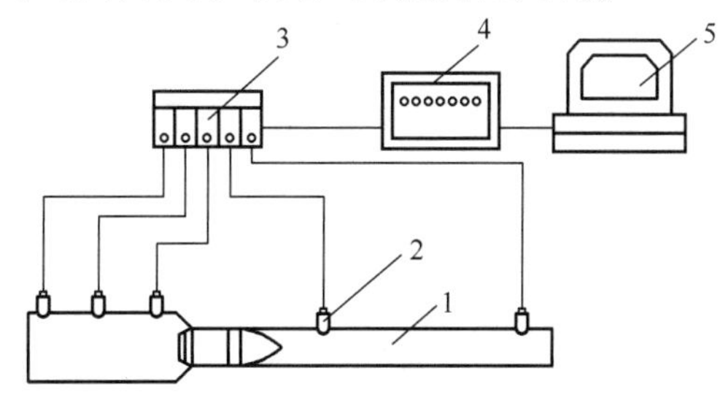

图 6-27 压力波测试装置

1—火炮身管;2—传感器;3—电荷放大器;4—瞬态记录仪;5—微机。

典型的压力波曲线如图 6-28 和图 6-29 所示。在相同的内弹道性能的条件下,小颗粒火药床的压力波比较大,而大颗粒火药床的压力波则比较小。颗粒的大小影响药床的透气性。颗粒越大,透气性越好,因此压力波也较小。由此可见药床透气性是影响压力波的一个重要因素。

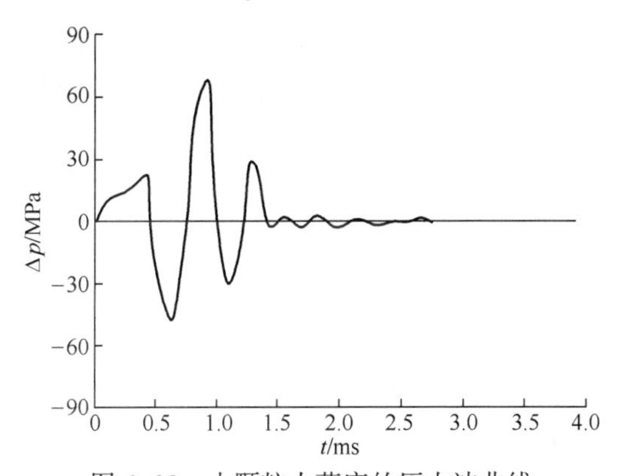

图 6-28 小颗粒火药床的压力波曲线

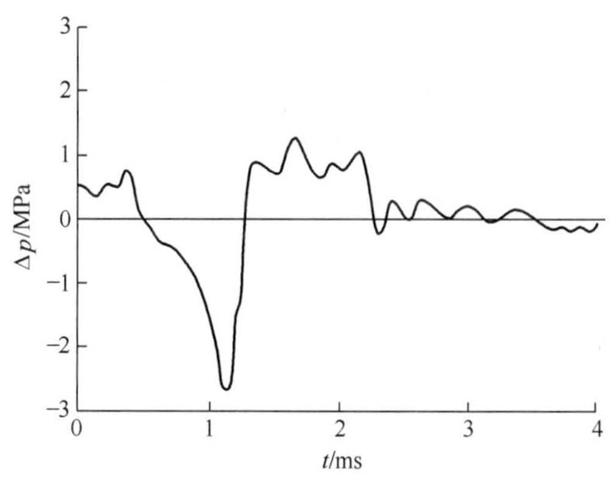

图 6-29 大颗粒火药床的压力波曲线

3. 压力波的传播规律

内弹道循环的初期,由于不均匀的点火,在弹后空间的压力分布形成明显的压力梯度,表现为纵向压力波的存在。在沿药室四个位置上测得压力曲线,将其处理为不同时刻的压力分布,可揭示膛内纵向压力波的产生、发展和衰减的过程。图6-30是海30mm火炮6/7装药测试的结果。从图6-30中看出:点火药气体从底火中喷出在膛内首先形成正向的压力梯度,并随着逐层的引燃发射装药,压力梯度不断被加强,逐渐地向弹底方向传播。大约在0.49ms时刻,波阵面在弹底反射,很快使弹底压力高于膛底压力,形成反向的压力梯度,这相应于压力波曲线上的第一个负波幅形成过程。大约在0.68ms时刻,波阵面在膛底再次反射,使膛底压力又一次高于弹底压力,形成第二次正向压力梯度,它相应于压力波曲线上的第二个正波幅的形成过程。经过几个周期的来回反射后,随着弹丸的运动,压力梯度逐渐地减小,膛内压力趋于均匀,并接近于拉格朗日假设下的压力分布。

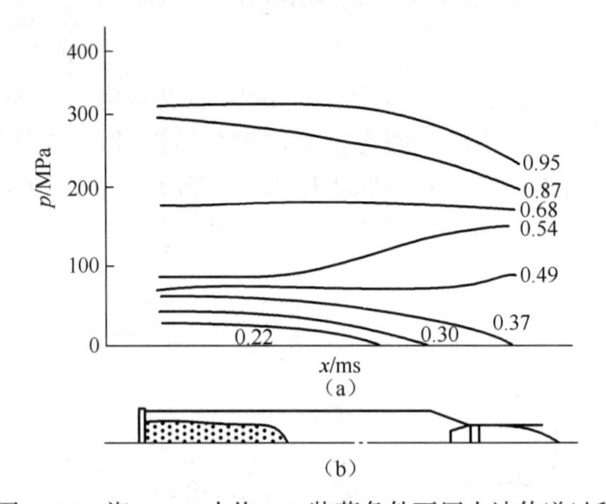

图6-30 海30mm火炮6/7装药条件下压力波传递过程

4. 压力波形成机理

为了说明膛内压力波的产生和发展过程,通过一个理想的射击过程来描述。射击从击发底火开始,通过电或机械方法引发底火,由底火产生的燃气去引燃点火药。它燃烧后所产生的高温气体和灼热的固体微粒,以一定的速度喷射入火药床。这些燃烧产物的温度和压力随时间的分布决定于点火系统的结构。当火药表面被加热到足以燃烧的时候(达到着火点),接近于点火药部位的火药开始燃烧,形成一个初始的压力梯度和第一个正波幅。高温的火药气体和点火药气体混合一道又迅速地渗透到未燃的火药区,它以对流传热的方式加热火药表面,火药床被逐层的点燃。这时在火药床中形成一个火焰波的传递。这一过程称为传火过程。

当形成气、固两相后,由于药床密集性对气流产生阻尼和X光对膛内的探测,可以观察到火药床的运动过程。在火药床被压缩过程中,固相的火药床中形成应力波的传递。火药床在应力波的作用下,逐层地被压缩,在弹底形成高颗粒密集区,部分药粒由于挤压和撞击而破碎。一旦火焰波传到弹底时,弹底部位的气体生成速率猛然增大,从而加强了弹底的反射波,形成了逆向的压力梯度,导致第一个负波幅的产生。

在逆向压力梯度作用下,火药床又被推回到膛底,使弹底部位的气体生成速率减小。由于弹丸运动,弹后空间的增大,弹底部位的压力上升速率减慢,而这时膛底的压力上升速率逐渐地增大,于是又形成正向的压力梯度,导致了第二个正波幅的产生。这种在膛底和弹底之间的往复反射,形成了膛内纵向压力波的传递过程。

在膛内压力上升阶段,膛内的气体总是受到压缩,后一个压缩波传播速度大于前一个压缩波的传播速度。这些压缩波要互相叠加起来。使得压力波阵面越来越陡峭,最后形成大振幅的压力波。与此同时,弹丸在膛内压力作用下,不断地被加速,弹后空间增大。这时在弹底产生一系列的膨胀波,压力梯度因此而被削弱,膛内压力分布趋于均匀。一般情况下,当膛内压力达到最大压力之后,压力波就很快地衰减并直至消失。但也可能造成这样一种极端的情况,由于点火条件恶化,药粒在弹底被严重击碎,使膛内局部压力急升。而弹丸运动不足以抑制这种上升的趋势,压力波的振幅不断地增大;形成了极大的压力波头,造成灾难性事故发生。

根据上述的分析,压力波形成的机理可归纳为以下几个要点:

(1) 点火激励是膛内压力波形成的"波源"。点火源的位置及其点火冲量,对压力波的形成和发展起着决定的作用。

(2) 膛内压力波不仅是气相所发生的行为,而是气、固两相共同作用的结果。火药颗粒在膛内运动及其聚散对压力波的强度和传播有着重要的影响。

(3) 火药床的结构(如透气性,自由空间)显著地影响到压力波形成和发展。

(4) 火药床中的火焰波(传热的"热"作用)和应力波(压缩的"力"作用)与压力波之间存在着相互影响和相互制约的关系。压力波促进火焰波在药床中的传播,火焰波又加强压力波的形成。在大颗粒火药床中,压力波超前于火焰波。在小颗粒火药床中,压力波与火焰波几乎重叠。至于压力波与应力波之间的关系,在压力波的作用下,火药床受到压缩而形成应力波的传播,在应力波作用下火药床在弹底聚集,是造成大振幅负向压力波的重要因素。

(5) 弹丸在膛内运动是削弱压力波的一种因素。当这种削弱压力波因素不足以抑制其增长时,就有可能导致危险压力波的产生。

6.2.2　装药设计因素对压力波的影响

研究膛内压力波是为了通过合理的装药结构设计达到抑制或削弱压力波的目的,以保证装药射击的安全性。因此,首先要分析影响压力波的各种因素,了解装药结构参数对压力波影响的物理实质。大量的试验研究指出:压力波产生的主要原因与点火的引燃条件、药床的初始气体生成速率、药床的透气性(空隙率)以及药室中初始自由空间的分布有关。

1. 点火引燃条件

大量的试验证明:点火方式是对膛内压力波影响最显著的一个因素。不均匀的局部点火容易产生大振幅的压力波,严重情况下可能引起膛炸现象。而均匀一致的点火可以显著地减小压力波强度。金志明教授等曾在海 30mm 火炮中研究了底部点火和中心点火对压力波的影响。在内弹道性能等效条件下(保持初速和膛压一致),中心点火条件下的第一个负波幅 $-\Delta p_i$ 只有底部点火的 1/3,如图 6-31 和图 6-32 所示。中心点火是一种轴向配置径向点火方式,点火均匀,减小了点火波对药床的压缩,从而减弱了压力波的强度。所以在装药设计中,大多数都采用点火管或用可燃点火管的点火激发系统,废弃了那种在膛底的局部点火方式。除点火位置分布外,对一个理想的点火系统还应注意由点火系统释放出的能量和气体压力的变化速率以及向火药床点火所提供的能量。当然，即使采用均匀的中心点火系统，也不能完全避免压力波的产生，但能得到很大的改善。

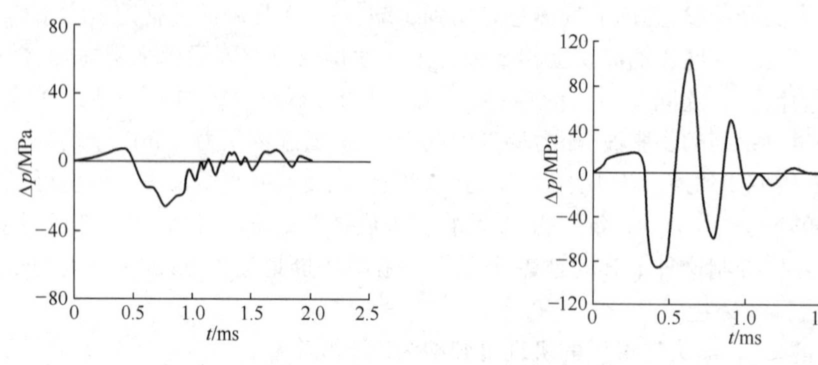

图 6-31　中心点火条件下压力波曲线　　　　图 6-32　底部点火条件下压力波曲线

美国的内弹道学者霍斯特曾用相同质量黑火药的九种不同点火方式的装药来研究对压力波的影响。在 127mm 口径火炮上射击结果如图 6-33 所示。这些点火研究表明：沿轴向均匀点火，使点火药气体能迅速分散的点火方式有利于降低压力波。图 6-33 中结构 A 是用一种低速导爆管引燃的点火具，使装药更接近瞬时轴向点火。图 6-34 清楚地表明上述九种点火结构对最大压力 p_0 和初速 v_0 都有显著的影响。从这些数据中可以得出这样的结论：点火系统必须要求有良好的重现性，否则弹道偏差就要增加。

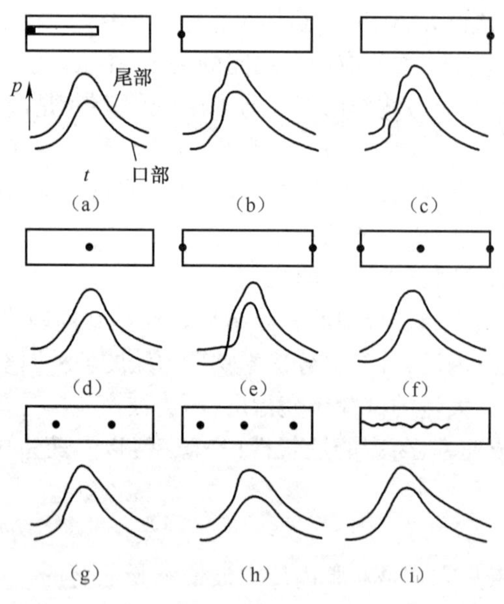

图 6-33　九种不同点火结构对压力波的影响

在药包装填条件下，装药结构比较复杂，点火系统的性能对压力波影响更加敏感。典型的药包装填的点火系统如图 6-35 所示。底火被击发后，喷出灼热的气体和固体粒子，点燃底部点火药包。在底火孔与中心点火管之间对准较好时，火焰可直接穿过底部点火药包而进入中心点火管，并点燃管内的点火药。当对准位置存在某些偏差时，则底部点火药包的作用是通过布层，再点燃中心点火管的点火药，然后再点燃装药床。药床底部和膛底之间保持一定距离，成为脱开距离 Δ 。显然，底火总能量的输出和传递速率、底火排气

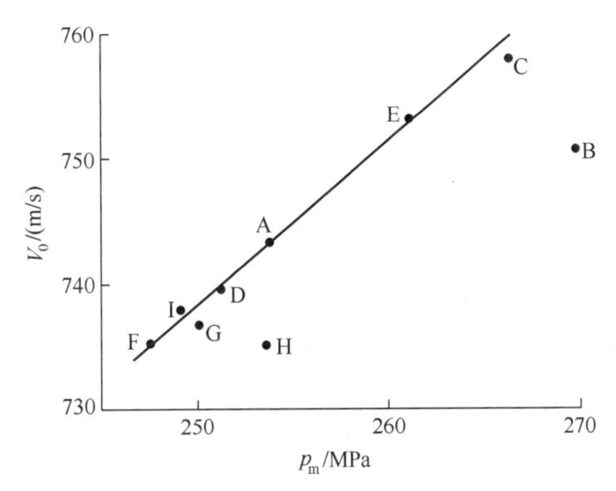

图 6-34　九种点火药结构对 p_m 和 v_0 的影响

孔的结构、装药的脱开距离、药包布的阻燃作用、孔的对准性和点火药在管中的分布都会对压力波产生影响。试验证明：装药的脱开距离 Δ 将影响中心点火管的功能，因此它对压力波的影响尤为明显。图 6-36 表示脱开距离对 $-\Delta p_i$ 的影响关系。从图 6-36 中看出：当脱开距离趋于零时(装药与膛接触)，或脱开距离较大(装药与弹底接触)时，其压力波最强。当脱开距离在某个范围时，压力波出现最小值。这种现象的产生主要是脱开距离直接影响到中心点火管的工作性能。当脱开距离为零时，底火孔对中心点火管的偏斜影响必然很明显，不容易引燃中心点火管内的点火药，造成膛底的局部压力增大，使药床产生运动和挤压，从而导致压力波的增加。当脱开距离较大时，底火的喷火孔离中心点火管太远，喷出的射流减弱，同样难以引燃中心点火管内的点火药，使得压力波增大。

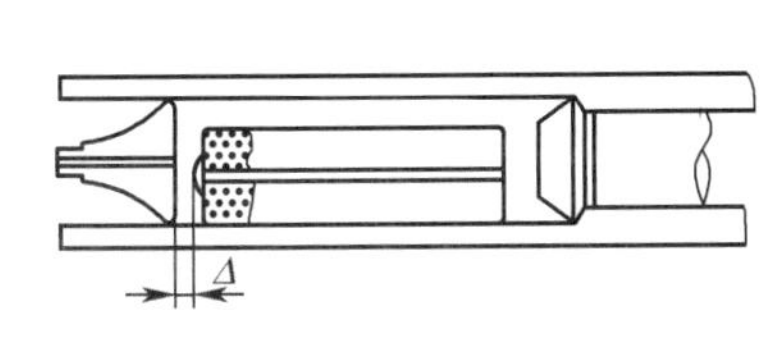

图 6-35　药包装药结构的点火系统

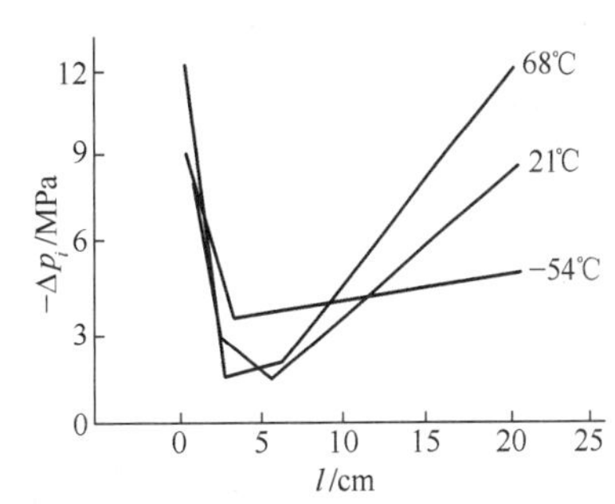

图 6-36　脱开距离 Δ 对 $-\Delta p_i$ 的影响

可燃中心传火管在某些火炮的装药中已得到应用。其点火机理主要是利用可燃管将点火药均匀地配置在药床的轴线上，并构成一个传火通道，在管内建立一定压力后局部破裂(或破孔)而点燃周围的发射药。破裂的位置随机性很大，通常靠近底火的后半部首先破裂，主要取决于传火管内的装填条件及可燃管机械强度。在相同的装药条件下，仅仅改变管内的装填密度 Δ_l，试验证明，随着 Δ_l 增大，膛内压力波也随着增大，而且相当敏感，如表 6-10 所列。

可燃传火管的机械性能影响到点火过程中管的破裂时间及破裂的部位。若管的机械强度较低，则管在较低压力下就破裂，点火的一致性就较差，压力波则增大。机械强度较大时，管在较高压力破裂，点火的一致性得到改善，因此压力波就小。如表 6-11 所列为可燃管机械强度对压力波的影响。

表 6-10　管内装填密度 Δ_I 对压力波的影响

组号	射击发数	$\Delta_I/(\mathrm{kg \cdot dm^{-3}})$	p_m/MPa	$-\Delta p_i$/MPa	装药品号
1	3	0.140	459.0	1.5	4/7 单基
2	5	0.202	527.1	22.2	4/7 单基
3	6	0.256	524.4	61.2	4/7 单基
4	6	0.315	505.5	113.2	4/7 单基
5	6	0.354	515.7	236.8	4/7 单基

表 6-11　可燃管机械强度对压力波的影响

组号	射击发数	机械强度	$\Delta_I/(\mathrm{kg \cdot dm^{-3}})$	p_m/MPa	$-\Delta p_i$/MPa
1	5	1/2 标准强度	0.256	488.3	76.6
2	6	标准强度	0.256	542.4	61.2
3	5	2 倍标准强度	0.256	502.2	15.1

2. 初始气体生成速率

初始气体生成速率对压力波的影响已经得到许多试验的证明。初始气体生成速率越大,越容易产生大振幅的压力波。由经典内弹道学可知,气体生成速率 $\mathrm{d}\psi/\mathrm{d}t$ 决定于火药燃烧面及燃烧速度两个因素,即

$$\frac{\mathrm{d}\psi}{\mathrm{d}t}=\chi\sigma\frac{\mathrm{d}z}{\mathrm{d}t}$$

式中:$\sigma=S/S_1$。显然,初始气体生成速率决定于火药的初始燃烧面积 S 和低压力下的火药燃烧速度 $\mathrm{d}z/\mathrm{d}t$。就燃速来说,在低压力下不同火药的燃速可以相差几倍。在低压力下,燃速指数大的火药,燃速则比较慢,这就使得初始的气体生成速率比较小。因此,在射击的起始阶段膛内的压力梯度也较小,使任何局部压力波的产生将有较多的时间在药室内消失,从而使压力波衰减下来。图 6-37 计算结果表明:当燃速指数 n 从 0.75 变到 0.95 时,这时负向压力差 $-\Delta P_i$ 减小了一倍。由此可以推论:若在点火一致性较差的情况下,由于初温对燃速的影响,在低温条件下的压力波比高温时压力波要来得小。同时可预测到钝化和包覆火药的采用也会使压力波减小。表 6-12 表示包覆火药试验的结果。表 6-12 中 6/7-AI(35%)表示 A 型配方 6/7 包覆火药占总装药量的

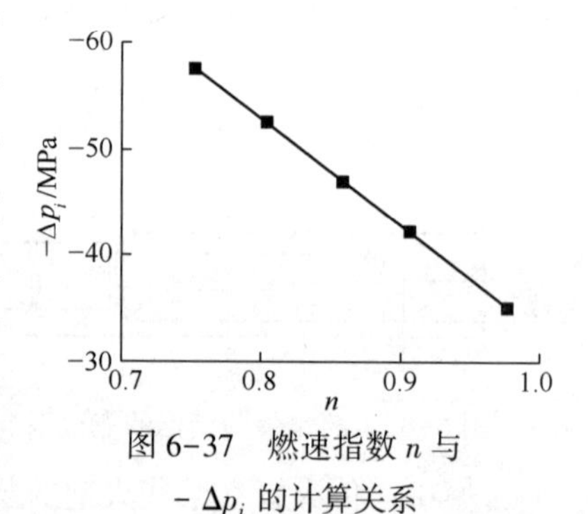

图 6-37　燃速指数 n 与 $-\Delta p_i$ 的计算关系

表 6-12　包覆火药试验结果

装药结构	p_m/MPa	$-\Delta p_i$/MPa
7/14 单一装药 190g	357.7	27.0
7/14+6/7-AI(35%)190g 混装	370.0	21.4
7/14+5/7-BI(25%)180g 分装	337.5	8.7
7/14+5/7-BI(25%)190g 分装	386.8	2.1

35%。装填方式分混装(两种装药均匀混合)和分装(包覆药装在下层,主装药在上层)。从表6-12中可以看出,使用包覆药后均使压力波减小,而分装的结构使压力波减小更多。

另一个影响初始气体生成速率的是火药的起始燃烧表面。在内弹道等效的条件下,粒状火药的孔数越多,则起始的燃烧表面也就越小,所以19孔和37孔火药比7孔火药的起始燃烧表面要小。很显然,它应当有降低压力波的倾向。有人认为在某个临界压力和某个流动条件之下,内孔将迟后点燃,这也是促使多孔火药装填条件下压力波下降的一个原因。当然孔数越多,药粒尺寸也相应地增大,药床的透气性也得到相应的改善,对压力波也起到抑制作用。

3. 装填密度

更多的试验证明,在同样的装药结构条件下,高膛压的要比低膛压的更容易出现压力波。这是为了得到较高的压力而提高装填密度的结果。因而压力波的生成也是随装填密度和最大压力增加而加强,如表6-13所列。$-\Delta p_i$ 代表负压力差,即压力波第一个负波幅。然而,还应当指出,这种影响还因装药尺寸和药床的透气性的作用而变得更加复杂了。因为装填密度增大,必然使药床透气性变差,促使压力波的增强。

表6-13 装填密度对压力波的影响

弹号	$\Delta/(\mathrm{kg\cdot dm^{-3}})$	p_m/MPa	$-\Delta p_i$/MPa	理想最大压力(无压力波)
121	0.54	225	27	226
126	0.60	307	51	286
127	0.64	437	84	341

在榴弹炮的小号装药条件下,装填密度很小(如 $0.1\mathrm{kg/dm^3}$),如果装药集中在一端,也会严重地产生压力波。如果将装药分布在整个药室长度方向上,压力波可以消除。很显然,小装填密度下,也可能局部产生压力急升,以至于当压力通过自由空间时,受到阻塞流动条件的有效限制而产生大振幅的压力波。当装药沿整个药室长度分布时,使膛内压力分布也比较均匀,从而可以有效地减小压力梯度,不至于产生大振幅的压力波。

4. 火药床的透气性

火药床的透气性(空隙率)对压力波的形成有着相当敏感的作用。一个透气性良好的装药结构,能够使点火阶段的火药气体顺利地通过火药床,迅速地向弹底方向扩散,有效地减小初始的压力梯度,对压力波的形成产生抑制作用。若透气性不好(如高装填密度条件),点火阶段的气体将受到强烈的滞止,促使压力梯度更大,因而使压力波逐渐加强起来而形成大振幅的纵向压力波。例如采用管状药的中心药束,或者采用中心点火管,都可以增加装药床的透气性,一般都能降低压力波的强度。

在保持内弹道性能等效的条件下,火药床的透气性随着药粒尺寸的增大而增加。若总的燃烧表面保持不变,用19孔或37孔火药比用7孔火药的药粒尺寸有明显的增加。所谓保持内弹道性能等效是指几乎在相同装药量下获得相同的最大压力和初速。霍斯特等人在这方面做了大量的试验工作。他们在M185加农炮上的不同测压位置,如图6-38所示测得负向压力差值列于表6-14中。

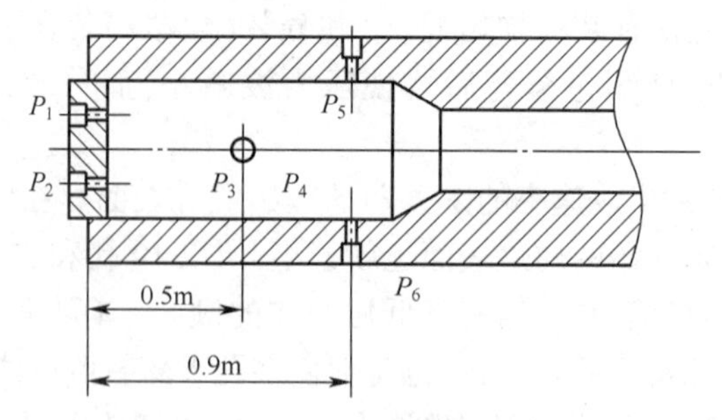

图 6-38 M185 加农炮测压孔位置

表 6-14 不同形状火药对压力波的影响

装药批号	ω/kg	v_0/(m·s)$^{-1}$	p_m/MPa	$-\Delta p_i$/MPa	点火延迟时间/ms
7孔 (77G-069805)	10.89	796 (18.5)	340 (31.9)	87 (17.4)	37 (20.80)
19孔 (PE-480-43)	11.34	802 (7.5)	320 (28.7)	66 (14.1)	26 (3.8)
37孔 (PE-480-40)	10.89	789 (3.7)	302 (4.8)	34 (12.6)	32 (9.0)
37孔 (PE-480-41)	11.34	770 (16.9)	299 (33.2)	40 (18.6)	35 (16.4)

从表 6-14 中可以看出:用测量的初始负压力差 $-\Delta p_i$ 来表示纵向压力波的大小随着药粒尺寸增大而减小。表 6-14 中数据是 3~5 发射击结果的平均值,括号中的数据是标准偏差。

5. 药室内自由空间的影响

维也里、卡拉库斯基、海登及南斯等内弹道学者在早期的研究工作中已经清楚表明,装药前后存在自由空间将有促使产生压力波的作用。霍斯特和高夫研究指出,在点火开始瞬间所产生的压力梯度引起整个火药床的运动,并且产生药粒相继挤压和堆积效应。如果装药存在自由空间的话,那么药粒将以一定速度撞击到弹底或膛底以及密封塞等这些内部边界上,形成了局部密度的增加,同时也减小装药床的透气性,从而增加由于火药燃烧而驱动压力波向前的陡度。装药床的挤压所引起局部空隙率的减小就导致加强负向压力梯度。另外,还可能由于装药床运动和挤压而产生药粒破碎的情况,使得燃烧面骤然增大而引起气体生成速率迅速增加,因此,促使压力波强度更快地增强。

霍斯特和高夫在 76mm 口径加农炮上进行了装药内部边界条件对压力波影响的研究,他们的试验结果和理论分析使我们确信边界条件的重要性。他们的结论是:当发射药稍加限制和在装药床与弹底之间存在自由空间的情况下,那么就一定会预测到压力波振幅的增加。在如图 6-39 所示的装药结构条件下,研究装药元件对压力波的影响。当取掉填塞块并将装药床延伸到弹丸底部时,实际上就消除了压力波。

由于存在自由空间而造成装药运动的药粒破碎问题,也是引起膛压反常增加的一个重要的原因。特别是在低温情况下,药粒容易变脆,这种破碎的可能性将大大地增加。美国海军武器试验曾经用空气炮在不同的初温下进行了将药粒撞击钢板的破碎试验。典型

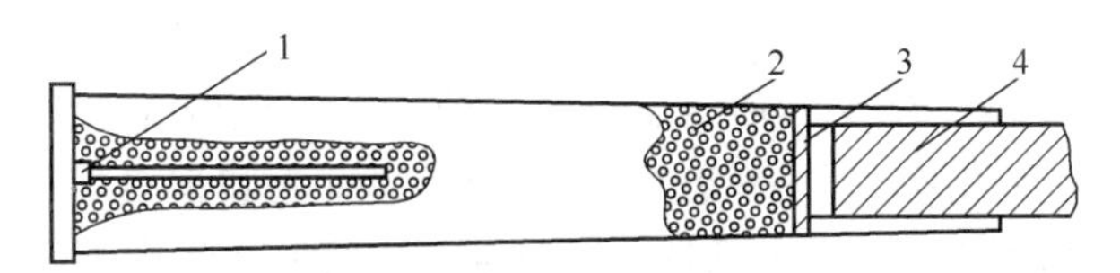

图 6-39　76mm-奥托·莫雷拉(Oco Melara)火炮装药结构

1—点火管;2—火药;3—填块;4—弹丸。

的结果如图 6-40 所示。从图 6-40 中看出:药粒破碎的速度临界值是随温度升高而增大的。皮埃尔·本海姆等法国内弹道学者也做了同样的试验。他们的试验表明:除温度影响外,火药的几何形状和材料组成也有密切关系。在常温时,7 孔火药临界撞击速度(超过此速度时药粒开始破碎)为 40m/s,而 19 孔火药则为 30m/s。在较高撞击速度时,7 孔火药反而变得比 19 孔火药更脆。撞击速度高达 100m/s 时,它们的破碎药粒百分数分别为 100%和 60%。总之,在低撞击速度时,7 孔火药比 19 孔火药似乎有较大的抗碎性,但是在高撞击速度时,19 孔火药又似乎有较大的抗碎性。

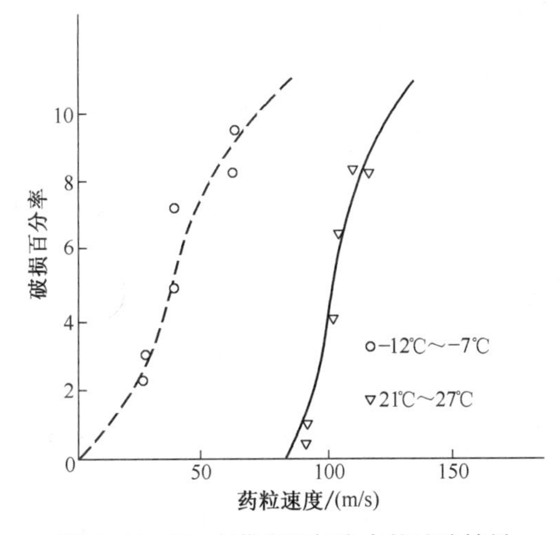

图 6-40　M6 火药在空气炮中的试验结果

索珀用 X 射线闪光仪测得点火时膛内药粒的速度分布,并观察到有些火药在撞击弹底之前的速度可能超过 200m/s。采用 NOVA 程序对 200mm 口径榴弹炮膛炸现象的模拟结果,在底部点火条件下,药粒撞击弹底的速度至少为 60m/s。很显然,这已很大程度上超过了临界撞击速度。因此,减小药粒的破碎率是装药设计应考虑的一个重要课题。一般的方法是改善点火系统的效能,以减小装药床的运动。在存在自由空间的情况下,应将自由空间分布在装药周围,消除靠近弹底的自由空间以减小药粒的撞击速度。改进火药工艺及配方以提高临界撞击速度值。

6.2.3　抑制压力波的技术措施

研究压力波的目的是为了寻求抑制压力波的技术措施,将压力波强度控制在保证射击安全的允许范围内。根据以上对产生压力波诸因素的分析,抑制压力波的技术途径有以下几方面。

1. 改进点火系统设计

局部点火是产生膛内压力波的一个很重要的原因。目前的一些大口径火炮中已经废弃这种点火方式,而被中心点火管系统所代替。一种性能优良的点火系统,除了要求释放出一定能量和点火压力外,还要求轴向点火的一致性。美国曾在127mm/54火炮中试验了两种新型快速点火具(RIP)。一种是在金属管中放有铝和过氯酸钾,另一种是在可消失管中装有快速燃烧的铯盐和硝酸钾混合物。由于使用了这些传火线速度可达6100m/s的缓爆燃发火剂的点火具,火药床的轴向点火一致性比使用黑火药点火的情况有显著的改善。试验证明,在使用RIP点火具点燃装药时,其火焰传播则因点火具轴向传播很快,所观察到的主要在径向传播。应用RIP点火具使点火更加一致,从而大大减小了药床初始运动对弹丸的冲击,这对引信设计具有重要意义。用X光射线摄影证实,这比使用黑火药点火时,药床向前运动更加一致,且速度较慢,并逐渐地充满药室前的空间。在我国,一种利用低爆速的导爆管作为传火载体的点火具(LVD),也具有轴向点火一致性的优良性能,海30mm火炮射击结果表明,压力波强度可以减小一半,有明显的抑制压力波的作用。

对于药包装填的点火问题,目前尚未得到很好的解决。它的影响点火因素也比较复杂,如药包袋几何因素的多变性,药包布对点火阻碍的影响等。这些因素都是在药包装填下影响点火一致性的重要原因。必须指出:每一种火炮发射系统对其点火的要求都有它的特殊性。在一个发射系统中性能满意的点火具,可能在另一个类似的系统中失灵。这主要是由于每一种装药结构与其点火系统之间存在着合理的匹配条件,一旦这种匹配条件被破坏,就会直接影响到整个内弹道循环,可能导致大振幅压力波产生,或点火延迟、弹道性能不稳定等现象发生。

2. 减小初始的气体生成速率

初始气体生成速率越大,气体的压力梯度也越显著,这也是容易产生压力波的一个因素。减小初始气体生成速率措施有:

(1) 采用19孔或37孔火药。在相同装药量条件下,可减小起始表面积,从而使初始气体生成速率减小。

(2) 将火药钝化。将阻燃剂渗透到火药表面层,减小初始的燃烧速率。

(3) 采用包覆火药。一般情况下是将包覆火药和未包覆火药混合使用,否则会影响到点火延迟。

(4) 采用高燃速指数火药。

3. 减小或合理分配药室中的自由空间

自由空间存在能引起装药的运动,严重情况下可能使火药碰碎。为了减小自由空间,可以在弹底和装药之间增加衬垫,或将自由空间分配在装药周围,造成环形间隙。在小号装药的情况下,尽可能做成全长装药,一般不能短于药室长的2/3。

4. 增加药床透气性

一个透气性良好的火药床能使由于点火而产生的压力梯度很快的衰减,不至于形成纵向大振幅的压力波。增加药床透气性可采用管状药或开槽管状药。使用大颗粒的多孔火药也可以改善透气性条件。

压力波产生的物理过程及其影响因素是相当复杂的。因此,以上所提出的各种抑制压力波措施,对不同装填条件的火炮所产生的效果也不可能相同,只能对具体装填条件进行具体分析,采取相应的技术措施。

6.3 提高弹丸初速的装药技术

火炮的基本要求是弹丸威力、射击精度以及机动性。这些因素是相互矛盾和彼此制约的。但是,在一定弹丸质量或一定身管长度的前提下,它们都要求武器有尽可能高的炮口初速,这又是统一的。在现代战争中,使用高初速火炮能取得战斗的优势。使用高初速火炮可以增大火炮的射程,使火炮能在不转移阵地的情况下进行大纵深的火力支援。对于像坦克这类装甲目标来说,提高初速可以增加弹丸侵彻装甲的能力。弹丸初速越高,弹丸飞行到目标的时间越短,同时由于弹道低伸,能改善对目标,特别是运动目标的命中概率。特别是在现代战争的条件下,武器对目标的首发命中概率一方面反映了武器杀伤或毁坏敌方目标的能力;另一方面又反映了武器自身在战场上的生存能力。因此,提高火炮初速始终是火炮火药装药技术领域的重大课题,也是火炮火药装药技术今后发展的主要方向。

我们知道,增加 p-l 曲线下的面积,就可增大弹丸初速 v_0,就火药装药本身而言,可通过下述途径获得:

(1) 增加火药气体的总能量。通过 p-l 曲线适当上移而提高弹丸初速。

(2) 改变燃气生成规律。通过改变 p-l 曲线的形状,在不增加最大压力的前提下,提高弹丸初速。

(3) 改变装药的初速温度系数。使装药在低温下可获得常温甚至高温下的初速。

在装药技术上所采取的提高初速的措施,大致采用上述几种方法,而且往往是两种以上方法的结合。迄今虽然已取得了一些进展,并且其中有一些已获得了实际应用,但是在许多方面还存在着不少困难,距离在武器中实际应用还有差距。因此,不断探索装药新技术,提高火炮弹丸初速,便是火药装药工作者今后的一项长期任务。

6.3.1 提高装药量

增加装药量即增加了火药气体的总能量,因此提高装药量显然可以提高弹丸的初速。如美国在155mm自行榴弹炮上进行了试验,原用7号装药最大射程为14644m,后采用增加装药量的办法配了8号装药,使弹丸初速提高,射程增加到18400m。

但是,对大多数制式武器而言,采用常规方法提高装药量受到许多因素的限制。首先,增加装药量会使最大压力 p_m 提高、燃气生成量及流速增加,加剧了对火炮身管的烧蚀作用。仍以美155mm自行榴弹炮为例,使用8号装药时的烧蚀约为使用7号装药时的13.6倍,而射程只增加25.6%。其次,增加装药量要受到装填密度的限制,对于装填密度本来就已接近饱和的某些火炮而言,增加装药量的潜力是有限的,更何况过大的装填密度会给装药的点传火以及正常稳定燃烧带来某些困难。

因此,国外正在积极研究提高装填密度,同时提高能量利用率和综合性能良好的新技术。

1. 密实装药

人们对密实装药的兴趣一直未减,研究一直没有停顿。这是因为密实装药具有明显的潜在优越性,即在容积不变时,提高发射药装药量与弹丸的质量比所获得的性能要比单纯提高发射药能量对弹丸作功产生的效果要好。研究者已发现,19孔发射药的允许装填密度可达0.9kg/dm^3,经压实的发射药装填密度甚至可超过1.35kg/dm^3。国外在密实发

射药研究方面大致有如下途径:

(1) 多层密实结构发射药装药。它由多层发射药片叠加而成,各层之间有明显的界限。每一层都有自己的燃速,每一层的“热值”也不相同,各层的燃烧时间是总燃烧时间的一部分。采用这种装药后,不但可以增加装药量,不去或少去考虑火药的几何外形,而只需通过选择不同热值或选择不同燃速的多层火药组分就能制备所需要的渐增性燃烧的发射药装药。其制造工艺可以采用复式压伸或发射药圆片叠加等。

(2) 小粒药或球形药压实成密实发射装药。美国陆军弹道研究所等报道对单基压伸M1 发射药、双基压伸发射药(HES-8567)和双基球形发射药(Olin WC852)进行压实,得到了密度分别为 1.15kg/dm^3、1.25kg/dm^3 和 1.30kg/dm^3 的密实发射药装药。美国陆军弹道研究所采用的球形药压实工艺是采用溶剂蒸气软化技术先将药粒软化,然后进行压实。美国 Olin 军工厂报道了采用大尺寸、深度钝感的球扁药在药筒内直接压实,可使装填密度达到 1.35kg/dm^3,并在 20~155mm 多种不同口径的火炮上进行了大量试验,使弹丸初速在基本保持膛压不变的情况下提高 6%~15%。另一种压实工艺是先将单体药粒用溶剂蒸气进行处理,然后在模具中进行压制,再进行干燥固化,并在装药块周边进行阻燃涂覆。

(3)纺织式密实发射药装药。美国和日本曾研究将发射药组分溶于挥发性溶剂中制成黏稠溶液,在一定压力下通过抽丝器抽丝并使之固化。细丝用纺织机按预定式样绕成一定形状。

2. 混合装药

混合装药可以是双元的或多元的。例如,19 孔粒状药和球形药所构成的双元混合装药,由于采用了大颗粒的多孔火药与小颗粒的球形药混合配置,有效地利用了装药空间,提高了装填密度,并且由于小颗粒的球形药提供了较大的初始燃烧表面,它们与多孔药一起燃烧而使膛压能迅速升至最大值,而当球形药继续减面燃烧时,多孔药都是渐增性燃烧,因而能使装药在最大压力水平上保持燃烧一段较长的时间,压力下降较缓,因此改进了 $p-l$ 曲线,从而使初速得以提高。美军 30mm 弹采用混合装药提高装填密度达 20%。有的混合装药的装填密度可达 1.0kg/dm^3。采用这一方法,装药量可增加 20%~30%。

在大口径火炮中,混合装药似乎要比压实装药易行,当然也要相应解决点火、传火以及恰当设计燃气生成规律等问题。

提高装药量虽然可以提高初速,但在一般情况下也同时提高了膛压。因此,为提高穿甲威力,国内外身管武器研制和发展的一个重要趋势是通过高膛压实现高初速,出现了所谓高膛压火炮。如坦克炮与第二次世界大战时期相比,火力系统发生了非常明显的变化。膛压由原来的 300~400MPa 增大到现在的 600~700MPa;初速则由原来的 800~900m/s 增加到 1500~1800m/s;穿甲威力由原来的 500m 距离穿透 120mm 厚装甲发展到目前的 2000m 距离穿透 600mm 厚装甲。

对于制式火炮,装药量增加引起膛压的增加和初速的增加的经验公式参见式(2-64)。由该公式可知,单纯提高装药量所引起的膛压增加的幅度要比初速增加的幅度大得多。因此,通过提高装药量来提高初速,必须考虑由膛压增加所引起的方案的合理性和经济性。

通常提高装药量可与其他措施(如包覆阻燃技术)配套使用,以使膛压维持在可接受的水平上。

6.3.2 提高火药力

提高火药力与增加药量两者对增速的效果是一致的。按照火药力的定义：

$$f = \frac{1000}{\overline{M}_g} r T_1$$

式中：r 为摩尔气体常数；$\overline{M}_g$ 为火药燃气平均摩尔质量。该式表明增加爆温 T_1 或减少 $\overline{M}_g$ 后都可以提高 f。

现有制式火药，$\overline{M}_g$ 约为 25，T_1 约在 2600~3600K 左右。因此，火药力的范围约在 880~1200kJ/kg 之间。但目前大口径武器使用的火药其火药力大致在 1100kJ/kg 以下，只有迫击炮才用上了较高火药力的火药。这是由于使用高火药力的火药往往受到武器烧蚀的限制。通常火药力每增加 20kJ，爆温要增加 200~700K，对于承受 3000K 高温已有困难的炮钢来讲，采用高爆温的火药来提高初速显然不是一个可取的方法。因此，长期以来研究低温而又高火药力的火药，即所谓冷燃火药，一直进行得十分活跃。显然，其办法是有效地降低火药燃气的平均相对分子质量。

1. 硝胺火药

为了降低 $\overline{M}_g$，在燃烧产物中要增加 H_2、H_2O 并降低 CO_2 的含量，这就要求提高 H/C 比。根据 C-H-O-N 系火药的燃烧反应规律，在一定温度下，平衡产物中 H_2O 的增加必定伴随 CO_2 的增加，而 H_2 的含量即要减少。只有在火药组分中减少氧的含量才会在减少 CO_2 的同时使 H_2 的含量增加。已发现，用含有 >N—NO_2 基的硝胺类物质代替普通火药中部分含有—ONO_2 基的硝酸酯作为火药组分对降低燃气平均相对分子质量、提高火药力有明显的效果。目前，硝基胍火药（三基火药）已获得实际应用（表 6-15）。由于黑索今（RDX），奥克托今（HMX）分子中 >N—NO_2 基的含量较硝基胍为多，因此，含 RDX、HMX 或其他硝胺类物质的新型火药也已获得应用。

表 6-15　美军部分单、双基药及硝基胍火药的爆温与火药力

火药种类	T_1/K	f/(kJ·kg^{-1})	$\overline{M}$
M14 单基药	2170	977	23.05
M8（双迫用双基药）	3695	1141	26.95
T25（无后坐炮用双基药）	3071	1055	24.20
M30（硝基胍三基药）	3040	1088	23.21
6260（含 RDX、硝基胍）	3339	1192	23.21

2. 混合硝酸酯火药

用新型的硝酸酯来部分或全部代替双基火药中的硝化甘油，在不显著提高爆温的前提下，增加火药的作功能力，也是目前和今后探索高火药力发射药的一个方向。例如，美军研制的一种混合酯火药，用丁烷三醇三硝酸酯（BTTN）、三羟甲基乙烷三硝酸酯（TMETN）及三乙二醇二硝酸酯（TEGDN）组成的混合酯取代硝化甘油，制成了 PPL-A-2923 发射药，其火焰温度比 M8 双基火药低 309K，而火药力却比 M8 高 2.4%。又如用三羟甲基乙烷三硝酸酯、三乙二醇二硝酸酯、二乙二醇二硝酸酯（DEGDN）组成的混合酯制

得的 XM35 火药,其爆温与 M30 硝基胍药相当,火药力略高于 M30,但力学性能特别是低温力学性能得到了很大改善。从表 6-16 所列的数据中可以看出,发展较低爆温而较高火药力的混合酯火药,也是以获得较低的燃气平均相对分子质量为手段的。

表 6-16　混合酯火药与双基、三基火药部分性能比较

火药种类	T_1/K	$f/(\mathrm{kJ\cdot kg^{-1}})$	$\overline{M}_g$
M8 双基药	3695	1141	26.95
PPL-A-2923 混合酯火药	3386	1169	24.10
M30 硝基胍三基药	3040	1088	23.21
XM35 混合酯火药	3030	1093	23.05

3. 含金属氢化物的高能发射药

美国陆军弹道研究所根据“减少燃烧产物的相对分子质量可增加发射药能量”的原理,开展了将金属氢化物和硼氢化物加到制式发射药组分中的研究。例如,添加 LiH 或 $LiBH_4$后,发射药能量比具有相同火焰温度的普通制式药高 10%~15%。这种药在 2200K 的定容火焰温度时,计算火药力大于 1500kJ/kg;而在定容火焰温度 3100K 时,计算火药力大于 1750kJ/kg。目前,这种组分的高能发射药仍处于研究阶段,其过强的反应活性和毒性等问题使其实际应用面临困难。

6.3.3　改变燃气生成规律

要提高火炮初速,必须增大 p-l 曲线下的面积。比较合乎理想的方案是保持最大压力不变,即在燃烧结束点之前使 $p=p_m=$常数,即形成所谓压力平台效应。图 6-41是具有压力平台的理想 p-l 曲线。用现在的火药及装药技术来实现压力平台似乎是不可能的。但是,适当改进 p-l 曲线的形状,使其在最大压力点附近的曲线变得平缓些还是有可能做到的。

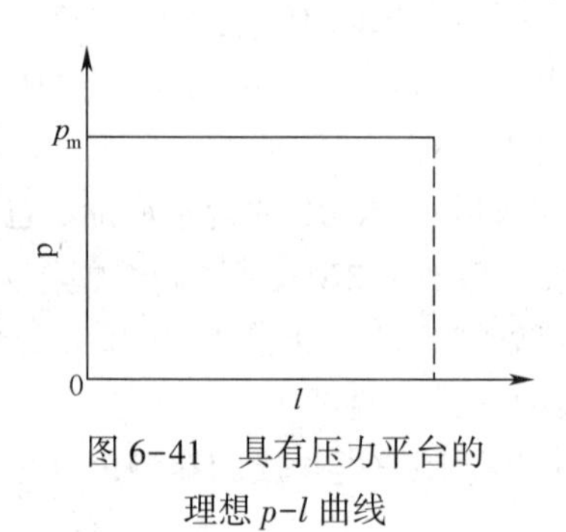

图 6-41　具有压力平台的理想 p-l 曲线

1. 高渐增性火药

从常规内弹道模型的基本方程可以导出火药燃烧过程中膛内的压力变化规律为

$$\frac{\mathrm{d}p}{\mathrm{d}t}=\frac{1}{l_\psi+l}\left\{\frac{f\omega}{S}\left[1+\left(\alpha-\frac{1}{\delta}\right)\frac{p}{f}\right]\frac{\mathrm{d}\psi}{\mathrm{d}t}-v(1+\theta)p\right\} \tag{6-1}$$

令 $p=p_m=$常数,则 $\mathrm{d}p/\mathrm{d}t=0$,有

$$\frac{f\omega}{S}\left[1+\left(\alpha-\frac{1}{\delta}\right)\frac{p_m}{f}\right]\frac{\mathrm{d}\psi}{\mathrm{d}t}-v(1+\theta)p_m=0 \tag{6-2}$$

式(6-1)、式(6-2)中 $\mathrm{d}\psi/\mathrm{d}t$ 为气体生成速率。如定义单位压力下的气体生成速率为气体生成猛度,即

$$\Gamma=\frac{1}{p}\frac{\mathrm{d}\psi}{\mathrm{d}t} \tag{6-3}$$

可解得

$$\Gamma=\frac{1+\theta}{1+\left(\alpha-\dfrac{1}{\delta}\right)\dfrac{p_m}{f\omega}}\frac{S}{f\omega}v \tag{6-4}$$

因此,如若使气体生成猛度 Γ 随膛内弹丸的加速而增长,就可以使 $p-l$ 曲线比较平缓。由几何燃烧定律得

$$\frac{\mathrm{d}\psi}{\mathrm{d}t}=\chi\sigma\frac{\mathrm{d}z}{\mathrm{d}t}=\frac{\chi\sigma}{e_1}\frac{\mathrm{d}e}{\mathrm{d}t} \tag{6-5}$$

式中:χ 为火药形状特征量;σ 为相对表面积;e_1为火药起始肉厚的一半。

根据燃烧速度定律,有

$$\mathrm{d}e/\mathrm{d}t = u_1 p \tag{6-6}$$

则

$$\Gamma=\frac{1}{p}\frac{\mathrm{d}\psi}{\mathrm{d}t}=\frac{\chi}{e_1}u_1\sigma \tag{6-7}$$

它表明,要使燃烧过程中 Γ 变化,可以通过改变燃速系数 u_1或相对燃烧表面 σ 来实现。因此,具有渐增性燃速系数或渐增性相对燃烧表面的火药(增面火药)装药都可以改善 $p-l$ 曲线,提高初速。

根据几何燃烧定律,多孔火药是增面燃烧火药。多孔火药可以按下式设计(参见图6-42):

$$\beta = 3n^2 + 3n + 1 \tag{6-8}$$

式中:β 为孔数;n 为孔的层数。

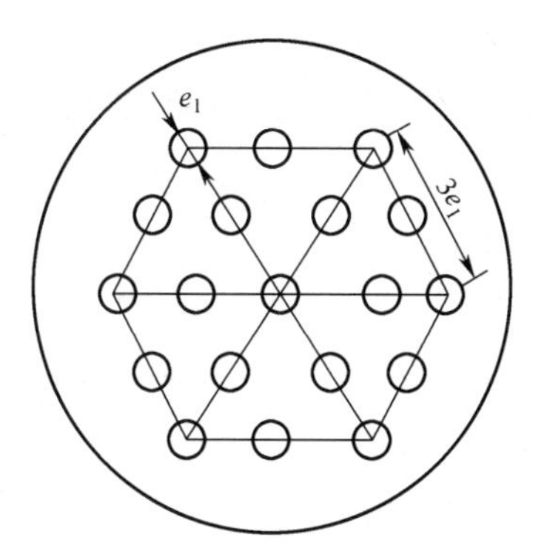

图6-42　19孔火药示意图

若采用多孔火药燃烧至分裂块形成瞬间的相对表面积 σ_s作为渐增性的标识量,并假定孔径 $d_0=e_1$,两孔中心距为 $3e_1$,火药长度 $2c=25e_1$,则 σ_s随孔数 β 的变化规律见图6-43。它表明随着孔数的增加,σ_s增加,即孔数越多,增面性越强。但是当孔数增加至127孔

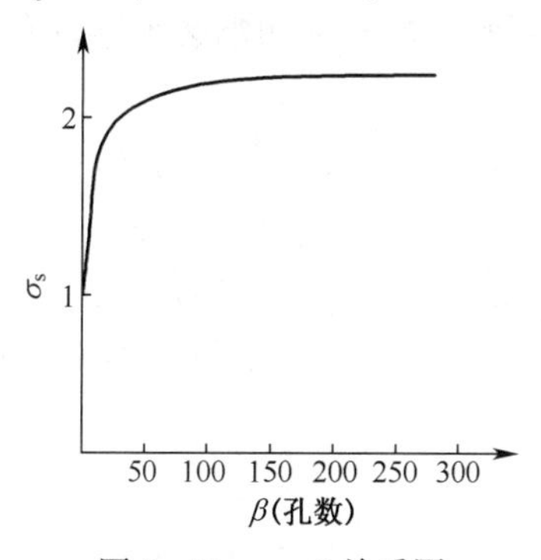

图6-43　σ_s-β 关系图

以上时，σ_s 随 β 的增加已很缓慢。国外已研制过19孔和37孔的多孔火药。表6-17列出了在 p_m 相同及 $l_k=2/3l_g$ 的前提下，使用单孔和多孔火药时，100mm 高火炮的初速计算值。它表明了随火药孔数增多，初速增加。

表6-17　多孔发射药增速效果

参　量	孔　数							
	单孔	7	19	37	61	91	127	单孔阻燃
$\Delta/(kg \cdot dm^{-3})$	0.745	0.829	0.90	0.90	0.912	0.926	0.927	1.005
$v_0/(m \cdot s^{-1})$	908	939	958	964	964	967	969	990

2. 程序控制-开裂棒状发射药

程序控制-开裂棒状发射药(Programmed-Splitting Stick Propellant)的结构如图6-44所示。这是美国陆军弹道研究所进行研究的一种高渐增性高密度新药型。其概念是在发射药燃烧过程中，不是在初始点火时来控制燃烧表面面积的增加，而是在最需要增加燃气生成速率的时刻，发射药燃烧表面面积按程序控制突然增加，有效地改善 $p-l$ 曲线，使火炮性能获得大幅度提高。其实现的方法是在药柱内部设计一种"埋置式"的槽，药柱开始燃烧时，这种槽不暴露在燃烧的炽热气体中，在标准减面燃烧期间的一理想时间上，特别是在达到最高压力后，通过预定程序使药柱横槽暴露、开裂，导致燃烧表面积大大增加，相应地增大了气体生成速率。图6-45是程序控制-开裂棒状反射药的相对燃烧表面积与药柱已燃体积分数的关系，图中同时给出了球形、单孔、7孔和19孔药形的燃面与已燃体积分数的关系。

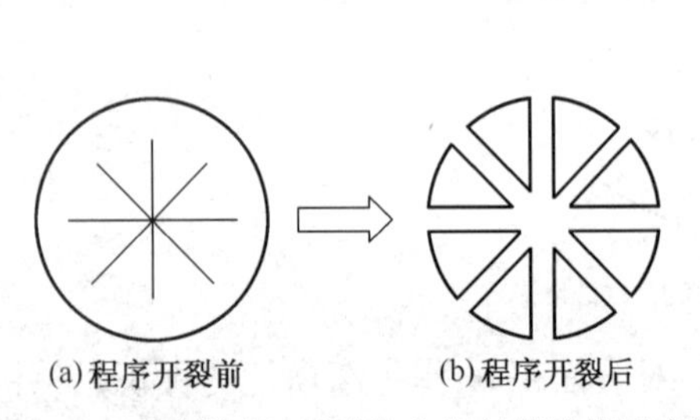

图6-44　程序控制-开裂棒状发射药结构示意图

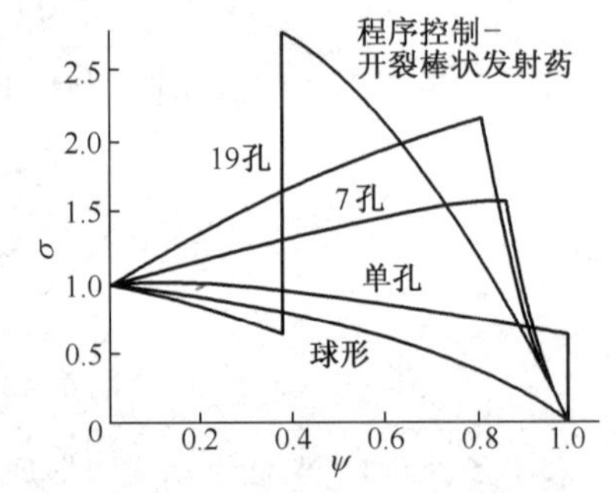

图6-45　若干种发射药形的相对燃面与药柱已燃体积分数的关系

为保证内设槽按程序开裂，此种药柱的两端必须进行有效封端。据报道，这是一项技术要求很高、难度很大的工作。

射击试验表明，采用8裂缝槽的程序控制-开裂棒状发射药形，组分采用NOSOL363，药柱长度为760mm，直径为8.53mm，裂缝宽度为0.65mm，用于155mm榴弹炮发射M101弹头，可装填16.3kg药，在328MPa压力下，可产生936m/s的初速，比制式M203装药所产生的826m/s的初速提高了13.3%。据称，此种发射药燃烧渐增性越大，装药的温度系数也越高，这一点有待解决。

3. 阻燃包覆发射药

在发射药药粒外表面包覆一层阻燃覆层，当这种经包覆的药粒点火时，燃烧基本从未包覆孔的内表面开始，这样，在药粒整个燃烧过程中，被阻燃的药粒外表面不燃烧，或直至药粒大部分燃烧后外表面才开始燃烧。显然，采用这一技术，使发射药装药的燃烧具有更强的渐增性，且由于其药粒初始燃烧表面比未阻燃药粒小，因此在同一最大膛压下，装药量允许得到增加，从而提高了弹丸初速。例如，未包覆的单孔药，呈减面性燃烧；若将其外表面用阻燃层阻燃，使药粒外表面在燃烧过程中完全阻燃，则可以实现完全的增面燃烧。图6-46为单孔未包覆火药与涂覆阻燃层的单孔药的内弹道计算曲线。表6-17同时给出了阻燃火药提高初速的效果。表明经阻燃的单孔火药，其装填密度可达到1.0kg/dm^{3}左右，初速可达到990m/s，比未包覆的单孔火药分别提高35%和9%。研究表明，多孔火药采用阻燃包覆之后，其增面性和增速效果也有提高。美国陆军弹道研究所利用M68式105mm坦克炮发射的动能穿甲弹和阻燃的7孔M30发射药所作的技术论证得到的结论是：在相同的峰值压力下，经阻燃处理发射药获得的弹丸初速比用制式M30发射药获得的初速提高2%。并且认为，这不是一个微不足道的增益，因为它能使武器系统的有效射程提高500m。如果把阻燃剂的设计与其他已证明行之有效的发射药技术，如高能组分和药粒增面燃烧药形等结合起来，初速提高10%是可以达到的。阻燃剂也可采用借助于溶剂向发射药粒内部进行渗透的方法进行分布。使阻燃剂浓度自药粒外层向内层逐渐减少，使外层燃速充分下降，且形成一种渐增性燃烧效果。这种方法通常称为钝感。钝感技术过去多用于枪用发射药，近年来已开始用于炮用发射药。

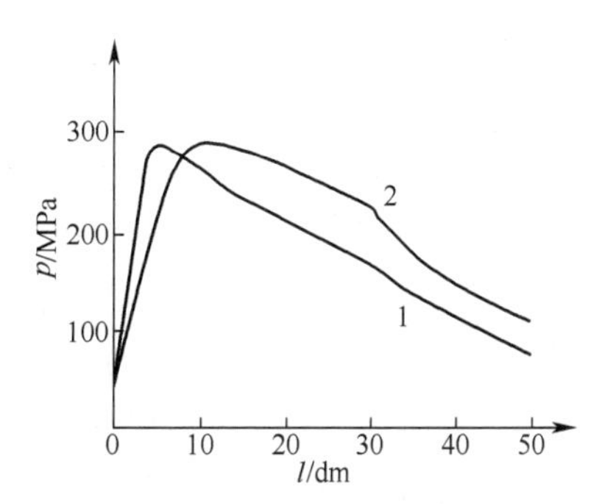

图6-46　单孔未包覆火药与单孔阻燃火药的p-l曲线

1—单孔未包覆；2—单孔阻燃。

如何有效地控制发射药粒的阻燃区厚度，解决阻燃剂与基本发射药的化学相容性以及防止阻燃剂在药粒内浓度分布随储存时间变化而产生弹道性能的下降等，是发射药阻燃包覆、钝感技术要解决的重要课题。

目前，国内在发射药包覆阻燃技术方面已有重大突破。国内的专家采用特种包覆材料，加入TiO_2等迁移能力十分低的阻燃剂，解决了与本体发射药的粘结强度、化学相容性以及阻燃剂在药粒内部的迁移等问题。并且，通过多层包覆，可使阻燃剂含量分布自外层向内层逐渐减少，从而实现阻燃或钝感深度任意可调的效果。大量的试验证明，这种包覆阻燃技术还具有降低装药温度系数的效果。

6.3.4　降低装药温度系数

发射药装药的初温变化会引起弹道诸元的变化。最大膛压p_m和弹丸初速v_0随装药初温的变化可分别用下列关系式来表示：

$$\Delta p_m = m_t p_m (T - T_0) \tag{6-9}$$

$$\Delta v_0 = l_t v_0 (T - T_0) \tag{6-10}$$

式中：T_0为常温温度（15℃）；T为装药实际初温；Δp_m、Δv_0分别为最大膛压和弹丸初速的改变量；m_t、l_t分别为膛压的温度系数和初速的温度系数。例如在常温（15℃）与高温（50℃）间，对一般火炮所用的硝化棉、硝化甘油火药：

$$m_t = 0.0033 \sim 0.0052; l_t = 0.0002 \sim 0.0015$$

则在此温度区间，由于装药初温的影响，引起的最大膛压和弹丸初速的变化可分别达到：

$$\Delta p_{m}/p_{m} = m_{t}\Delta t = (0.0033 \sim 0.0052) \times 30 \approx 10\% \sim 15.6\%$$

$$\Delta v_{0}/v_{0} = l_{t}\Delta t = (0.0002 \sim 0.0015) \times 30 \approx 0.6\% \sim 4.5\%$$

这种弹道诸元随装药初温的变化，主要来源于发射药燃速对初温的依赖关系，即燃速温度系数。如果能消除装药的温度系数，即在所有环境下使装药产生在高温下同样的最大膛压，那么对于大多数高性能火炮，在从低温到接近高温的广大温度区间内，伴随的弹丸初速增加可达到 3%~7%的量级。消除或降低装药的温度系数，可充分利用炮管的强度，大幅度提高在广大温度区间范围内的弹丸初速，这对于提高武器射程和威力，改善射击精度具有极其重要的意义。特别是对于反装甲火炮而言，可保证在各种初温条件下对装甲的有效穿透或毁坏能力，并提高首发命中率，使武器系统在战场上的生存能力大大增强。降低或消除装药温度系数不需要改变现有火炮的结构，就可使火炮性能得到明显改善。因此，无论对于研制新火炮或是对现役火炮进行改造，这都是一个具有潜在优势的措施。国外曾对化学添加剂降低发射药燃速温度系数的有效性开展过研究。一些化学添加剂对固体火箭推进剂的燃烧改良作用以及降低燃速温度系数的作用早已被证实并已在实际中获得了广泛的应用。能有效降低发射药燃速温度系数的化学添加剂也已见报道，但是，由于化学反应的规律，不同的发射药配方显示出差别很大的温度敏感性，还没有找到适用于各类发射药的有效降低发射药燃速温度系数的化学添加剂。这一事实本身表明，化学成分可以影响发射药的燃速温度系数 u_1，开发研究出能控制发射药燃速温度系数，进而降低或消除装药温度系数的化学添加剂将肯定是改进火炮系统性能的最为简单但是又是非常困难的方法之一。

由粒状药组成的密实装药床的解体会影响整个装药燃烧渐增性。利用这一点可以降低甚至消除装药的温度系数。其原理是利用密实床基体力学性能对温度的依赖关系，在较低温度下，基体强度差，解体完全，从而使装药燃烧表面增大，燃气生成速率提高，装药的弹道性能得到补偿。

国外有人研究对球形药进行辗压并使之在药体内预制微裂纹。当装药在低初温下发射时，由于微裂纹的存在，使裂缝极易扩展并发生碎裂而导至燃烧表面增大。

国外还有人提出，在现场发射前对装药进行微波快速加热至极限高初温状态，或对较冷的装药进行激光辐照以提高燃烧反应速率，或向装填有较冷初温的装药的药室中快速充入外加气体，以提高发射药床的燃烧速度，增加气体生成速率，还有利用在不同温度下提供数量不同的等离子体，以补偿由于温度变化引起的弹道性能的改变。

以上这些办法技术上难度较高，有些还涉及改变现有火炮结构，在短期内实用化似乎还有相当的难度。

国内外都在探索采用发射药粒包覆的办法来降低装药温度系数。瑞士联邦发射药厂在这方面开展了大量工作。他们研究了一种双基包覆火药，并在 105mm 坦克炮上进行射击试验，其结果表明，包覆火药装药比未包覆的 M30 三基药低温初速提高 3.5%，弹道温度系数得到了明显改善，得到了低温初速与高温初速一致的结果，而最大膛压在所试温度区间全面降低,差别减小。

国外在包覆剂的选择和合成方面,集中于有机酯类、聚氨酯类等物质,而这些物质作包覆材料都存在与基体药的相容性问题,且所选包覆材料只适用于特定火药。因此对不同的发射药,筛选包覆材料将是一项时间长、耗资巨大的工程。正是由于这些原因,尽管国外在采用发射药包覆技术降低温度系数方面起步较早,但研究进展不快,技术上没有本质性突破。

我国国内在这方面开展了深入而富有成效的工作,在技术上已取得重大突破,处于国际领先水平。目前对低温度系数包覆发射药的设计与制造工艺、质量控制和性能检测、装药、弹道和结构设计等已有一套完整的理论和丰富的试验经验。

采用特种包覆材料,加之以迁移能力很差的阻燃剂,从本质上解决了包覆层与基体发射药间的粘结强度、相容性以及组分迁移问题。在作用机理研究方面,通过大量试验证实:包覆药粒外表的包覆层,在不同温度下的强度是不一样的,特别是覆盖多孔发射药粒的小孔部分的包覆层对温度反应十分敏感。这些区域低温下强度较差,在初始燃气压力下就能破孔,内孔较早暴露燃烧,在高温下,这些部位强度较高,需在装药燃烧稍后时期、在较高的燃气压力下才能破孔。这就使得初始燃烧阶段低温时的燃面大于高温时的燃面,补偿了低温下气体生成速率的不足,使不同温度下的气体生成速率趋于一致,从而降低甚至消除了发射药装药的温度系数。在装药结构上采用混合装药的办法,即采用制式发射药与低温度系数包覆发射药以一定比例混合形成混合装药,使低温度系数包覆药在制式药对压力增长的贡献达到最大值之后,迅速进入其压力增长速率最快的阶段,从而使 p-l 曲线饱满,在最大压力点处曲线相对平坦,形成所谓“平台”,提高炮膛工作容积利用效率 η_g。

表 6-18 是太根低温度系数包覆发射药在不同口径火炮上的射击试验结果。表 6-19 是若干种硝基胍低温度系数包覆发射药在 105mm 火炮上的射击试验结果。

表 6-18 太根低温度系数发射药在不同口径火炮上的射击试验

装药	口径/mm	弹道参数	温度/℃			温度系数×100	
			-40	15	50	高-常温	常-低温
TG-16/19 低温度系数发射药	100	p_m/MPa	405.4	436.9	455.4	4.2	7.2
		v_0/(m·s^{-1})	1574.3	1601.7	1624.1	1.4	1.7
TG-16/19 低温度系数发射药	120	p_m/MPa	465.8	449.8	437.0	5.16	-3.55
		v_0/(m·s^{-1})	1736.2	1744	1776.0	1.83	0.45
TG-17/19 低温度系数发射药	100	p_m/MPa	440.6	429.9	474.7	-2.48	10.42
		v_0/(m·s^{-1})	1620.9	1587.8	1642.9	-2.08	3.47

从表 6-18、表 6-19 中可以看出采用低温度系数包覆发射药技术,可有效地降低装药的膛压温度系数和初速温度系数,甚至可使温度系数完全消除(近似为零)或出现负值。试验证明,通过调整包覆层厚度、包覆层中阻燃剂的比例、装药中包覆药比例等,可按要求控制装药温度系数的大小,从而使这一技术对各类火炮具有优异的适应性。

表 6-19　硝基胍低温度系数发射药在 105mm 火炮上的射击试验

装药	口径/mm	弹道参数	温度/℃			温度系数×100	
			-40	15	50	高-常温	常-低温
SD16-15/19 低温度系数发射药	105	p_m / MPa	391.7	436.5	471.6	9.61	10.26
		v_0 /(m·s^{-1})	1535.8	1551.1	1575.7	1.59	0.98
SD16-15/19 低温度系数发射药	105	p_m / MPa	425.6	439.0	469.8	7.01	3.06
		v_0 /(m·s^{-1})	1542.6	1536.1	1559.5	1.52	-0.42
SD16-15/19 低温度系数发射药	105	p_m / MPa	402.3	442.9	503.0	13.59	9.15
		v_0 /(m·s^{-1})	1519.6	1547.7	1568.8	1.36	1.82

外弹道学部分

第7章　外弹道学概述与基础知识

7.1　外弹道学研究内容与发展历史

外弹道学是研究弹丸在空气中运动规律、飞行特性、相关现象及其应用的一门学科。这里的弹丸泛指无控的炮弹、子弹、炸弹等。

外弹道学可分为质点弹道学和刚体弹道学两大部分。

所谓质点弹道学就是在一定的假设下，略去对弹丸运动影响较小的一些力和全部力矩，把弹丸当成一个质点，研究其在重力、空气阻力乃至火箭推力作用下的运动规律。质点弹道学的作用在于研究在此简化条件下的弹道计算问题，分析影响弹道的诸因素，并初步分析形成散布和产生射击误差的原因。

所谓刚体弹道学就是考虑弹丸所受的一切力和力矩，把弹丸当作刚体研究其围绕质心的运动(也称角运动)及其对质心运动的影响。刚体弹道学的作用在于解释飞行中出现的各种复杂现象，研究稳定飞行的条件、形成散布的机理及减小散布的途径，还可以用以精确计算弹道。

17世纪初叶，外道弹开始形成一门学科，意大利著名物理学家伽利略(Galileo，1564—1642)发现了投掷物体运动的某些规律，他在威尼汀(Venetian)兵工厂担任多年顾问，导出了弹丸运动的抛物线方程，同时他指出：存在与空气密度及弹形等有关的空气阻力。英国物理学家牛顿在其《自然哲学的数学原理》一书的第二卷共九章中，有四章全部讨论了外弹道学理论。牛顿所确立的力学定律和微分学，是解决外弹道学问题的理论基础。他还发现了空气阻力与速度平方成比例的定律。牛顿在弹道学上的继承人是瑞士数学家欧拉(Leonhard Euler，1707—1783)，他建立了比较完整的弹丸质心运动方程，并给出了著名的弹道欧拉分弧解法。

在此时期内，出现了一些弹道的修正计算公式以及用试验的方法研究了阻力与速度的关系。如弹道摆的发明，对空气阻力的进一步研究有重大意义。由于当时的弹速大都在亚声速范围内，对阻力的形成原因尚无全面的认识。

1851年开始使用了线膛枪炮发射的长圆形弹丸以提高射程，同时还必须保证射弹能足够精确地命中目标。枪炮射击的准确性、射程和威力等技术要求，以及编制高精度的射表等都是外弹道学必须研究解决的主要课题，同时，由于航空技术特别是跨声速条件下关于空气阻力的研究、气象学的成就等，给外弹道学发展创造了有利的条件并取得了相当巨大的成就。首先是弹丸质心运动问题的解法，此时期内的研究已达完善成熟的阶段。风洞、火花照相、阴影照相、纹影照相及测速雷达等设备仪器，在外弹道测试中相继使用，使人们深刻地认识了弹丸空气阻力的形成原因，对阻力的处理和计算日益完善准确。各种近似的弹道解法不断出现。19 世纪末,意大利弹道学者西亚切(Siacci)提出的西亚切近似分析解法,至今仍有一定的实用价值。在我国,首先应用数学理论研究外弹道学的是清代数学家李善兰(1811—1882)。20 世纪 30 年代末,我国外弹道学家张述祖教授,在弹道解法问题上,进行了比较深入的研究。

由于数值积分法可达到理想的精度,故认为该法是精确解法,此解法中的龙格-库塔(Runge-Kutta)法,是目前应用计算机求解弹道的主要数学基础。世界上第一台电子计算机于 1946 年在美国马里兰(Maryland)州阿伯汀试验场(Aberdeen Proving Ground)弹道研究所研制成功,并首先为弹道计算服务,在弹道修正理论及计算方面的研究日益完善。

关于刚体弹丸的角运动问题,本世纪初俄国弹道学家马雅夫斯基(H. B. Маиевский)研究了小章动角时的情况,导出了具有较大实用价值的膛线缠度公式。德国外弹道学家克朗茨(C. C. Cranz)、英国的福勒(Fowler)、盖洛卜(Gallop)、利彻蒙(Richmond)和劳克(Leek)等弹道学家,对刚体弹丸角运动方程的研究和应用,均作出了较大的贡献。

美国弹道学家肯特(Kent)二次大战后领导设计、发展并完善了美国弹道研究所靶道,由射击试验获得了弹丸全飞行过程中的闪光照片。英国、法国、德国、瑞典及苏联等国也都建立了较完善的靶道,由试验得出弹丸的飞行姿态以及测定作用在飞行弹丸上的全部空气动力和力矩,特别是对马格努斯(Magnus)力及力矩的研究不断加深。美国弹道学家戴维斯(Davis)、福林(Follin)及布利哲(Blitzer)等人确定了新的空气阻力定律。

自 20 世纪 50 年代初,美国弹道学家麦克沙恩(E. J. Mcshane)在考虑全部空气动力及力矩的条件下,首先提出了动态稳定性的概念。戴维斯、墨菲(Murphy)、涅柯纳笛斯(Nicolardes)及布加乔夫(B. C. Пугадев)等弹道学家,对大章动角条件下的非线性外弹道理论的研究都作出了一定的贡献。

在弹道测试中,各种类型的雷达、摄影经纬仪、电影经纬仪、高速摄影机及遥测装置等相继应用并不断更新。这些仪器加强了对全弹道的测试,它们对于准确地测定弹丸飞行时间、质心坐标、速度、转速、飞行姿态从而对稳定性及密集度研究具有十分重要的意义。

随着科学技术的飞速发展,新型兵器及飞行器不断出现,外弹道学的研究领域也日益广泛,出现了本学科的各种分支。如灵巧与智能弹药的外弹道学。

7.2 外弹道学在武器研制中的作用

7.2.1 弹道计算与射表编制

弹道计算是根据一定的已知条件,计算出描述弹丸在空中运动规律的有关参量。

以质心弹道计算为例,是指根据弹炮(枪)系统的有关特征数和条件,如弹丸质量、弹径、弹形、炮身仰角、初速(近似为弹丸质心在枪炮口的速度)以及气象条件等,计算出描述弹丸质心在空中运动规律的参量——任意时刻质心坐标及速度大小和方向。这是弹道计算的正面问题。弹道计算的反面问题,是给定描述弹丸质心在空中运动规律的某些参量,如坐标及飞行时间等,再利用其他某些初始值,如仰角、初速等,反算出某些特征量,如弹丸质量、弹形等有关参数。

弹道计算在武器研制中有着广泛的应用。例如,编制射表就需进行大量的弹道计算。在一定条件下,枪炮发射仰角与射程或射高对应的数值表,就是所谓射表的基本内容。射表是实施准确有效射击的必备资料。对于枪炮瞄准具、指挥仪或射击指挥计算器等火控系统的设计,也必须有计算弹道的数学模型作为基本依据,并使弹道计算结果与射击中的实际弹道足够准确地符合,或使计算结果与射表一致。实际上,早期的外弹道学曾经被称为射表编制学。射击中的一些系统偏差量如气温、气压的均匀变化,平均风的影响以及地形条件的差异等,都必须进行相应的弹道修正计算,否则,射弹就难以命中目标。

采用计算机进行弹道计算或修正计算,能迅速地得到准确的结果。但是,近似解析计算法便于从中分析一些因素之间的关系,对某些特定问题可能计算简便,并可吸取一些简化和处理问题的方法,不应忽视其重要性。

7.2.2 武器系统设计

外弹道学在武器研制中的另一应用,是寻求武器系统设计中与外弹道有关参数的最佳值问题,使武器系统设计更加合理、先进。武器系统设计中与外弹道有关参数很多,例如,弹形、弹丸质量及质量分布、初速、飞行稳定性及射击密集度等,它们都直接地确定武器系统的优劣。所谓飞行稳定性,简单说来,就是弹丸在飞行中受到外界的干扰作用时,引起运动状态变化,当干扰去掉以后,弹丸自身能够恢复到预期运动状态的能力。就物理意义而言,保证弹丸飞行稳定性的必要条件,就是由弹尾至弹顶的弹轴指向,与弹丸质心速度矢量之间的夹角(即攻角 δ,对旋转弹又称章动角),必须在足够小的范围内变化。

保证弹丸稳定飞行的方法目前不外两种:使弹丸绕纵轴高速旋转,或在弹上安装尾翼。自20世纪50年代以来,在同一弹上兼用旋转法及尾翼法解决稳定问题的研究也用于实际。此种弹被称为气动陀螺弹。

实质上,寻求武器系统设计中与外弹道有关参数的最佳值问题,即所谓外弹道设计的全部内容,它直接或间接地确定了整个武器系统设计质量的优劣。

7.2.3 武器系统测试与试验

关于武器系统外弹道性能的试验项目,均需由外弹道学提供原理和方法。很多需测量得出的参数,既是外弹道性能指标又是武器本身的性能指标。试验不仅是检验理论和获得某些必要数据的必备手段,而且是发展理论必不可少的重要环节。

研究外弹道学是应用试验和理论相结合的方法。试验方法主要是射击法和风洞法。理论分析方法一般说来是按照弹丸在飞行中的受力情况,建立所取定坐标系中弹丸的运动方程并求解,而后研究解的实际应用。由此可见,力学及数学是外弹道学的基础理论,还将用到气象学知识。

7.3 重力与科氏惯性力

关于重力,人们自然会想起地心引力。有人还可能把二者误为等同。实际上二者是有差别的,此差别是来自地球的旋转。

由于地球的自转和绕太阳的公转,它自然不是一个惯性参考系。研究弹丸的运动又是在地球上进行的,所观察的运动速度和加速度当然是相对于地球的,所以用牛顿三定律来直接研究弹丸相对于地球的运动就会产生误差。为此必须首先研究弹丸相对地球的加速度和其绝对加速度之间的关系。

忽略地球绕太阳的公转,地球可以近似看成是定轴转动的球体。设弹丸在地心引力 $\boldsymbol{F}$ 作用下产生的绝对加速度为 $\boldsymbol{a}$,它可以看作是由相对加速度、牵连加速度和科氏加速度的合成,即

$$\boldsymbol{a} = \boldsymbol{a}_r + \boldsymbol{a}_e + \boldsymbol{a}_k \tag{7-1}$$

式中：$\boldsymbol{a}_r$ 为相对地球的加速度；$\boldsymbol{a}_e$ 为牵连加速度，即弹丸所在位置随同地球旋转时的向心加速度；$\boldsymbol{a}_k$ 为由地球旋转和弹丸相对地球运动产生的科氏加速度。设弹丸质量为 m，则由牛顿第二定律得

$$\boldsymbol{F} = m\boldsymbol{a} = m\,\boldsymbol{a}_r + m\,\boldsymbol{a}_e + m\,\boldsymbol{a}_k \tag{7-2}$$

由于需要的是相对地球的加速度，故将式(7-2)改写为

$$m\,\boldsymbol{a}_r = (\boldsymbol{F} - m\,\boldsymbol{a}_e) - m\,\boldsymbol{a}_k = \boldsymbol{G} + \boldsymbol{F}_k \tag{7-3}$$

式中

$$\boldsymbol{G} = \boldsymbol{F} - m\,\boldsymbol{a}_e = m\boldsymbol{g} \tag{7-4}$$

$$\boldsymbol{F}_k = - m\,\boldsymbol{a}_k \tag{7-5}$$

式中：$\boldsymbol{G}$ 为重力，它是地心引力 $\boldsymbol{F}$ 与离心惯性力 $-m\,\boldsymbol{a}_e$ 的矢量和。在地球上用弹簧秤或其他设备所测的永远是这两个力的合力，不可能将它们分别测出。重力 $\boldsymbol{G}$ 与质量的比值就是重力加速度 $\boldsymbol{g}$。$\boldsymbol{F}_k$ 是科氏惯性力，当物体与地球的相对速度为零时此力为零。

离心惯性力随地理纬度的不同而变化，重力加速度的地面值也是随纬度变化的，其变化程度可参看表 7-1。由于它变化不大，所以在弹道计算中可将其当作常数。重力加速度的国际标准值为 9.80665m/s^2。

表 7-1　重力加速度地面值随纬度变化

纬度	0°	15°	30°	45°	60°	75°	90°
g/ms^{-2}	9.780	9.784	9.793	9.806	9.819	9.829	9.833

重力加速度随高度也是变化的。由于地心引力远大于离心惯性力，而地心引力的大小是与物体距地心距离的平方成反比的，所以某高度处的重力加速度 g 与地面重力加速度 g_0 的关系为

$$\frac{g}{g_0} = \frac{R^2}{(R + y)^2} \tag{7-6}$$

式中：R 为地球半径，在计算中取 R = 6356766m（相当于北纬 45°的值）。g 随高度的变化也是很小的，在 30000m 高处的 g 值比地面值只减小约 1%。所以只有在编拟远程火炮射表时才考虑 g 随高度的变化。

由式(7-3)知，只需将地球旋转所产生的惯性力当作外力，即可将地球当作惯性参考系应用牛顿第二定律来研究弹丸运动，对地球的相对速度和相对加速度即可当作绝对速度和绝对加速度。以后所述绝对速度和绝对加速度，即指相对地球的速度和加速度。

7.4　大气的特性

包围在地球周围的空气就是一般所说的大气。弹丸在其中运动，大气的特性对弹丸的受力大小有重大影响，因而先来研究大气特性。

空气密度是决定弹丸受力大小的主要因素，而空气密度又取决于空气的压强和温度等，必须首先研究空气密度与气压、气温的关系，然后研究气压和气温随高度的变化规律。此外，声音在空气中传播的速度反映空气的可压缩性，对弹丸的受力大小也有一定影响，所以还需要研究声速随高度的变化规律。

7.4.1　大气状态方程与虚拟温度

由物理学知,对于理想气体来说,一定质量的气体其压强 p 、体积 V 和热力学温度 T 三个状态参量之间满足以下关系：

$$\frac{pV}{T}=\text{const}$$

对于单位质量的气体,其体积 V 和密度 ρ 的关系为倒数关系。由此可得如下关系：

$$\frac{p}{\rho}=RT \tag{7-7}$$

式中：R 为常数,与该气体的摩尔质量成反比,称为气体常数。对不同气体, R 有不同的数值。

空气和水蒸气当密度不太大时都可看作理想气体。根据空气的平均摩尔质量可算出其气体常数 $R_1=287\text{J/(kg}\cdot\text{K)}$,水蒸气的气体常数 $R_2=462J/(\text{kg}\cdot\text{K})$,$R_2\approx 8/5R_1$。

大气是干空气和少量水蒸气组合而成的混合气体,设干空气和水蒸气在温度 T 下单独存在时的密度和压强分别为 ρ_1、p_1 和 ρ_2、p_2,则由式(7-7)得

$$\rho_1=\frac{p_1}{R_1T}$$

$$\rho_2=\frac{p_2}{R_2T}$$

ρ_1、ρ_2 之和即为大气的密度 ρ ,故根据以上两式及 R_1 和 R_2 数值间的关系($R_2=\frac{8}{5}R_1$)得

$$\rho=\rho_1+\rho_2=\left(p_1+\frac{5}{8}p_2\right)\frac{1}{R_1T}=\left(p_1+p_2-\frac{3}{8}p_2\right)\frac{1}{R_1T}$$

根据分压定理 p_1+p_2 即为大气压强 p ,由此得

$$\rho=\left(p-\frac{3}{8}p_2\right)\frac{1}{R_1T}=\frac{p}{R_1T/\left(1-\frac{3}{8}\frac{p_2}{p}\right)}$$

定义虚拟温度：

$$\tau=T/(1-\frac{3}{8}\frac{p_2}{p}) \tag{7-8}$$

则

$$\rho=\frac{p}{R_1\tau} \tag{7-9}$$

由式(7-9)可见,在引入虚拟温度 τ 以后湿空气的状态方程具有与干空气相同的形式。式(7-9)就是大气状态方程,它可用来计算弹丸运动中周围大气的密度。外弹道学中所用的都是虚拟温度,故而通常所述气温都是指的虚拟温度。

7.4.2　气压随高度的变化

气压随高度的变化取决于空气在铅垂方向的受力情况。在空中任意高度 y 处取一气体微团,其厚度为 dy(图 7-1),上、下底面积为 S,则其体积为 $S\text{d}y$,其所受重力为 $\rho gS\text{d}y$。

设其下底面处压强为 p,上底面处压强为 $p+\text{d}p$,则该气体微团所受相邻大气压强的合

力,下底面上为 Sp,上底面上为 $S(p+dp)$。

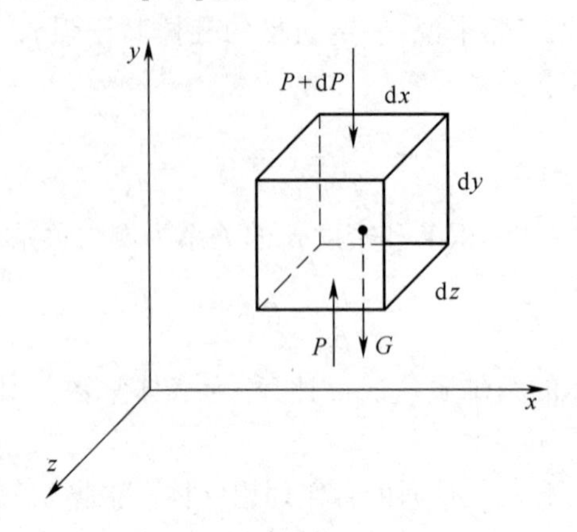

图 7-1　大气在铅垂方向受力情况

由于大气在铅垂方向运动的加速度很小,与重力加速度相比可以忽略不计,所以可以认为该微团在这些力作用下处于平衡状态。由此可以得到各力的关系如下:

$$Sp - S(p + dp) - \rho g S dy = 0$$

化简后得

$$dp/dy = -\rho g \tag{7-10}$$

将式(7-9)代入式(7-10)得

$$dp/dy = -\frac{pg}{R_1 \tau} \tag{7-11}$$

式(7-10)、式(7-11)决定了气压对高度的变化率,称为大气铅垂平衡方程。由式(7-11)可知,只要知道了虚温 τ 随高度的变化规律,积分式(7-11)即可得到气压随高度的变化规律。

7.4.3　气温随高度的变化

根据温度变化规律的不同,大气可分为若干层。最下面一层叫对流层,在这一层中气温随高度的升高而下降。气温与高度的关系可以近似认为是直线关系。

对流层形成的原因是大气直接吸收太阳辐射热量的能力小,太阳辐射的热量大部分被地球表面吸收,地球表面温度升高后反过来向大气辐射,因而使大气越靠近地表部分温度越高。下层空气受热上升,膨胀过程中温度逐渐降低;而上面冷空气逐渐下降,受压缩而温度逐渐升高。这样就形成空气的上下对流,此对流过程处于不停的动态平衡之中。对流层顶的高度随地理纬度和季节的不同而变化,在纬度 45°左右的年平均高度约为 11 ~12km。

对流层之上为同温层,在同温层内气温不随高度而变化。在对流层与同温层之间有一个过渡区间,称为亚同温层。

在同温层内空气没有上下的对流,只有水平方向流动,故而又称平流层。同温层顶的高度约为 80km 左右。一般炮弹和无控火箭的最大弹道高都不会超过此高度。

7.4.4　声速随高度的变化

由物理学可知,声音在空气中传播的速度 c_s 与空气中压强对空气密度的导数有关。其关系为

$$c_s = \sqrt{\mathrm{d}p/\mathrm{d}\rho} \tag{7-12}$$

由式(7-12)可以看出,声速的大小能反映出空气的可压缩性。声速大则表示空气的可压缩性小,此时需要有较大的压强变化才能有很小的密度变化;相反,声速小表示空气的可压缩性大,此时只需很小的压强变化即可产生比较大的密度变化。

在声音的传播过程中,空气的压缩和膨胀是在很短的时间中进行的,来不及进行热量的传递,可以看作是绝热过程。因而利用绝热过程状态方程得

$$p/\rho^k = p_0/\rho_0^k$$

将上式求导可得

$$\frac{\mathrm{d}p}{\mathrm{d}\rho} = k\frac{p_0}{\rho_0^k}\rho^{k-1} = k\frac{p}{\rho^k}\rho^{k-1} = k\frac{p}{\rho}$$

代入式(7-12)得

$$c_s = \sqrt{kp/\rho}$$

式中:k 为绝热指数,对空气取 1.404。

由式(7-9)及上式可得

$$c_s = \sqrt{kR_1\tau} \tag{7-13}$$

由式(7-13)知,声速是温度的函数。将 $k = 1.404$、$R_1 = 287\mathrm{J/(kg \cdot K)}$ 和 $\tau_{0n} = 288.9\mathrm{K}$ 代入式(7-13)得声速的地面标准值:

$$c_{s0n} = 341.1\mathrm{m/s}$$

7.5 标准气象条件

各种火炮、火箭、导弹、炸弹等武器,最重要的指标是射程和侧偏。但是弹丸在大气中飞行,其射程的远近和侧偏的大小将随大气情况而变化,而大气条件又是随地域、时间千变万化的,因此在武器的外弹道设计,弹道表和射表的编制中,必须统一选定某一种标准气象条件来计算弹道,而在应用射表时,则必须对实际气象条件与标准气象条件的偏差进行修正。

世界气象组织(WMO)对标准大气的定义是:"所谓标准大气,就是能够粗略地反映出周年、中纬度情况的,得到国际上承认的假定大气温度、压力和密度的垂直分布。"标准大气在气象、军事、航空和航天等部门中有着广泛的应用,它的典型用途是作为压力高度计校准,飞机性能计算,火箭、导弹和弹丸的外弹道计算,弹道表和射表编制,以及一些气象制图的基准。标准气象条件是根据各地、各季节多年的气象观测资料统计分析得出的,使用标准大气能使实际大气与它所形成的气象要素偏差平均而言比较小,这将有利于对非标准气象条件进行修正。

所有的标准大气都规定风速为零。

7.5.1 国际标准大气和我国国家标准大气

现在国际标准化组织、世界气象组织、国际民航组织及一些国家都采用 1976 年美国标准大气(30km 以下),故这一标准大气已经作为国际标准大气。

我国在 1980 年公布了 30km 以下标准大气,直接采用 1976 年美国标准大气,编号为 GB/T 1920-1980。目前有些常规武器的飞行高度已经超过了 30km,例如 150km、300km

火箭的最大弹道高可达 50 ~100km,目前尚未建立 30km 以上的炮兵军用标准大气,现在正在研究之中,对这些武器的弹道计算暂可直接借用国际标准大气,或暂用军标。

7.5.2 我国炮兵标准气象条件

我国现用的炮兵标准气象条件规定如下。

1. 地面(即海平面)标准气象条件

气温 t_{0n} = 15℃, 密度 ρ_{0n} = 1.2063kg/m^3。

气压 p_{0n} = 100kPa, 地面虚温 τ_{0n} = 288.9K。

相对湿度 φ = 50% (绝对湿度 $(p_e)_{0n}$ = 846.6Pa)。

声速 c_{s0n} = 341.1m/s　　(无风)。

2. 空中标准气象条件(30km 以下)

在所有高度上无风。

对流层 ($y \leqslant y_d = 9300$m , y_d 为对流层高度):

$$\tau = \tau_{0n} - G_1 y = 288.9 - 0.006328y \tag{7-14}$$

$$G_1 = -6.328 \times 10^{-3}$$

亚同温层(9300m<y<12000m):

$$\tau = A_1 - G_1(y - 9300) + B_1(y - 9300)^2 \tag{7-15}$$

$$A_1 = 230.0$$

$$B_1 = 1.172 \times 10^{-6}$$

同温层(30000m> $y \geqslant y_T$ =12000m, y_T 为同温层起点高度):

$$\tau_T = 221.5 \tag{7-16}$$

气压和密度随高度变化的标准定律如图 7-2 所示。

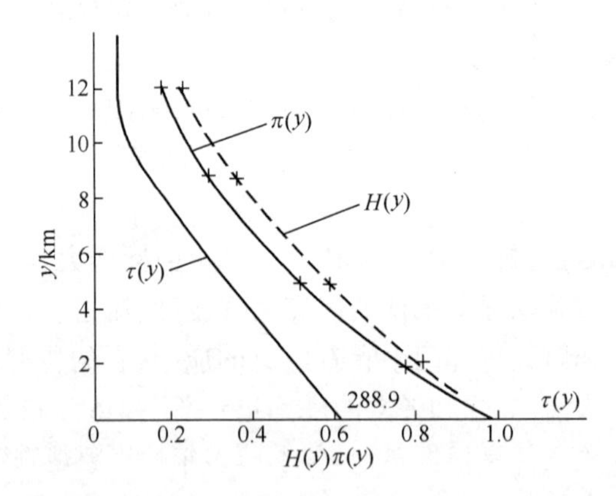

图 7-2　气温、气压函数和密度函数的标准定律

在计算弹道时,为了方便,可事先将气压函数 $\pi(y)$ 积分出来。

在对流层内(y<9300m):

$$\pi(y) = (1 - 2.1904 \times 10^{-5} y)^{5.4} \tag{7-17}$$

在亚同温层(9300m≤y<12000m):

$$\pi(y) = 0.2922575 \times \exp\left(-2.120642\left(\arctan\frac{2.344(y-9300) - 6328}{32221.057} + 0.19392520\right)\right) \tag{7-18}$$

在同温层内(y>12000m)

$$\pi(y) = 0.1937254\exp(-(y-12000)/6483.305) \tag{7-19}$$

对于密度函数 $H(y)$,有时采用下列公式:

(1) $y < 9300\text{m}$:$H(y) = (1 - 2.1904 \times 10^{-5}y)^{4.4}$

(2) $y < 10000\text{m}$:$H(y) = \exp(-1.059 \times 10^{-4}y)$

(3) $y < 12000\text{m}$:$H(y) = (20000 - y)/(20000 + y)$

一般情况下,在弹道计算时,可直接应用上面的(1)式,但一般不直接用(2)、(3)式。

7.5.3 我国空军标准气象条件

空军根据航弹和航空武器作战空区域的平均气象条件制定了空军标准气象条件。

1. 地面标准气象条件

气压 p_{0n} =101.333kPa,气温 t_{0n} =15℃。

空气密度 ρ_{0n} = 1.225kg/m^3。

虚温 τ_{0n} =288.34K,相对湿度 70%(绝对湿度 $(p_e)_{0n}$ =1123.719Pa)。

声速 c_{s0n} =340.4m/s(无风)。

2. 空中标准气象条件

在 $y < 13000$m 高度内:

$$\tau = \tau_{0n} - 0.006y \tag{7-20}$$

$$\pi(y) = (1 - 2.0323 \times 10^{-5}y)^{5.830} \tag{7-21}$$

$$H(y) = \frac{\rho}{\rho_{0n}} = (1 - 2.0323 \times 10^{-5}y)^{4.830} \tag{7-22}$$

在 $y > 13000$m 以上的同温层内:

$$\tau = 212.2\text{K} \tag{7-23}$$

$$c_s = \sqrt{kR_d\tau} = 20.05\sqrt{\tau} \tag{7-24}$$

空军取 $k = 1.4$,$R_d = 287.14$,故地面标准声速为 $c_{s0n} = 340.4$m/s。

7.5.4 我国海军标准气象条件

海军规定海平面上标准气象条件为

$$p_{0n} = 100\text{kPa}, t_{0n} = 20℃$$

其他同炮兵标准气象条件。

第 8 章　作用在弹丸上的空气动力和力矩

8.1　弹丸的气动外形与飞行稳定方式

弹丸的气动外形和气动布局是各种各样的,就对称性来分有轴对称形、面对称形和非对称形。轴对称形中又分完全旋成体形和旋转对称面形。如普通线膛火炮弹丸即是完全旋成体形(图 8-1(b)),其外形由一条母线绕弹轴旋转形成。尾翼或弹翼沿圆周均布的弹丸具有旋转对称外形(图 8-1(a))。如翼面数为 n,则弹每绕纵轴旋转 $2\pi/n$,其气动外形又回复到原来的状态。

弹丸在空气中飞行将受到空气动力和力矩的作用,其中空气动力直接影响质心的运动,使速度大小、方向和质心坐标改变,而空气动力矩则使弹丸产生绕质心的转动并进一步改变空气动力,影响到质心的运动。这种转动有可能使弹丸翻滚造成飞行不稳而达不到飞行目的,因此,保证弹丸飞行稳定是外弹道学、飞行力学、弹丸设计、飞行控制系统最基本、最重要的问题。

目前使弹丸飞行稳定有两种基本方式:一是安装尾翼实现风标式稳定,二是采用高速旋转的方法形成陀螺稳定。图 8-1(a)为尾翼弹飞行时的情况,其中弹轴与质心速度方向间的夹角 δ 称为攻角。由于尾翼空气动力大,使全弹总空气动力 R 位于质心和弹尾之间,总空气动力与弹轴的交点 P 称为压力中心。总空气动力 R 可分解为平行于速度反方向的阻力 R_x 和垂直于速度的升力 R_y。显然此时总空气动力对质心的力矩 M_z 力图使弹轴向速度线方向靠拢,起到稳定飞行的作用,故称为稳定力矩,这种弹称为静稳定弹,这种稳定原理与风标稳定原理相同。

图 8-1(b)为无尾翼的旋成体弹丸。这时主要的空气动力在头部,故总空气动力 R 和压力中心 P 在质心之前,将 R 也分解为平行于速度反方向的阻力 R_x 和垂直于速度方向的升力 R_y。这时的力矩 M_z 是使弹轴离开速度线,使 δ 增大,如不采取措施弹就会翻跟斗造成飞行不稳,故称为翻转力矩,这种弹称为静不稳定弹。使静不稳定弹飞行稳定的办法就是令其绕弹轴高速旋转(如线膛火炮弹丸或涡轮式火箭),利用其陀螺定向性保证弹头向前稳定飞行。

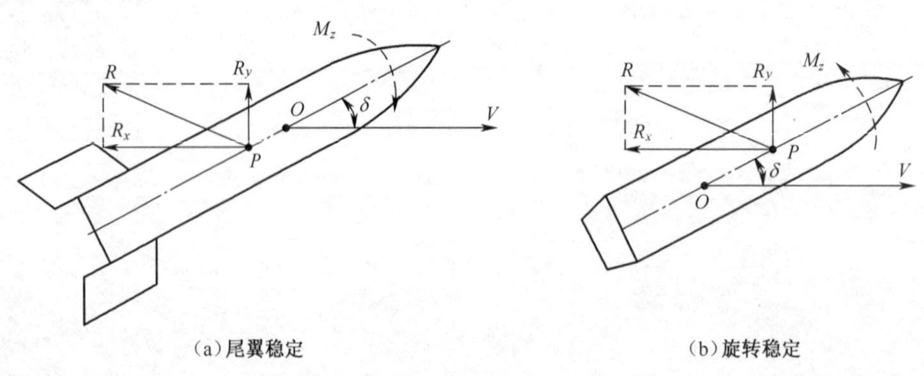

图 8-1　两种稳定方式

目前获得弹丸空气动力的方法有三种:风洞吹风法、计算法、射击试验法。

1. 风洞吹风法

风洞吹风法是将弹丸模型或者缩比模型,以天平杆支撑在风洞试验段中,高压气瓶中的空气通过整流装置,再经过拉瓦尔喷管以一定的马赫数吹向模型,形成作用于弹丸模型的力,并通过测力天平杆,由六分力测力装置测得三个方向的分力及力矩,最后整理出弹丸的气动力系数。气流的马赫数用更换形状不同的喷管实现,攻角用可以转动模型状态的机构(称为 α 机构)实现。以相似理论为基础,由模型吹风获得的气动力系数就是弹丸的气动力系数(一般要根据试验条件做些修正)。吹风中模型不动时可获得弹丸的升力、阻力、静力矩,称为静态空气动力;吹风中模型摆动或自转时可获得弹丸的动态空气动力系数。

2. 计算法

(1) 数值计算法是用空气流动所满足的流体力学方程(如 Naver-stoks 方程)、来流性质及弹丸外形的边界条件,采用有限差分法,将流场分成许多网格进行数值积分运算,获得作用在弹表每一微元上的压强,再进行全弹积分求得各个气动力和力矩分量。此种方法计算量大、耗用机时多。

(2) 工程计算法是将流体力学方程简化,建立不同情况下的解法,如源汇法、二次激波膨胀法等,再加上一些吹风试验数据、经验公式等,同样也可计算气动力,并且由于它的计算时间很短,所以特别适用于在弹丸方案设计及方案寻优过程中的气动力反复计算。目前由计算法获得的气动力精度是:对于旋成体的阻力和升力误差大约为 5%,对静力矩大约为 10%。但对于尾翼弹,计算所得气动力精度要稍低一些,动导数的计算误差更大一些。

3. 实弹射击法

实弹射击法通常在靶场或靶道里进行,将弹丸发射出去,用各种测试仪和方法(如测速雷达、坐标雷达、闪光照相、弹道摄影、高速录像、攻角纸靶等)测得弹丸飞行运动的弹道数据(如速度、坐标随时间的变化、攻角变化等),然后再用参数辨识技术,从中提取气动力系数。射击试验法因包含了所有实际情况,因此它所测得的气动力往往与弹丸实际飞行符合得更好。

8.2 空气阻力的组成

本节只研究轴对称弹丸当弹轴与速度矢量重合(即攻角 δ 为零)时的情况。此时作用于弹丸的空气动力沿弹轴向后,它就是一般所说的空气阻力或迎面阻力。因这时没有升力,所以也称此阻力为零升阻力。空气作用在弹丸上的阻力与弹丸相对于空气的运动速度有很大关系。

8.2.1 旋转弹的零升阻力

(1) 当速度很小时,气流流线均匀、连续绕过弹丸(图 8-2(a)),此时如用测力天平可以测出弹丸受一个不大的、与来流方向相反的阻力。如果是理想流体(不考虑气体黏性),在此情况下应该没有阻力(即所谓达朗伯疑题)。但由于空气是非理想流体,具有黏性,由空气黏性(内摩擦)产生的这部分阻力称为摩阻。

(2) 如将气流速度增大至某值,则弹尾部附近的流线与弹体分离,并在弹尾部出现许多旋涡(图 8-2(b))。此时如再用测力天平测量弹丸所受阻力,发现在旋涡出现后阻力显著增大。将伴随旋涡出现的那一部分阻力叫涡阻。

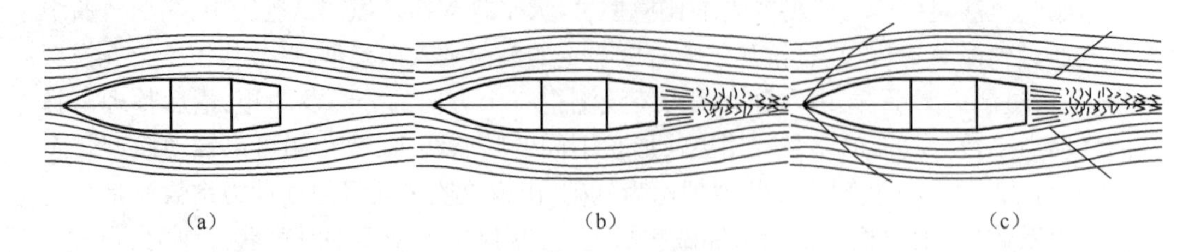

(a)　　(b)　　(c)

图 8-2　气流环绕弹丸的情况

在上述两种情况下的弹丸速度(或风洞中气流速度)总是亚声速的。如在跨声速或超声速情况下做类似试验,则所见现象将有很大的不同。

(3) 如将弹丸或其模型放在超声速气流中,用纹影照相法可以拍出如图 8-2(c)所示的情况。除尾部有大量旋涡外,在弹头部与弹尾部附近有近似为锥状的、强烈的压缩空气层存在。这就是空气动力学中所说的激波(在弹道学中把弹头附近的激波叫弹头波,弹尾附近的激波叫弹尾波),此时空气阻力突然增大。由此可见,对于跨声速和超声速弹丸,除受上述的摩阻和涡阻作用外,还必然受伴随激波出现而产生的所谓波阻的作用。此后速度如再行增大,直到出现头部烧蚀现象以前不会有其他特殊变化。

由此可见,弹丸的空气阻力,在超声速与跨声速时,应包括上述的摩阻、涡阻和波阻三个部分;而在亚声速时则没有波阻。由空气动力学知,空气阻力的表达式为

$$R_x = \frac{\rho v^2}{2} S c_{x_0}(Ma) \tag{8-1}$$

式中:$\rho v^2/2$ 称为速度头或动压头,它是单位体积中气体质量的动能;v 为弹丸相对于空气的速度;ρ 为空气密度;S 为特征面积,通常取为弹丸的最大横截面积,此时 $S = \pi d^2/4$。Ma 为飞行马赫数,$Ma = v/c_s$,c_s 为声速。$Ma < 1$ 时 $v < c_s$ 为亚声速,$Ma > 1$ 时 $v > c_s$ 为超声速。

$c_{x_0}(Ma)$ 为阻力系数,下标“0”指攻角 $\delta = 0$ 的情况。如将摩阻、涡阻和波阻分开,只须将阻力系数 $c_{x_0}(Ma)$ 分开,即将其分为摩阻系数 c_{xf} 、涡阻系数(或底阻系数) c_{xb} 和波阻系数 c_{xw} 。

故

$$c_{x_0}(Ma) = c_{xf} + c_{xb} + c_{xw} \tag{8-2}$$

旋转弹的空气阻力系数曲线一般如图 8-3 所示。

在亚声速时 $c_{xw} = 0$。下面简叙摩阻、涡阻和波阻产生的原因和旋转弹阻力系数的估算方法。

1. 摩阻

当弹丸在空气中飞行时,弹丸表面常常附有一层空气,伴随弹丸一起运动。其外相邻的一层空气因黏性作用而被带动,但其速度较弹丸低;这一层又因黏性带动更外一层的空气运动,同样,更外一层空气的速度又要比内层降低一些。如此带动下去,在距弹丸表面不远处,总会有一不被带动的空气层存在,在此层外的空气就与弹丸运动无关,好像空气是理想的气体,没有黏性似的。此接近弹丸(或其他运动着的物体)表面、受空气黏性影

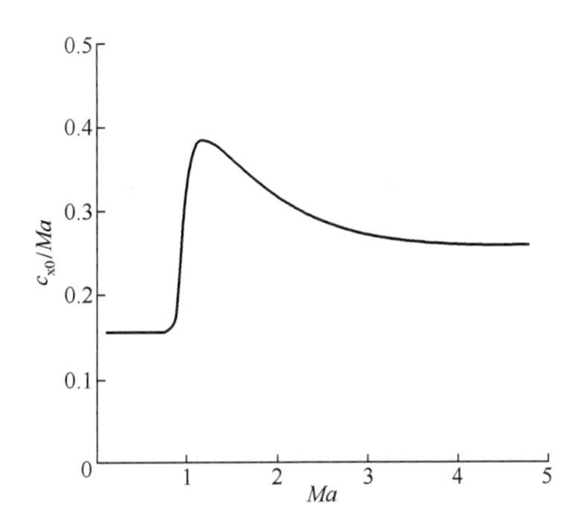

图 8-3 某旋转稳定弹丸的阻力系数曲线

响的一薄层空气叫附面层(或边界层)。由于运动着的弹丸表面附面层不断形成,即弹丸飞行途中不断地带动一薄层空气运动,消耗着弹丸的动能,使弹丸减速。与此相当的阻力就是摩阻。

考虑弹丸运动、空气静止时,附面层内空气速度变化如图 8-4(a)所示。在弹丸表面处,空气速度与弹丸速度相等。图 8-4(b)为弹丸静止,空气吹向弹丸时附面层内速度分布情况。附面层内的空气流动常因条件不同而异,有成平行层状流动、彼此几乎不相渗混的,叫层流附面层。也有在附面层内不成层状流动而有较大旋涡扩及数层,形成强烈渗混者,叫紊流附面层。层流附面层内各点的流动速度(以及其他参量,如压力、密度、温度等),不随时间改变,这就是一般所说的定常流。但在紊流附面层内各点的速度随时间变化而不是定常流。故研究紊流附面层内某点的速度,常指其平均速度而言。紊流附面层内近弹丸表面处的平均速度,由于强烈渗混的缘故,变化激烈,离开弹表处以后变化趋缓,如图 8-5(a)所示,而层流附面则非如此,如图 8-5(b)所示。一般在弹尖附近很小区域内常为层流附面层,向后逐渐转化成紊流附面层。这种层流与紊流共存的附面层叫混合附面层,如图 8-5(c)所示。

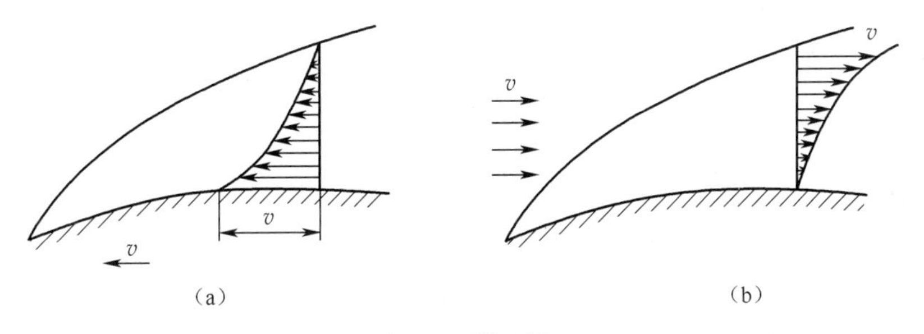

图 8-4 附面层

附面层从层流向紊流的转捩,常与一个无因次的量,即雷诺数 Re 有关:

$$\mathrm{Re} = \frac{\rho v l}{\mu} = \frac{v l}{\nu} \tag{8-3}$$

式中:ρ 为气体(或流体)密度;v 为气体(或流体)速度;l 为平板长度,对弹丸来说,为一相当平板的长度(弹长),有时也可用弹丸的直径表示;μ 为气体(或流体)的黏性系数,空

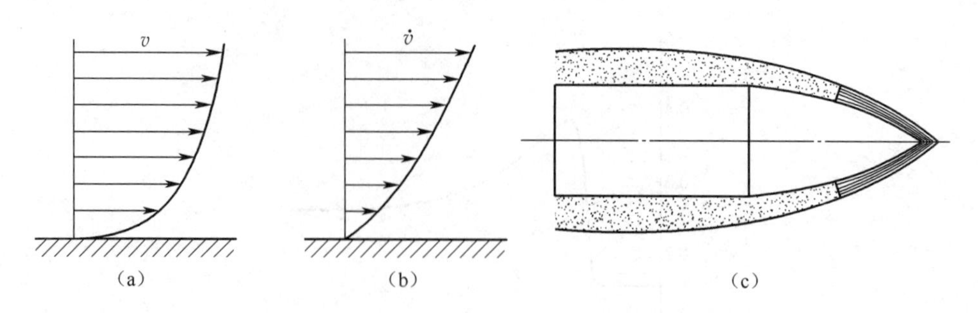

图 8-5　附面层内速度变化及混合附面层

气的黏性系数可查标准大气表；ν 为气体的动力黏性系数,它与黏性系数 μ 的关系为

$$\nu = \mu/\rho \tag{8-4}$$

根据试验,当雷诺数小于某定值时为层流,大于这个值时为紊流。此由层流转变为紊流的雷诺数,叫临界雷诺数。在紊流附面层内,由于各层空气的强烈渗混,等于使空气黏性增大,消耗弹丸更多的动能。在弹尖处的层流附面层与其后的紊流附面层相比是微不足道的,故计算弹丸摩阻时应以紊流附面层为主。由附面层理论知,在紊流附面层条件下,弹的摩阻系数为

$$\begin{cases} c_{xf} = \dfrac{0.072}{Re^{0.2}} \dfrac{S_s}{S} \eta_m \eta_\lambda, Re < 10^6 \\ c_{xf} = \dfrac{0.032}{Re^{0.145}} \dfrac{S_s}{S} \eta_m \eta_\lambda, 2 \times 10^6 < Re < 10^{10} \end{cases} \tag{8-5}$$

式中：S_s 为弹丸的侧表面积；S 为弹丸的特征面积,对于普通弹丸 S 常取为最大横截面积；η_m 为考虑到空气的压缩性后采用的修正系数,

$$\eta_m = \frac{1}{\sqrt{1 + aMa^2}}, \begin{cases} a = 0.12 & Re \approx 10^6 \text{ 时} \\ a = 0.18, & Re \approx 10^8 \text{ 时} \end{cases} \tag{8-6}$$

$Ma = v/c_s$ 为当地马赫数,是弹丸飞行速度 v 与当地声速 c_s 之比；η_λ 为形状修正系数,对于长细比 λ_B(弹长与弹径之比)为 6 左右的弹丸取为 $\eta_\lambda = 1.2$,当 $\lambda_B > 8$ 时,取 $\eta_\lambda \approx 1.08$。

在弹丸空气动力学中,c_{xf}、η_m、η_λ 均有图表曲线可查。

另外摩阻还与弹丸表面粗糙度有关,表面粗糙可使摩阻增加到 2~3 倍。在实践上常用弹丸表面涂漆的方法来改善表面粗糙度(同时可以防锈),这样可使射程增加 0.5%~2.5%。

2. 涡阻

在弹头部附面层中流体由 A 点向 B 点流动时,由于物体断面增大,由一圈流线所围成的流管的断面积 S 必然减小(图 8-6)。根据连续方程 $\rho S v$ = 常数,流速 v 将增大。再根据伯努利方程 $\rho v^2/2 + p$ = 常数 ,压强 p 将减小。在物体的最大断面处 B 以后,流管的横断面积 S 又将增加,因而压强 p 也将增大。故在最大断面 B 点以后,流体将被阻滞。物体的横断面减小得越快,S 增大得越快,因而 p 也增大得越快,附面层中的流体被阻滞得也更加剧烈。在一定条件下,这种阻滞作用可使流体流动停止。在流体流动停止点后,由于反压的继续作用,流体可能形成与原方向相反的逆流,图 8-6 中的 BC 线位于顺流和逆流的边界,流速为零,故 BC 线为零流速线。当有逆流出现时,附面层就不可能再贴近物体

表面而与其分离,形成旋涡。在旋涡区内,由于附面层分离使压力降低形成所谓低压区。这种由于附面层分离,形成旋涡而使物体(或弹丸)前后有压力差出现,所形成的阻力即称为涡阻。

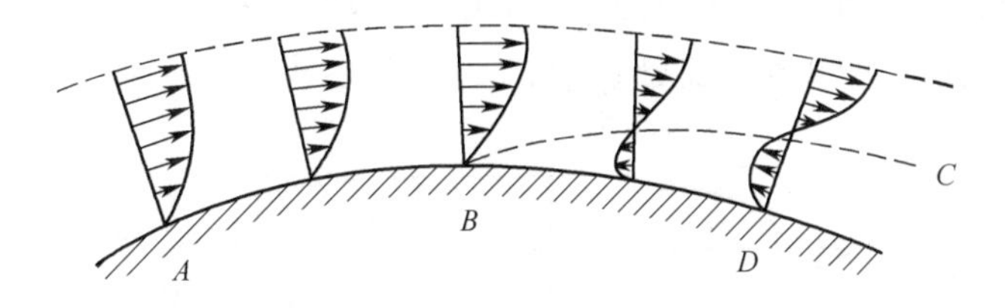

图 8-6　涡流的形成

影响附面层与弹体分离形成涡阻的原因有二:

(1) 流速一定最大断面后断面变化越急,旋涡区越大,涡阻也越大,见图 8-7(a)、(b)、(c)。

(2) 如弹丸最大断面后形状不变(均为流线形),气流速度越大,旋涡区越大,阻力也越大,如图 8-7(d)、(e)、(f)所示。

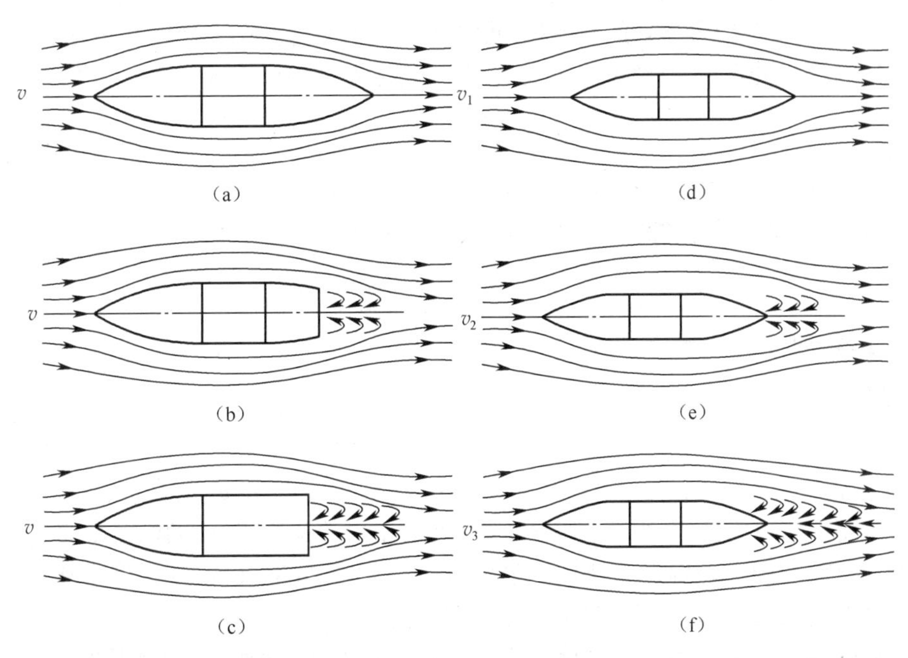

图 8-7　(a)、(b)、(c):最大断面后形状与涡流区;(d)、(e)、(f):速度与涡流区大小 $v_1 < v_2 < v_3$

根据上面的讨论知道,为了减小涡阻,在设计弹丸时,必须正确选定弹丸最大断面后的形状。对于速度较小的迫击炮弹常采用流线形尾部,如图 8-8 所示。

图 8-8　迫击炮弹流线形尾部

对于旋转稳定弹丸,为了保证膛内的稳定,必须具有一定长度的圆柱部。又由于稳定性的要求,弹体不宜过长。因此为了减小涡阻,通常采用截头形尾锥部(即船尾形弹尾)。其尾锥角 a_k 的大小,根据经验以 $a_k = 6° \sim 9°$ 较好,尾锥部越长,其端面积 S_b越小,在保证附面层不分离的条件下,底部阻力也越小。但由于尾部不能过长,故宜根据所设计弹种的其他要求适当地选取弹的相对尾锥部长度 $E(d)$ (图 8-9)

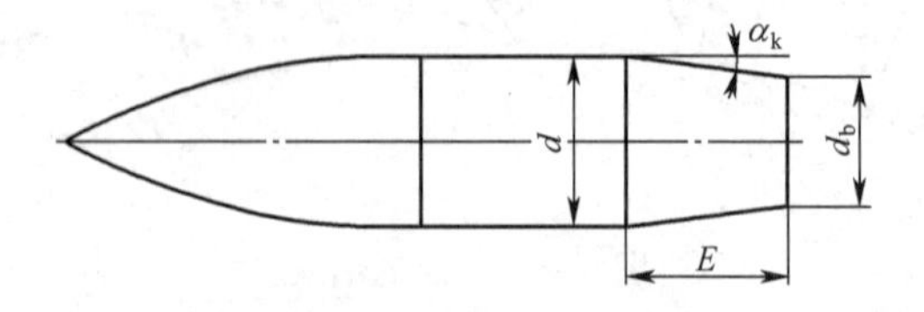

图 8-9 旋转弹的船尾部(尾锥)

到目前为止,还没有一个准确计算涡阻的理论方法。因此,涡阻通常由风洞试验测定底部压力来确定。在附面层不分离的条件下,涡阻即等于底阻:

$$R_b = |(p_b - p_\infty)| S_b = \Delta p S_b$$

式中:R_b 为底阻;Δp 为底部压力 p_b 与周围大气压 p_∞ 的压差;S_b 为尾锥底部端面积。当底部出现分离时,应取分离处的断面积,此时涡阻大于底阻。在工程计算中,把弹体侧表面上产生的压差阻力 c_{xp} 与摩擦阻力 c_{xf} 合在一起计算,而把底部阻力 c_{xb} 单独计算,即

$$c_{xf} + c_{xp} = ACc_{xf} + c_{xb} \tag{8-7}$$

式中:$A = 1.865 - 0.175\lambda_B\sqrt{1 - Ma^2} + 0.01\lambda_B^2(1 - Ma^2)$。

试验指出,在亚声速和跨声速情况下,底阻有下面的经验公式:

$$c_{xb} = 0.029\zeta^3\sqrt{c_{xf}} \tag{8-8}$$

而在超声速时的经验公式为

$$c_{xb} = 1.14\frac{\zeta^4}{\lambda_B}\left(\frac{2}{Ma} - \frac{\zeta^2}{\lambda_B}\right) \tag{8-9}$$

式中:λ_B 是弹丸长细比,$\lambda_B = l/d$;ζ 是尾锥收缩比,$\zeta = d_b/d$,d_b 为底部直径。

对于超声速弹丸,底阻约占总阻的 15%,而对于中等速度飞行的弹丸,底阻约占总阻的 40%~50%。因而设法减小底阻(涡阻)来增程是有实际意义的,现在许多新的弹丸都在减小底阻上做文章,提出了各种减小底阻的方法。

如美国的 155mm 远程榴弹就将弹头部和弹尾部都做得很细长,使弹形成了枣核状的流线形,俗称枣核弹,其底阻明显降低,射程随之增大。为了使这种弹在膛内运动稳定,必须在弹上加装稳定舵片,这种舵片还能起到抗马格努斯效应的作用。

另外,设法增大底部涡流区内气体压力也是一种减小底阻的方法。故有一种空心船尾部弹丸,称为底凹弹,在亚声速时有保存底部气体不被带走,提高底压的作用;在超声速时还在底凹侧壁开孔,将前方压力高的空气引入底凹以提高底压。用这种方法可提高射程 7%~10%。

一种最有效的方法是底部排气,即底排弹,在弹底凹槽中装上低燃速火药,火药燃烧生成的气体源源不断地补充底部气体的流失,提高了底压,可提高射程近 30%。

3. 波阻

空气具有弹性，当受到扰动后即以疏密波的形式向外传播，扰动传播速度记为 v_B，微弱扰动传播的速度即为声速，记为 c_s。当扰动源静止（例如静止的弹尖）时，由于连续产生的扰动将以球面波的形式向四面八方传播。对于在空中迅速运动着的扰动源（如运动着的弹尖），其扰动传播的形式将因扰动源运动速度 v 小于、等于或大于扰动传播速度 v_B 的不同而异。

（1）$v < v_B$：则扰动源永远追不上在各时刻产生的波，如图 8-10(a)所示。图中 O 为弹尖现在的位置，三个圆依次是 1s 以前、2s 以前、3s 以前所产生的波现在到达的位置。由图可见，当 $v < v_B$ 时，弹尖所给空气的压缩扰动向空间的四面八方传播，并不重叠，只是弹尖的前方由于弹丸不断往前追赶，各波面相对弹丸而言传播速度慢一些而已。

（2）$v = v_B$：弹丸正好追上各时刻发出的波，诸扰动波前成为一组与弹尖 O 相切的、直径大小不等的球面。也就是说，在 $v = v_B$ 时，弹尖所给空气的扰动，只向弹尖后方传播。在弹尖处，由于无数个球面波相叠加，形成一个压力、密度和温度突变的正切面，如图 8-10(b)所示。

（3）$v > v_B$：这时弹丸总是距在各时刻发出波的前面，诸扰动波形成一个以弹尖 O 为顶点的圆锥形包络面。其扰动只能向锥形包络面的后方传播。此包络面是空气未受扰动与受扰动部分的分界面。在包络面处前后有压力、温度和密度的突变。如图 8-10(c)所示。

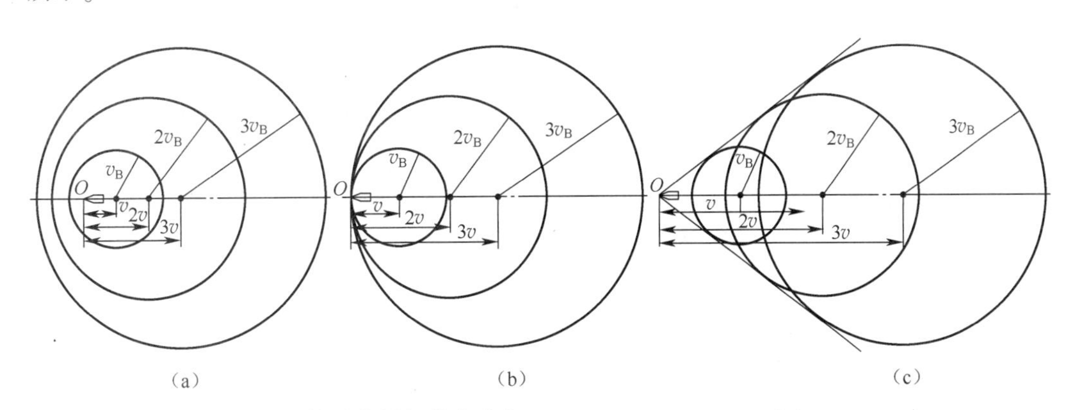

图 8-10 扰动传播与激波形成 (a)$v < v_B$; (b)$v = v_B$; (c)$v > v_B$

在(2)和(3)两种情况下所造成的压力、密度和温度突变的分界面，就是外弹道学上所说的弹头波，也就是空气动力学上所说的激波。前者（$v = v_B$ 时）称为正激波，后者（$v > v_B$ 时）称为斜激波。由上分析可知斜激波的强度不如正激波。

在弹丸的任何不光滑处，尤其是弹带处，当 $v \geqslant v_B$ 时也将产生激波，这就是弹带波。

又根据弹丸在超声速条件下飞行时的纹影照片看出，在弹尾区也产生所谓弹尾波（图 8-11）。这是因为流线进入弹尾部低压区先向内折转，而后又因距弹尾较远，压力渐大，又向外折转。这种迫使气流绕内钝角的折转，必然产生压缩扰动。当 $v > v_B$ 时形成激波，即弹尾波。

弹头波、弹带波、弹尾波在弹道学中总称为弹道波。在弹道波出现处，总是形成空气的强烈压缩，压强增高，其中尤以弹头波为最。弹头越钝，扰动越强，激波越强，消耗的动能越多,前后压差大;弹头越锐,扰动越弱,产生的激波越弱,消耗的动能越少,压差小。由激波形成的阻力称为波阻。

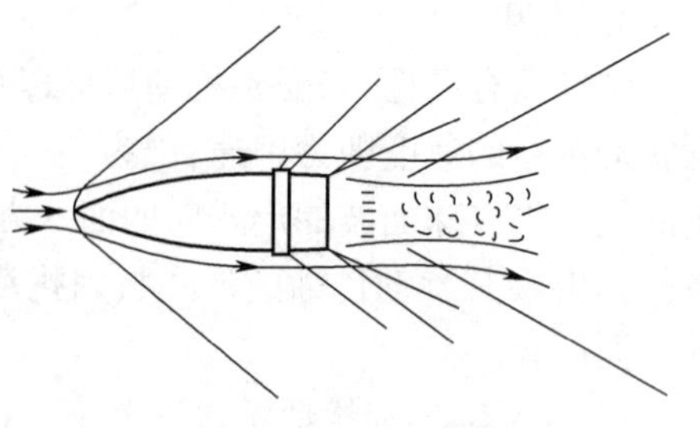

图 8-11　弹道波

只要弹丸的速度 v 超过声速 c_s,就一定会产生弹道波,这是因为虽然扰动传播速度 v_B 开始可能很大,超过了弹丸飞行速度,即 $v_B > v > c_s$,但 v_B 在传播中会迅速减小而向声速接近,在离扰动源不远处就出现 $v \geqslant v_B = c_s$,因而在 $v > c_s$ 的条件下,弹道波就一定会出现。这种情况正好说明所谓分离波出现的原因。

由图 8-12 可以看出:当 $v > c_s$ 时,如弹头较钝,其在弹顶附近造成的扰动传播速度 v_{B_1} 可能大于弹速 v 即 $v < v_{B_1}$,因此紧接弹顶"1"处不会产生弹头波。但因传播速度迅速减小,设当扰动传至"2"时 v,此时即形成与图 8-10(b)相同的情况,各扰动波在点"2"处相切。故在离弹顶处有与弹顶分离但与飞行方向垂直的正激波出现,离弹顶越远激波越弯曲。

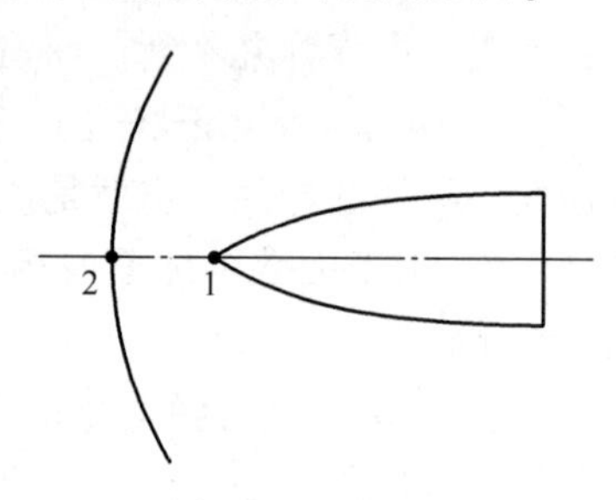

图 8-12　分离波

与分离波相对应,凡与弹顶密接的弹头波叫密接波。密接波总是斜激波,斜激波与速度方向间的夹角 β 叫激波角,它与弹速及扰动传播速度间的关系为

$$\sin\beta = v_B/v \tag{8-10}$$

见图 8-10(c),当 $v = v_B$ 时,$\sin\beta = 1$。故正激波的激波角为直角($\beta = 90°$)。当 v_B 越小时,v_B/v 也越小,因而斜激波的激波角就越小,于是随着 v_B 减小,斜激波逐渐弯曲。

当扰动无限减弱时 $v_B = v$,因而斜激波就转变成无限微弱扰动波即所谓马赫波。此时激波角 β 就变为一般所说的马赫角 β_0,并且 $\sin\beta_0 = c_s/v = 1/Ma$。

在弹速 v 稍小于声速 c_s 的条件下,在弹体附近仍可出现局部激波。这是由于在靠近弹表的某一区域内的空气流速可能等于或大于该处气温所相应的声速,这就是产生了局部超声速区,如图 8-13 所示。产生局部激波的弹丸飞行马赫数称临界马赫数。

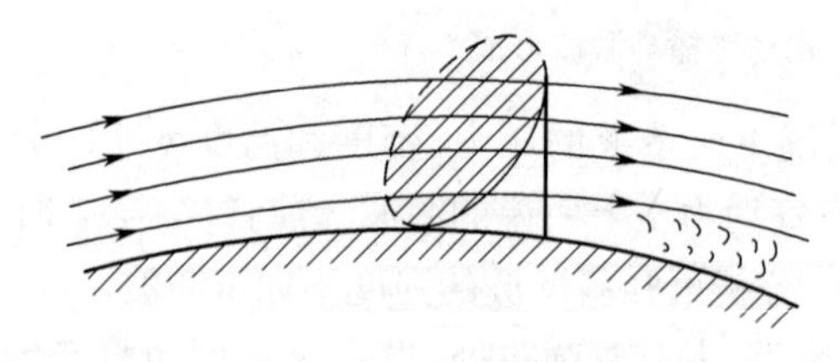

图 8-13　局部超声速区

对于中等速度的弹丸,波阻约占总阻力的 50%。波阻的理论计算方法在弹丸空气动力学里讲述。根据理论和试验,获得估算下示各种头部形状的头部波阻系数公式:

锥形斗部:

$$c_{xw}^{c} = \left(0.0016 + \frac{0.002}{Ma^2}\right)\psi_c^{1.7} \tag{8-11}$$

卵形头部：

$$c_{xw}^{0} = \frac{0.08(15.5 + Ma)}{3 + Ma}\left(0.0016 + \frac{0.002}{Ma^2}\right)\psi_0^{1.7} \tag{8-12}$$

抛物线头部：

$$c_{xw}^{p} = \frac{0.3}{\chi}\frac{1 + 2Ma}{\sqrt{Ma^2 + 1}} \tag{8-13}$$

式中：ψ_c 为锥形弹头半顶角(°)；ψ_0 为卵形弹头半顶角(°)；χ 为相对弹头部长，$h_t = \chi d$。

对于截锥尾部的波阻：

$$c_{xwb} = \left(0.0016 + \frac{0.002}{Ma^2}\right)a_k^{1.7}\sqrt{1 - \zeta^2} \tag{8-14}$$

式中：ζ 为相对底径 $\zeta = d_b/d$；a_k 为尾锥角(°)。

由上述公式可以看出：为减小波阻应尽量使弹头部锐长(即令半顶角 ψ_0 较小或相对头部长 χ 较大)，此点由前述定性分析也可看出，弹头部越锐长，对空气的扰动越弱，弹头波也越弱。

至于头部母线形状，由理论和试验证明，以指数为 0.7～0.75 的抛物线头部波阻较小。

值得注意的是，弹丸外形并不是由那么理想的光滑曲线旋成的，如有弹带突起部，头部引信顶端有小圆平台，有的火箭弹侧壁上还有导旋钮等，这些部位产生的阻力一般很难用理论计算，通常是借助于由试验整理成的曲线或经验公式计算。

4. 钝头体附加阻力

对于带有引信的弹体头部，前端面近乎平头或半球头，前端面的中心部分与气流方向垂直，其压强接近滞点压强。钝头部分附加阻力系数可按钝头体的头部阻力系数计算，即

$$\Delta c_{xn} = (c_{xn})_d S_n/S \tag{8-15}$$

式中：S_n 为钝头部分最大横截面积，S 为弹丸最大横截面积；$(c_{xn})_d$ 为按 S_n 定义的钝头体头部阻力系数，其变化曲线绘于图 8-14。

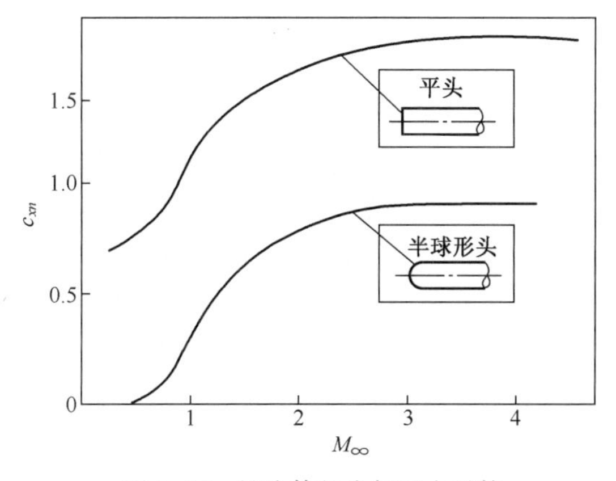

图 8-14 钝头体的头部阻力系数

5. 定心带阻力

由于膛内发射要求，弹体上常有定心带或弹带，如图 8-15 所示。根据对定心带 H =

0. 026d 模型的风洞试验,由定心带产生的阻力系数为

$$c_{xh} = \Delta c_{xh} H/0.01d \tag{8-16}$$

式中:Δc_{xh} 为 $H=0.01d$ 时定心带的阻力系数,图 8-15 绘出 Δc_{xh} 随 Ma 数的变化曲线(图中 d 为弹径)。

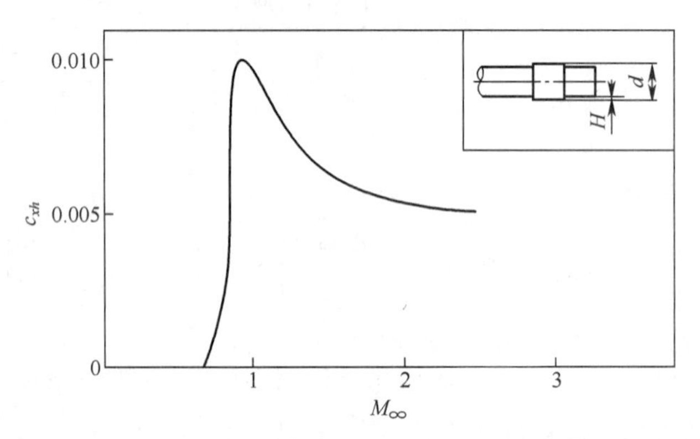

图 8-15 当 $H=0.01d$ 时,定心带阻力系数

8.2.2 尾翼弹的零升阻力

对于尾翼弹,除弹体要产生阻力外,尾翼部分也要产生阻力。尾翼气动力的计算方法与弹翼相同,而弹翼的零升阻力系数由摩阻系数 c_{x_0}、波阻系数 c_{xf}、钝前缘阻力系数 c_{xu} 和钝后缘阻力系数 c_{xb} 组成。它们形成的机理与弹体阻力形成的机理相同。其计算方法在弹丸空气动力学中有详细叙述。

其中波阻系数 c_{xww} 与翼面相对厚度有较大关系,按线化理论有

$$c_{xww} = 4(\bar{c})^2/\sqrt{Ma^2-1} \tag{8-17}$$

式中:$\bar{c}$ 为上下翼表面间的最大厚度与平均几何弦 b_{av} 之比。故采用薄弹翼可显著减小波阻,相对于厚度 $\bar{c}$ 相同的条件下,对称的菱形剖面弹翼具有最小的零升波阻。

尾翼弹的零升阻力系数 $(c_{x_0})_{B_w}$ 为单独弹体的零升阻力系数 $(c_{x_0})_B$ 与 N 对尾翼(两片尾翼为一对)的零升阻力 $(c_{x_0})_w$ 之和,即

$$(c_{x_0})_{B_w} = (c_{x_0})_B + N(c_{x_0})_w S_w/S \tag{8-18}$$

式中:S_w 为计算尾翼阻力时的特征面积;S 为计算全弹阻力用的特征面积。

尾翼弹的零升阻力系数 $c_{x_0}(Ma)$ 随马赫数变化的曲线如图 8-16 所示。由图可见该曲线上有两个极值点,一个在 $Ma=1.0$ 附近,另一个极值点只有当来流 Ma 数在弹翼前缘法向上的分量超过 1、弹翼的主要部分产生激波时才出现。这个极值点所对应的来流临界马赫数随弹翼前缘后掠角χ(弹翼前边缘线与垂直于弹丸纵对称面的直线间的夹角)而变化。χ 增大,需要更大的来流马赫数才能使其在前缘法线上的分量大于 1,故第二个极值点向后移动。

除简单的旋成体阻力有近似计算公式外,大多数尾翼弹和异型弹,如头部为酒瓶状的杆式弹、带卡瓣槽的长杆穿甲弹、弧形尾翼弹、圆柱平头面或凹形抛物面的末敏子弹等都没有什么简单的理论计算公式,只能借助试验曲线、经验公式计算。在需准确对阻力系数数据计算弹道时还需利用风洞或射击方法从试验中获取。精确的数值解在很多情况下也

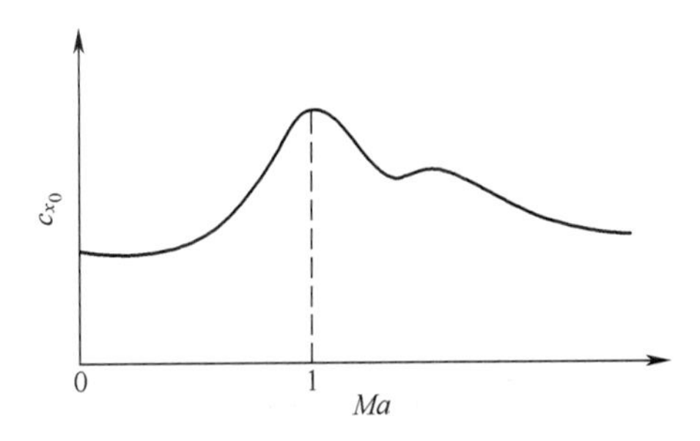

图 8-16 尾翼弹的零升阻力系数曲线

需用试验值校正。

8.3 作用在弹丸上的力和力矩

要想掌握弹丸的运动规律,就得建立相应的弹丸运动微分方程组。在建立动力学方程时,必须知道作用在弹丸上的力和力矩。为了使研究的问题得以简化,下面只介绍无风条件下的力和力矩。

作用在弹丸上的力和力矩不外乎:

(1) 地球对弹丸的作用力。当人们在地表面上来研究的话,那就是重力 G ,其方向和 y 轴负向一致。

(2) 空气对弹丸的作用力和力矩。

(3) 如果在火箭主动段上,则还有发动机工作时产生的火箭推力、喷管导转力矩及推力偏心力矩等。

(4) 当然,还有科氏惯性力 F_{co} 。由于它的数值很小,且在质点弹道学中讨论过了,这里不再重复。如果需要,可以用运动叠加原理处理。

8.3.1 有攻角时的空气动力和空气动力矩

前面研究了弹丸以零攻角飞行时的受力情况,此时空气对弹丸作用的合力与弹轴重合。在有攻角的情况下,空气对弹丸作用的合力 R 既不与弹轴平行也不与速度方向平行,它与弹轴相交于某点,如图 8-17 所示,此点称为压力中心,简称压心。根据弹丸类型的不同,压心可能在质心之前(即质心与弹尖之间),也可能在质心之后。按理论力学中力的平移法则将此合力平移至质心,便产生一个作用在质心的力 R' 和一个力矩 M_z(由 R' 和 R'' 构成的力偶)。当压力中心在质心之前时 M_z 称为翻转力矩;当压力中心在质心

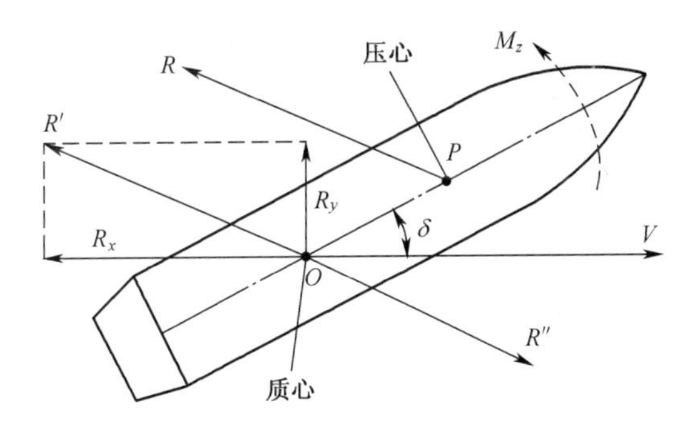

图 8-17 空气动力的分解

之后时 M_z 称为稳定力矩。翻转力矩和稳定力矩统称为静力矩。为了研究运动的需要 R 分解为与速度矢量 $\boldsymbol{v}$ 平行和垂直的两个分量 R_x 和 R_y 。R_x 称为阻力,它只影响速度的大小;R_y 称为升力,它只影响速度的方向。现对 R_x 、R_y 及 M_z 分述如下:

1. 阻力

阻力大小的表达式为

$$R_x = (\rho v^2/2)SC_x \tag{8-19}$$

式中:C_x 是阻力系数,是马赫数和攻角的函数,与前面零攻角阻力系数 C_{x0} 有如下近似关系:

$$C_x = C_{x0}(1 + k\delta^2) \tag{8-20}$$

式中:k 在 δ 较小时近似为常数。由于攻角的出现新增加的这一部分阻力称为诱导阻力,零攻角时的阻力称为零升阻力。由于诱导阻力与攻角平方成正比,故当攻角很小时诱导阻力几乎可以忽略不计;但当攻角增大时,诱导阻力急剧增大。

2. 升力

升力大小的表达式为

$$R_y = (\rho v^2/2)SC_y \tag{8-21}$$

式中:C_y 为升力系数,是马赫数和攻角的函数,在小攻角时有

$$C_y = C'_y\delta \tag{8-22}$$

所以

$$R_y = (\rho v^2/2)SC'_y\delta \tag{8-23}$$

式中:C'_y 称为升力系数导数。升力在弹轴与速度矢量所构成的平面内,此平面称为攻角平面。

3. 静力矩

静力矩(也称为俯仰力矩)大小的表达式为

$$M_z = (\rho v^2/2)Slm_z \tag{8-24}$$

式中:l 为特征长度(可取为弹长或弹径);m_z 为静力矩系数,也是马赫数和攻角的函数。在小攻角时有

$$m_z = m'_z\delta \tag{8-25}$$

所以有

$$M_z = \frac{1}{2}\rho v^2 Slm'_z\delta \tag{8-26}$$

式中:m'_z 为静力矩系数导数。当压心在质心之前时 m'_z 为正,反之 m'_z 为负。m'_z 为负时,M_z 的方向是使攻角减小的方向,称 M_z 为稳定力矩,此时称弹是静稳定的;反之,称 M_z 为翻转力矩,此时称弹是静不稳定的。

当压心与质心之间的距离 h^* 为已知时,可导出 m'_z 与 C'_y 和 C_x 的关系。将空气动力合力在压心分解成与速度平行的阻力 R_x 和与速度垂直的升力 R_y ,再求出 R_x 和 R_y 对质心的力矩。当压心在质心之前时,则两力矩之和即为翻转力矩:

$$M_z = h^* R_y\cos\delta + h^* R_x\sin\delta \tag{8-27}$$

将式(8-19)、式(8-23)、式(8-26)代入式(8-27),并考虑 δ 比较小,令 $\cos\delta \approx 1$, $\sin\delta \approx \delta$,整理后得

$$m'_z = \frac{h^*}{l}(C'_y + C_x) \tag{8-28}$$

对静稳定弹丸,式(8-28)所得的稳定力矩系数导数需加负号。

以上研究的都是弹形轴对称情况。当弹丸外形不对称时,例如由于加工误差致使一侧大而另一侧小,此时当攻角为零时静力矩并不为零,而是在某一攻角下静力矩才为零。这种不对称性称为气动偏心。此时静力矩的表达式为

$$M_z = (\rho v^2/2)Slm'_z(\delta - \delta_M) \tag{8-29}$$

式中:δ_M 称为气动偏心角。

翻转力矩与稳定力矩具有相同的数学表达式,但其矢量指向相反。

8.3.2　与自转和角运动有关的空气动力和力矩

1. 尾翼导转力矩

为了使弹丸绕弹轴自转,常采用斜置尾翼,就是使翼面与弹轴构成一个夹角,此夹角称为尾翼斜置角。在有尾翼斜置角的情况下,即使在弹体攻角为零时,尾翼上也会产生升力。此升力产生绕弹轴的力矩,而且每片尾翼所产生的力矩都朝同一个方向。各片尾翼所提供的力矩的总和称为尾翼导转力矩。其表达式为

$$M_{x\omega} = (\rho v^2/2)Slm_{xw} = (\rho v^2/2)Slm'_{xw}\varepsilon_w \tag{8-30}$$

式中:m_{xw} 为尾翼导转力矩系数;m'_{xw} 为尾翼导转力矩系数导数;ε_w 为尾翼斜置角。

对于初速比较高的弹丸,只须在直尾翼(即翼面与弹轴平行的尾翼)的前缘削一个单向的倒角即可产生足够大的导转力矩。

除了斜置尾翼外,弧形尾翼也能产生导转力矩。为了在炮管内发射方便,常采用折叠式圆弧形尾翼。弧形翼产生导转力矩的机理可简单解释如下:当零攻角飞行时,空气流经过弹头部时将产生向外的径向气流分量,此径向气流作用在弧形尾翼的内侧(即凹侧)使内侧压强升高,因而产生合力。每个尾翼上的合力都对弹轴产生同一方向的力矩,这就构成了尾翼导转力矩。当攻角不为零时,由于横向气流对攻角平面两侧的尾翼作用力不相等,即对凹形尾翼的作用力大于凸形尾翼,使其合力偏离弹轴,因而增大了尾翼导转力矩。

2. 赤道阻尼力矩

当弹丸以某一角速度 $\dot{\varphi}$ 绕质心摆动时,还会受到一个与摆动角速度方向相反的力矩,称为赤道阻尼力矩,或称为俯仰阻尼力矩。用 M_{zz} 表示,其表达式为

$$M_{zz} = \frac{1}{2}\rho v^2 Slm_{zz} = \frac{1}{2}\rho v^2 Slm'_{zz}\frac{\dot{\varphi}l}{v} = \frac{1}{2}\rho vSl^2 m'_{zz}\dot{\varphi} \tag{8-31}$$

式中:m_{zz} 为赤道阻尼力矩系数;m'_{zz} 为赤道阻尼力矩系数导数。

对 m_{zz} 产生的机理及其表达式可作如下解释:首先考虑尾翼所产生的赤道阻尼力矩,尾翼是产生赤道阻尼力矩的主要来源。如图 8-18 所示,设尾翼到质心的距离为 kl(k 为小于 1 的数),当弹轴以角速度 $\dot{\varphi}$ 绕质心摆动时,摆动平面两侧的尾翼(设与摆动平面垂直)便产生一个与弹轴垂直的速度 $v_\perp = kl\dot{\varphi}$ 。此垂直速度与飞行速度 v 合成(设 v 与弹轴平行),合成速度与尾翼面便构成一夹角 $\delta_i = k\dot{\varphi}l/v$,此夹角称为诱导攻角。δ_i 是尾翼上产生阻尼力矩的直接原因,因为尾翼面与合成速度方向有攻角存在,所以尾翼上便产生升力

Y,此升力与 δ_i 成正比,此升力乘以 kl 便是尾翼产生的阻尼力矩。由于诱导攻角 $\delta_i = k\dot{\varphi}l/v$,可见尾翼上产生的阻尼力矩应该与 $\dot{\varphi}l^2/v$ 成正比。同理,弹体上其他各部位所产生的阻尼力矩也应与 $\dot{\varphi}l^2/v$ 成正比。此外,在摆动过程中弹体与空气的摩擦作用也是赤道阻尼力矩的一个组成部分。

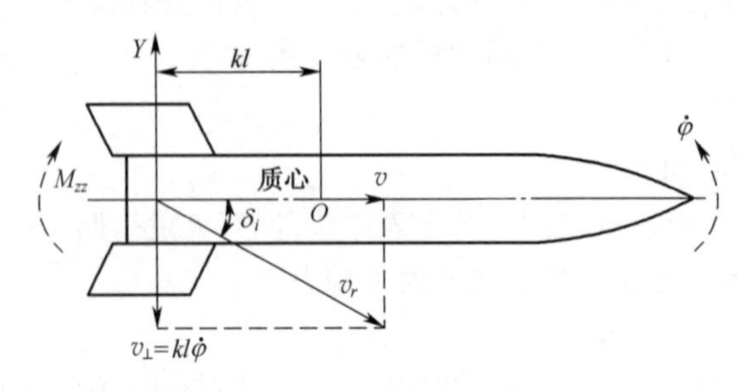

图 8-18　赤道阻尼力矩产生的机理

3. 极阻尼力矩

当弹丸以角速度 $\dot{\gamma}$ 绕弹轴自转时,还会产生与 $\dot{\gamma}$ 方向相反的力矩,称为极阻尼力矩,或称滚转阻尼力矩,其作用是使自转角速度衰减,其表达式为

$$M_{xz} = \frac{1}{2}\rho v^2 Slm_{xz} = \frac{1}{2}\rho v^2 Slm'_{xz}\frac{\dot{\gamma}d}{v} \tag{8-32}$$

式中:m_{xz} 为极阻尼力矩系数;m'_{xz} 为极阻尼力矩系数导数;d 为弹径。

在实际计算时,$\dot{\gamma}$ 应取为弹丸总的角速度沿弹轴方向的分量。

极阻尼力矩也是由诱导攻角引起的,此诱导攻角是由自转产生的。如图 8-19 所示,当弹丸绕弹轴以角速度 $\dot{\gamma}$ 自转时,则每片尾翼都将产生与尾翼面垂直的切向速度 v_t,设尾翼到弹轴的平均距离为 $k\dfrac{d}{2}$(k 为大于 1 的数),则此切向速度为 $k\dfrac{d}{2}\dot{\gamma}$。此切向速度与飞行速度合成的结果,使各片尾翼的合成速度与翼面都产生一个诱导攻角 $\delta_i = k\dfrac{d}{2}\dfrac{\dot{\gamma}}{v}$。此诱导攻角便使各片尾翼沿圆周的同一方向上产生升力 Y,这些升力合成便产生轴向力矩使自转角速度衰减。除了尾翼能产生极阻尼力矩外,弹体表面也有切向速度,由于空气黏性,也能产生极阻尼力矩。

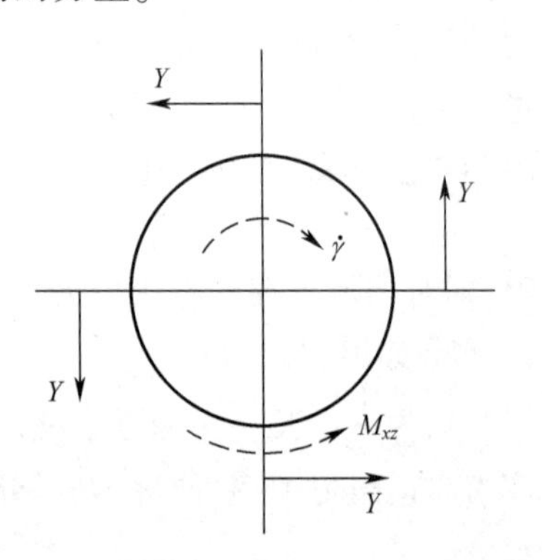

图 8-19　极阻尼力矩产生的机理

4. 马格努斯力和马格努斯力矩

当弹丸绕弹轴自转且有攻角飞行时,还会产生与攻角平面垂直的力。此力称为马格努斯力,其对质心的力矩称为马格努斯力矩,简称马氏力和马氏力矩。

其产生机理说明如下。如图 8-20 所示,当气流以速度 v 和攻角 δ 流向弹体时,便产生与弹体垂直的分速度 $v_\perp = v\sin\delta$,当弹体以 $\dot{\gamma}$ 自转时,由于空气的黏性,可使流过弹体两侧的垂直气流流速改变。左侧因弹体表面的切线速度与 $v_\perp$ 方向相同而使流速增加;而右侧则因二者方向相反而使流速减小。当空气绕圆柱体流动时,流速越大则所产生的离心惯性力越大。此离心惯性力能使圆柱表面的压强降低,流速大的一侧的压强必然低于另一侧,因而产生合力,此力垂直于攻角平面,称为马格努斯力。其对质心的力矩称为马格努斯力矩。

尾翼上也能产生马氏力,下面说明其产生机理。首先考虑尾翼。如图 8-20 所示,当弹丸自转时,尾翼上将受到空气的作用力。当攻角为零时各片尾翼上所受的力相等,故合力为零。当有攻角飞行时,由于空气黏性的作用,背风一侧的气流速度将低于迎风一侧,各片尾翼所受的由自转产生的力不再相等。设弹轴在速度矢量的上方,则上面(背风侧)尾翼所受的力将小于下面(迎风侧)尾翼。于是将产生向右的合力,此力也垂直于攻角平面,是马氏力的组成部分。

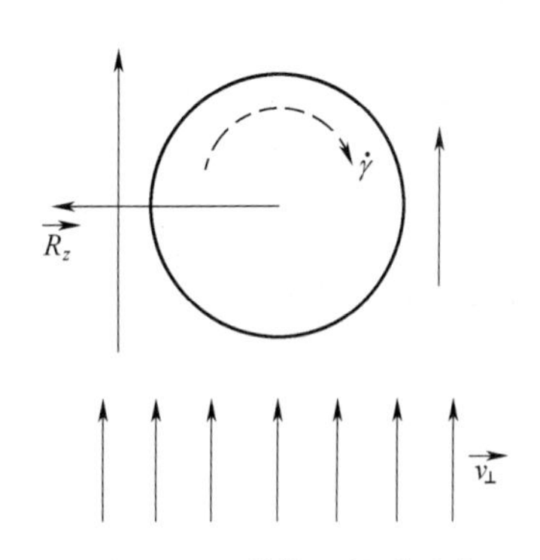

图 8-20 弹体上的马氏力

此外攻角平面两侧的两片尾翼,一侧由旋转产生的诱导攻角与弹体攻角的方向相同,另一侧与弹体攻角相反。合成的结果,使两侧攻角不相等,两侧尾翼上所受轴向力也不相等,其合力不与弹轴重合,因而对质心产生力矩,构成马氏力矩的一部分。

斜置尾翼的受力情况与直尾翼不同,它所产生的马氏力和马氏力矩也与直尾翼不同,有时其方向可能是相反的。

尾翼上的马氏力与弹体上的马氏力合成便是总的马氏力。其作用点的位置取决于弹体和尾翼受力的合成结果,它可能在质心之前,也可能在质心之后,有时由于尾翼上与弹体上的马氏力方向相反,合力作用点甚至可能在弹尾端面的后面。

马格努斯力的表达式为

$$R_z = \frac{1}{2}\rho v^2 SC_z = \frac{1}{2}\rho v^2 SC''_z\left(\frac{\dot{\gamma}d}{v}\right)\delta \tag{8-33}$$

式中: C_z 为马氏力系数; C''_z 为马氏力系数导数。

马格努斯力与 $\dot{\gamma} \times v$ 同向。

马格努斯力矩的表达式为

$$M_y = \frac{1}{2}\rho v^2 Slm_y = \frac{1}{2}\rho v^2 Slm''_y\left(\frac{\dot{\gamma}d}{v}\right)\delta \tag{8-34}$$

式中: m_y 为马氏力矩系数; m''_y 为马氏力矩系数导数。

马格努斯力矩 M_y 既在攻角平面上,又和弹轴垂直。

在有风的情况下,上述公式中的 v 应是相对速度, δ 应是相对攻角。

第9章　质点弹道及外弹道解法

9.1　阻力系数、阻力定律、弹形系数

9.1.1　阻力系数曲线变化的特点

图9-1即为弹丸阻力系数随马赫数变化的曲线。此曲线的特点是，Ma在亚声速阶段（$Ma<0.7$）c_{x_0}几乎为常数；在跨声速阶段（$Ma=0.7\sim1.2$）起初出现局部激波，阻力系数逐渐上升；随后在$Ma=1.0$附近出现头部激波；阻力系数几乎呈直线急剧上升，大约在1.1~1.2范围内取得极大值。头部越锐长的弹，其c_{x_0}最大值的位置越接近于$Ma=1.1$；当Ma继续增大时，头部激波由脱体激波变为附体激波，并且激波倾角β随Ma增大而减小。这使得气流速度垂直于波面的分量相对减小，空气流经激波的压缩程度也相对减弱，所以$c_{x_0}(Ma)$曲线开始下降，直到$Ma=3.5\sim4.5$又渐趋平缓而接近于常数。

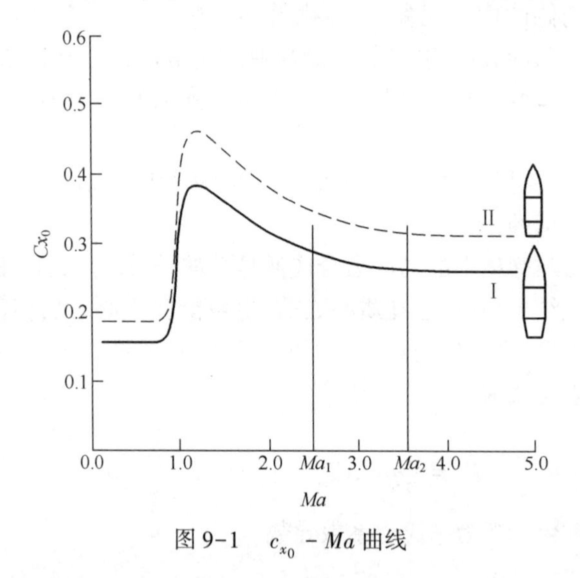

图9-1　$c_{x_0}-Ma$曲线

需指出的是，超声速时阻力系数$c_{x_0}(Ma)$随Ma增大而减小并不意味着阻力也减小，这是因为空气阻力除与$c_{x_0}(Ma)$成正比外，还与速度v的平方成正比，而Ma越大，速度v也越大。

9.1.2　阻力定律和弹形系数

要计算弹道，必须先知道各马赫数上弹丸的阻力系数，即$c_{x_0}-Ma$曲线。但在过去试验条件和计算工具都十分落后的情况下，要获得这样一条曲线是极其困难的，需要花费大量的人力财力，故希望有一个简便的方法能迅速算出各马赫数上的阻力系数。

上面所讲的阻力系数随Ma变化的规律是一般性规律。计算和试验表明，由两个形状相似的弹丸所测出的两条$c_{x_0}-Ma$曲线，尽管它们不重合，但相差不大，而且在同一马赫数，如Ma_1处两个不同弹丸的c_{x_0}比值与另外同一马赫数如Ma_2处的两弹丸的c_{x_0}比值近似相等（如图9-1中的弹Ⅰ和弹Ⅱ），即

$$\frac{c_{x_0 \mathrm{II}}(Ma_1)}{c_{x_0 \mathrm{I}}(Ma_1)} = \frac{c_{x_0 \mathrm{II}}(Ma_2)}{c_{x_0 \mathrm{I}}(Ma_2)} = \cdots \tag{9-1}$$

根据这一性质，可以找到估算空气阻力的简便方法，这就是预先选定一个特定形状的弹丸作为标准弹丸，将它的阻力系数曲线仔细测定出来（一组的，测出其平均阻力系数曲线），其他与此相似的弹丸，只需要测出任意一个 Ma 数时的阻力系数 c_{x_0} 的值，将其与标准弹在同一 Ma 处的 $c_{x_{0n}}$ 值相比，得出其比值 i，定义它为该弹丸相对于某标准弹的弹形系数：

$$i = \frac{c_{x_0}(Ma)}{c_{x_{0n}}(Ma)} \tag{9-2}$$

既然这个比值 i 在各个马赫数处均近似相等，那么其他任意 Ma 处的阻力系数，就可近似地利用弹形系数 i 估算出来：

$$c_{x_0}(Ma) = i c_{x_{0n}}(Ma) \tag{9-3}$$

这在实际应用上是十分方便的。

标准弹的阻力系数 $c_{x_{0n}}$ 与 Ma 的关系，就是习惯上所说的空气阻力定律。

历史上最早的阻力定律是由意大利弹道学家西亚切于 1896 年针对弹头部长为 1.2～1.5 倍弹径的弹丸，用多种弹的 $c_{x_0} - Ma$ 关系平均后确定的，这就是著名的西亚切阻力定律。

但之后由于弹丸形状改善、长细比加大，与西亚切阻力定律相应的标准弹形相差过大，再使用西亚切阻力定律就会产生较大的误差，于是在 1943 年由苏联炮兵工程学院外弹道教研室重新制定了新的阻力定律，这就是人们熟悉的 43 年阻力定律，这个阻力定律一直沿用至今。

43 年阻力定律所用标准弹的头部长为 3～3.5 倍口径，与目前常见的旋转稳定弹的弹形相近，见图 9-2，图 9-3 即 43 年阻力定律的 $c_{x_0} - Ma$ 曲线，同一图中还给出了西亚切阻力定律的 $c_{x_{0n}} - Ma$ 曲线。

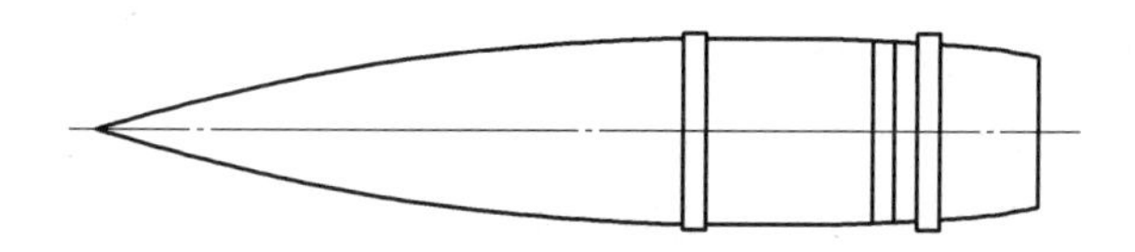

图 9-2　43 年阻力定律的标准弹外形

对于现代旋转稳定弹，就 43 年阻力定律来说，i_{43} 约等于 0.85 ～ 1.0，对于特别好的弹形，弹形系数可达 $i_{43} = 0.7$。

在使用弹形系数时，必须注明其相应的阻力定律，否则易引起混乱。

另外，各种形状弹丸的阻力系数，也并不是很准确地遵守式（9-1），尤其当弹形与标准弹相差较大时更是如此。因此，弹形系数 i 实际上也在随 Ma 变化。尾翼弹与旋转弹的弹形相差很大，故尾翼弹要采用 43 年阻力定律是十分勉强的。曾有过对尾翼弹专门建立一个阻力定律的设想，但由于各种尾翼弹的弹形相差过大，即使有这么一个尾翼弹阻力定律也同样效果不好。但对于亚声速尾翼弹，因阻力系数随 Ma 变化不大，故也还可用弹形系数的概念。

由于阻力系数随攻角 δ 的增大而增大，这使得弹形系数 i 也随弹丸摆动的攻角变化

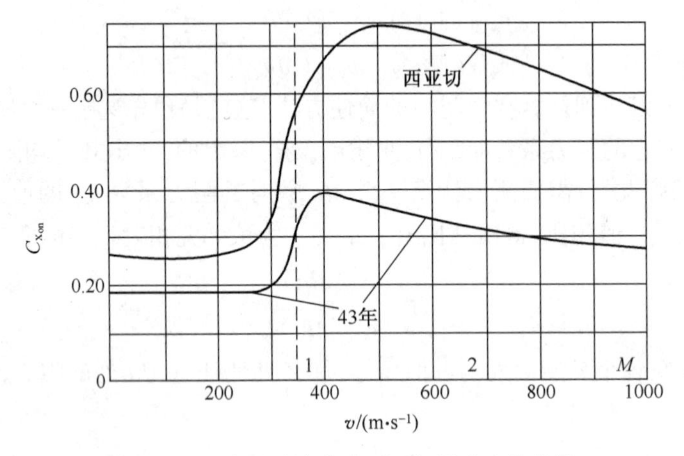

图 9-3　43 年阻力定律和西亚切阻力定律曲线

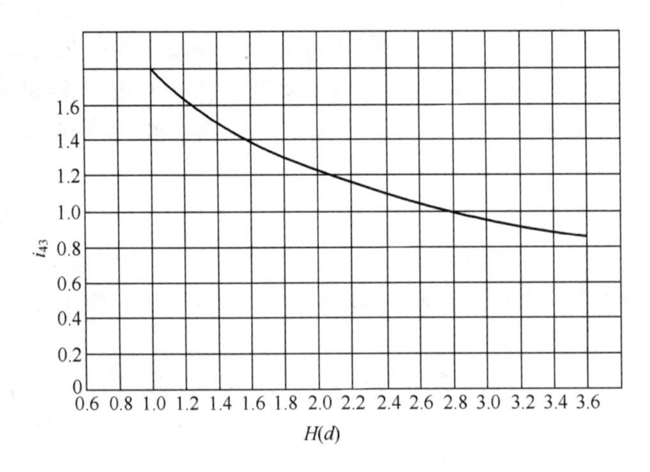

图 9-4　$i_{43}-H(d)$ 曲线

而变化,这就会造成使用上的困难。

在实际应用上,常常采取平均弹形系数代替变化的弹形系数来确定弹道诸元,这样使弹道计算大为简化。如某弹初速 v_0 一定时用某一射角 θ_0(例如 $\theta_0 = 45°$)射击试验,经过各种修正得到在标准条件下的射程 x_{0n},由此就可反算得一平均的弹形系数。用此弹形系数来计算 $\theta_0 = 45°$ 附近其他弹道也能得到基本准确的射程。

由于旋转稳定弹的阻力系数(或弹形系数)主要取决于头部长度和尾锥长度,假设 $\chi(d)$ 和 $E(d)$ 分别为弹丸头部长度和尾锥长度相对弹丸直径的倍数,并将这两个参量合并成一个参数 $H(d)$

$$H = \chi + (E - 0.3) \tag{9-4}$$

根据经验,$H(d)$ 与弹丸的弹形系数 i_{43} 之间的关系如图 9-4 所示。对于我国加农炮和榴弹炮的榴弹,在下列条件下:①头部母线为圆弧形;②全装药初速 $v_0 \geqslant 500\mathrm{m/s}$;③最大射程角 $\theta_0 \approx \theta_{oxm}$。其 43 年阻力定律的弹形系数可用式(9-5)的经验公式来估算:

$$i_{43} = 2.900 - 1.373H + 0.320H^2 - 0.0267H^3 \tag{9-5}$$

用此公式估算的弹形系数最大误差小于 5%。对于光滑度特别好的弹丸,可用 $H = \chi + E$ 代入式(9-5)中计算。为保证旋转弹具有良好的飞行稳定性,其弹长一般不超过

5.5d~6d。表9-1中列出了若干种中外制式弹在表定条件下的平均弹形系数，除了美国175mm榴弹外，由式(9-5)算出的弹形系数，与表中其他弹实际求出的平均弹形系数是基本一致的。

表9-1 各种弹丸的平均弹形系数

弹种	m/kg	θ_0/(°)	v_0/(m·s^{-1})	x/m	c_{43}	i_{43}
85高	9.54	45	793	16460	0.7844	1.036
76.2加	6.21	45	680	13290	0.892	0.952
122榴	21.76	45	515	11800	0.708	1.035
苏M47	43.56	45	770	20470	0.5219	0.9788
152加榴	40	45	670	15740	0.647	1.114
152榴	43.56	45	655	17230	0.521	0.977
美175	66.8	50	914	32670	0.3613	0.788

还有以下几种尾翼弹的弹形系数 i_{43} 供参考，如表9-2所列。

表9-2 几种尾翼弹的平均弹形系数

弹 种	i_{43}
82mm迫击炮杀伤榴弹	1.0
82mm无后坐力炮火箭增程弹	3.7
100mm滑膛炮脱壳穿甲弹	3.7
85mm加农炮气缸尾翼弹	1.9
120mm滑膛炮脱壳穿甲弹	1.4
新40火箭弹	4.0

现代由于有了测速雷达、各种马赫数范围的风洞、多站测量靶道等先进试验手段，以及处理试验数据或用数值方法计算气动力的高速计算机，确定弹丸本身的阻力系数曲线已不是难事，使弹形系数概念的实际应用价值已大为降低。由于弹形系数一方面是弹道学发展过程中的产物，现有的大量文献、资料、数据都涉及这个概念；另一方面，由于应用这一概念的确有其方便之处，人们只要提到某弹的弹形系数就能大致判断其阻力特性的好坏、减速情况，甚至最大射程多少，简单明了，因此必须予以介绍。

9.2 阻力加速度、弹道系数和阻力函数

阻力对弹丸质心速度大小和方向的影响是通过阻力的加速度 a_x 来体现的。

$$a_x = \frac{R_x}{m} = \frac{S}{m}\frac{\rho v^2}{2}c_{x_0}(Ma) \tag{9-6}$$

利用式(9-3)将 $c_{x_0}(Ma)$ 以标准弹阻力系数乘弹形系数表示，并注意到 $S = \pi d^2/4$，得

$$a_x = \left(\frac{id^2}{m} \times 10^3\right)\frac{\rho}{\rho_{0n}}\left(\frac{\pi}{8000}\rho_{0n}c_{x_{0n}}(Ma)v^2\right) \tag{9-7}$$

式中第一个组合表示弹丸本身的特征、尺寸大小和质量对运动影响的部分,此组合叫弹道系数,并用 c 表示:

$$c = \frac{id^2}{m} \times 10^3 \tag{9-8}$$

式中第二个组合为空气密度函数 $H(y) = \rho/\rho_{0n}$。式中第三个组合,主要表示弹丸相对于空气的速度 v 对弹丸运动影响的部分,由于 $Ma = v/c_s$,故实际上还有声速 c_s 的影响。令

$$F(v,c_s) = \frac{\pi}{8000}\rho_{0n}c_{x_{0n}}(Ma)v^2 = G(Ma)v \tag{9-9}$$

$$G(v,c_s) = 4.737 \times 10^{-4}c_{x_{0n}}(Ma)v \tag{9-10}$$

则式(9-7)成为如下形式:

$$a_x = cH(y)F(v,c_s) = cH(y)G(v,c_s)v \tag{9-11}$$

式中:$F(v,c_s)$ 和 $G(v,c_s)$ 都称为阻力系数,它们是 v 和 c_s 的双变量函数。为避免双变量函数查表的麻烦,也可引进符号 $v_\tau = vc_{s_{0n}}/c_s = v\sqrt{\tau_{0n}/\tau}$ 则有 $Ma = v/c_s = v_\tau/c_{s_{0n}}$,于是 $F(v, c_s)$ 和 $G(v,c_s)$ 变为 $F(v,c_s) = F(v_\tau,c_{s_{0n}})\tau/\tau_{0n}, G(v,c_s) = G(v_\tau,c_{s_{0n}}) \cdot \sqrt{\tau/\tau_{0n}}$。由于 $c_{s_{0n}}$ =341.1 是常数,则 $F(\boldsymbol{v}_\tau)$ 和 $G(\boldsymbol{v}_\tau)$ 即为 $\boldsymbol{v}_\tau$ 的单变量函数,而

$$\begin{cases} a_x = c\pi(y)F(v_\tau) = c\pi(y)v_\tau G(v_\tau) \\ \pi(y) = p/p_{0n} \end{cases} \tag{9-12}$$

式中:$\pi(y)$ 为气压函数。$G(v_\tau)$ 已按 43 年阻力定律编出了表,其曲线如图 9-5 所示。

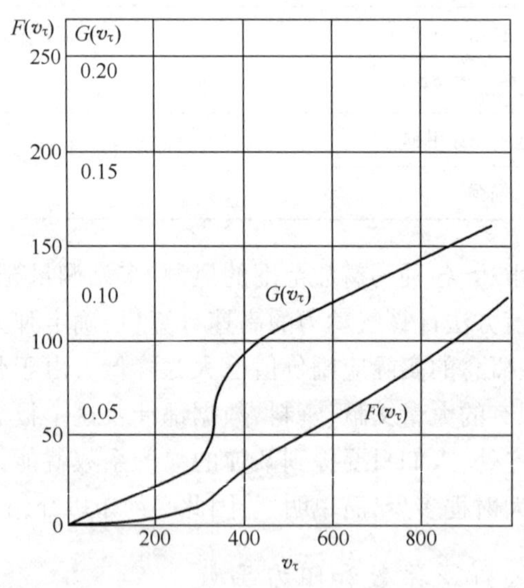

图 9-5 $F(v_\tau)$ 和 $G(v_\tau)$ 的曲线

与弹形系数一样,在使用弹道系数时必须注明它所对应的阻力定律,如 c_{43}、$c_{西}$等。因为弹丸质量大致与体积成正比,故对同一类弹质量可表示为 $m = c_m d^3$,其中 c_m 为弹质系数,对榴弹大约为 12~14,对穿甲弹为 15~23。这样弹道系数即可表示为 $c = i \times 10^3/(c_m d)$,可见口径越大,弹道系数越小。此外弹道系数还可写成 $c = i \times 10^3/(m/d^2)$

形式，m/d^2 表示单位横截面上的质量，故提高单位横截面积上的质量可减小弹道系数，这就是高速穿甲弹的弹芯之所以直径小，用重金属（如钨合金）做成细长杆的原因。

9.3　弹丸质心运动矢量方程

飞行稳定的弹丸其攻角都很小，围绕质心的转动对质心运动影响不大，因而在研究弹丸质心运动规律时，可以暂时忽略围绕质心转动对质心运动的影响，即认为攻角 δ 始终等于零。就使问题得到了简化。另外，当弹丸外形不对称或者由于质量分布不对称使质心不在弹轴上时，即使攻角 $\delta=0$ 也会产生对质心的力矩，导致弹丸绕质心转动。为了使问题简化，首先抓住弹丸运动的主要规律，我们假设：

（1）在整个弹丸运动期间攻角 $\delta\equiv 0$。

（2）弹丸的外形和质量分布均关于纵轴对称。

（3）地表为平面，重力加速度为常数，方向铅垂向下。

（4）科氏加速度为零。

（5）气象条件是标准的、无风雨。

由于科氏加速度为零又无风，就没有使速度方向发生偏转的力。这样，弹丸射出后，由于重力和空气阻力始终在铅垂射击面内，弹道轨迹将是一条平面曲线。质心运动只有两个自由度。以上假设称为质心运动基本假设，在基本假设下建立的质心运动方程可以揭示质心运动的基本规律和特性，可用于计算弹道，但并不严格和精确。

在基本假设下作用于弹丸的力仅有重力和空气阻力，故可写出弹丸质心运动矢量方程

$$\mathrm{d}\boldsymbol{v}/\mathrm{d}t=\boldsymbol{a}_x+\boldsymbol{g} \tag{9-13}$$

为了获得标量方程，须找恰当坐标系投影，投影坐标系不同，质心运动方程的形式也不同。

9.4　笛卡儿坐标系的弹丸质心运动方程

如图9-6所示，以炮口 O 为原点建立笛卡儿坐标系，Ox 为水平轴指向射击前方，Oy 轴铅垂向上，Oxy 平面即为射击面。弹丸位于坐标(x,y)处，质心速度矢量 $\boldsymbol{v}$ 与地面 Ox 轴构成 θ 角，称为弹道倾角。

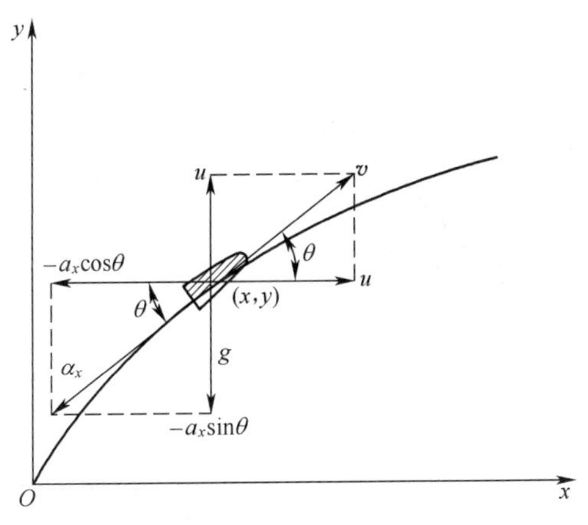

图9-6　直角坐标系

水平分速 $v_x = \mathrm{d}x/\mathrm{d}t = v\cos\theta$，铅垂分速 $v_y = \mathrm{d}y/\mathrm{d}t = v\sin\theta$，而 $v = \sqrt{v_x^2 + y_y^2}$。重力加速度 g 沿 y 轴负向，阻力加速度 α_x 沿速度反方向。将矢量方程(9-13)两边向 Ox 轴和 Oy 轴投影，并加上气压变化方程，得到直角坐标系的质心运动方程组如下：

$$\begin{cases}\dfrac{\mathrm{d}v_x}{\mathrm{d}t} = -cH(y)G(v,c_s)v_x \\ \dfrac{\mathrm{d}v_y}{\mathrm{d}t} = -cH(y)G(v,c_s)v_y - g \\ \dfrac{\mathrm{d}y}{\mathrm{d}t} = v_y \\ \dfrac{\mathrm{d}x}{\mathrm{d}t} = v_x \\ v = \sqrt{v_x^2 + v_y^2}\end{cases} \tag{9-14}$$

积分起始条件为 $t = 0$ 时，有

$$x = y = 0$$
$$v_x = v_0\cos\theta_0$$
$$v_y = v_0\sin\theta_0$$
$$p = p_{0n}$$

式中：v_0 为初速，θ_0 为射角。

如果使用弹丸自身的阻力系数 $c_{x_0}(v,c_s)$ 取代标准弹阻力系数 $c_{x0n}(v,c_s)$，则相应的弹形系数 $i = 1$，其他不变，只是不能再用 43 年阻力定律编出的函数表。

9.5 自然坐标系里的弹丸质心运动方程组

由弹道切线为一根轴，法线为另一根轴组成的坐标系即为自然坐标系，如图 9-7 所示。

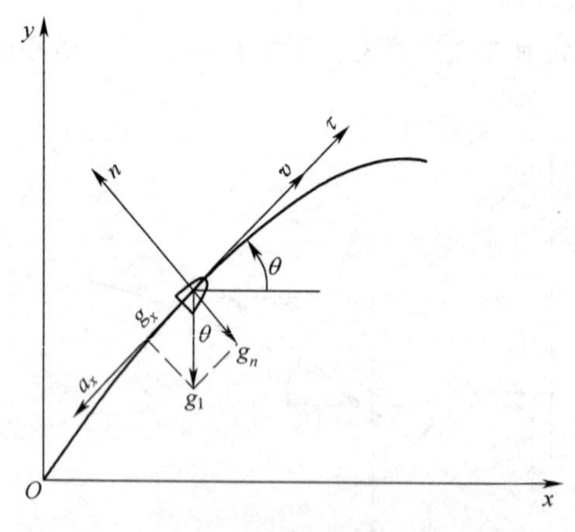

图 9-7 自然坐标系

因为速度矢量 $\boldsymbol{v}$ 即沿弹道切线，如取切线上单位矢量为 $\boldsymbol{\tau}$，则可将 $\boldsymbol{v}$ 表示为

$$\boldsymbol{v} = v\boldsymbol{\tau}$$

而加速度为

$$\frac{\mathrm{d}\boldsymbol{v}}{\mathrm{d}t}=\frac{\mathrm{d}v}{\mathrm{d}t}\boldsymbol{\tau}+v\frac{\mathrm{d}\boldsymbol{\tau}}{\mathrm{d}t} \tag{9-15}$$

式(9-15)右边第一项大小为 $\mathrm{d}\boldsymbol{v}/\mathrm{d}t$，方向沿速度方向，称为切向加速度，它反映了速度大小的变化。右边第二项中 $\mathrm{d}\boldsymbol{\tau}/\mathrm{d}t$ 表示 $\boldsymbol{\tau}$ 的矢端速度，现在 $\boldsymbol{\tau}$ 大小始终为1，只有方向在随弹道切线转动，转动的角速度大小显然是 $|\mathrm{d}\theta/\mathrm{d}t|$，故矢端速度的大小为 $1\cdot|\mathrm{d}\theta/\mathrm{d}t|$，方向垂直于速度，在图9-7中是指向下方。将此方向上的单位矢量记为 $\boldsymbol{n}'$，它与所建坐标系法向坐标单位矢量 $\boldsymbol{n}$ 方向相反。此外，按图9-7中弹道曲线的状态，切线倾角 θ 不断减小，$\mathrm{d}\theta/\mathrm{d}t<0$，故有 $|\mathrm{d}\theta/\mathrm{d}t|=-\mathrm{d}\theta/\mathrm{d}t$，这样就可将矢端速度 $\mathrm{d}\boldsymbol{\tau}/\mathrm{d}t$ 表示为

$$\frac{\mathrm{d}\boldsymbol{\tau}}{\mathrm{d}t}=\left|\frac{\mathrm{d}\theta}{\mathrm{d}t}\right|\boldsymbol{n}'=\left(-\frac{\mathrm{d}\theta}{\mathrm{d}t}\right)(-\boldsymbol{n})=\frac{\mathrm{d}\theta}{\mathrm{d}t}\boldsymbol{n}$$

按图9-7中弹丸受力状态，将质心运动矢量方程向自然坐标系二轴分解，得到速度坐标系上的质点弹道方程组如下：

$$\begin{cases}\dfrac{\mathrm{d}v}{\mathrm{d}t}=-cH(y)F(v,c_s)-g\sin\theta\\ \dfrac{\mathrm{d}\theta}{\mathrm{d}t}=-\dfrac{g\cos\theta}{v}\\ \dfrac{\mathrm{d}y}{\mathrm{d}t}=v\sin\theta\\ \dfrac{\mathrm{d}x}{\mathrm{d}t}=v\cos\theta\end{cases} \tag{9-16}$$

积分的初条件为 $t=0$ 时：

$$x=y=0$$
$$v=v_0$$
$$\theta=\theta_0$$
$$p=p_{0n}$$

9.6 以 x 为自变量的弹丸质心运动方程组

为获得更简单的方程组，可将自变量改为水平距离 x，这时有

$$\frac{\mathrm{d}v_x}{\mathrm{d}x}=\frac{\mathrm{d}v_x}{\mathrm{d}t}\cdot\frac{\mathrm{d}t}{\mathrm{d}x}=-cH(y)G(v,c_s) \tag{9-17}$$

再令 $P=\tan\theta=\sin\theta/\cos\theta$，得到方程：

$$\frac{\mathrm{d}P}{\mathrm{d}x}=\frac{\mathrm{d}P}{\mathrm{d}\theta}\frac{\mathrm{d}\theta}{\mathrm{d}t}\frac{\mathrm{d}t}{\mathrm{d}x}=\frac{1}{\cos^2\theta}\left(-\frac{g\cos\theta}{v}\right)\frac{1}{v_x}=-\frac{g}{v_x^2}$$

又由式(9-14)第4个和第5个方程分别得

$$\mathrm{d}t/\mathrm{d}x=1/v_x$$
$$\mathrm{d}p/\mathrm{d}x=\mathrm{d}p/\mathrm{d}y\cdot\mathrm{d}y/\mathrm{d}x=-\rho gP$$

由式(9-14)第3个和第4个两个方程相除得

$$\mathrm{d}y/\mathrm{d}x=v_y/v_x=\tan\theta=P$$

此外还有

$$v = v_x/\cos\theta = v_x\sqrt{1 + P^2}$$

将以上方程集中起来便得到以 x 为自变量的方程组

$$\begin{cases}\dfrac{\mathrm{d}v_x}{\mathrm{d}x} = - cH(y)G(v,c_s)\\ \dfrac{\mathrm{d}P}{\mathrm{d}x} = - \dfrac{g}{v_x^2}\\ \dfrac{\mathrm{d}y}{\mathrm{d}x} = P\\ \dfrac{\mathrm{d}t}{\mathrm{d}x} = \dfrac{1}{v_x}\\ v = v_x\sqrt{1 + P^2}\end{cases} \tag{9-18}$$

积分起始条件为 $x = 0$ 时：

$$t = y = 0$$

$$P = \tan\theta_0$$

$$v_x = v_0\cos\theta_0$$

$$p_0 = p_{0n}$$

这组方程在 $\theta_0 < 60°$ 时计算方便而准确，但当 $\theta_0 > 60°$ 以后，由于 $P = \tan\theta$ 变化过快（$\theta \to \pi/2$ 时，$P \to \infty$）和 v_x 值过小时，$1/v_x$，尤其是 $-g/v_x^2$ 变化过快，计算难以准确。故这一组方程不适用于 $\theta_0 > 60°$ 的情况，比较适用于求解低伸弹道的近似解。

9.7 抛物线弹道的特点

9.7.1 抛物线弹道诸元公式

在真空中弹丸只受重力作用，这时弹丸质心运动方程组(9-14)即简化为如下形式

$$\begin{cases}\mathrm{d}v_x = \mathrm{d}t = 0\\ \mathrm{d}v_y/\mathrm{d}t = - g\end{cases} \tag{9-19}$$

当起始条件 $t = 0$ 时：

$$v_x = v_{x_0} = v_0\cos\theta$$

$$v_y = v_{y0} = v_0\sin\theta_0$$

$$x = 0, y = 0$$

将方程组(9-19)积分一次得

$$\begin{cases}v_x = v_{x0} = v_0\cos\theta_0\\ v_y = v_0\sin\theta_0 - gt\end{cases} \tag{9-20}$$

即弹丸的水平分速度为常数，这是弹丸在水平运动方向无外力作用的必然结果。

弹丸的铅垂分速与飞行时间 t 成线性关系。时间越长，铅垂分速越小，至弹道顶点 S 铅垂分速为零（$\omega = 0$）。过顶点后弹丸开始下落，铅垂分速度为负值，但绝对值逐渐增大。

由方程 $dx/dt = v_x$ 和 $dy/dt = v_y$ 再积分一次,得到以时间 t 为参量的坐标方程

$$\begin{cases} x = v_0\cos\theta_0 t \\ y = v_0\sin\theta_0 t - gt^2/2 \end{cases} \tag{9-21}$$

式中:$v_0\sin\theta_0 t$ 表示以铅垂初速分量 $v_{y0} = v_0\sin\theta_0$ 在 t 时间上升的高度,$gt^2/2$ 为在 t 时间内由重力产生的自由落体高度,总高度即为二者之和,见图 9-8。

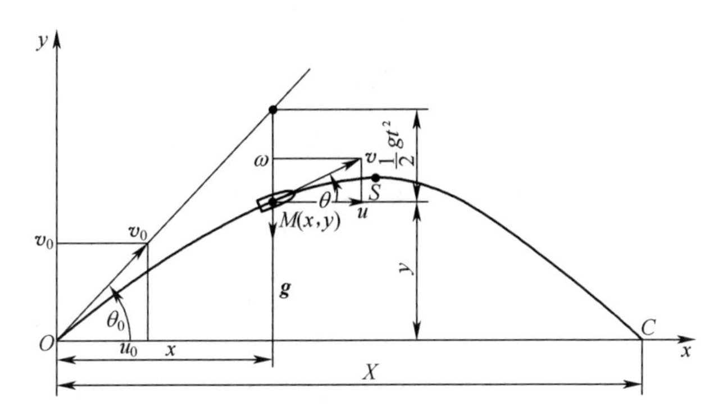

图 9-8　抛物线弹道

如消去参量 t,则得到抛物线形式的弹道方程如下:

$$y = x\tan\theta_0 - \frac{gx^2}{2v_0^2\cos^2\theta_0}$$

$$y = x\tan\theta_0 - \frac{gx^2}{2v_0^2}(1 + \tan^2\theta_0) \tag{9-22}$$

由 $v = \sqrt{v_x^2 + v_y^2}$ 和 $\tan\theta = v_y/v_x$ 可求得

$$v = \sqrt{v_0^2 - 2v_0\sin\theta_0 gt + g^2t^2} \tag{9-23}$$

对于落点 $y_c = 0$,先由式(9-21)第二式解出 t,再代入其他诸元的计算式中,即得落点诸元:

$$\begin{cases} x_c = X = v_0^2\sin2\theta_0/g \\ t_c = T = 2v_0\sin\theta_0/g \\ v_c = v_0 \\ |\theta_c| = \theta_0 \end{cases} \tag{9-24}$$

在顶点处,弹道切线倾角为零,$\theta_s = 0$ 得顶点诸元公式如下:

$$\begin{cases} t_s = \dfrac{v_0\sin\theta_0}{g} = \dfrac{T}{2} \\ x_s = \dfrac{v_0^2\sin2\theta_0}{2g} = \dfrac{X}{2} \\ y_s = Y = \dfrac{v_0^2\sin^2\theta_0}{2g} \\ v_s = v_0\cos\theta_0 \end{cases} \tag{9-25}$$

9.7.2 抛物线弹道的特点

由式(9-24)和式(9-25)可以看出真空弹道关于铅垂线 $x = X/2 = x_s$ 轴对称,即有

$$\begin{cases} v_c = v_0 \\ |\theta_c| = \theta_0 \\ x_s = X/2 \\ T_s = T/2 \end{cases} \tag{9-26}$$

而且由式(9-22)按 x 的二次方程求解得

$$x_{1,2} = \frac{v_0^2 \sin 2\theta_0}{2g} \pm \sqrt{\left(\frac{v_0^2 \sin 2\theta_0}{2g}\right)^2 - \frac{2v_0^2 \cos^2\theta_0}{g} y}$$

或者

$$x_{1,2} = x_s \pm \sqrt{x_s^2 - \frac{2v_0^2 \cos^2\theta_0}{g} y}$$

这表明,$x = x_s$ 轴两边等高 y 处两点距该轴的距离相等,即升弧和降弧是对 $x = x_s$ 轴对称的。对飞行时间也有类似的性质,即 $t_s = T/2$ 及等高两点的飞行时间与 t_s 的差的绝对值相等。

根据射程公式(9-24)可得抛物线弹道的最大射程和相应的射角(即最大射程角):

$$\begin{cases} X_m = v_0^2/g \\ \theta_{0X_m} = 45° \end{cases} \tag{9-27}$$

此结论对于空气弹道也大致适用。

比最大射程 X_m 小的射程 X,均有两个射角与之对应:一个小于最大射程角,另一个大于最大射程角,而其和为 90°,即 $\theta_{01} + \theta_{02} = 90°$ 这两个射角可由方程(9-22)给定 x 并令 $y = 0$,再利用正弦函数的性质求出。

一般将以小于最大射程角进行的射击叫平射;用大于最大射程角进行的射击叫曲射,如图 9-9 所示。对于同一射程,曲射所需飞行时间和飞行弧长大于平射。

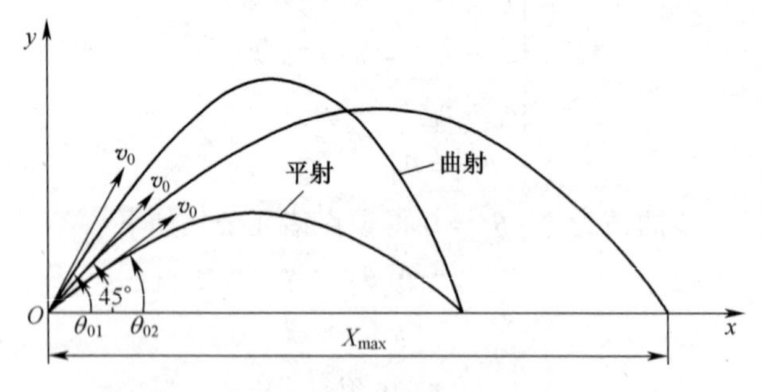

图 9-9 平射与曲射

另外,根据弹道顶点高 Y、全飞行时间 T 和全射程 X 的公式,可获得下面的重要关系式:

$$Y = gT^2/8 = X\tan\theta_0/4 \tag{9-28}$$

抛物线理论只是在忽略空气阻力和射程较小的条件下才近似适用,故实际应用范围

很小。只有在空气稀薄的高空(20~30km 以上)作近距离射击,以及在空气稠密的地面附近,对弹速很小(v_0 = 50~60m/s)的枪榴弹和迫击炮弹才可近似忽略空气阻力用抛物线理论估算。但由抛物线理论导出的某些弹道性质在空气弹道中也是近似适用的。

由式(9-24)知,射程和全飞行时间均为初速和射角的函数。当初速和射角发生微小变化时,对射程和飞行时间所引起的微量变化关系式,称为修正公式。下面就来求这些公式。

(1) 射程修正公式:对公式 $X = v_0^2 \sin 2\theta_0 / g$ 两边取对数并微分之,得 $\mathrm{d}X/X = 2\mathrm{d}v_0/v_0 + 2\cot 2\theta_0 \mathrm{d}\theta_0$,如果用有限增量代替微分,则得射程修正公式如下:

$$\frac{\Delta X}{X} = 2\frac{\Delta v_0}{v_0} + 2\cot 2\theta_0 \Delta\theta_0 \tag{9-29}$$

当仅是初速或仅是射角有不大变化时,分别得到初速或射角变化对射程的修正公式如下:

$$\begin{cases} \Delta X_{v_0}/X = 2\Delta v_0/v_0 \\ \Delta X_{\theta_0}/X = 2\cot 2\theta_0 \Delta\theta_0 \end{cases} \tag{9-30}$$

由式(9-29)中第二式系数 $\cot 2\theta_0$ 可以看出,当 $\theta_0 \to 0$ 和 $\theta_0 = 90°$ 时,此系数趋于无穷大;而在最大射程角(抛物线弹道 $\theta_{0\max} = 45°$)附近时系数等于或接近于零。因此可以预见:在水平射击或接近水平射击、在 75°以上大射角射击时,不大的射角变化会引起较大的相对射程变化;但在接近最大射程角时进行射击,射角的微量变化对射程几乎没有影响,一般可以忽略不计。这个结论对空气弹道也是近似适用的。有些弹丸对近距离目标不用小射角射击,而是在弹头加上阻力环改用大射角射击,其作用不仅可以增大落角和避免发生跳弹,还可以避免小射角射击时因射角微小改变产生大的射程变化。为此小射角条件下不宜于对地面作距离射试验,一般用所谓立靶射代替;此外,除迫击炮外,其他火炮也不宜以过大的射角进行曲射(对于旋转稳定弹,还因过大的射角会产生很大的动力平衡角,造成稳定性和散布特性不好,而在最大射程角作射距离测定试验时,可以不考虑射角微小变化的影响)。

(2) 全飞行时间修正公式:对飞行时间公式 $T = 2v_0 \sin\theta_0 / g$,也取对数微分,可以得到飞行时间修正公式

$$\frac{\Delta T}{T} = \frac{\Delta v_0}{v_0} + \cot\theta_0 \Delta\theta_0 \tag{9-31}$$

由式(9-31)可以看出:射角 θ_0 越小,由 $\Delta\theta_0$ 产生的飞行时间差越大。

9.8　空气弹道一般特性

在运动方程组未解出之前,如果能对弹道的若干特性有所了解,对于弹道的求解或计算、试验数据的判断和处理是非常有益的。下面根据弹丸质心运动方程组来介绍这些特性。

9.8.1　速度沿全弹道的变化

当只有重力和空气阻力作用时,弹丸质心速度沿全弹道的变化由下式确定:

$$\mathrm{d}v/\mathrm{d}t = -cH(y)F(Ma) - g\sin\theta$$

在升弧上,倾角 θ 为正值,因而 $\mathrm{d}v/\mathrm{d}t<0$,因此在弹道升弧上弹丸速度始终减小。

至弹道顶点以 $\theta_s=0, g\sin\theta_s=0$,故 $(\mathrm{d}v/\mathrm{d}t)_s=-cH(y_s)F(Ma)<0$,速度继续减小。

过顶点后,θ 为负值,$g\sin\theta=-g\sin g|\theta|$。在 $cH(y)F(Ma)>g\sin|\theta|$ 以前,$\dfrac{\mathrm{d}v}{\mathrm{d}t}$ 仍为负值,故速度继续减小。

过顶点后降弧上某点出现 $g\sin|\theta|=cH(y)F(Ma)$ 时 $\mathrm{d}v/\mathrm{d}t=0$,则速度达极小值 $v_{\min}$。

过速度极小值点后,$|\theta|$ 继续增大,因而 $g\sin|\theta|>cH(y)F(Ma)$,$\mathrm{d}v/\mathrm{d}t>0$,故此后速度又开始增大,但阻力也随之增大,而重力大不过 mg,弹道有可能又一次出现阻力等于重力,使速度出现极大值。

对于射程达 80~100km 的远程火炮弹丸或大高度航弹,可能在速度极小值后再出现速度的极大值。而对于一般火炮,弹道落点速度均在图 9-10 中的阴影线范围内变化。低伸弹道落点紧靠顶点。射程越远,落点速度越向阴影部分的右端移动。

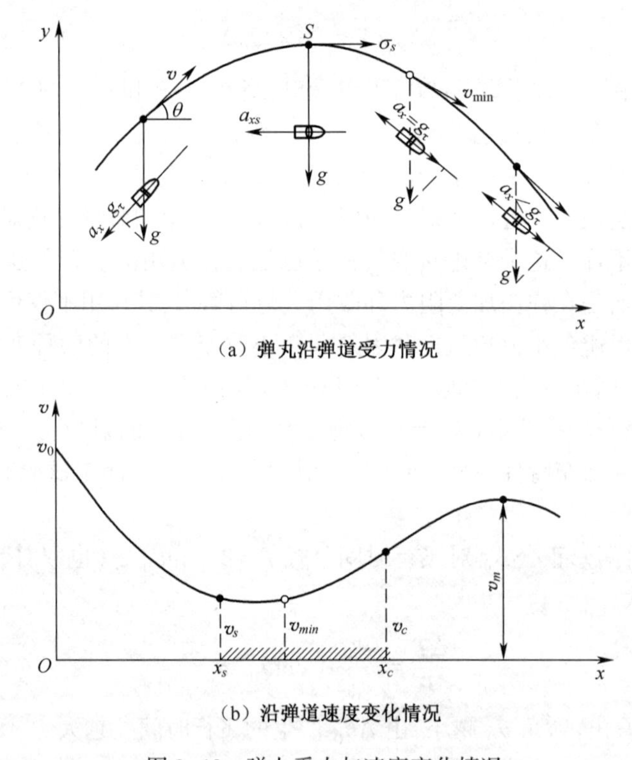

图 9-10 弹丸受力与速度变化情况

对于带降落伞的炸弹、照明弹、侦察弹、末敏弹、带飘带子弹等,其阻力系数很大、弹道系数很大,在弹道降弧段的重力作用下,弹道很快铅垂下降,$|\theta|=90°$。当出现重力与阻力相平衡时就将一直保持这种状态不变。由平衡方程 $cH(y)F(v)=-g$ 可知其极限速度满足

$$F(v_L)=g/(cH(y)) \tag{9-32}$$

设接近地面处 $H(y)=1$,则极限速度 v_L 主要由弹道系数 c 来确定。表 9-3 中列出了弹道系数(43 年阻力定律) c_{43} 与极限速度 v_L 的关系。

表 9-3 弹道系数与极限速度的关系

c_{43}	0.1	0.5	1.0	1.5	2.0	4.0	6.0	8.0	10.0	100
$v_L/(\mathrm{m\cdot s^{-1}})$	847	347	314	289	257	181	148	128	114	36.3

下面讨论速度的水平分速和铅垂分速沿弹道变化的情况。

根据 $\mathrm{d}v_x/\mathrm{d}t=-cH(y)v_xG(v,c_s)$ 可知弹道上的水平分速 v_x 沿全弹道始终减小。

如将上式右端用迎面阻力公式表示,并以 $v_x=v\cos\theta$ 与 $\mathrm{d}s=v\mathrm{d}t$ 代入上式则得

$$\frac{\mathrm{d}v_x}{\mathrm{d}t}=-\frac{\rho v^2}{2m}Sc_x\cos\theta$$

及

$$\frac{\mathrm{d}v_x}{v_x}=-\frac{\rho S}{2m}c_x\mathrm{d}s$$

在距离和高度变化不大时,可将 ρ 和 c_x 作为常数,积分得水平分速的指数递减公式:

$$v/v_x=v_{xo}\mathrm{e}^{-\frac{\rho s}{2m}c_x s}(\rho、c_x\text{ 为常数})\tag{9-33}$$

如空气密度 ρ 和 c_x 值变化较大,应取平均值计算。

对于短程的低伸弹道,阻力系数用某一平均值代替,可以用来估算水平速度或者速度的递减情况。这是因为 $v_x=v\cos\theta$,当 $\theta\leqslant 2.5°$ 时, $\cos\theta\geqslant 0.999$。即 v_x 和 v 最大相差约为 1/1000。

至于铅垂分速 v_y 在同一高度时升弧上的比降弧上的大。下面就来证明这个问题。

由于

$$\frac{\mathrm{d}v_y}{\mathrm{d}t}=-cH(y)G(v,c_s)v_y-g$$

两端同乘 $2v_y\mathrm{d}t$ 并积分,得到(式中下标"d"与"a"分别表示降弧与升弧(见图 9-8)):

$$v_{y_\mathrm{d}}^2-v_{y_\mathrm{a}}^2=-\int_{t_{y_\mathrm{a}}}^{t_{y_\mathrm{d}}}2cH(y)G(v,c_s)v_y^2\mathrm{d}t-2g\int_{t_{y_\mathrm{a}}}^{t_{y_\mathrm{d}}}v_y\mathrm{d}t$$

而

$$\int_{t_{y_\mathrm{a}}}^{t_{y_\mathrm{d}}}v_y\mathrm{d}t=\int_{y_\mathrm{a}}^{y_\mathrm{d}}\mathrm{d}y=0$$

故

$$v_{y_\mathrm{d}}^2-v_{y_\mathrm{a}}^2<0\text{ 或即 }|v_{y_\mathrm{d}}|<|y_{y_\mathrm{a}}|\tag{9-34}$$

由此式可见:在弹道上同一高度处,升弧上的铅垂分速 v_{y_a} 大于降弧上的铅垂分速 v_{y_d} 。又因水平分速始终减小,故知:同一弹道高上,升弧上的速度大于降弧上的速度,即

$v_{y_\mathrm{a}}>v_{y_\mathrm{d}}$,

因而初速大于落速:

$$v_0>v_\mathrm{d}\tag{9-35}$$

至于顶点速度 v_s ,由 9.7 节知真空弹道顶点速度 $v_s=v_0\cos\theta_0$ 恰与沿全弹道的平均水平速度 $v_x(=X/T)$ 相等。根据实践,在空气弹道中,此结论也近似符合。因此,空气弹道的顶点速度,可用下示公式来估算:

$$v_s = X/T \tag{9-36}$$

9.8.2 空气弹道的不对称性

抛物线弹道是相对于 $x = x_s = X/2$ 的铅垂线对称的。而空气弹道由于空气阻力作用不再对称。并且随着弹道系数的增大,其不对称性越来越显著,如图 9-11 所示。这些不对称性可归为如下几点,其证明方法都与式(9-33)的证明类似。

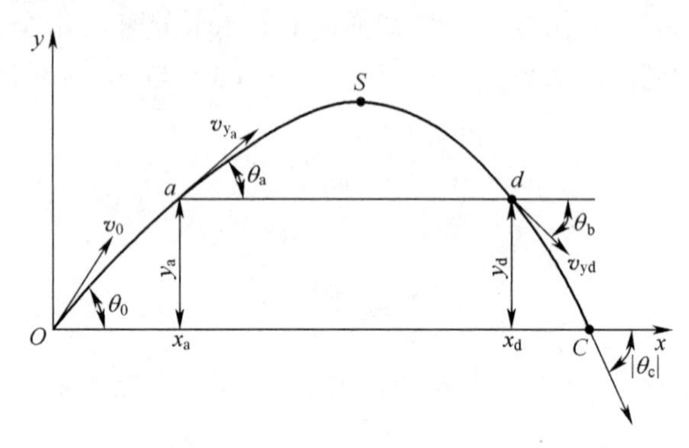

图 9-11 同高度的升弧速度大于降弧速度

(1) 降弧比升弧陡,即 $|\theta_b| > \theta_a, |\theta_c| > \theta_0$。

(2) 顶点距离大于全射程的一半,即 $x_s > 0.5X$,一般 $x_s = (0.5 \sim 0.7)X$,口径越大的弹,x_s 越接近 0.5X。

(3) 顶点时间小于全飞行时间的一半,即 $t_s < 0.5T$,一般 $t_s = (0.4 \sim 0.5)T$,口径越大的弹,t_s 越接近 $0.5T$。

9.8.3 空气弹道基本参数及外弹道表

由方程组(9-16)可见,积分起始条件中有 $x = y = 0$,故只要给定了初速 v_0 和射角 θ_0,以及包含在方程中的弹道系数 c,就可积分,求得任一时刻 t 的弹道诸元 x, y, v, θ,即

$$\begin{cases} v = v(c, v_0, \theta_0, t) \\ \theta = \theta(c, v_0, \theta_0, t) \\ x = x(c, v_0, \theta_0, t) \\ y = y(c, v_0, \theta_0, t) \end{cases} \tag{9-37}$$

据此已编出了以 c, v_0, θ_0, t 为参量的高炮外弹道表。

对于地面火炮,只需要弹道顶点和落点诸元。

在落点诸元中,当 $t = T$ 时 $y = y_c = 0$,即 $y_c(c, v_0, \theta_0, T) = 0$

由此可以得全飞行时间 T 是 c, v_0, θ_0 三个参数的函数,解出 T 再代入式(9-37)其他式子中得

$$\begin{cases} v_c = v_c(c, v_0, \theta_0) \\ \theta_c = \theta_c(c, v_0, \theta_0) \\ T = T(c, v_0, \theta_0) \\ x = x(c, v_0, \theta_0) \end{cases} \tag{9-38}$$

至于弹道顶点,利用 $t = t_s$ 时 $\theta_s = 0$,由式(9-37)中 $\theta_s = \theta_s(c, v_0, \theta_0, t_s) = 0$ 解出 $t_s(c, v_0, \theta_0)$ 代入式(9-37)的其他式子中,即得顶点诸元也是 (c, v_0, θ_0) 三个参数的函数,即

$$\begin{cases} v_s = v_s(c, v_0, \theta_0) \\ t_s = t_s(c, v_0, \theta_0) \\ y_s = y_s(c, v_0, \theta_0) \\ x_s = x_s(c, v_0, \theta_0) \end{cases}$$

据此已按43年阻力定律编出了不同 c, v_0, θ_0 时的地面火炮弹道表。

此外,还根据直射武器的需要编出了小射角($\theta_0 < 5°$)情况下的低伸弹道表。

高射炮弹道表的参数范围是

$$c = 0 \sim 6, v_0 = 700 \sim 1500, \theta_0 = 5° \sim 85°$$

按 v_0=700,750,800,…每隔50m/s编成一册。表中对于一定的 c 和 θ_0 列出了弹道上各时刻 t 对应的坐标 x、y 和速度可 v 值,一直到弹道顶点过后的第一个点为止。如表9-4示例。

表9-4　高射炮外弹道表示例高角87°, v_0 = 900 m/s

c \ t/s	1	2	3	4	5	6	7	8	9	…
0. 00	894	1778	2652	3517	4371	5216	6051	6876	7692	…
0. 10	889	1758	2609	3443	4261	5062	5849	6622	7381	…
0. 12	888	1754	2601	3429	4239	5033	5811	6573	7321	…
0. 14	887	1750	2592	3415	4218	5003	5772	6525	7262	…
⋮	⋮	⋮	⋮	⋮	⋮	⋮	⋮	⋮	⋮	

地面火炮外弹道表分上、下两册,上册为弹道诸元表,见表9-5,下册为各种弹道函数和修正系数表,见表9-6。其参数范围是

$$c = 0 \sim 6, v_0 = 50 \sim 2000\text{m/s}, \theta_0 = 5' \sim 85°$$

表9-5　地面火炮外弹道表(上册)示例射程 X/m, θ_0=45°

c \ t/s	460	480	500	520	540	560	580	…
0. 00	21570	23487	25485	27565	29725	31968	34292	…
0. 10	17497	19233	20569	21957	23403	24908	26477	…
0. 12	17452	18655	19895	21180	22515	23904	25349	…
0. 14	16999	18128	19286	20480	21716	22999	24333	…
⋮	⋮	⋮	⋮	⋮	⋮	⋮	⋮	

表9-6　地面火炮外弹道表(下册)示例初速变化1m/s时的射程改变量 Q_{v_0}/m

v_o/m · s^{-1} \ c	0. 1	0. 2	0. 3	0. 4	0. 5	0. 6	0. 7	…
50	9. 6	9. 6	9. 6	9. 5	9. 5	9. 4	9. 4	…
100	19. 0	18. 8	18. 6	18. 5	19. 2	18. 1	17. 9	…
150	28. 1	27. 5	26. 9	26. 3	25. 8	25. 2	24. 9	…
⋮	⋮	⋮	⋮	⋮	⋮	⋮	⋮	

《高射炮外弹道表》和《地面火炮外弹道表》均按43年阻力定律和炮兵标准气象条件编成,是苏联在卫国战争期间动员庞大的计算力量编成的。我国在20世纪50年代由原总参谋部翻印出版,20世纪70年代又由国防工业出版社再版。由于地面火炮外弹道表最小射角为5°,故不适用于小射角的枪弹、舰炮、坦克炮、高炮平射等情况使用,于20世纪70年代末又编成"低伸弹道外弹道表",见表9-7。该表仍用43年阻力定律和炮兵标准气象条件编成,其参数范围是

$$c = 0 \sim 24, v_0 = 50 \sim 2000\text{m/s}, \theta_0 = 5' \sim 5°$$

表9-7　低伸弹道示例 $\theta_0 = 1°30'$ 射程 X/m

c \ $v_0/(\text{m}\cdot\text{s}^{-1})$	600	650	700	750	800	850	900	…
0	1923	2256	2617	3004	3418	3858	4326	…
0.10	1884	2206	2551	2920	3313	3728	4166	…
0.15	1866	2181	2520	2880	3263	3667	4091	…
0.20	1847	2157	2489	2841	3215	3607	4019	…
0.25	1830	2134	2459	2804	3168	3550	3950	…
⋮	⋮	⋮	⋮	⋮	⋮	⋮	⋮	⋮

9.9 外弹道解法

弹道方程组一般是一阶变系数联立方程组,一般说来只能用数值方法求得数值解,仅在一些特定条件下经过适当的简化才能求得近似解析解。

弹道解法是有外弹道以来人们最关注的问题,也是外弹道学最基本的问题,几百年来,弹道工作者一直在不断地探索,在计算工具不发达的过去曾研究出许多近似解法及适合人工计算的数值解法,例如欧拉法、西亚切解法、格黑姆法等。

现在用计算机数值求解弹道方程已不是难事,这使得过去弹道学中的一些近似解法逐渐失去作用。如过去常用的西亚切解法,由于它还要依赖于大篇幅的函数表,现在也显得无用。但随着现代火控系统从利用射表数据转向直接利用弹道数学模型适时计算确定射击诸元方向发展,要求弹道数学模型简洁而准确,使得某些近似解法在特定情况下又有了新的用途。

9.9.1 弹道表解法

在实际工作中常希望能简便迅速地获得弹道诸元。如果事先将计算出的各种弹道诸元编成表册,那么在需要时只需由表册查取,这将会给工作带来不少方便,尤其在过去计算工具不发达的时代,对这种表格的需求更为明显,因而出现了好几种弹道表。

如前述的高炮弹道表、地炮弹道表和低伸弹道表,表9-4~表9-7是这些表的例子。

利用高炮弹道表可查得不同c、v_0、θ_0下弹道升弧上任一时刻的弹道诸元,如果c、v_0、θ_0、t不在弹道表的参数节点上,则需采用多元直线插值的方法获取各弹道诸元。

利用地炮弹道表,可求各种地炮弹道的落点诸元X、T、v_c、θ_c和最大弹道高Y。利用下册表还可查取由各种因素,如初速v_0、射角θ_0、弹道系数c、气温、气压、纵风、横风等变化一个单位时射程、侧偏和飞行时间的改变量,即修正系数或敏感因子。

这些弹道表在计算工具不发达的时代,在弹丸设计和射表编制中发挥了巨大的作用,目前对于一些非弹道专业的工程技术人员和机关工作人员了解外弹道数据也是必要的工具之一。

9.9.2　弹道方程的数值解法

解常微分方程的数值方法有多种,只介绍最常用的龙格-库塔法和阿当姆斯预报-校正法。

1. 龙格-库塔法

它实质上是以函数 $y(x)$ 的台劳级数为基础的一种改进方法。最常用的是4阶龙格-库塔法,其计算公式叙述如下,对于微分方程组和初值:

$$\frac{\mathrm{d}y_i}{\mathrm{d}t} = f_i(t, y_1, y_2, \cdots, y_m) \quad (y_i(t_0) = y_{i_0}(\mathrm{i} = 1, 2, \cdots, m)) \tag{9-39}$$

若已知在点 n 处的值($t_n, y_{1n}, y_{2n}, \cdots, y_{nm}$),则求点 $n+1$ 处的函数值的龙格-库塔公式为

$$y_{i,n+1} = y_{i,n} + \frac{1}{6}(k_{i1} + 2k_{i2} + 2k_{i3} + k_{i4})$$

式

$$\begin{cases} k_{i1} = hf_i(t_n, y_{1n}, y_{2n}, \cdots, y_{nm}) \\ k_{i2} = hf_i\left(t_n + \dfrac{h}{2}, y_{1n} + \dfrac{k_{11}}{2}, y_{2n} + \dfrac{k_{21}}{2}, \cdots, y_{nm} + \dfrac{k_{m1}}{2}\right) \\ k_{i3} = hf_i\left(t_n + \dfrac{h}{2}, y_{1n} + \dfrac{k_{12}}{2}, y_{2n} + \dfrac{k_{22}}{2}, \cdots, y_{nm} + \dfrac{k_{m2}}{2}\right) \\ k_{i4} = hf_i(t_n + h, y_{1n} + k_{13}, y_{2n} + k_{23}, \cdots, y_{nm} + k_{m3}) \end{cases} \tag{9-40}$$

对于大多数实际问题,4阶龙格-库塔法已可满足精度要求,它的截断误差正比于 h^5。故 h 越小,精度越高。但积分步长过小,不仅会增加计算时间,而且会增大积累误差。

实际上常根据计算经验选取步长,如用质点弹道方程计算弹道时,可取时间步长 $h_t = 0.1 \sim 0.3\mathrm{s}$,而对于第6章所讲的刚体弹道方程,则时间步长 h_t 必须小于0.005s,否则计算发散。

龙格-库塔法不仅精度高,而且程度简单,改变步长方便。其缺点是每积分一步要计算4次右端函数,因而重复计算量很大。

2. 阿当姆斯预报-校正法

它属于多步法,用这种方法求解 y_{n+1} 时,需要知道 y 及 $f(x,y)$ 在 $t_n, t_{n-1}, t_{n-2}, t_{n-3}$ 各时刻的值,其计算公式如下

预报公式:

$$y_{n+1} = y_n + \frac{h}{24}(55f_n - 59f_{n-1} + 37f_{n-2} - 9f_{n-3}) \tag{9-41}$$

校正公式：

$$y_{n+1} = y_n + \frac{h}{24}(9f_{n+1} + 19f_n - 5f_{n-1} + f_{n-2}) \tag{9-42}$$

利用阿当姆斯预报-校正法进行数值积分时，一般先用龙格-库塔法自启动，算出前三步的积分结果，然后再转入阿当姆斯预报-校正法进行迭代计算，这样既发挥了龙格-库塔法自启动的优势，又发挥了阿当姆斯预报-校正法每步只计算一次右端函数，计算量小的优势。

第 10 章　非标准条件下的质点弹道

10.1　弹道条件非标准时的弹丸质心运动微分方程

在射击时，由于实际条件不可能与射表的标准条件相同，所以为了准确地修正由此产生的误差，就要建立非标准条件时的弹丸质心运动微分方程组。

为了讨论非标准条件时的弹丸质心运动规律，就要抛弃原来的基本假设。但由于仍将弹丸当成一个质点来研究，所以应加上一条假设，即：弹轴始终和相对速度矢量重合。这就表明了空气阻力和弹轴共线，弹丸的运动规律仍然和质点的运动规律一样。

弹道条件非标准可折合成初速和弹道系数两个参量的变化问题，因此可直接应用标准条件下的弹丸质心运动微分方程组式，只不过决定空气弹道的三个参量 C_b、v_0、θ_0 中的 C_b 和 v_0，分别改为 $C_b + \Delta C_b$ 和 $v_0 + \Delta v_0$，其中 Δ_b 和 Δv_0 为弹道条件非标准时的折合量。

10.2　气象条件非标准时的弹丸质心运动微分方程

气象条件主要包括气温、气压、纵风、横风、垂直风。

10.2.1　气温、气压非标准时的处理

气温、气压的变化包含在方程组中的密度函数 $H(y)$ 或气压函数 $\pi(y)$ 和声速上。对于气压函数 $\pi(y)$ 和密度函数 $H(y)$ ，当气温、气压均符合标准定律时，其表达式见前面章节。

当气温不符合标准定律时，设弹道温偏为 ΔT_v ，则气温随高度的变化规律满足如下标准分布：

$$
\begin{cases}
T_{v0} = T_{v0n} + \Delta T_v = 288.9 + \Delta T_v & (y = 0\text{m}) \\
T_{v1} = T_{v0} - G_1 y & (0\text{m} \leqslant y \leqslant 9300\text{m}) \\
T_{v1} = T_{v1}(y = 9300) - G_1(y - 9300) + B_1\,(y - 9300)^2 & (9300\text{m} \leqslant y \leqslant 12000\text{m}) \\
T_{v1} = T_{v1}(y = 9300) - 2700G_1 + 2700^2 B_1 & (12000\text{m} \leqslant y \leqslant 30000\text{m})
\end{cases}
\tag{10-1}
$$

式中：T_{v0} 为地面气温值；T_{v1} 为各高度处的不符合标准定律时的气温；$T_{v1}(y = 9300\text{m}) = T_{v0} - 9300G_1$ 表示 $y = 9300\text{m}$ 处的气温；其他参数意义同第 7 章。

当气温、气压不符合标准定律时，气压函数的表达式为

$$
\begin{cases}
\pi_1(y) = \dfrac{P_0}{P_{0n}}\left(1 - \dfrac{G_1 y}{T_{v0}}\right)^{g/(RG_1)} & (0\text{m} \leqslant y \leqslant 9300\text{m}) \\
\pi_1(y) = \pi_1(y = 9300)\exp\left[-\dfrac{2g}{R}\dfrac{1}{\sqrt{4A_1B_1 - G_1^2}} \times \right. & (9300\text{m} \leqslant y \leqslant 12000\text{m}) \\
\left.\left(\arctan\dfrac{2B_1(y - 9300) - G_1}{\sqrt{4A_1B_1 - G_1^2}} + \arctan\dfrac{G_1}{\sqrt{4A_1B_1 - G_1^2}}\right)\right] & \\
\pi_1(y) = \pi_1(y = 12000)\exp\left(-\dfrac{g}{R}\dfrac{y - 12000}{T_{v1}(y = 12000)}\right) & (12000\text{m} \leqslant y \leqslant 30000\text{m})
\end{cases}
\tag{10-2}
$$

式中：p_0 为地面气压值；$\pi_1(y=9300)$ 、$\pi_1(y=12000)$ 分别表示气压函数在 9300m 和 12000m 时的值；$T_{v1}(y=12000)$ 表示 $y=12000$m 处的气温值。

此时的空气密度函数用 $H_1(y)$ 表示，其计算公式重写如下：

$$H_1(y)=\pi_1(y)\frac{T_{v0n}}{T_{v1}} \tag{10-3}$$

同理，当气温不符合标准定律时，对应的声速也不符合标准定律，其计算公式应为

$$C_1(y)=\sqrt{kRT_{v1}} \tag{10-4}$$

所以气温、气压非标准时的弹道方程仍可直接应用标准条件下的弹道方程进行计算，只不过以 $H_1(y)$ 代替 $H(y)$（或以 $\pi_1(y)$ 代替 $\pi(y)$）、以实际声速 C_1 代替标准声速 C 而已。

10.2.2 纵风、横风和垂直风的处理

1. 风速的分解

实际存在的风在地面坐标系 $o-xyz$ 中，可以看作一个空间矢量 $\boldsymbol{W}_b$，如图 10-1 所示。将 $\boldsymbol{W}_b$ 分解到对应坐标轴上得

$$\boldsymbol{W}_b=\boldsymbol{W}_x+\boldsymbol{W}_y+\boldsymbol{W}_z=W_x\boldsymbol{x}_0+W_y\boldsymbol{y}_0+W_z\boldsymbol{z}_0 \tag{10-5}$$

式中：$\boldsymbol{W}_x$ 是与 x 轴平行的风，称为纵风。规定和 x 轴正向一致时叫顺风，此时 $W_x>0\text{m}\cdot\text{s}^{-1}$，反之叫逆风，且 $W_x<0\text{m}\cdot\text{s}^{-1}$；$\boldsymbol{W}_y$ 是与炮口水平面垂直的风。规定从下往上吹（与 y 轴正向一致）时 $W_y>0\text{m}\cdot\text{s}^{-1}$，否则 $W_y<0\text{m}\cdot\text{s}^{-1}$；$\boldsymbol{W}_z$ 是与射击面垂直的风。定义从左向右吹时 $W_z>0\text{m}\cdot\text{s}^{-1}$，反之，$W_z<0\text{m}\cdot\text{s}^{-1}$。$\boldsymbol{x}_0$、$\boldsymbol{y}_0$、$\boldsymbol{z}_0$ 分别表示 x 轴、y 轴和 z 轴的单位矢量。

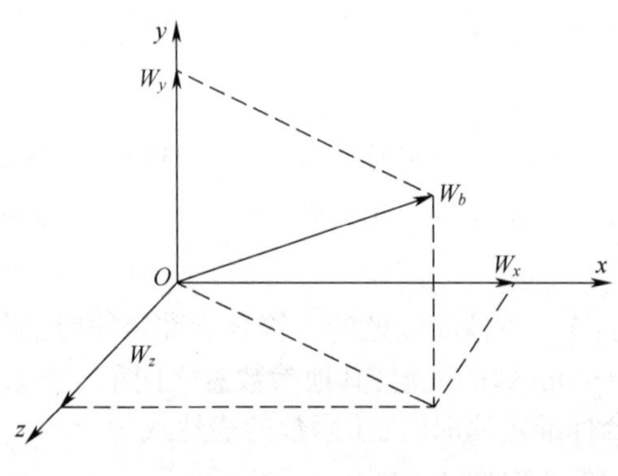

图 10-1　风的分解

引入弹道风的概念后，$\boldsymbol{W}_b$、$\boldsymbol{W}_x$、$\boldsymbol{W}_y$ 和 $\boldsymbol{W}_z$ 分别称为弹道风、弹道纵风、垂直弹道风和弹道横风。现实中风是随时、随地变化的，而弹道风在一次射击中则是恒定的。

2. 速度的分解

如图 10-2 所示，弹丸质心相对于空气的速度 $\boldsymbol{v}_r$ 在坐标系 $O-xyz$ 上的分量用 v_{rx}、v_{ry} 和 v_{rz} 表示，则有

$$\boldsymbol{v}_r=\boldsymbol{v}_{rx}+\boldsymbol{v}_{ry}+\boldsymbol{v}_{rz}=\boldsymbol{v}_{rx}x_0+\boldsymbol{v}_{ry}y_0+\boldsymbol{v}_{rz}z_0 \tag{10-6}$$

由速度的合成定理，可知弹丸相对于坐标系 $O-xyz$ 的飞行速度 v 可写成

$$\boldsymbol{v}=\boldsymbol{v}_r+\boldsymbol{W}_b \tag{10-7}$$

则

$$\boldsymbol{v}_r = \boldsymbol{v} - \boldsymbol{W}_b \tag{10-8}$$

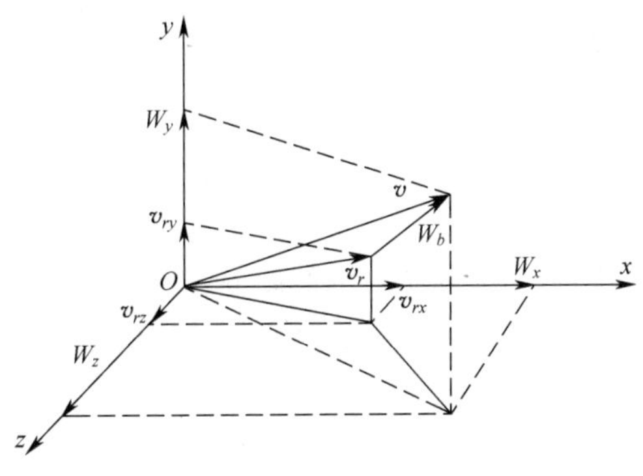

图 10-2 速度的分解

如果 $\boldsymbol{v}$ 在 X、Y 和 Z 轴上的矢量用 v_x、v_y 和 v_z 表示时,可得 $\boldsymbol{v}_r$ 在各轴上的分量值是

$$\begin{cases} v_{rx} = v_x - \boldsymbol{W}_x \\ v_{ry} = v_y - \boldsymbol{W}_y \\ v_{rz} = v_z - \boldsymbol{W}_z \end{cases} \tag{10-9}$$

根据空气阻力加速度 $\boldsymbol{a}_x$ 和相对速度 $\boldsymbol{v}_r$ 共线反向的假设,由图 10-2 可知:

$$\boldsymbol{a}_x = - a_x \frac{v_x - W_x}{v_r}\boldsymbol{x}_0 - a_x \frac{v_y - W_y}{v_r}\boldsymbol{y}_0 - a_x \frac{v_z - W_z}{v_r}\boldsymbol{z}_0 \tag{10-10}$$

注意到空气阻力加速度在有风(同时考虑气温和气压非标准)时的表达式为

$$a_x = - C_b H_1(y) F(v_r, C_1) = - C_b H_1(y) G(v_r, C_1) v_r \tag{10-11}$$

将式(10-10)代入式(10-11)则

$$\boldsymbol{a}_x = - C_b H_1(y) G(v_r, C_1) [(v_x - W_x)\boldsymbol{x}_0 + (v_y - W_y)\boldsymbol{y}_0 + (v_z - W_z)\boldsymbol{z}_0] \tag{10-12}$$

10.2.3 气象条件非标准时的弹丸质心运动微分方程

将式(10-12)代入弹丸质心运动的矢量方程式,并向地面坐标系 $o-xyz$ 各轴投影,即得考虑气象条件(包括气温、气压和风)非标准时的弹道方程为

$$\begin{cases} \dfrac{\mathrm{d}v_x}{\mathrm{d}t} = - C_b H_1(y) G(v_r, C_1)(v_x - \mathrm{W}_x) \\ \dfrac{\mathrm{d}v_y}{\mathrm{d}t} = - C_b H_1(y) G(v_r, C_1)(v_y - \mathrm{W}_y) - g \\ \dfrac{\mathrm{d}v_z}{\mathrm{d}t} = - C_b H_1(y) G(v_r, C_1)(v_z - W_z) \\ \dfrac{\mathrm{d}x}{\mathrm{d}t} = v_x \\ \dfrac{\mathrm{d}y}{\mathrm{d}t} = v_y \\ \dfrac{\mathrm{d}z}{\mathrm{d}t} = v_z \\ v_r = \sqrt{(v_z - W_x)^2 + (v_y - W_y)^2 + (v_z - W_z)^2} \end{cases} \tag{10-13}$$

积分初始条件为：

$t=0$ 时，$v_x=v_{x0}=v_0\cos\theta_0$，$v_y=v_{y0}=v_0\sin\theta_0$，$v_z=v_{z0}=0$，$x_0=y_0=z_0=0$

上式气象要素中气温和风既可用气象通报中的弹道温偏和弹道风代入计算，也可用真实的气象要素代入，且最好用真实气象要素（如计算机气象通报），以减小气象诸元误差，提高射击诸元精度。

10.3 地形条件非标准时的弹丸质心运动微分方程

10.3.1 计及科氏效应时的弹丸质心运动微分方程

科氏加速度 $\boldsymbol{a}_{co}=2\boldsymbol{\Omega}\times\boldsymbol{v}$，而 $\boldsymbol{v}$ 在坐标系 $O'-xyz$ 三轴上的分量分别为 v_x、v_y 和 v_z。所以，只要能把地球的自转角速度 $\boldsymbol{\Omega}$ 也分解到 x、y、z 轴上去的话，问题也就解决了。

假定炮阵地位于纬度 Λ 处，如图 10-3（a）所示。则 $O'O$ 连线的延长线即为 y 轴。

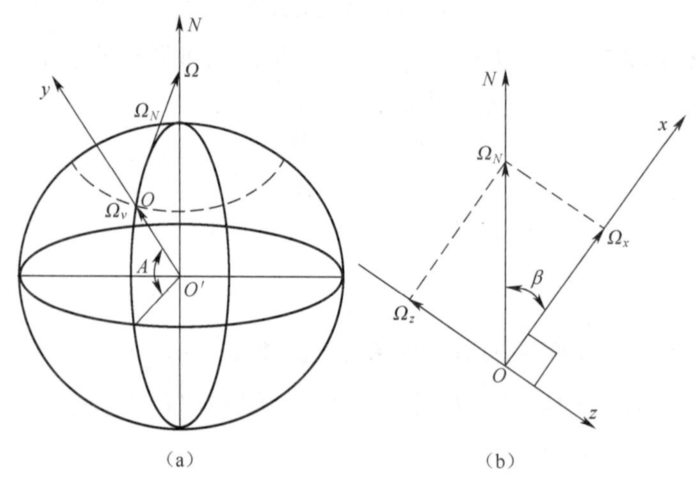

图 10-3 $\boldsymbol{\Omega}$ 的分解

过 O 点作地球的切平面，即炮口水平面"xOz"。它和 y 轴与地球自转轴确定的平面交线为 ON。显然，从 O 指向 N 就是从炮阵地上画出的正北方向线。在炮口水平面上，若以 ON 线为基础，顺时针转动 β 角后正好就是 x 轴的话，则 z 轴和 ON 线的夹角就是 $\beta+90°$，如图 10-3（b）所示。

如果把自转角速度 $\boldsymbol{\Omega}$ 在 y 轴和 ON 线上的分量记为 $\boldsymbol{\Omega}_y$ 和 $\boldsymbol{\Omega}_N$ 的话，则有

$$\boldsymbol{\Omega}=\boldsymbol{\Omega}_y+\boldsymbol{\Omega}_N \tag{10-14}$$

为了求得 $\boldsymbol{\Omega}$ 在 x 轴和 z 轴上的分量 $\boldsymbol{\Omega}_x$ 和 $\boldsymbol{\Omega}_z$，需要把 $\boldsymbol{\Omega}_N$ 分解到 x 轴和 z 轴上去，即

$$\boldsymbol{\Omega}_N=\boldsymbol{\Omega}_x+\boldsymbol{\Omega}_z \tag{10-15}$$

将式（10-15）代入式（10-14）后，有

$$\boldsymbol{\Omega}=\boldsymbol{\Omega}_x+\boldsymbol{\Omega}_y+\boldsymbol{\Omega}_z \tag{10-16}$$

由图 10-3 可得

$$\begin{cases}\Omega_y=\Omega\sin\Lambda\\ \Omega_N=\Omega\cos\Lambda\end{cases}$$

而

$$\begin{cases} \Omega_x = \Omega_N \cos\beta \\ \Omega_z = -\Omega_N \sin\beta \end{cases}$$

最后可得

$$\begin{cases} \Omega_x = \Omega\cos\Lambda\cos\beta \\ \Omega_y = \Omega\sin\Lambda \\ \Omega_z = -\Omega\cos\Lambda\sin\beta \end{cases} \tag{10-17}$$

则式(10-16)可写为

$$\boldsymbol{\Omega} = \Omega\cos\Lambda\cos\beta x_0 + \Omega\sin\Lambda y_0 - \Omega\cos\Lambda\sin\beta z_0 \tag{10-18}$$

这样,科氏加速度在 x 、y 、z 轴上的分量可由式(10-19)得出

$$\begin{aligned} \boldsymbol{a}_{co} &= 2\boldsymbol{\Omega} \times \boldsymbol{v} = 2\Omega(v_z\sin\Lambda + v_y\cos\Lambda\sin\beta)x_0 \\ &\quad - 2\Omega(v_x\cos\Lambda\sin\beta + v_z\cos\Lambda\cos\beta)y_0 + 2\Omega(v_y\cos\Lambda\sin\beta - v_x\sin\Lambda)z_0 \end{aligned} \tag{10-19}$$

这表明,科氏加速度在某时刻 t 时是 C_b、v_0、θ_0、Λ 和 β 五个参量的函数(只要其他条件确定的话)。

将式(10-19)代入方程 $\frac{\mathrm{d}v}{\mathrm{d}t} = \boldsymbol{a}_x + \boldsymbol{g} - \boldsymbol{a}_{co}$,不难得到仅考虑科氏效应时的弹丸质心运动微分方程组如下:

$$\begin{cases} \frac{\mathrm{d}v_x}{\mathrm{d}t} = -C_bH(y)G(v,C)v_x - 2\Omega(v_z\sin\Lambda + v_y\cos\Lambda\sin\beta) \\ \frac{\mathrm{d}v_y}{\mathrm{d}t} = -C_bH(y)G(v,C)v_y - g + 2\Omega(v_x\cos\Lambda\sin\beta + v_z\cos\Lambda\cos\beta) \\ \frac{\mathrm{d}v_z}{\mathrm{d}t} = -C_bH(y)G(v,C)v_z - 2\Omega(v_y\cos\Lambda\cos\beta - v_x\sin\Lambda) \\ \frac{\mathrm{d}x}{\mathrm{d}t} = v_x \\ \frac{\mathrm{d}y}{\mathrm{d}t} = v_y \\ \frac{\mathrm{d}z}{\mathrm{d}t} = v_z \\ v = \sqrt{v_x^2 + v_y^2 + v_z^2} \end{cases} \tag{10-20}$$

10.3.2 考虑地球表面曲率和重力加速度变化时的弹丸质心运动微分方程

在标准地形条件中假设地表面为平面,而实际情况并非如此。目前对射程不大的常规火炮而言,射击时不予修正。但随着科学技术的发展,火炮射程增大,这一假设所产生的误差将会随着火炮射程的增大而增大,直到达到不能忽略的地步。

计算地表曲面时,应选择一个动坐标系,如图 10-4 所示。

设 O_1 为地心,O 为射出点,O' 为弹道上任意点即弹丸在飞出炮口后某一时刻的质心位置。取 O_1O' 连线的延长线为 y 轴,$O'x$ 与 $O'y$ 垂直,$O'z$ 按右手定则确定。动坐标系在弹丸飞出炮口 t 秒内旋转角度为 φ ,动坐标系的旋转角速度为 $\dot{\varphi}$,v_x 和 v_y 为 $\boldsymbol{v}$ 在动坐标系

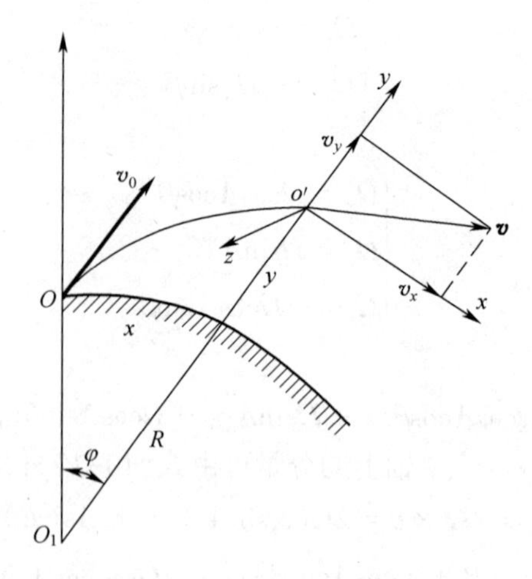

图 10-4 考虑地球表面曲率时的坐标系

$O'x$ 和 $O'y$ 轴上的分量，即

$$\boldsymbol{v} = v_x \boldsymbol{x}_0 + v_y \boldsymbol{y}_0 \tag{10-21}$$

式中：$\boldsymbol{x}_0$ 和 $\boldsymbol{y}_0$ 分别表示 x 和 y 轴的单位矢量。

对式(10-21)求导有

$$\frac{\mathrm{d}\boldsymbol{v}}{\mathrm{d}t} = \frac{\mathrm{d}v_x}{\mathrm{d}t}\boldsymbol{x}_0 + \frac{\mathrm{d}\boldsymbol{x}_0}{\mathrm{d}t}v_x + \frac{\mathrm{d}v_y}{\mathrm{d}t}\boldsymbol{y}_0 + \frac{\mathrm{d}\boldsymbol{y}_0}{\mathrm{d}t}v_y \tag{10-22}$$

由矢量导数的性质(也即科里奥利公式)可知

$$\begin{cases} \dfrac{\mathrm{d}x_0}{\mathrm{d}t} = \dot{\varphi} \times x_0 \\ \dfrac{\mathrm{d}y_0}{\mathrm{d}t} = \dot{\varphi} \times y_0 \end{cases} \tag{10-23}$$

再注意到 $\dot{\varphi}$ 也可表示为

$$\dot{\varphi} = - \dot{\varphi} z_0 \tag{10-24}$$

将式(10-23)代入式(10-22)并计及式(10-24)后得

$$\frac{\mathrm{d}\boldsymbol{v}}{\mathrm{d}t} = \left(\frac{\mathrm{d}v_x}{\mathrm{d}t} + \dot{\varphi}v_y\right)\boldsymbol{x}_0 + \left(\frac{\mathrm{d}v_y}{\mathrm{d}t} - \dot{\varphi}v_x\right)\boldsymbol{y}_0 \tag{10-25}$$

根据弹丸质心运动矢量方程并结合式(10-25)有

$$\left(\frac{\mathrm{d}v_x}{\mathrm{d}t} + \dot{\varphi}v_y\right)\boldsymbol{x}_0 + \left(\frac{\mathrm{d}v_y}{\mathrm{d}t} - \dot{\varphi}v_x\right)\boldsymbol{y}_0 = \boldsymbol{a}_x + \boldsymbol{g} \tag{10-26}$$

为了消去式(10-26)中 $\dot{\varphi}$，从图 10-4 易得

$$\begin{cases} \dot{\varphi} = \dfrac{v_x}{R + y} \\ \dot{x} = \dot{\varphi}R \end{cases} \tag{10-27}$$

重力加速度随纬度和高度的变化而变化,由第 1 章中公式,同时考虑纬度和高度变化时,其表达式为

$$g_1 = 9.78 \times (1 + 0.00529 \sin^2 \Lambda) \times \frac{R^2}{(R + y)^2} \tag{10-28}$$

将式(10-26)向 x 轴和 y 轴投影并考虑式(10-27)和式(10-28)后即得所需微分方程组如下:

$$\begin{cases} \dfrac{\mathrm{d}v_x}{\mathrm{d}t} = -C_b H(y) G(v,C) v_x - \dfrac{v_x v_y}{R + y} \\ \dfrac{\mathrm{d}v_y}{\mathrm{d}t} = -C_b H(y) G(v,C) v_y - \dfrac{v_x^2}{R + y} - g_1 \\ \dfrac{\mathrm{d}x}{\mathrm{d}t} = v_x \dfrac{R}{R + y} \\ \dfrac{\mathrm{d}y}{\mathrm{d}t} = v_y \\ v = \sqrt{v_x^2 + v_y^2} \end{cases} \tag{10-29}$$

积分初始条件为:$t = 0$ 时, $v_x = v_{x0} = v_0 \cos\theta_0$, $v_y = v_{y0} = v_0 \sin\theta_0$, $x_0 = y_0 = 0$。

表 10-1~表 10-3 是以 59-1 式 130mm 加农炮为例,根据式(10-29)分别考虑重力加速度随纬度和高度变化及地表曲面变化对射程影响的数值(与射表对照)。

表 10-1　重力加速度随纬度变化对射程的影响

海拔/m	药号	高角/(°)	表定射程/m	纬度/(°)				
				10	20	30	40	50
0	全	5	9843	11.9	8.9	4.3	-1.2	-7.2
		25	22168	20.8	15.5	7.6	-2.2	-12.6
		45	27468	31.3	23.5	11.5	-3.3	-18.9
	四	5	3864	5.5	4.1	2.0	-0.6	-3.3
		25	11045	13.6	10.2	5.0	-1.4	-8.2
		45	13539	16.3	12.2	6.0	-1.7	-9.8
4500	全	5	11358	15.7	11.8	5.8	-1.6	-9.4
		25	30338	33.2	24.9	12.1	-3.5	-20.1
		45	41653	62.7	47.0	23.0	-6.5	-37.7
	四	5	4153	6.5	4.9	2.4	-0.7	-4.0
		25	12799	16.4	12.3	6.0	-1.7	-9.9
		45	16047	21.2	15.9	7.8	-2.2	-12.8

表 10-2　重力加速度随弹道高度的变化对射程的影响

海拔/m	高角/(°)	全号装药		四号装药	
		表定射程/m	偏差/m	表定射程/m	偏差/m
0	5	9843	0.4	3814	0
	25	22168	10.0	11045	2.8
	45	27468	37.9	13539	8.6
4500	5	11358	12.6	4153	5.1
	25	30338	44.6	12799	16.3
	45	41653	141.7	16047	28.9

表 10-3　考虑地球表面曲率时对射程的影响

海拔/m	高角/(°)	全号装药		四号装药	
		表定射程/m	偏差/m	表定射程/m	偏差/m
0	5	9843	56.4	3814	10.1
	25	22168	16.6	11045	8.5
	45	27468	-45.2	13539	-10.4
4500	5	11358	78.1	4153	10.1
	25	30338	21	12799	2.7
	45	41653	-120.8	16047	-22.6

10.4　考虑所有非标准条件时的弹丸质心运动微分方程

综合 10.1~10.3 节的内容,可得同时考虑所有非标准条件,即弹道条件非标准、气象条件非标准、地形条件非标准时的弹丸运动微分方程组为

$$
\begin{cases}
\dfrac{\mathrm{d}v_x}{\mathrm{d}t} = -(C_b + \Delta C_b)H_1(y)G(v_r, C_1)(v_x - W_x) - 2\Omega(v_z \sin\Lambda + v_y \cos\Lambda \sin\beta) - \dfrac{v_x v_y}{R + y} \\
\dfrac{\mathrm{d}v_y}{\mathrm{d}t} = -(C_b + \Delta C_b)H_1(y)G(v_r, C_1)(v_y - W_y) + 2\Omega(v_x \cos\Lambda \sin\beta + v_z \cos\Lambda \cos\beta) - \dfrac{v_x^2}{R + y} - g_1 \\
\dfrac{\mathrm{d}v_z}{\mathrm{d}t} = -(C_b + \Delta C_b)H_1(y)G(v_r, C_1)(v_z - W_z) - 2\Omega(v_y \cos\Lambda \cos\beta - v_x \sin\Lambda) \\
\dfrac{\mathrm{d}x}{\mathrm{d}t} = v_x \dfrac{R}{R + y} \\
\dfrac{\mathrm{d}y}{\mathrm{d}t} = v_y \\
\dfrac{\mathrm{d}z}{\mathrm{d}t} = v_z \\
v_r = \sqrt{(v_x - W_x)^2 + (v_y - W_y)^2 + (v_z - W_z)^2}
\end{cases}
\tag{10-30}
$$

积分初始条件为：$t=0$ 时，$v_x = v_{x0} = (v_0 + \Delta v_0)\cos\theta_0$，$v_y = v_{y0} = (v_0 + \Delta v_0)\sin\theta_0$，$v_z = v_{z0} = 0$，$x_0 = y_0 = z_0 = 0$。式中所有符号的意义均见本节。

只要把实际的弹道条件、气象条件和地形条件代入式(10-30)积分，就能求得相应的弹道诸元。其修正量的计算问题也随之解决。但是，当目标不在炮口水平面上时，一般需进行二至三次积分后，才能求出散布中心通过目标的弹道诸元。

第 11 章　弹道特性及散布和射击误差分析

11.1　概述

本章主要讨论影响弹道的诸因素，定性的认识外弹道学中一些现象和规律，同时初步的分析射击中产生散布和射击误差的原因。

影响弹道的因素很多，每个因素中又包含随机的部分和系统的部分。随机部分对每发弹的影响各不相同，造成弹着点的散布；系统的部分可以改变平均弹着点的位置，造成系统的弹道偏差。系统的弹道偏差可以利用射表中的修正量表进行修正，但由于这些引起系统偏差的因素不可能精确预测，有些甚至根本无法预测，加之修正的不够精确，因而使修正后的平均弹着点仍偏离目标中心，造成射击误差。

在标准条件下影响射程的因素有射角、初速和弹道系数，除了以上因素外，影响射程的还有气温、气压和纵风等。

影响侧偏的有横风和跳角的横向分量，此外由于弹丸的高速旋转也将产生侧偏。

科氏惯性力对射程和侧偏都可能产生影响，在相同射击条件下它对每发弹的影响皆相同，不会产生散布。它对弹道只产生很小的、系统的影响，而且可以利用射表进行修正，所以可以认为它不会产生射击误差。

11.2　射角对弹道的影响

11.2.1　射角对射程的影响及最大射程角

随着射角的增大，射程将逐渐增大；当射程增大到某一数值后，射角继续增大时射程将逐渐减小，极值点对应的射程称为最大射程。图 11-1 给出了初速为 930m/s，弹道系数为 0.471 的射程曲线。最大射程是武器的重要性能指标之一，与最大射程 X_m 对应的射角，以 θ_{0Xm} 表示。最大射程和最大射程角都是初速和弹道系数的函数，附表 9 和 10 分别列出了最大射程和最大射程角与弹道系数和初速的关系，这些表是根据 43 年阻力定律编出的，可供参考。

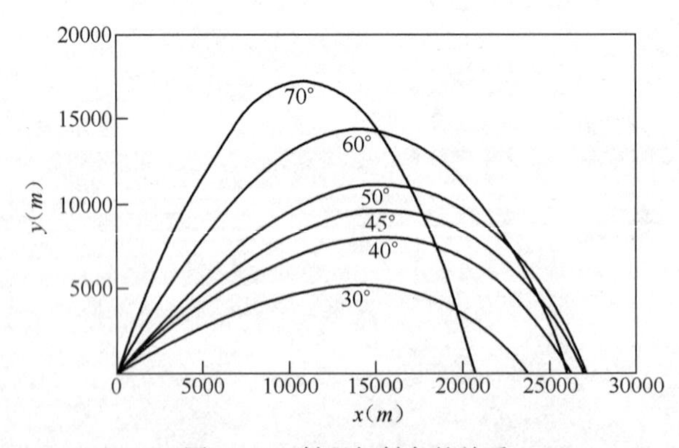

图 11-1　射程与射角的关系

图 11-2 为各种口径枪炮弹的最大射程角曲线。真空弹道（即弹道系数等于零时）的最大射程角永远是 45°，当弹道系数和初速都很小时，空气阻力对弹道影响很小，最大射

程角接近45°,随着初速和弹道系数的增大,最大射程角逐渐减小;但当初速很大时,最大射程角又逐渐增大,甚至大于45°,这是由于初速很大时弹丸可以很快穿过稠密的大气层到达近似真空的高空,此时只有射角大于45°时,达到近似真空的高空时其弹道倾角才能近似等于45°。

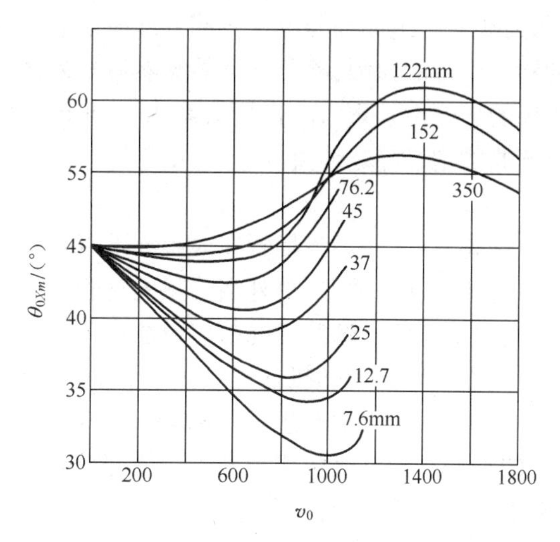

图11-2　各种口径枪炮弹的最大射程角曲线

11.2.2　射角误差产生的原因及跳角形成的机理

射角是由仰角和跳角两部分组成的。首先阐明跳角形成的机理,再介绍射角误差产生的原因。仰角是发射前炮管轴线与水平面的夹角。实际上发射过程中炮管不可能完全保持原来的位置,由于发射过程中炮管的振动和角变位,使弹丸出炮口时炮管轴线的方向并不与发射前重合。二者之间产生一个小的角度,此角度就形成了跳角的一部分。

弹在炮管内运动的过程中,其质心不仅能产生平行于炮管的速度,而且由于炮口的横向振动,还可能赋予弹丸质心一个与炮管轴线垂直的速度分量;此外,在半约束期内当弹丸绕其后定心部(或弹带)以角速度 $\dot{\varphi}$ 摆动时,也能使其质心产生一个与炮管轴线垂直的速度分量 $v_{\perp}$,如图11-3所示。此垂直分量与平行分量 $v_{//}$ 合成的结果,使合成速度矢量与炮管轴线构成一个夹角 γ, 这也是跳角的一个组成部分。

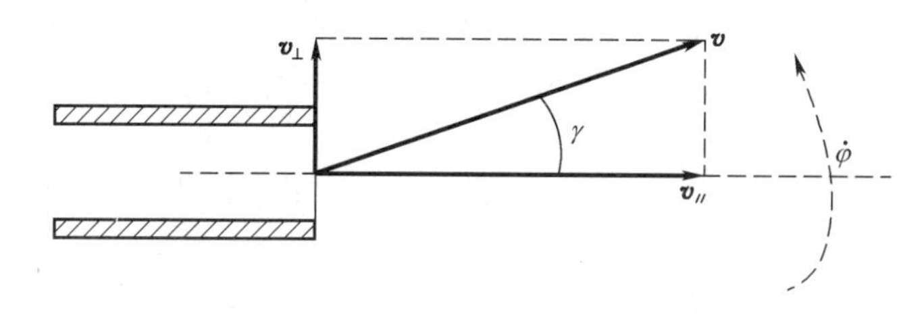

图11-3　垂直于炮管的速度分量引起的跳角

以上两部分跳角其随机成分都很大,但也可能存在一定的系统分量。

高速旋转的弹丸如果有质量偏心,其质心绕弹轴的高速旋转也能产生一个与炮管轴线垂直的速度分量。由于质量偏心的力向是任意的,所以这一垂直分量产生的跳角完全是随机的。

此外,弹丸出炮口时在半约束期内要产生一个摆动角速度,即所谓起始扰动。由此摆动角速度在自由飞行期的初始段上会使弹的飞行速度方向产生一个平均的偏转角度。这一偏转角是在出炮口以后形成的,不会影响初速的方向,它本不属于跳角的组成部分;但由于它对弹道的影响与跳角相似,而且在用立靶测量跳角时不可能将它与跳角完全区分开来,所以也可以将它作为跳角的组成部分。这一部分即所谓气动跳角。

至于产生炮管振动和角变位的原因,除了炮管的突然后坐外,炮管弯曲也是产生炮管振动的原因之一。比较长的炮管由于重力的作用或者由于加工误差,都可能产生少许弯曲。炮管内高压气体对弯曲的炮管能起伸直的作用,由于这一作用是突然发生的,所以将产生振动。

还有一些原因也能使炮管弯曲,例如当炮管在太阳光下直接曝晒时,由于太阳光照射部分单侧受热膨胀可以引起炮管向下弯曲;另外当灼热的炮管受到雨水的浇淋时,由于炮管上侧局部冷却,可以使其向上弯曲。这些情况都应设法避免。

由跳角形成的原因可以看出跳角的随机性是很大的,它是形成散布的重要原因。跳角中也可能有一些系统的成分,致使火炮产生平均跳角。此平均跳角的影响本来是可以修正的,但是由于每门炮的平均跳角与表定跳角都不可能完全相同,而且平均跳角很难准确测量,所以跳角的影响不可能得到完全修正,以致成为射角误差的主要来源之一。

下面再来说明仰角误差产生的原因。

由于瞄准具的安装误差,其光轴不可能与炮管轴线完全平行;在用象限仪赋予火炮仰角时,炮尾平台与炮管轴线也有一定的不平行度,这些都能产生系统的仰角误差。射手的操作误差,既能产生随机误差,也可能有系统误差。这些系统误差都是不可测的,因而无法修正,也将产生射击误差。

11.2.3 射程对射角的敏感程度

在不同的射角下,射程对射角变化的敏感程度是不同的。由图 11-1 可以看出,在最大射程角附近 $X\sim\theta_0$ 曲线的斜率很小,此时射角误差对弹道影响很小。相反,在射角接近 0°或 90°时曲线的斜率很大,此时射角的微小变化可以引起较大的射程变化。射程对射角的偏导数 $\partial X/\partial\theta_0$(即 $X\sim\theta_0$ 曲线的斜率)称为射程对射角的敏感因子,也叫射程对射角的修正系数,用 Q_{θ_0} 表示,Q_{θ_0} 是 c、v_0 和 θ_0 的函数,有了这三个量即可通过弹道计算,或查《地面火炮外弹道表》得到 Q_{θ_0} 值,表中数值为当射角变化 1′ 时射程的变化量。为了具体说明 Q_{θ_0} 的变化规律,表 11-1 列出了 Q_{θ_0} 的部分数值。可以看出小射角时 Q_{θ_0} 的数值都比较大,因此小射角射击时射角误差引起的散布和射击误差都很大。

表 11-1 射程对射角的敏感因子 Q_{θ_0}

v \ θ_0	$c_{43}=0.4$						$c_{43}=0.8$					
	5°	15°	30°	45°	60°	70°	5°	15°	30°	45°	60°	70°
200	2.3	1.9	1.0	−0.04	−1.1	−1.7	2.2	1.8	0.9	−0.07	−0.99	−1.5
600	13.3	7.1	3.9	0.34	−4.6	−7.9	9.4	5.1	2.5	−0.17	−3.4	−5.5
1000	24.3	11.3	7.5	3.8	−6.1	−16.2	13.9	6.4	3.6	0.36	−4.7	−8.8
1400	31.6	16.6	19.3	17.5	−11.7		16.0	7.9	5.3	3.1	−3.8	

以上规律在实践中分析问题时经常用到。例如在小射角下根据实测射程反求弹道系数时,所得的弹道系数离散程度往往很大,有时甚至出现负值。其原因在于小射角时射角误差对射程影响过大,将此射程误差归入弹道系数便会导致过大的弹道系数误差。因此这样测得的弹道系数是没有意义的。

11.3 弹道系数对弹道的影响

11.3.1 口径和弹丸质量对弹道的综合影响

从弹道系数的定义 $\left(c = \dfrac{id^2}{m} \times 10^3\right)$ 看来,似乎口径 d 越大则弹道系数越大,其实不然,随着口径的增大,弹丸质量必然同时增大,而且增大得更多。对于同种类型的弹丸(例如同为穿甲弹),弹丸质量近似与 d^3 成正比,所以当口径增大时,弹道系数定义式的分母比分子增大得更多,故而口径越大,弹道系数越小。对于不同类型弹丸,以上规律不能永远成立,但大体上还是对的。例如枪弹,因为其口径很小,弹道系数很大,尽管其初速很大,但射程仍然很近。这并非因为枪弹所受的空气阻力大,而是其空气阻力加速度大的缘故。

11.3.2 弹道系数对散布的影响

弹丸的最大直径、弹丸形状和质量的任何随机变化都能引起弹道系数的变化和射程散布。例如弹丸最大直径在公差范围内的变化,弹丸表面粗糙度的不同和弹带被膛线切割情况的不一致性,这些都是随机的,都能引起射程散布。弹丸质量的误差虽然可以根据射表中的弹丸质量分级加以修正,但也只能得到部分修正。弹丸质量在同一个等级中仍是变化的,也会引起散布。此外由于每发弹丸质心位置和转动惯量等结构上的差异,引起弹丸飞行中攻角变化规律的不一致性,攻角大小的变化可以改变空气阻力的大小,也将产生散布。由于质点弹道不考虑攻角的存在,无法考虑这一影响。相对而言,将这一因素归入弹道系数变化更为合适,因为它与弹道系数的变化都是通过空气阻力加速度影响弹道的,而且都是由弹丸结构上的变化引起的。

在不同初速和射角下射程对弹道系数的敏感程度也是不同的,表 11-2 和表 11-3 列出了不同初速和射角下的射程对弹道系数的敏感因子(或称修正系数) $Q_{\delta c/c}$,即当弹道系数变化 1%时射程增量的绝对值。斜线下为其与对应射程的相对值的百分数,即 $100Q\dfrac{\delta c}{c}/X$ 。由表 11-2、表 11-3 中数值看出,在小射角下 $Q_{\delta c/c}$ 及其相对值都比较小,这是因为弹道系数是通过改变弹丸速度来影响弹道的,而它改变弹丸速度需要一段时间过程,小射角时由于飞行时间很短,弹道系数尚未来得及充分发挥作用,因而对弹道影响小。当射角增大时, $Q_{\delta c/c}$ 逐渐增大,在超过某一射角后 $Q_{\delta c/c}$ 有所减小,但其相对值仍在继续增大。只有在初速和射角都很大时,其相对值才有所下降(表 11-2 的右下角),原因是在此情况下弹道高很高,很大一部分弹道是在稀薄空气中,因而空气阻力影响变小。但这种情况实际是很少出现的,如此高速的火炮一般不会在很大射角下射击。随着初速的增大,空气阻力的影响增大, $Q_{\delta c/c}$ 及其相对值将很快增大。

表 11-2 射程对弹道系数的敏感因子($c_{43}=0.4$)

θ_0 / v_0	$c_{43}=0.4$					
	5°	15°	30°	45°	60°	70°
200	0.1/0.01	0.8/0.04	2.2/0.07	3.0/0.08	2.7/0.08	2.0/0.08
600	10.3/0.20	39.7/0.37	61.2/0.39	75.0/0.42	71.9/0.46	55.6/0.46
1000	39.7/0.35	121/0.58	207/0.71	291/0.85	289/0.85	224/0.82
1400	81.7/0.47	214/0.70	436/0.95	702/1.10	653/1.00	

表 11-3 射程对弹道系数的敏感因子($c_{43}=0.8$)

θ_0 / v_0	$c_{43}=0.8$					
	5°	15°	30°	45°	60°	70°
200	0.2/0.03	1.4/0.07	3.6/0.12	5.0/0.14	4.5/0.15	3.3/0.15
600	13.4/0.32	33.6/0.41	54.1/0.47	66.3/0.52	61.2/0.55	47.0/0.55
1000	42.2/0.50	84.1/0.61	121/0.66	149/0.74	157/0.86	132/0.92
1400	73.8/0.61	133/0.72	195/0.80	281/1.00	384/1.34	

11.4 初速对弹道的影响

11.4.1 初速误差产生的原因

弹丸和火药的质量都是在一定公差范围内变化的,都会产生初速误差。弹丸质量变化不仅影响弹道系数,而且影响初速,二者引起的射程偏差符号是相反的,射表中的修正量是综合二者影响算出的总的修正量。在利用射表中的修正量进行修正时,只能得到部分修正,仍将引起散布。每发弹的火药质量都是随机变化的,且每组火药质量的平均值也不相同,由内弹道学知火药的质量也将影响初速。射表中没有对火药质量的修正,火药质量的误差不仅会引起散布,而且可以改变平均弹着点的位置,产生射击误差。

火药温度偏离表定值也会产生初速误差。药温的误差可以利用射表中的修正量进行修正,但由于很难精确测出火药内部的温度,所以修正后仍会有一定的误差,这一误差将造成射击误差。如果每发弹的药温不完全相同,则射击时还会产生散布。

迫击炮弹在炮管内运动时,弹炮之间有比较大的间隙。每发弹的最大直径皆不相同,弹炮间隙也各不相同,由于漏出火药气体质量的多少不同也会影响初速。此初速误差随机性较大,是引起迫击炮弹初速散布的重要原因。

此外,随着火炮射击发数的增加,炮管的磨损和药室容积的变化将使初速逐渐减小,此初速误差称为初速减退量,这一误差可以利用射表中的修正量进行修正。但由于初速减退量存在测量误差,故而仍将存在一定的系统误差,即射击误差。

11.4.2 射程对初速的敏感程度

射程随初速的增大而增大,在不同的弹道条件下其敏感程度有所不同。表 11-4、表

11-5 列出了不同初速和射角下射程对初速的敏感因子 Q_{v_0}，即初速变化 1m/s 时射程的增量，斜线下为其相对量（即 $100Q_{v_0}/X$）。从表 11-4、表 11-5 中看出 Q_{v_0} 随射角增大而增大，大射角时略有减小，但其相对量变化不大；随着弹道系数的减小，Q_{v_0} 及其相对量都将增大，这说明阻力影响减小后射程对初速将更敏感。由此可知对于底部排气弹如果不大力减小初速的概率误差，则初速引起的射程散布必然很大。

表 11-4 射程对初速的敏感因子 θ_{v_0}

θ_0 \ v_0	$c_{43}=0.4$					
	5°	15°	30°	45°	60°	70°
200	10.9/1.56	18.8/0.96	30.8/0.93	34.6/0.92	29.8/0.92	22.2/0.92
600	14.2/0.28	24.6/0.23	29.9/0.19	33.7/0.19	32.9/0.20	25.6/0.21
1000	16.3/0.14	25.2/0.12	37.8/0.13	57.0/0.17	65.1/0.19	55.5/0.20
1400	15.1/0.09	23.0/0.08	46.6/0.10	91.7/0.14	102/0.15	

表 11-5 射程对初速的敏感因子 θ_{v_0}

θ_0 \ v_0	$c_{43}=0.8$					
	5°	15°	30°	45°	60°	70°
200	6.7/0.97	17.5/0.93	27.4/0.89	29.9/0.86	25.6/0.86	19.2/0.86
600	10.3/0.24	14.4/0.18	16.8/0.14	18.8/0.15	16.5/0.15	12.9/0.15
1000	10.2/0.12	13.0/0.09	16.2/0.09	19.3/0.09	20.6/0.11	17.3/0.12
1400	8.5/0.07	1.8/0.06	14.8/0.06	21.7/0.08	32.3/0.11	

11.5 气象条件对弹道的影响

11.5.1 气象条件对散布和射击误差的影响

气温和气压都是缓慢变化的，在一组弹的射击过程中可以认为是不变的，它们对散布没有影响。但是测量气温的误差和近似层权的误差使气温的影响不可能得到准确的修正，因而将产生一定的射击误差。

风的变化比气温、气压快，因而可能产生散布。风的变化主要在低空，高空风是比较恒定的，越靠近地面，风的阵性越大。考虑地面炮的层权是上面大、下面小，也就是高空风起作用大、低空风起作用小，当弹道比较高时，风对炮弹散布的影响是比较小的。反之，火箭的风偏主要产生在主动段，而且越靠近炮口，弹道对风越敏感。所以低空风（特别是地面风）的阵性必然使火箭产生较大散布。

目前气球测风的误差是比较大的，而且由于测风与射击的地点和时间上的差异又会造成一定的系统误差，再加上近似层权的误差，所以风的修正不准确性对弹丸可能造成较大的射击误差。

11.5.2 弹道对气象条件的敏感程度

气压直接影响空气密度，而且成正比关系。由空气阻力加速度的一般表达式，可知空气密度和弹道系数对空气阻力加速度的影响是相同的。可以证明射程对地面气压的敏感因子与 $Q_{\delta c/c}$ 完全相同，$Q_{\delta c/c}$ 也可以当成当地面气压变化1%时射程的变化量。

射程对纵风的敏感因子 Q_{w_x} 及弹道对横风的敏感因子 Q_{w_z} 的变化规律与 $Q_{\delta c/c}$ 相似：即在小射角时 Q_{w_x}、Q_{w_z} 及其相对值都比较小；当射角增大时 Q_{w_x} 和 Q_{w_z} 逐渐增大，在超过某一射角时有所减小，但其相对值仍继续增大，只有在初速和射角都很大时其相对值才有所下降。它们与 $Q_{\delta c/c}$ 相似并非偶然，原因在于纵风和横风都是通过改变空气阻力加速度的大小或方向来影响弹道的。表11-6～表11-9分别列出了 Q_{w_x} 和 Q_{w_z} 的数值，斜线下为与对应射程的相对值。由表11-6～表11-9看出，一般情况下 Q_{w_x} 和 Q_{w_z} 皆随弹道系数增大而增大。只有个别情况下才略有减小，但其相对值仍是增大的。

气温一方面通过改变空气密度影响弹道，另一方面又通过改变声速和阻力系数影响弹道，且在 $c_{x_0}Ma$ 曲线的上升段和下降段其影响又不相同，所以 Q_τ 的变化规律较为复杂见表11-10、表11-11。不过由于空气密度的变化还是起主导作用的，所以 Q_τ 总的变化规律与 $Q_{\delta c/c}$ 相似。只有在初速和射角都比较大的情况下才偶尔出现负值，这种情况在实际中很少遇见。

表11-6　射程对纵风的敏感因子 Q_{w_x}

v_0 \ θ_0	$c_{43}=0.4$					
	5°	15°	30°	45°	60°	70°
200	0	0.7/0.04	2.1/0.06	3.1/0.08	3.4/0.11	2.9/0.12
600	2.5/0.05	13.8/0.13	32.9/0.21	43.3/0.25	41.6/0.26	36.6/0.30
1000	6.7/0.06	25.8/0.12	50.6/0.17	67.3/0.20	71.3/0.21	62.4/0.23
1400	12.1/0.07	38.7/0.13	73.3/0.16	95.0/1.15	88.9/0.13	

表11-7　射程对纵风的敏感因子 Q_{w_x}

v_0 \ θ_0	$c_{43}=0.8$					
	5°	15°	30°	45°	60°	70°
200	0.3/0.04	1.3/0.07	3.7/0.12	5.6/0.16	6.0/0.20	5.2/0.23
600	7.7/0.18	17.5/0.21	34.2/0.34	44.3/0.40	44.3/0.40	41.7/0.49
1000	16.5/0.20	26.1/0.19	47.5/0.26	62.9/0.31	70.0/0.38	69.4/0.49
1400	25.9/0.21	34.3/0.19	60.5/0.25	85.1/0.30	97.4/0.34	

表11-8　射程对横风的敏感因子 Q_{w_z}

v_0 \ θ_0	$c_{43}=0.4$					
	5°	15°	30°	45°	60°	70°
200	0	0.3/0.02	1.0/0.03	1.7/0.05	2.1/0.06	2.1/0.09
600	1.6/0.03	8.3/0.08	17.6/0.11	24.1/0.14	28.1/0.18	29.3/0.24
1000	4.4/0.04	18.5/0.09	36.9/0.13	49.9/0.15	54.3/0.16	54.4/0.20
1400	7.8/0.04	27.9/0.09	52.1/0.11	64.4/0.10	67.6/0.10	

表 11-9　射程对横风的敏感因子 Q_{w_z}

θ_0 / v_0	$c_{43}=0.8$					
	5°	15°	30°	45°	60°	70°
200	0.1/0.01	0.6/0.03	1.8/0.06	3.0/0.09	3.7/0.12	3.8/0.17
600	2.5/0.06	9.6/0.12	19.3/0.17	27.0/0.21	32.3/0.29	34.1/0.40
1000	5.9/0.07	18.9/0.14	35.2/0.19	47.2/0.23	57.4/0.31	61.9/0.43
1400	9.3/0.08	26.1/0.14	46.6/0.19	66.6/0.24	80.5/0.28	

表 11-10　射程对气温的敏感因子 Q_τ

θ_0 / v_0	$c_{43}=0.4$					
	5°	15°	30°	45°	60°	70°
200	0	0.3/0.02	0.7/0.02	1.0/0.03	0.9/0.03	0.6/0.02
600	2.7/0.05	11.8/0.11	23.0/0.15	26.0/0.15	21.0/0.13	14.9/0.12
1000	10.9/0.10	28.6/0.14	35.3/0.12	20.3/0.06	4.5/0.01	-1.9/0.007
1400	24.4/0.14	50.0/0.16	46.1/0.10	1.1/0.002	-10.6/0.02	

表 11-11　射程对气温的敏感因子 Q_τ

θ_0 / v_0	$c_{43}=0.8$					
	5°	15°	30°	45°	60°	70°
200	0.1/0.01	0.5/0.03	1.2/0.04	1.7/0.05	1.5/0.05	1.0/0.04
600	3.8/0.09	13.5/0.16	22.7/0.20	25.1/0.20	21.4/0.19	16.0/0.19
1000	11.4/0.14	25.2/0.18	35.2/0.19	36.5/0.18	27.7/0.15	19.6/0.14
1400	21.5/0.18	37.9/0.20	48.9/0.20	44.9/0.16	21.3/0.07	

11.6　散布的计算与分析

11.6.1　射程散布的计算

由于气象因素对弹丸散布影响不大，影响射程散布的因素可概括为初速、射角和弹道系数三方面，故射程散布可按如下公式计算：

$$B_x = \sqrt{Q_{\theta_0}^2 \cdot B_{\theta_0}^2 + Q_{v_0}^2 \cdot B_{v_0}^2 + Q_{\delta c/c}^2 \cdot \left(\frac{100B_c}{c}\right)^2} \tag{11-1}$$

式中：B_x、B_{θ_0}、B_{v_0} 和 B_c 分别表示射程、射角、初速和弹道系数的概率误差（或称中间误差、概率偏差），其 B_{θ_0} 以（′）为单位。Q_{θ_0}、Q_{v_0}、$Q_{\delta c/c}$ 可以根据 c、v_0 和 θ_0 从弹道计算或者从《地面火炮外弹道表》中查出。

当 B_{θ_0}、B_{v_0} 和 B_c 为已知时，根据式（11-1）可算出 B_x。下面说明一下 B_{θ_0}、B_{v_0} 和 B_c 的获取方法。由于初速可以用多普勒雷达直接测量，B_{v_0} 可以利用每次试验所测初速数据直接统计而得，所用初速数据越多，则所得 B_{v_0} 越具有代表性。B_{θ_0} 目前尚无法直接测出，可利用射击试验反求。由于小射角时射角对弹道影响比较大，而弹道系数和初速影响都比较小，所以小射角时的散布可认为全部由射角误差引起。由式（11-1）忽略后面两项

即得 B_x 与 B_{θ_0} 的关系,在测出 B_x 并查出 Q_{θ_0} 后即可算出 B_{θ_0}。但考虑到小射角时弹着点的地面高差对射程影响比较大,为了避免地面不平的影响最好利用对立靶射击的方法来求 B_{θ_0},即利用立靶上弹着点的高低散布来反求 B_{θ_0}。B_c 也无法直接测量,可利用最大射程角下的射击试验来反求。在最大射程角下 $Q_{\theta_0} \approx 0$,射角误差对射程无影响,如在射击试验时同时测出这几组弹的 B_{v_0},则由式(11-1)即可

$$B_c = \frac{c}{100Q_{\delta c/c}}\sqrt{B_x^2 - Q_{v_0}^2 B_{v_0}^2} \tag{11-2}$$

在求出 B_{v_0}、B_{θ_0} 和 B_c 之后,利用式(11-1)即可计算任意射角下的射程散布。

11.6.2 方向散布的计算

引起方向散布的因素,除了跳角的横向分量外,还有偏流的误差。由于弹道弯曲,高速旋转的右旋弹丸将产生系统的右偏,即偏流。既然偏流是系统偏差,不应引起散布,但是影响偏流的因素中有质心位置、极转动惯量等,这些因素的随机误差通过改变偏流的大小也能产生方向散布。

高空风比较恒定,横风对炮弹的方向散布影响很小。

下面研究跳角横向分量引起的方向散布。如图 11-4 所示,设有一横向跳角 γ 存在,使初速矢量由 $\boldsymbol{OA}$ 转到 $\boldsymbol{OB}$,使射击面由 xOy 转到 $x'Oy$。两射击面之间的夹角即 γ 在水平面内的投影,用 γ_L 表示,下面来求 γ_L 与 γ 的关系。设两个初速矢量的矢端 A 和 B 在水平面内的投影分别为 A' 和 B',由于线段 $\overline{AB}$ 是水平的,故其投影长度不变,即

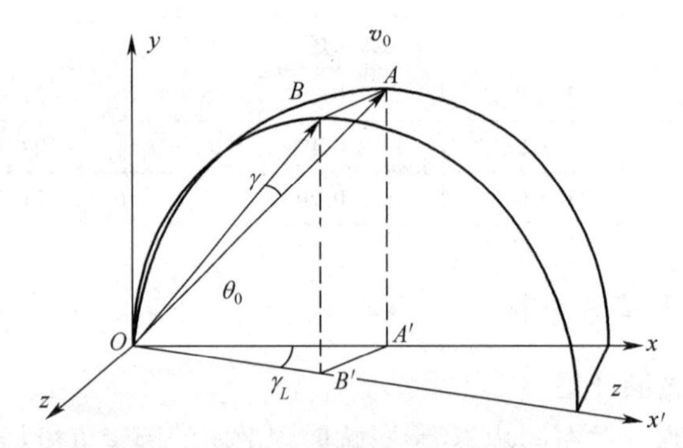

图 11-4 横向跳角与方向散布的关系

$$\overline{AB} = \overline{A'B'} \tag{11-3}$$

由于 γ 和 γ_L 都很小,当用弧度表示时有

$$\gamma = \frac{\overline{AB}}{\overline{OA}} \tag{11-4}$$

$$\gamma_L = \frac{\overline{A'B'}}{\overline{OA'}} \tag{11-5}$$

由直角三角形 OAA' 知

$$\overline{OA'} = \overline{OA}\cos\theta_0 \tag{11-6}$$

将式(11-6)代入式(11-5)中并考虑式(11-3)和式(11-4)得 γ 在水平面上的投影为

$$\gamma_L = \frac{\overline{A'B'}}{\overline{OA}\cos\theta_0} = \frac{\overline{AB}}{\overline{OA}\cos\theta_0} = \frac{\gamma}{\cos\theta_0} \tag{11-7}$$

在求得两个射击面之间的夹角后,由此而产生的侧偏即可直接求出

$$Z = X\gamma_L = \frac{X\gamma}{\cos\theta_0} \tag{11-8}$$

设跳角的概率误差为 B_r ,方向散布为 B_z ,则(B_r 以弧度为单位)

$$B_z = \frac{X}{\cos\theta_0}B_r \tag{11-9}$$

偏流误差引起的方向散布可由旋转稳定弹丸的角运动的相关理论计算。

11.6.3 散布随射程的变化规律

下面研究散布随着射程增大的变化规律,以及射程散布与方向散布的比例关系。

由于小射角时射程散布主要来自射角误差,且射程对射角的敏感因子随射角增大而减小,所以在射角很小时射程散布随射角增大而减小。随着射角的继续增大,初速和弹道系数引起的散布所占比例很快上升。所以 Q_{v_0} 和 $Q_{\delta c/c}$ 随射角的变化规律也就起了作用,于是随着射程增大射程散布逐渐增大。

从式(11-9)看出,跳角引起的方向散布是随射程增大而增大的;而偏流本身是随射程增大而急剧增大的,它的误差也是随射程而增大的,总的方向散布随射程的增大而增大。

火炮的方向散布很小,一般小于射程散布,在小射角时方向散布与射程散布的比值更小些。

火箭有完全不同的散布规律。由于偏角的纵向分量在射程散布中起主导作用,所以射程散布随射程增大而减小。另外,由于其方向散布比火炮大得多,在大射程时可以比射程散布大几倍。所以火箭的散布椭圆在小射角时纵轴比横轴长,而大射角时横轴比纵轴长。

11.6.4 射击误差及其与散布的相互关系

射击误差可概括为如下几个方面。

(1) 武器系统本身的误差:它包括每门火炮的实际跳角与表定跳角之差造成的误差、初速测量和修正的误差、瞄准具光轴与炮管轴线不平行造成的误差等。

(2) 射击准备误差:包括气象测试及其弹道平均值的计算误差,还有药温测试误差等。

(3) 射表误差和操作误差。

一般来说,射表误差的大小与散布大小有关,减小武器的散布有利于减小射表误差,因而有利于减小射击误差。同时武器散布的减小也要求相应地减小射击误差,这样才能提高射击效果。如果只注意减小散布而不同时减小射击误差是不能达到良好的射击效果的,有时甚至效果更差。射击误差大意味着平均弹着点远离目标中心,这时如果武器散布大,则偶尔还有可能出现一些远离平均弹着点的弹,还有命中目标的可能;如果武器散布很小,所有的弹着点都紧靠在平均弹着点附近,则目标上很少有落弹的可能性,如图 11-5 所示。由此可见随着武器性能的提高,散布大幅度减小,则必

须大力减小射击误差。

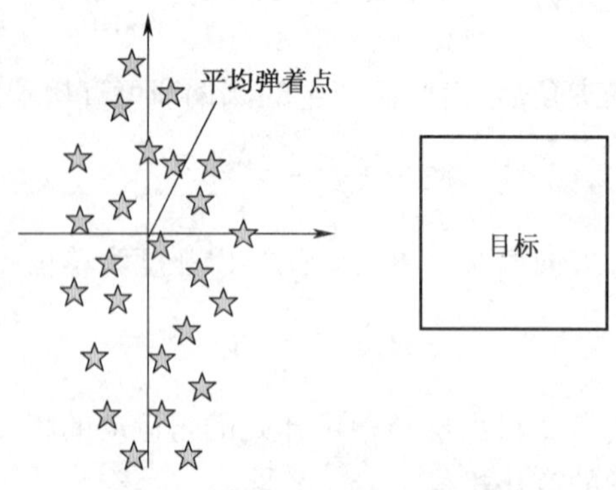

图 11-5　射击误差与散布的关系

11.7　直射弹道特性与立靶散布

11.7.1　弹道刚性原理及炮目高低角对瞄准角的影响

计算表明,在小射角条件下,射角的变化对弹道形状影响很小。小射角条件下,当射角逐渐增大时,弹道曲线像一个刚硬的弓弧一样被抬起,弹道的这一特性称为弹道刚性原理。这是一条很有用的规律,弹道的这种特性可以作如下理解。

在小射角情况下沿全弹道 $|\theta|$ 都很小,由速度坐标系内的质心弹道方程组可知,重力的分量 $g\sin\theta$ 在 $\mathrm{d}v/\mathrm{d}t$ 中只占很小比例,因而 θ_0 的变化对速度变化规律影响很小。再观察方程组中 $\mathrm{d}\theta/\mathrm{d}t = -g\cos\theta/\nu$,由于当 $|\theta|$ 很小时 $\cos\theta$ 随 θ 的变化很小,所以当射角改变时 $\mathrm{d}\theta/\mathrm{d}t$ 的变化也很小。综合以上,当射角变化时除了 θ 的初值改变外, v 和 θ 的变化规律基本不变,因而当射角增大时,相当于整个弹道向上转一个角度,而弹道形状基本上没有变化。

弹道的这一特性可以应用在很多方面。例如,当目标不在炮口水平面内时,设炮口至目标的连线与水平面的夹角(即炮目高低角)为 ε ,这时只须将原来的射角(当目标在炮口水平面时所需射角)加上 ε 作为新的射角即可命中目标(如果此射角仍很小)。射角与炮目高低角之差称为瞄准角。根据以上所述可得出结论:在炮目高低角和瞄准角都很小的条件下,炮目高低角的变化对瞄准角基本没有影响。θ_0 和 ε 越小,以上结论越精确; θ_0 和 ε 越大,其误差将越大。弹道刚性原理还可用于解决对立靶射击的校正问题,现举例加以说明。

例:某炮在用射表所赋予的射角对射距 D=1000m 的立靶射击时,设平均弹着点高于靶心,高差 $\Delta y = 1.57\mathrm{m}$ 。问需将射角作何改变才能击中靶心?

解:从炮口至靶心的连线与从炮口至平均弹着点的连线之间的夹角为

$$\Delta\alpha = \arctan\frac{\Delta y}{D} = \arctan^{-1}\frac{1.57}{1000} = 0.09^{\circ} = 1.5\mathrm{mil}$$

如果将平均弹道向下转动一个 $\Delta\alpha$,则平均弹着点即可与靶心重合。故只须将射表所赋予的射角减小 1.5mil 即可击中靶心。

需要着重指出,弹道刚性原理只适用于小射角条件。在炮目高低角 ε 比较大时,由于不满足小射角条件,弹道刚性原理不再成立,此时必须对瞄准角作适当修正才能命中目标。

在分析炮目高低角对瞄准角的影响时，可以把重力与炮目连线的垂直分量看作重力与弹道垂直分量的平均值。在仰射条件下（即 $\varepsilon > 0$），当炮目高低角 ε 增大时此垂直分力的平均值减小，使弹道曲率减小（极端情况下，即垂直向上发射时弹道为直线），因在斜距离一定的条件下 ε 越大则 α 越小。在俯射条件下（即 $\varepsilon < 0$ 时），例如当从山上向山下射击时，不仅由于重力与弹道垂直的分量减小使瞄准角减小，而且由于重力与弹道平行的分量与飞行速度方向相同，也能起使弹道曲率减小的作用，所以在 ε 为负时，随着 $|\varepsilon|$ 的增大 α 减小得更快。表 11-12 是某无坐力炮在不同斜距离上瞄准角随炮目高低角的变化情况。由表 11-12 可知总的规律是 α 随 $|\varepsilon|$ 的增大而减小，在 ε 为负值时 α 减小得更为明显。由表 11-12 还可看出 $\alpha = 5°$ 时的瞄准角与 $\varepsilon = 0°$ 时的瞄准角完全相等，说明在仰射条件下 $\varepsilon < 5°$ 时弹道刚性原理成立。但 $\varepsilon < -5°$ 时的瞄准角与 $\varepsilon = 0°$ 时的瞄准角并不完全相等，说明在俯射条件下弹刚性原理适用的范围要更小些。

表 11-12　瞄准角随炮目高低角的变化（瞄准角单位 mil）

高低角 / 斜距离	30°	20°	10°	5°	0°	−5°	−10°	−20°	−30°
100m	5.8	6.3	6.7	6.8	6.8	6.8	6.7	6.3	5.7
300m	21.0	22.8	23.8	24.1	24.1	23.9	23.6	22.4	20.4
500m	38.1	41.1	42.8	43.1	43.1	42.7	42.1	39.8	36.3

11.7.2　立靶散布分析

立靶射击时，射程散布转化为高低散布。在影响高低散布的诸因素中，影响最大的是射角的随机误差，其中主要是由跳角产生的误差。射角误差可以改变弹道的初始方向，在近距离上即可显示其作用。根据弹道刚性原理可以证明，射角误差引起的高低散布与靶距成直线关系。

初速是通过改变弹道的弯曲程度来影响立靶弹道高的。由质心弹道方程可知，速度增大，则 $|d\theta/dt|$ 减小，由此弹道曲率减小，立靶弹着点随之上移。在近距离上弹道接近直线，初速对弹道高影响很小；随着射击距离的增大，弹道弯曲程度增大，速度对弹道曲率起作用的时间也加长了，初速对弹道高的影响急剧增大。表 11-13 列出了 1%的初速误差在各靶距上引起的高低散布。从表11-13 中数据可以明显看出，在近距离上初速引起的散布是很小的，但在远距离上散布急剧增大。2000m 上的散布比 1000m 处要大 4 至 5 倍。由表 11-13 还可看出，初速越小或弹道系数越大，则高低散布越大，这是因为此时弹道更弯曲的缘故。

表 11-13　1%的初速误差在各靶距上引起的高低散布

X/m / v_0/(m/s)	$c_{43}=1.0$				$c_{43}=1.2$			
	500	1000	1500	2000	500	1000	1500	2000
800	0.04	0.18	0.41	0.78	0.04	0.18	0.44	0.85
960	0.03	0.12	0.28	0.54	0.03	0.12	0.30	0.56

弹道系数是通过影响速度变化规律进一步改变弹道弯曲程度的，它对弹道高的影响比初速更间接。弹道系数对速度的影响需要一个累积过程，因而它对近距离上的高低散布影响更小。表 11-14 列出了 1%的弹道系数误差在各靶距上引起的高低散布。从表 11-14 中数据可以明显地看出以上所述事实。同样由表 11-14 还可看出，初速越小或弹道系数越大，则高低散布越大。这同样是因为在此情况下弹道更弯曲的缘故。

表 11-14　1%的弹道系数误差在各靶距上引起的高低散布

X/m v_0/(m/s)	$c_{43}=1.0$				$c_{43}=1.2$			
	500	1000	1500	2000	500	1000	1500	2000
800	0	0.01	0.03	0.08	0	0.01	0.04	0.11
960	0	0	0.02	0.05	0	0.01	0.02	0.06

弹道越弯曲，则初速和弹道系数的变化对弹道高的影响越大；如果弹道接近直线，则初速和弹道系数的变化对弹道将几乎没有影响。由此可知，增加弹道的平直程度可以减小初速和弹道系数误差引起的高低散布。

根据以上原理可知飞机俯冲投弹比水平投弹的精度要高得多。原因是俯冲投弹时弹道弯曲程度小，初速（航速）和弹道系数误差对弹道影响小，而航速的测量误差是比较大的。

小射角情况下的纵风基本上与弹丸速度平行，它可以改变弹丸与空气的相对速度的大小，因而通过改变空气阻力影响弹道，由此知纵风对弹道高的影响与弹道系数相似。空气阻力与相对速度平方成正比，在纵风风速为弹丸速度 1%的情况下，它对弹道的影响只相当弹道系数改变万分之一的情况，由此可见纵风对高低散布的影响是很小的。

气温、气压变化很平稳，对高低散布无影响。

综上所述，射角误差是影响高低散布最直接的因素，在近距离内它是影响高低散布的唯一因素。初速是通过改变弹道曲率来影响高低散布的，在弹道比较平直的条件下它对弹道几乎没有影响。只有在远距离上，由于弹道弯曲，初速误差才对高低散布有影响，而且弹道越弯曲它的影响越大。弹道系数是通过改变速度来改变弹道曲率的。它对弹道的影响更为间接，由于它对速度的影响需要有一个过程，因而只有在更远的距离上它才对弹道有影响。各气象因素对高低散布没有影响。

影响方向散布的主要因素是跳角的横向分量。小射角下偏流很小，偏流误差对方向散布无影响。地面风阵性很大，而低伸弹道的高度又很低，所以横风对方向散布有一定的影响。在已知横风的阵性特征值后，它引起的散布可用式（11-10）计算：

$$Z_w = w_z\left(T - \frac{X}{v_0\cos\theta_0}\right) \tag{11-10}$$

式中：T 为飞行时间。

11.7.3　直射射程及有效射程

直射射程是当最大弹道高等于给定目标高度时的射程，又称直射距离或直射程。对反坦克武器而言，目标高度即坦克高度，如图 11-6 所示，一般取 2m。对步兵武器来说，目标高度一般取 0.65m。

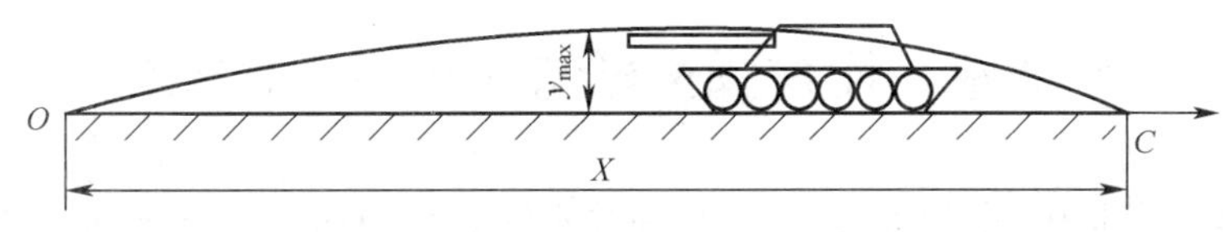

图 11-6 直射距离的概念

直射距离是衡量弹道平直程度的指标,或者说是衡量武器直射性能好坏的指标。直射距离的大小对于直接瞄准射击有重要意义。前面在分析影响高低散布的因素时曾指出,初速和弹道系数的误差都是通过改变弹道曲率来影响高低散布的。弹道越直,也就是直射性能越好,则初速和弹道系数对高低散布影响越小。此外,弹道直射性能愈越好,炮目距离的测量误差造成的射击误差也越小。原因是在射程一定的条件下,弹道越直则落角 $|\theta_c|$ 越小,而炮目距离测量误差 Δx 与其造成的高低误差 Δy 的关系,如图 11-7 所示,图中 A 点为目标位置, C 点为瞄准点。

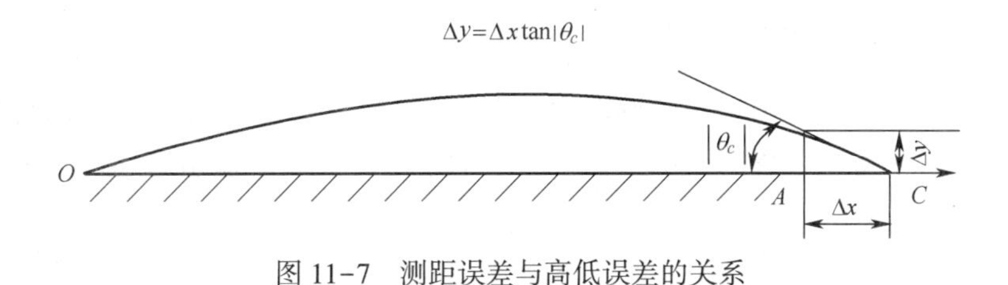

图 11-7 测距误差与高低误差的关系

总之,直射性能好对于减小立靶射击时的高低射击误差和高低散布都是有利的。

直射射程可以通过弹道计算得到,附表 7 为在给定初速和弹道系数下的直射距离,附表 8 为对应直射距离的射角。

下面顺便说明一下直射射程与有效射程的关系。有效射程是指达到规定射击效力的射程。直射射程与有效射程是两个完全不同的概念。直射性能好时可以减小测距误差对射击误差的影响,对提高有效射程能起一定作用,但是直射程的大小不能决定有效射程的大小。因为直射程的大小只与初速和弹道系数有关,而影响有效射程的因素则是多方面的,它包括武器的散布大小和直射性能好坏,射表与瞄准装置的误差大小,测距与测风误差的大小以及射手的操作水平等多方面因素。所以尽管有效射程与直射程有一定的关系,但不可将二者混为一谈。

第 12 章　刚体弹道学与飞行稳定性简介

在弹道运动过程中，受到各种扰动，弹轴并不能始终与质心速度方向一致，于是形成攻角，对于高速旋转弹又称为章动角。由于攻角的存在又产生了与之相应的空气动力和力矩，例如升力、马格努斯力、静力矩、马格努斯力矩等。攻角 δ 不断地变化，产生复杂运动。如果攻角 δ 始终较小，弹丸将能平稳地飞行；如果攻角很大，甚至不断增大，则弹丸运动很不平稳，甚至翻跟斗坠落，这就出现了运动不稳。此外，各种随机因素（如起始扰动和阵风）产生的角运动情况各发弹都不同，对质心运动影响的程度也不同，这也将形成弹丸质心弹道的散布和落点散布。

为了研究弹丸角运动的规律及它对质心运动的影响，进行弹道计算、稳定性分析和散布分析，必须首先建立弹丸作为空间自由运动刚体的运动方程或刚体弹道方程。

12.1　坐标系及坐标变换

弹丸的运动规律不以坐标系的选取而改变，但坐标系选得恰当与否却影响着建立和求解运动方程的难易和方程的简明易读性。本节介绍外弹道学常用坐标系及它们之间的转换关系。

12.1.1　坐标系

1. 地面坐标系 o_1xyz(E)

此坐标系记为(E)，其原点在炮口断面中心，o_1x 轴沿水平线指向射击方向，o_1y 轴铅垂向上，o_1xy 铅垂面称为射击面，o_1z 轴按右手法则确定为垂直于射击面指向右方。此坐标系用于确定弹丸质心的空间坐标，如图 12-1 所示。

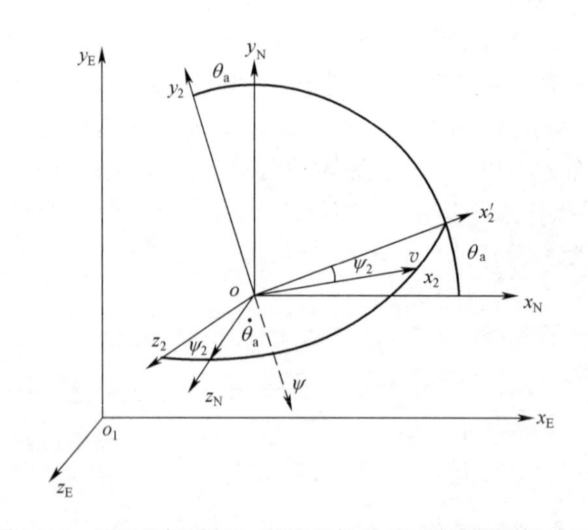

图 12-1　地面坐标系(E)、基准坐标系(N)和速度坐标系(V)

2. 基准坐标系 $ox_Ny_Nz_N$(N)

此坐标系记为(N)，它是由地面坐标系平移至弹丸质心 o 而成，随质心一起平动。此坐标系用于确定弹轴和速度的空间方位，见图 12-1。

3. 弹道坐标系 $ox_2y_2z_2$(V)

此坐标系记为(V),其 ox_2 轴沿质心速度矢量$\boldsymbol{v}$ 的方向,oy_2 轴垂直于速度向上,oz_2 按右手法则确定为垂直于 ox_2y_2 平面向右为正。

弹道坐标系可由基准坐标系经两次旋转而成。第一次是(N)系绕 oz_N 轴正向右旋 θ_a 角到达 $ox_2'y_2$ 位置,第二次是 $ox_2'y_2z_N$ 系绕 oy_2 轴负向右旋 ψ_2 角达到 $ox_2y_2z_2$ 位置。称 θ_a 为速度高低角,ψ_2 角为速度方向角,见图 12-1。弹道坐标系(V)随速度矢量$\boldsymbol{v}$ 的变化而转动,是个转动坐标系,因它相对于(N)系的方位由 θ_a 和 ψ_2 确定,故其角速度矢量 $\boldsymbol{\Omega}$ 为

$$\boldsymbol{\Omega} = \dot{\theta}_a + \dot{\boldsymbol{\psi}}_2 \tag{12-1}$$

式中,$\dot{\boldsymbol{\theta}}_a$ 矢量沿 oz_N 方向;$\dot{\boldsymbol{\psi}}_2$ 矢量沿 oy_2 轴负向。

4. 弹轴坐标系 $o\xi\eta\zeta$(A)

此坐标系也称第一弹轴坐标系,记为(A)。其 $o\xi$ 轴为弹轴,$o\eta$ 轴垂直于 $o\xi$ 轴指向上方,$o\zeta$ 轴按右手法则垂直于 $o\xi\eta$ 平面指向右方,如图 12-2 所示。

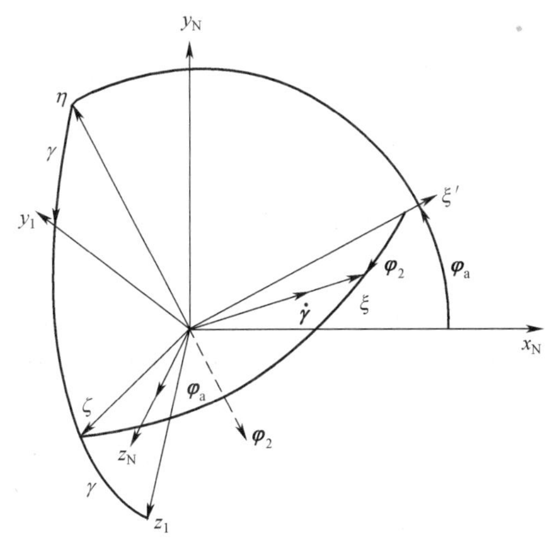

图 12-2 弹轴坐标系(A)、弹体坐标系(B)和基准坐标系(N)

弹轴坐标系可以看作是由基准坐标系(N)经两次转动而成;第一次是(N)系绕 oz_N 轴正向右旋 φ_a 角到达 $o\xi'\eta z_N$ 位置,第二次是 $o\xi'\eta z_N$ 系绕 $o\eta$ 轴负向右旋 φ_2 角而到达 $o\xi\eta\zeta$ 位置。称 φ_a 为弹轴高低角,φ_2 为弹轴方位角,此两角决定了弹轴的空间方位。

弹轴是随弹轴方位变化而转动的动坐标系,其转动角速度 $\boldsymbol{\omega}_1$ 是 $\dot{\boldsymbol{\varphi}}_a$ 和 $\dot{\boldsymbol{\varphi}}_2$ 之和,即

$$\boldsymbol{\omega}_1 = \dot{\boldsymbol{\varphi}}_a + \dot{\boldsymbol{\varphi}}_2 \tag{12-2}$$

式中:$\dot{\boldsymbol{\varphi}}_a$ 矢量沿 oz_N 方向;$\dot{\boldsymbol{\varphi}}_2$ 矢量沿 $o\eta$ 轴负向。

5. 弹体坐标系 $ox_1y_1z_1$(B)

此坐标系记为(B),其 ox_1 轴仍为弹轴,但 oy_1 和 oz_1 轴固连在弹体上并与弹体一同绕纵轴 ox_1 旋转。设从弹轴坐标系转过的角度为 γ,则此坐标系的角速度 $\boldsymbol{\omega}$ 要比弹轴坐标系的角速度矢量 $\boldsymbol{\omega}_1$ 多一个自转角速度矢量 $\dot{\boldsymbol{\gamma}}$,即

$$\boldsymbol{\omega} = \boldsymbol{\omega}_1 + \dot{\boldsymbol{\gamma}} \tag{12-3}$$

式中：$\dot{\gamma}$ 对于右旋弹指向弹轴前方。由于 ox_1 轴和 $o\xi$ 轴都是弹轴，因此坐标面 $oy_1\dot{z}_1$ 与坐标面 $o\eta\zeta$ 重合，两坐标系只相差一个转角 γ，如图 12-2 所示。

6. 第二弹轴坐标系 $o\xi\eta_2\zeta_2$(A_2)

此坐标记为 A_2，其 $o\xi$ 轴仍为弹轴，但 $o\eta_2$ 和 $o\zeta_2$ 轴不是自基准坐标系(N)旋转而来，而是自速度坐标系 $oy_2y_2z_2$(V)旋转而来：第一次是 $ox_2y_2z_2$ 绕 oz_2 轴旋转 δ_1 角到达 $o\xi''\eta_2z_2$ 位置，再由 $o\xi''\eta_2z_2$ 绕 $o\eta_2$ 轴负向转 δ_2 角到达 $o\xi\eta_2\zeta_2$ 位置，如图 12-3 所示。称 δ_1 为高低攻角，δ_2 为方向攻角。此坐标系用于确定弹轴相对于速度的方位和计算空气动力。

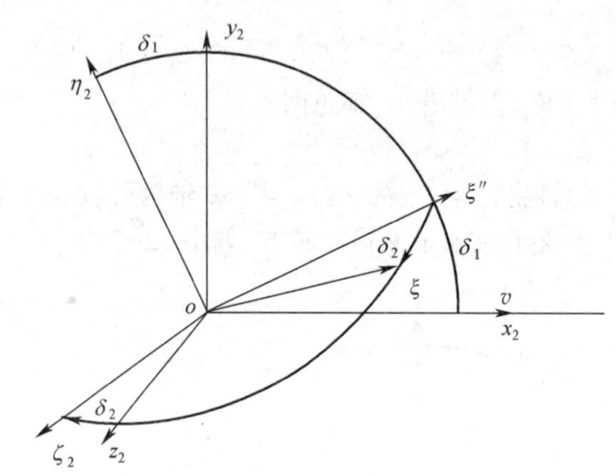

图 12-3　第二弹轴坐标系(A_2)与速度坐标系(V)的关系

12.1.2　各坐标间的转换关系

在建立弹丸运动方程时，常要将在某一坐标系中确定的作用力或力矩转换到另一坐标系中去，故必须建立各坐标系间的转换关系，这些关系可利用投影法或矩阵运算求得。

1.弹道坐标系(V)与基准坐标系(N)间的关系

由图 12-1 可见，沿弹道坐标系 ox_2 轴速度 $\boldsymbol{v}$ 在地面系 o_1xyz 三轴上的投影分别为

$$\begin{cases} v_x = v\cos\psi_2\cos\theta_a \\ v_y = v\cos\psi_2\sin\theta_a \\ v_z = v\sin\psi_2 \end{cases} \tag{12-4}$$

显然，ox_2 轴上的单位矢量 $\boldsymbol{i}_2$ 在地面坐标系(E)或基准坐标系(N)上的分量为

$$\boldsymbol{i}_2 = (\cos\psi_2\cos\theta_a, \cos\psi_2\sin\theta_a, \sin\psi_2) \tag{12-5}$$

同理可得 oy_2 和 oz_2 轴上的单位矢量 $\boldsymbol{j}_2$、$\boldsymbol{k}_2$ 在基准坐标系三轴上的投影，于是可得如表 12-1 所列的投影表，也称方向余弦表或坐标转换表。

表 12-1　弹道坐标系与基准坐标系间的方向余弦表

坐标系	ox_N	oy_N	oz_N	$\sum b^2$
ox_2	$\cos\psi_2\cos\theta_a$	$\cos\psi_2\sin\theta_a$	$\sin\psi_2$	1
oy_2	$-\sin\theta_a$	$\cos\theta_a$	0	1
oz_2	$-\sin\psi_2\cos\theta_a$	$-\sin\psi_2\sin\theta_a$	$\cos\psi_2$	1
$\sum a^2$	1	1	1	

由表 12-1 可见，表中每一横行各元素的平方和等于 1，每一直列各元素的平方和也

等于1,这是由于这种变换是正变换所致,这也是检查投影表是否正确的一种方法。

有了表12-1就很容易将地面坐标系中的矢量投影到弹道坐标系中去,或者相反,如重力$G = mg$沿oy_N轴负向铅垂向下,则它在弹道坐标系(V)上的投影由表12-1可查得依次为

$$\begin{cases} G_{x_2} = -mg\sin\theta_a\cos\psi_2 \\ G_{Y_2} = -mg\cos\theta_a \\ G_{z_2} = mg\sin\theta_a\sin\psi_2 \end{cases} \tag{12-6}$$

表12-1中的转换关系也可写成矩阵形式,即

$$\begin{cases} \begin{pmatrix} X_2 \\ Y_2 \\ Z_2 \end{pmatrix} = A_{VN}\begin{pmatrix} X_N \\ Y_N \\ Z_N \end{pmatrix} \\ \boldsymbol{A}_{VN} = \begin{pmatrix} \cos\psi_2\cos\theta_a & \cos\psi_2\sin\theta_a & \sin\psi_a \\ -\sin\theta_a & \cos\theta_a & 0 \\ -\sin\psi_2\cos\theta_a & -\sin\psi_2\sin\theta_a & \cos\psi_2 \end{pmatrix} \end{cases} \tag{12-7}$$

矩阵A_{VN}称为由基准坐标系(N)向弹道坐标系(V)转换的转换矩阵或方向余弦矩阵,由于此矩阵来自变换表12-1,故它是一个正交矩阵。根据正交矩阵的性质,其逆矩阵等于转置矩阵,由此可得如下逆变换以及式中A_{NV}是从弹道坐标系向基准坐标系转换的转换矩阵:

$$\begin{pmatrix} x_N \\ y_N \\ z_N \end{pmatrix} = A_{NV}\begin{pmatrix} x_2 \\ y_2 \\ z_2 \end{pmatrix}$$

及

$$A_{NV} = A_{VN}^{-1} = A_{VN}^{T} \tag{12-8}$$

2. 弹轴坐标系(A)与基准坐标系(N)间的转换关系

根据与上相同的步骤,将弹轴坐标系(A)三轴上的单位矢量分别向基准坐标系(N)三轴上投影,立即得到如表12-2所列的方向余弦表。

表12-2　弹轴坐标系(A)与基准坐标系(N)间的方向余弦表

坐标系	ox_N	oy_N	oz_N
ξ	$\cos\varphi_2\cos\varphi_a$	$\cos\varphi_2\sin\varphi_a$	$\sin\varphi_2$
η	$-\sin\varphi_a$	$\cos\varphi_a$	0
ζ	$-\sin\varphi_2\cos\varphi_a$	$-\sin\varphi_2\sin\varphi_a$	$\cos\varphi_2$

实际上只要将表12-1中的θ_a改为φ_a,ψ_2改为φ_2即可得到此表。如以$\boldsymbol{A}_{AN}$记以上方向余弦表所相应的方向余弦矩阵,以$\boldsymbol{A}_{NA}$记从弹轴系向基准系转换的方向的余弦矩阵,则有

$$\begin{pmatrix} \xi \\ \eta \\ \zeta \end{pmatrix} = \boldsymbol{A}_{AN}\begin{pmatrix} x_N \\ y_N \\ z_N \end{pmatrix} \text{ 和 } \begin{pmatrix} x_N \\ y_N \\ z_N \end{pmatrix} = \boldsymbol{A}_{NA}\begin{pmatrix} \xi \\ \eta \\ \zeta \end{pmatrix} \text{ 及 } \boldsymbol{A}_{NA} = \boldsymbol{A}_{AN}^{-1} = \boldsymbol{A}_{AN}^{T} \tag{12-9}$$

3. 弹体坐标系(B)与弹轴坐标系(A)间的关系

弹体坐标系 $ox_1y_1z_1$ 轴与弹轴坐标系 $o\xi\eta\zeta$ 轴仅仅是坐标平面 oy_1z_1 相对于坐标平面 $o\eta\zeta$ 转过一个自转角 γ,如图 12-2 中所示,得到如下的方向余弦表 12-3。

表 12-3 弹体坐标系(B)与弹轴坐标系(A)间的方向余弦表

坐标系	x_1	y_1	z_1
ξ	1	0	0
η	0	$\cos\gamma$	$-\sin\gamma$
ζ	0	$\sin\gamma$	$\cos\gamma$

将与此表相应的转换矩阵记为 A_{AB},则有 $A_{BA} = A_{AB}^{-1} = A_{AB}^{T}$

4. 第二弹轴坐标系(A_2)与弹道坐标系(V)之间的关系

由图 12-3 可见,从弹道坐标系(V)经两次转动 δ_1、δ_2 到达第二弹轴坐标系(A_2)的转动关系只需将表 12-2 中的 φ_a 改为 δ_1、φ_2 改为 δ_2,即可。于是得表 12-4。

表 12-4 第二弹轴坐标系(A_2)与速度坐标系(V)间的方向余弦表

坐标系	x_2	y_2	z_2
ξ	$\cos\delta_2\cos\delta_1$	$\cos\delta_2\sin\delta_1$	$\sin\delta_2$
η	$-\sin\delta_1$	$\cos\delta_1$	0
ζ	$-\sin\delta_2\cos\delta_1$	$-\sin\delta_2\sin\delta_1$	$\cos\delta_2$

记以上方向余弦表相应的转换矩阵为 $\boldsymbol{A}_{A_2V}$,则有 $\boldsymbol{A}_{VA_2} = \boldsymbol{A}_{A_2V}^{-1} = \boldsymbol{A}_{A_2V}^{T}$。

5. 第二弹轴坐标系(A_2)与第一弹轴坐标系(A)之间的关系

第一弹轴坐标系(A)与第二弹轴坐标系(A_2)的 $o\xi$ 轴都是弹丸的纵轴,故坐标平面 $o\eta\zeta$ 与坐标平面 $o\eta_2\zeta_2$ 都与弹轴垂直,二者只相差一个转角 β,如图 12-4 所示。

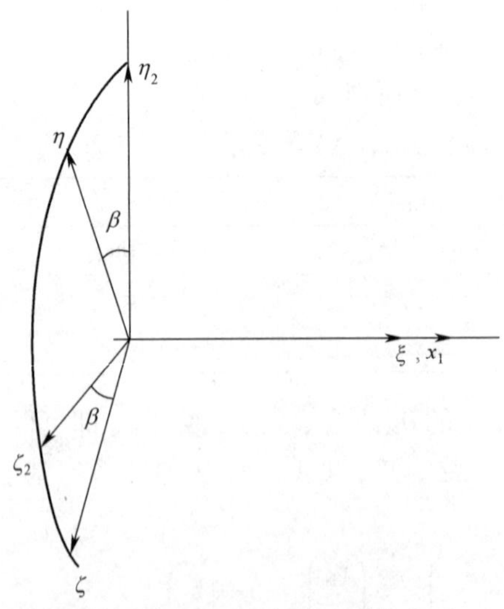

图 12-4 第二弹轴坐标系(A_2)与第一弹轴坐标系(A)间的关系

设由 $o\xi\eta_2\zeta_2$ 绕弹丸纵轴右旋至 $o\xi\eta\zeta$ 系时 β 为正，则得此二坐标系间的方向余弦表见表 12-5。

表 12-5 第二弹轴坐标系(A_2)与第一弹轴坐标系间的方向余弦表

坐标系	ξ	η	ζ
ξ	1	0	0
η	0	$\cos\beta$	$\sin\beta$
ζ	0	$-\sin\beta$	$\cos\beta$

记此表相应的方向余弦矩阵为 A_{AA_2}，则有

$$\boldsymbol{A}_{\mathrm{A}_2\mathrm{A}} = \boldsymbol{A}_{\mathrm{AA}_2}^{-1} = \boldsymbol{A}_{\mathrm{AA}_2}^{\mathrm{T}}$$

6.各方位角之间的关系

容易看出，在 θ_a、ψ_2、φ_a、φ_2、δ_1、δ_2、γ、β 这 8 个角度中，除了 γ 外，余下的 7 个角度不都是独立的，如当由 θ_a、ψ_2 和 φ_a、φ_2 分别确定了弹道坐标系和弹轴坐标系相对于基准坐标系的位置后，则此二坐标系的相互位置也就确定，于是 β 以及 δ_1、δ_2 就不是可以任意变动的了，而是由 θ_a、ψ_2、φ_a、φ_2 来确定。当然也可以由 δ_1、δ_2 和 φ_a、φ_2 确定 θ_a、ψ_2，即应有三个几何关系式作为这些角度之间的约束。

用如下方程式可求得这三个几何关系式，即由两种途径将弹轴坐标系中的量转换到速度坐标系中去。第一种途径是经由第二弹轴坐标系转换到速度坐标系中去，第二个途径是经由基准坐标系转换到速度坐标系中去，这两种转换的结果应相等，即应有 $\boldsymbol{A}_{\mathrm{VA}_2}\boldsymbol{A}_{\mathrm{A}_2\mathrm{A}} = \boldsymbol{A}_{\mathrm{VN}}\boldsymbol{A}_{\mathrm{NA}}$，在此等式两边的 3×3 矩阵中选三个对应元素相等，选的原则是易算、易判断角度的正负号，得

$$\sin\delta_2 = \cos\psi_2\sin\varphi_2 - \sin\psi_2\cos\varphi_2\cos(\varphi_a - \theta_a) \tag{12-10}$$

$$\sin\delta_1 = \cos\varphi_2\sin(\varphi_a - \theta_a)/\cos\delta_2 \tag{12-11}$$

$$\sin\beta = \sin\psi_2\sin(\varphi_a - \theta_a)/\cos\delta_2 \tag{12-12}$$

在弹道计算时直接用此三式。对于正常飞行的弹丸，弹轴与速度之间的夹角很小，弹道偏离射击面也很小，这时 δ_1、δ_2、φ_2、ψ_2、$\varphi_a - \theta_a$ 均为小量，并略去二阶小量，于是有

$$\begin{cases}\beta \approx 0 \\ \delta_1 \approx \varphi_a - \theta_a \\ \delta_2 \approx \varphi_2 - \psi_2\end{cases} \tag{12-13}$$

在进行角运动和稳定性分析时采用式(12-13)。

12.2 弹丸运动方程的一般形式

弹丸的运动可分为质心运动和围绕质心的运动。质心运动规律由质心运动定理确定，围绕质心的转动则由动量矩定理来描述。为了使运动方程形式简单，将质心运动矢量方程向弹道坐标系分解，围绕质心运动矢量方程向弹轴坐标系投影以得到标量形式的方程组。

12.2.1 弹道坐标系上的弹丸质心运动方程

弹丸质心相对于惯性坐标系的运动服从质心运动定理，即

$$m\frac{\mathrm{d}\boldsymbol{v}}{\mathrm{d}t}=\boldsymbol{F} \tag{12-14}$$

这里设地面坐标系为惯性坐标系,至于地球旋转的影响可以用在方程的右边加上科氏惯性力来考虑。现将此方程向弹道坐标系 $Ox_2y_2z_2$ 上分解,这时必须注意到弹道坐标系是一动坐标系,其转动角速度 $\boldsymbol{\Omega}$ 为式(12-1),由图 12-1 知它在 $Ox_2y_2z_2$ 三轴上的分量为

$$(\Omega_{x_2},\Omega_{y_2},\Omega_{z_2})=(\dot{\theta}_\mathrm{a}\sin\psi_2,\ -\dot{\psi}_2,\dot{\theta}_\mathrm{a}\cos\psi_2) \tag{12-15}$$

如果用 $\dfrac{\partial\boldsymbol{v}}{\partial t}$ 表示速度 $\boldsymbol{v}$ 相对于动坐标系 $Ox_2y_2z_2$ 的矢端速度(或相对导数),而 $\boldsymbol{\Omega}\times\boldsymbol{v}$ 是由于动坐标系以 $\boldsymbol{\Omega}$ 转动产生的牵连矢端速度,则绝对矢端速度为二者之和,即

$$\frac{\mathrm{d}\boldsymbol{v}}{\mathrm{d}t}=\frac{\partial\boldsymbol{v}}{\partial t}+\boldsymbol{\Omega}\times\boldsymbol{v} \tag{12-16}$$

以 $\boldsymbol{i}_2$、$\boldsymbol{j}_2$、$\boldsymbol{k}_2$ 表示弹道坐标系三轴上的单位矢量,故 $\boldsymbol{v}=v\boldsymbol{i}_2$,又设外力的矢量 $\boldsymbol{F}$ 在弹道坐标系三轴上的分量依次为 F_{x_2},F_{y_2},F_{z_2},则由方程(12-14)得到质心运动方程的标量方程如下:

$$\begin{cases}m\dfrac{\mathrm{d}v}{\mathrm{d}t}=F_{x_2}\\ mv\cos\psi_2\dfrac{\mathrm{d}\theta_\mathrm{a}}{\mathrm{d}t}=F_{y_2}\\ mv\dfrac{\mathrm{d}\psi_2}{\mathrm{d}t}=F_{z_2}\end{cases} \tag{12-17}$$

此方程组描述了弹丸质心速度大小和方向变化与外作用力之间的关系,故称为质心运动动力学方程组。其中第一个方程描述速度大小的变化,当切向力 $F_{x_2}>0$ 时弹丸加速,当 $F_{x_2}<0$ 时弹丸减速;第二个方程描述速度方向在铅垂面内的变化,当 $F_{y_2}>0$ 时弹道向上弯曲,θ_a 角增大,当 $F_{y_2}<0$ 时弹道向下弯曲,θ_a 减小;第三个方程描述速度偏离射击面的情况,当侧力 $F_{z_2}>0$ 时弹道向右偏转,ψ_2 角增大,当 $F_{z_2}<0$ 时弹道向左偏转,ψ_2 角减小。

速度矢量 $\boldsymbol{v}$ 沿地面坐标系三轴上的分量为式(12-4),由此即得质心位置坐标变化方程

$$\begin{cases}\dfrac{\mathrm{d}x}{\mathrm{d}t}=v\cos\theta_\mathrm{a}\cos\psi_2\\ \dfrac{\mathrm{d}y}{\mathrm{d}t}=v\sin\theta_\mathrm{a}\cos\psi_2\\ \dfrac{\mathrm{d}z}{\mathrm{d}t}=v\sin\psi_2\end{cases} \tag{12-18}$$

这一组方程称为弹丸质心运动的运动学方程。

12.2.2 弹轴坐标系上弹丸绕质心转动的动量矩方程

弹丸绕质心的转动用动量矩定理描述

$$\frac{\mathrm{d}\boldsymbol{G}}{\mathrm{d}t}=\boldsymbol{M} \tag{12-19}$$

式中：$\boldsymbol{G}$ 为弹丸对质心的动量矩；$\boldsymbol{M}$ 为作用于弹丸的外力对质心的力矩。

现将此方程两端的矢量向弹轴坐标系分解，以得到在弹轴坐标系上的标量方程。由于弹轴坐标系 $O\xi\eta\zeta$ 也随弹一起转动，因而也是一个转动坐标系，其转动角速度为式(12-2)，由图 12-2 可求出 ω_1 在弹轴坐标系三轴上的分量：

$$(\omega_{1\xi},\omega_{1\eta},\omega_{1\zeta})=(\dot{\varphi}_{\mathrm{a}}\sin\varphi_2,\ -\dot{\varphi}_2,\dot{\varphi}_{\mathrm{a}}\cos\varphi_2) \tag{12-20}$$

与式(12-16)相仿，将动量矩方程(12-20)向动坐标系 $O\xi\eta\zeta$ 分解时应写如下形式，即

$$\frac{\mathrm{d}\boldsymbol{G}}{\mathrm{d}t}=\frac{\partial\boldsymbol{G}}{\partial t}+\boldsymbol{\omega}_1\times\boldsymbol{G}=\boldsymbol{M} \tag{12-21}$$

设弹轴坐标系上的单位向量为 $\boldsymbol{i}$、$\boldsymbol{j}$、$\boldsymbol{k}$，动量矩 $\boldsymbol{G}$ 和外力矩 $\boldsymbol{M}$ 在弹轴系上的分量为

$$\begin{cases}\boldsymbol{M}=M_\xi\boldsymbol{i}+M_\eta\boldsymbol{j}+M_\zeta\boldsymbol{k}\\ \boldsymbol{G}=G_\xi\boldsymbol{i}+G_\eta\boldsymbol{j}+G_\zeta\boldsymbol{k}\end{cases} \tag{12-22}$$

将 $\boldsymbol{M}$ 和 $\boldsymbol{G}$ 的分量表达式代入式(12-21)中，得到以弹轴坐标系三轴上分量表示的转动方程：

$$\begin{cases}\dfrac{\mathrm{d}G_\xi}{\mathrm{d}t}+\omega_{1\eta}G_\zeta-\omega_{1\zeta}G_\eta=M_\xi\\[2ex] \dfrac{\mathrm{d}G_\eta}{\mathrm{d}t}+\omega_{1\zeta}G_\xi-\omega_{1\xi}G_\xi=M_\eta\\[2ex] \dfrac{\mathrm{d}_\zeta}{\mathrm{d}t}+\omega_{1\xi}G_\eta-\omega_{1\eta}G_\xi=M_\zeta\end{cases} \tag{12-23}$$

以下的任务是要求出动量矩各分量 G_ξ、G_η、G_ζ 的具体形式。

12.2.3　弹丸绕质心运动的动量矩计算

根据定义，对质心的总动量矩是弹丸上各质点相对质心运动的动量对质心之矩的总和设任一小质点的质量为 m_i，到质心的径矢为 $\boldsymbol{r}_i$，速度为 $\boldsymbol{v}_i$，则动量矩即为

$$\boldsymbol{G}=\sum\boldsymbol{r}_{\mathrm{i}}\times(m_i\boldsymbol{v}_i) \tag{12-24}$$

将上式两端中的矢量都向弹轴坐标系分解，其 $\boldsymbol{G}$、$\boldsymbol{r}_i$ 用弹轴坐标系里的分量表示即为

$$\begin{cases}\boldsymbol{G}=G_\zeta\boldsymbol{i}+G_\eta\boldsymbol{j}+G_\xi\boldsymbol{k}\\ \boldsymbol{r}_i=\xi\boldsymbol{i}+\eta\boldsymbol{j}+\zeta\boldsymbol{k}\end{cases} \tag{12-25}$$

式(12-25)中省去了 ξ、η、ζ 下标 i。$\boldsymbol{v}_i$ 是质点 m_i 相对于质心的速度，它是由弹丸绕质心转动形成，故

$$\boldsymbol{v}_i=\omega\times\boldsymbol{r}_i \tag{12-26}$$

这里 ω 是弹丸绕质心转动的总角速度，它比弹轴坐标系的转动角速度 ω_1 多一个自转角速度 $\dot{\boldsymbol{\gamma}}$，其三个分量为

$$(\omega_\xi,\omega_\eta,\omega_\zeta)=(\dot{\gamma}+\dot{\varphi}_{\mathrm{a}}\sin\varphi_2,\ -\dot{\varphi}_2,\dot{\varphi}_{\mathrm{a}}\cos\varphi_2)$$

而

$$(\omega_{1\xi},\omega_{1\eta},\omega_{1\zeta}) = (\omega_{\zeta}\tan\varphi_2,\omega_{\eta},\omega_{\zeta}) \tag{12-27}$$

将式(12-25)、式(12-26)和式(12-27)的矢量形式代入动量矩矢的表达式(12-24)中,得

$$\begin{aligned} G &= \sum_i m_i \boldsymbol{r}_i \times (\omega + r_i) = \sum_i m_i(\boldsymbol{r}_i^2\omega - (\boldsymbol{r}_i \cdot \omega)\boldsymbol{r}_i) \\ &= \sum_i m_i[(\xi^2 + \eta^2 + \zeta^2)\omega - (\xi\omega_{\xi} + \eta\omega_{\eta} + \zeta\omega_{\zeta})\boldsymbol{r}_i] \end{aligned}$$

由此式得

$$\begin{aligned} G_{\xi} &= \omega_{\xi}\sum_i m_i(\xi^2 + \eta^2 + \zeta^2) - \sum_i m_i(\xi^2\omega_{\xi} + \xi\eta\omega_{\eta} + \xi\zeta\omega_{\zeta}) \\ &= J_{\xi}\omega_{\xi} - J_{\xi\eta}\omega_{\eta} - J_{\xi\zeta}\omega_{\zeta} \end{aligned} \tag{12-28}$$

同理得

$$\begin{cases} G_{\eta} = J_{\eta}\omega_{\eta} - J_{\eta\xi}\omega_{\xi} - J_{\eta\zeta}\omega_{\zeta} \\ G_{\zeta} = J_{\zeta}\omega_{\xi} - J_{\xi\xi}\omega_{\xi} - J_{\zeta\eta}\omega_{\eta} \end{cases} \tag{12-29}$$

式中

$$\begin{cases} J_{\xi} = \sum_i m_i(\eta^2 + \zeta^2) \\ J_{\eta} = \sum_i m_i(\xi^2 + \zeta^2) \\ J_{\zeta} = \sum_i m_i(\xi^2 + \eta^2) \end{cases} \tag{12-30}$$

分别称为对 ξ、η、ζ 轴的转动惯量,而

$$\begin{cases} J_{\xi\eta} = J_{\eta\xi}\sum_i m_i\xi\eta \\ J_{\xi\zeta} = J_{\zeta\xi}\sum_i m_i\zeta\xi \\ J_{\eta\zeta} = J_{\zeta\eta} = \sum_i m_i\zeta\eta \end{cases} \tag{12-31}$$

分别称为对 $\xi\eta$ 轴、$\xi\zeta$ 轴、$\eta\zeta$ 轴的惯性积。式(12-30)也可用转动惯量矩阵或惯性张量表示,即

$$\boldsymbol{G} = J_A\omega \tag{12-32}$$

而

$$\boldsymbol{G} = \begin{pmatrix} G_{\xi} \\ G_{\eta} \\ G_{\zeta} \end{pmatrix}, \boldsymbol{J}_A = \begin{pmatrix} J_{\xi} & -J_{\xi\eta} & -J_{\xi\zeta} \\ -J_{\eta\xi} & J_{\eta} & -J_{\eta\zeta} \\ -J_{\zeta\xi} & -J_{\zeta\eta} & J_{\zeta} \end{pmatrix}, \boldsymbol{\omega} = \begin{pmatrix} \omega_{\xi} \\ \omega_{\eta} \\ \omega_{\zeta} \end{pmatrix} \tag{12-33}$$

式中:$\boldsymbol{G}$、$\boldsymbol{\omega}$ 和 $\boldsymbol{J}_A$ 分别是对弹体坐标系的动量矩矩阵、角速度矩阵和转动惯量矩阵。

由上推导可见,关系式(12-32)是普遍表达式,对任一坐标系都是这个形式,即刚体对质心的动量矩矩阵等于刚体对某坐标系的转动惯量矩阵与对于该坐标系的总角速度矩阵之积。

对于轴对称弹丸,其质量也是轴对称分布的,故弹丸纵轴以及过质心垂直于纵轴的平面(也称为赤道面)上任一过质心的直径都是惯性主轴,故弹轴或弹体坐标系的三根轴永

远是惯性主轴而与弹丸自转的方位角 γ 无关,即永远有 $J_{\xi\eta}=J_{\eta\zeta}=J_{\zeta\xi}=0$,再记

$$J_{\xi}=C,\quad J_{\eta}=J_{\zeta}+A$$

并分别称为弹丸的极转动惯量和赤道转动惯量,得

$$\boldsymbol{J}_A=\begin{pmatrix}C&0&0\\0&A&0\\0&0&A\end{pmatrix}\tag{12-34}$$

实际上由于制造、运输等各种原因,弹丸并不总是准确对称的,经常是有某种程度的轻微不对称存在。弹丸的不对称包括质量分布不对称和几何外形不对称,前者将使质心偏离几何中心、使惯性主轴偏离几何对称轴,后者使空气动力对称轴偏离几何轴,它们对弹丸的运动产生干扰,增大了弹道散布,使射击密集度变坏。下面先来建立有动不平衡的弹丸运动方程。

12.2.4　有动不平衡时的惯性张量和动量矩

当有动不平衡时弹轴将不再是惯性主轴,设二者有一夹角 β_D,这个角度一般很小,但它对高速旋转弹运动的影响却不可忽视。

与以前的处理方法一样,将弹体坐标系经两次旋转可以达到惯量主轴坐标系:第一次是弹体坐标系 $ox_1y_1z_1$ 绕 oz_1 轴正向右旋 β_{D_1} 角达到 $o\xi'\eta_1Z_1$ 位置,然后 $o\eta_1$ 绕 $o\xi'\eta_1z_1$ 向右旋 β_{D_2} 角到达惯量主轴坐标系 $o\xi_1\eta_1\zeta_1$,如图 12-5 所示。由图 12-5 易求得由惯量主轴坐标系向弹体坐标系转换矩阵 $\boldsymbol{A}_{B\beta_{D_1}}$。实际上只需将表 12-1 中的 θ_a 换成 β_{D_1},ϕ_2 换成 β_{D_2} 再转置就可得这种转换关系

$$\begin{pmatrix}x_1\\y_1\\z_1\end{pmatrix}=\boldsymbol{A}_{B\beta_{D_1}}\begin{pmatrix}\xi_1\\\eta_1\\\zeta_1\end{pmatrix}$$

$$\boldsymbol{A}_{B\beta_{D_1}}=\begin{pmatrix}\cos\beta_{D_2}\cos\beta_{D_1}&-\sin\beta_{D_1}&-\sin\beta_{D_2}\cos\beta_{D_1}\\\cos\beta_{D_2}\sin\beta_{D_1}&\cos\beta_{D_1}&-\sin\beta_{D_2}\sin\beta_{D_1}\\\sin\beta_{D_2}&0&\cos\beta_{D_2}\end{pmatrix}\tag{12-35}$$

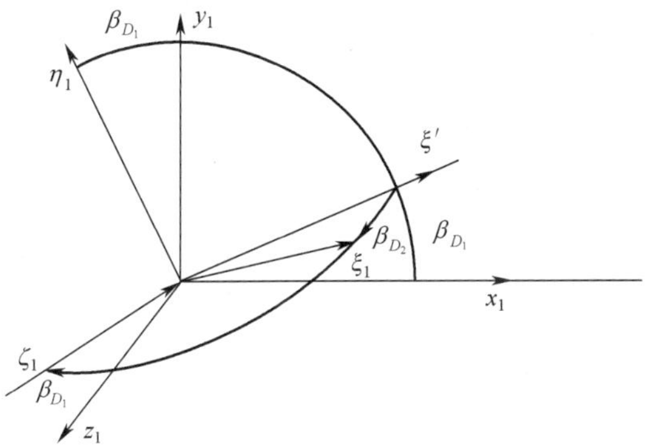

图 12-5　惯量主轴坐标系和弹体坐标系

因 β_D 一般很小,β_{D_1}、β_{D_2} 更小,故近似有

$$A_{B\beta_D}=\begin{pmatrix}1 & -\beta_{D_1} & -\beta_{D_2}\\ \beta_{D_1} & 1 & 0\\ \beta_{D_2} & 0 & 1\end{pmatrix} \tag{12-36}$$

设弹丸总角速度在弹体坐标系和惯量主轴坐标系里投影矩阵分别为 $\boldsymbol{\omega}_B$ 和 $\boldsymbol{\omega}'$，弹丸对此二坐标的转动惯量矩阵分别为 $\boldsymbol{J}_{\mathrm{B}}$ 和 $\boldsymbol{J}'$，弹丸对质心的总动量矩在此二坐标系里的投影矩阵为 $\boldsymbol{G}_B$ 和 $\boldsymbol{G}'$，按前面对式(12-32)的说明，它是一个普遍的关系式，故有

$$\begin{cases}\boldsymbol{G}_B=\boldsymbol{J}_B\boldsymbol{\omega}_B\\ \boldsymbol{G}'=\boldsymbol{J}'\boldsymbol{\omega}'\end{cases} \tag{12-37}$$

利用两坐标系间的转换矩阵 $\boldsymbol{A}_{B\beta_D}$，得同样的总动量矩、总角速度在两个坐标系中的分量关系：

$$\begin{cases}\boldsymbol{G}'=\boldsymbol{A}_{B\beta_D}^{-1}\boldsymbol{G}_B\\ \boldsymbol{\omega}'=\boldsymbol{A}_{B\beta_D}^{-1}\boldsymbol{\omega}_B\end{cases} \tag{12-38}$$

将式(12-38)代入式(12-37)第二式中得

$$\boldsymbol{A}_{B\beta_D}^{-1}\boldsymbol{G}_B=\boldsymbol{J}'\boldsymbol{A}_{B\beta_D}^{-1}\boldsymbol{\omega}_B$$

将上式两端左乘以 $\boldsymbol{A}_{B\beta_D}$，并注意到 $\boldsymbol{A}_{B\beta_D}\boldsymbol{A}_{B\beta_D}^{-1}=[I]$，其中 $[I]$ 表示单位矩阵，得

$$\boldsymbol{G}_B=\boldsymbol{A}_{B\beta_D}\boldsymbol{J}'\boldsymbol{A}_{B\beta_D}^{-1}\boldsymbol{\omega}_B \tag{12-39}$$

将式(12-37)与式(12-37)第一式相比较，并注意到 $\boldsymbol{A}_{B\beta_D}$ 为正交矩阵，故其逆矩阵等转置矩阵，得

$$\boldsymbol{J}_B=\boldsymbol{A}_{B\beta_D}\boldsymbol{J}'\boldsymbol{A}_{B\beta_D}^{\mathrm{T}} \tag{12-40}$$

此式就是两坐标上转动惯量矩阵之间的关系。因对惯量主轴坐标系来说，各惯量积为零，故有

$$\boldsymbol{J}'=\begin{pmatrix}J_{\xi_1} & 0 & 0\\ 0 & J_{\eta_1} & 0\\ 0 & 0 & J_{\zeta_1}\end{pmatrix}\approx\begin{pmatrix}C & 0 & 0\\ 0 & A & 0\\ 0 & 0 & A\end{pmatrix} \tag{12-41}$$

式中：$C=J_{\xi_1}$ 为轴向转动惯量；$A=J_{\eta_1}=J_{\zeta_1}$ 为横向转动惯量，二者分别与弹丸的极转动惯量和赤道转动惯量近似相等。再将式(12-36)和式(12-41)代入式(12-40)中得

$$\boldsymbol{J}_B=\begin{pmatrix}C & -(A-C)\beta_{D_1} & -(A-C)\beta_{D_2}\\ -(A-C)\beta_{D_1} & A & 0\\ -(A-C)\beta_{D_2} & 0 & A\end{pmatrix} \tag{12-42}$$

由于转动运动方程是向弹道轴坐标系分解的，故必需将惯量矩阵 $\boldsymbol{J}_B$ 再转换到弹轴坐标系中去。因弹轴坐标系与弹体坐标系只相差一个自转角，利用此两坐标系间的转换矩阵 $\boldsymbol{A}_{AB}$ (见表 12-3)同理可得弹轴坐标系里的转动惯量矩阵 $\boldsymbol{J}_A$：

$$\boldsymbol{J}_A=\boldsymbol{A}_{AB}\cdot\boldsymbol{J}_B\cdot\boldsymbol{A}_{AB}^{\mathrm{T}}=\begin{pmatrix}C & -(A-C)\beta_{D_\eta} & -(A-C)\beta_{D_\zeta}\\ -(A-C)\beta_{D_\eta} & A & 0\\ -(A-C)\beta_{D_\zeta} & 0 & A\end{pmatrix} \tag{12-43}$$

式中：

$$\begin{cases}\beta_{D_\eta}=\beta_{D_1}\cos\gamma-\beta_{D_2}\sin\gamma\\ \beta_{D_\zeta}=\beta_{D_1}\sin\gamma+\beta_{D_2}\cos\gamma\end{cases}\tag{12-44}$$

显然，对弹轴坐标系而言，转动惯量矩阵随弹丸旋转方位角 γ 变化，故也随时间变化，并且

$$\dot{\beta}_{D_\eta}=(-\beta_{D_1}\sin\gamma-\beta_{D_2}\cos\gamma)\dot{\gamma}\approx-\beta_{D_\zeta}\omega_\xi\tag{12-45}$$

$$\dot{\beta}_{D_\zeta}=(\beta_{D_1}\cos\gamma-\beta_{D_2}\sin\gamma)\dot{\gamma}\approx\beta_{D_\eta}\omega_\xi\tag{12-46}$$

将式(12-43)代入式(12-32)中，得到量矩在弹轴坐标系里分量的矩阵形式

$$\begin{pmatrix}G_\xi\\G_\eta\\G_\zeta\end{pmatrix}=\begin{pmatrix}C\omega_\xi-(A-C)(\beta_{D_\eta}\omega_\eta+\beta_{D_{\zeta\omega}}\omega_\zeta)\\-(A-C)\beta_{D_\eta}\omega_\xi+A\omega_\eta\\-(A-C)\beta_{D_\zeta}\omega_\xi+A\omega_\zeta\end{pmatrix}\tag{12-47}$$

12.2.5　弹丸绕心运动方程组

将式 12-47 代入方程(12-23)中运算，略去 $\omega_{1\xi}$、ω_η、ω_ζ、$\tan\varphi_2$、β_{D_η}、β_{D_ζ} 等小量的乘积项，并利用 β_{D_η}、β_{D_ξ}、$\dot{\beta}_{D\eta}$、$\dot{\beta}_{D_\xi}$ 关系式以及 $\omega_\xi\approx\dot{\gamma}$、$\dot{\omega}_\xi\approx\ddot{\gamma}$，即得弹丸绕质心转动的动力学方程组

$$\begin{cases}\dfrac{\mathrm{d}\omega_\xi}{\mathrm{d}t}=\dfrac{1}{C}M_\xi\\ \dfrac{\mathrm{d}\omega_\eta}{\mathrm{d}t}=\dfrac{1}{M}M_\eta-\dfrac{C}{A}\omega_\xi\omega_\zeta+\omega_\zeta^2\tan\varphi_2+\dfrac{A-C}{A}(\beta_{D_\eta}\ddot{\gamma}-\beta_{D_\zeta}\dot{\gamma}^2)\\ \dfrac{\mathrm{d}\omega_\zeta}{\mathrm{d}t}=\dfrac{1}{A}M_\zeta+\dfrac{C}{A}\omega_\xi\omega_\eta-\omega_\eta\omega_\zeta\tan\varphi_2+\dfrac{A-C}{A}(\beta_{D_\zeta}\ddot{\gamma}+\beta_{D_\eta}\dot{\gamma}^2)\end{cases}\tag{12-48}$$

再由式(12-27)可得到弹丸绕心运动的运动学方程组：

$$\begin{cases}\dfrac{\mathrm{d}\gamma}{\mathrm{d}t}=\omega_\xi-\omega_\zeta\tan\varphi_2\\ \dfrac{\mathrm{d}\varphi_2}{\mathrm{d}t}=-\omega_\eta\\ \dfrac{\mathrm{d}\varphi_a}{\mathrm{d}t}=\dfrac{\omega_\zeta}{\cos\varphi_2}\end{cases}\tag{12-49}$$

12.2.6　弹丸刚体运动方程组的一般形式

方程组(12-17)、(12-18)、(12-48)、(12-49)共 12 个方程，它们组成了弹丸刚体运动方程组，但这 12 个方程中有 15 个变量：v、θ_a、ψ_2、φ_a、φ_2、δ_1、δ_2、ω_ξ、ω_η、ω_ζ、γ、x、y、z、β。因而方程组不封闭，必须再补充 3 个方程，它们就是几何关系式(12-10)~(12-12)。这些方程联立起来就是弹丸刚体运动方程组的一般形式。

在给出了方程中力和力矩的具体表达式后，刚体运动方程组才有具体的形式。下面就来做这个工作。首先解决有风情况下作用在弹丸上的气动力和力矩的表达式。

12.3　有风情况下的气动力和力矩分量的表达式

如果射击方向与正北方(N)的夹角为 α_N，风的来向(也即风向)与正北方的夹角为

α_w，如图 12-6 所示，则按定义风速 w 分解为纵风和横风的计算式如下

$$w_x = - w\cos(\alpha_w - \alpha_N) \tag{12-50}$$

$$w_z = - w\sin(\alpha_w - \alpha_N) \tag{12-51}$$

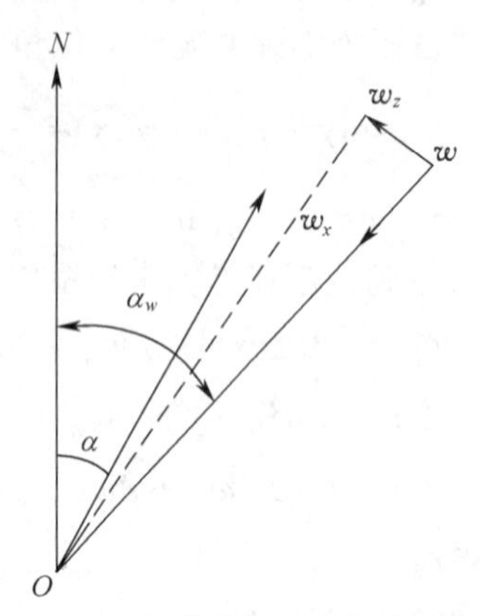

图 12-6　水平风分解为纵风和横风

12.3.1　相对气流速度和相对攻角

弹丸在风场中运动所受空气动力和力矩的大小和方向取决于弹丸相对于空气的速度的大小和方向，仍以 $\boldsymbol{v}_r$ 表示弹丸相对于地面的速度，则它相对于空气的速度为

$$\boldsymbol{v}_r = \boldsymbol{v} - \boldsymbol{w} \tag{12-52}$$

因为弹丸质心运动方程是向速度坐标系分解的，故我们也将 $\boldsymbol{v}_r$ 向速度坐标系分解。设风速 w 在速度坐标系 $ox_2y_2z_2$ 三轴上的分量依次为 w_{x_2}、w_{y_2}、w_{z_2}，则相对速度 $\boldsymbol{v}_r$ 在速度坐标系中的分量以分量形式表示即为

$$(v_{rx_2}, v_{ry_2}, v_{rz_2}) = (v - w_{x_2},\ - w_{y_2},\ - w_{z_2}) \tag{12-53}$$

而

$$\boldsymbol{v}_r = \sqrt{(v - w_{x_2})^2 + w_{y_2}^2 + w_{z_2}^2} \tag{12-54}$$

利用基准坐标系与速度坐标系间的转换矩阵 $\boldsymbol{A}_{VN}$ 式(12-7)，得风速在速度坐标系中的分量：

$$w_{x_2} = w_x\cos\psi_2\cos\theta_a + w_z\sin\psi_2$$

$$w_{y_2} = - w_x\sin\theta_a$$

$$w_{z_2} = - w_x\sin\psi_2\cos\theta_a + w_z\cos\psi_2$$

相对速度 $\boldsymbol{v}_r$ 与弹轴组成的平面称为相对攻角平面，v_r 与弹轴的夹角称为相对攻角，以 δ_τ 记之。设弹轴方向上单位矢量为 $\boldsymbol{\xi}$，则相对攻角 δ_r 的大小可用式(12-55)求得

$$\delta_r = \arccos(\boldsymbol{v}_r \cdot \boldsymbol{\xi} / v_r)\arccos(v_{r\xi}/v_r) \tag{12-55}$$

因

$$\boldsymbol{\xi} = \cos\delta_2\cos\delta_1\boldsymbol{i}_2 + \cos\delta_2\sin\delta_1\boldsymbol{j}_2 + \sin\delta_2\boldsymbol{k}_2$$

故

$$v_{r\xi} = v_{rx_2}\cos\delta_2\cos\delta_1 + v_{ry_2}\cos\delta_2\sin\delta_1 + v_{rz_2}\sin\delta_2 \tag{12-56}$$

有风时，气动力和力矩表达式中要用相对速度 v_r，相对攻角 δ_r，而且确定气动力和力矩矢量方向要用相对攻角平面，它是由弹轴和相对速度 v_r 组成的平面。

12.3.2 有风时的空气动力

根据建立质心运动方程的要求,下面将各气动力向速度坐标系分解。

1. 阻力 $\boldsymbol{R}_x$

阻力应沿相对速度矢量 $\boldsymbol{v}_r$ 的反方向,其大小需用 $\boldsymbol{v}_r$ 的值计算,即

$$\begin{cases} \boldsymbol{R}_x = \rho v_r S c_x(-\boldsymbol{v}_r)/2 \\ c_x = c_{x_0}(1 + k\delta_r^2) \end{cases} \tag{12-57}$$

写成分量形式则有

$$\begin{cases} R_{xx_2} = -\dfrac{\rho v_r}{2} S c_x v_{rx_2} \\ R_{xy_2} = -\dfrac{\rho v_r}{2} S c_x v_{ry_2} \\ R_{xz_2} = -\dfrac{\rho v_r}{2} S c_x v_{rz_2} \end{cases} \tag{12-58}$$

2. 升力 $\boldsymbol{R}_y$

升力在相对攻角平面内并垂直于相对速度 v_r,与弹轴在 v_r 的同一侧,如图 12-7 所示。升力的大小和方向可表示为:

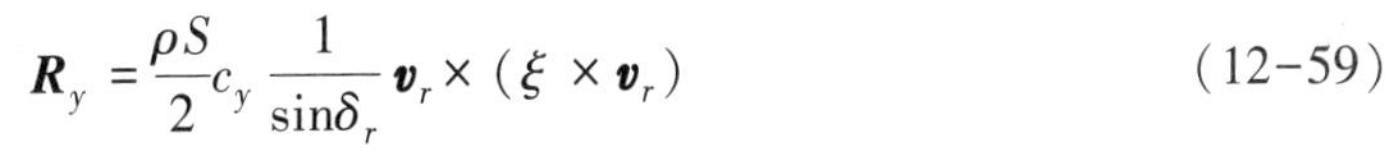

$$\boldsymbol{R}_y = \frac{\rho S}{2} c_y \frac{1}{\sin\delta_r} \boldsymbol{v}_r \times (\xi \times \boldsymbol{v}_r) \tag{12-59}$$

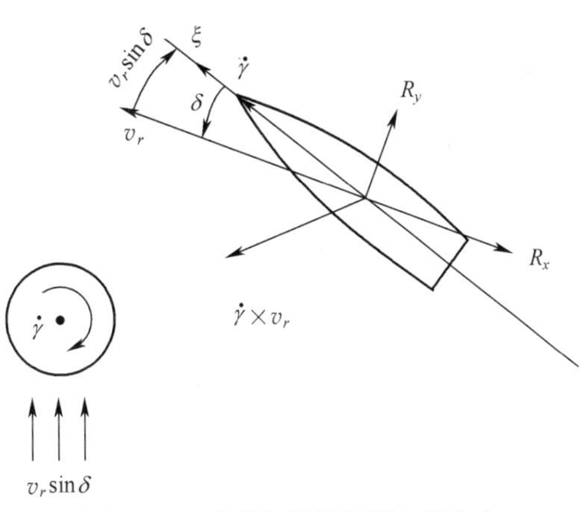

图 12-7 升力和马格努斯力的方向

其分量表达式如下:

$$\begin{pmatrix} R_{yx_2} \\ R_{yy_2} \\ R_{yz_2} \end{pmatrix} = \frac{\rho S}{2} c_y \frac{1}{\sin\delta_r} \begin{pmatrix} v_r^2\cos\delta_2\cos\delta_1 - v_{r\xi}v_{rx_2} \\ v_r^2\cos\delta_2\sin\delta_1 - v_{r\xi}v_{ry_2} \\ v_r^2\sin\delta_2 - v_{r\xi}v_{rz_2} \end{pmatrix} \tag{12-60}$$

3.马格努斯力 $\boldsymbol{R}_z$

如前所述旋转弹的马格努斯力指向 $\dot{\gamma} \times \boldsymbol{v}_r$ 方向,故其矢量表达式为

$$\boldsymbol{R}_z = \frac{\rho v_r}{2} S c_z \frac{1}{\sin\delta_r}(\xi \times \boldsymbol{v}_r) \tag{12-61}$$

其方向还与马氏力系数 c_z 的正负有关。由矢量叉乘积分量的矩阵运算表示法可直接得马氏力的三个分量为

$$\begin{pmatrix} R_{zx_2} \\ R_{zy_2} \\ R_{zz_2} \end{pmatrix} = \frac{\rho v_r}{2} S c_z \frac{1}{\sin\delta_r} \begin{pmatrix} 0 & -\xi_{z_2} & \xi_{y_2} \\ \xi_{z_2} & 0 & -\xi_{x_2} \\ -\xi_{y_2} & \xi_{x_2} & 0 \end{pmatrix} \begin{pmatrix} v_{rx_2} \\ v_{ry_2} \\ v_{rz_2} \end{pmatrix}$$

$$= \frac{\rho v_r}{2} S c_z \frac{1}{\sin\delta_r} \begin{pmatrix} -v_{ry_2}\sin\delta_2 + v_{rz_2}\cos\delta_2\sin\delta_1 \\ v_{rx_2}\sin\delta_2 - v_{rz_2}\cos\delta_2\cos\delta_1 \\ -v_{rx_2}\cos\delta_2\sin\delta_1 + v_{ry_2}\cos\delta_2\cos\delta_1 \end{pmatrix} \tag{12-62}$$

12.3.3 有风时的空气动力矩

根据建立转动方程的要求，下面求有风时各动力矩在弹轴坐标系三轴上的分量表达式。

1. 静力矩 $\boldsymbol{M}_z$

有风时，静力矩矢量形式如下：

$$\boldsymbol{M}_z = \frac{\rho v_r}{2} S l m_z \frac{1}{\sin\delta_r}(\boldsymbol{v}_r \times \xi)\text{，小攻角时 } m_z = m_z' \cdot \delta_r \tag{12-63}$$

$m_z' > 0$ 为翻转力矩，$m_z' < 0$ 时为稳定力矩。静力矩在弹轴坐标系里的分量表达式如下

$$\begin{cases} M_{z\xi} = 0 \\ M_{z\eta} = \dfrac{\rho v_r}{2} S l m_z \dfrac{1}{\sin\delta_2} v_{r\zeta} \\ M_{z\zeta} = -\dfrac{\rho v_r}{2} S l m_z \dfrac{v_{r\eta}}{\sin\delta_r} \end{cases} \tag{12-64}$$

式中：$v_{r\eta}$ 和 $r_{r\zeta}$ 分别是相对速度在弹轴坐标系中的分量，又记 $v_{r\eta_2}$ 和 $v_{r\zeta_2}$ 为相对速度在第二弹轴坐标系中的分量，它们之间的关系为

$$\begin{cases} v_{r\eta} = v_{r\eta_2}\cos\beta + v_{r\zeta_2}\sin\beta \\ v_{r\zeta} = -v_{r\eta_2}\sin\beta + v_{r\zeta_2}\cos\beta \end{cases} \tag{12-65}$$

2. 赤道阻尼力矩 $\boldsymbol{M}_{zz}$

它是阻尼弹丸摆动的力矩，故与弹丸摆动角速度 ω_1 方向相反，即

$$\boldsymbol{M}_{zz} = -\rho v_r S l d m'_{zz} \boldsymbol{\omega}_1 / 2 \tag{12-66}$$

由式(12-20)知 ω_1 的分量为($\omega_{r\xi}, \omega_{1\eta}, \omega_{1\zeta}$)，得赤道阻尼力矩以弹轴坐标系中分量表达的形式

$$\begin{cases} M_{zz\xi} = -\dfrac{\rho v_r}{2} S l m'_{zz} \omega_{1\xi} \approx 0 \\ M_{zz\eta} = -\dfrac{\rho v_r}{2} S l m'_{zz} \omega_{1\eta} \approx 0 \\ M_{zz\zeta} = -\dfrac{\rho v_r}{2} S l m'_{zz} \omega_{1\zeta} \approx 0 \end{cases} \tag{12-67}$$

3.极阻尼力矩 $\boldsymbol{M}_{xz}$

它由弹丸绕纵轴旋转的角速度 $\omega_{\xi} \approx \dot{\gamma}$ 所引起,阻止弹丸的旋转,故其矢量方向与 ω_{ξ} 方向相反,对于右旋弹即在弹轴的反方向。故它在弹轴坐标系中的分量为

$$\begin{cases} M_{xz\xi} = -\dfrac{\rho v_r}{2} Sldm'_{xz}\omega_{\xi} \\ M_{xz\eta} = 0 \\ M_{xz\zeta} = 0 \end{cases} \tag{12-68}$$

4. 尾翼导转力矩 $\boldsymbol{M}_{xw}$

它是由斜置或斜切尾翼所产生,驱使弹丸自转,故矢量沿弹轴方向,它在弹轴坐标系中的分量形式表示如下:

$$\begin{cases} M_{x\omega\xi} = \rho v_r^2 Slm'_{xw}\delta_f/2 \\ M_{x\omega\eta} = 0 \\ M_{x\omega\xi} = 0 \end{cases} \tag{12-69}$$

5. 马格努斯力矩 $\boldsymbol{M}_y$

它是由垂直于相对攻角平面的马格努斯力所产生,故其矢量位于相对攻角面内,即有风时马氏力矩在 $\xi \times (\xi \times \boldsymbol{v}_r)$ 方向上,故马氏力矩的大小和方向可表示为

$$\boldsymbol{M}_y = \frac{\rho}{2} Sld\omega_{\xi} m'_y \frac{1}{\sin\delta_r} \xi \times (\xi \times \boldsymbol{v}_r) \tag{12-70}$$

于是得马格努斯力矩以弹轴坐标系中分量表示形式的如下:

$$\begin{cases} M_{y\xi} = 0 \\ M_{r\eta} = -\dfrac{\rho}{2} Sld\omega_{\xi} m'_y \dfrac{v_{r\eta}}{\sin\delta_r} \\ M_{y\zeta} = -\dfrac{\rho}{2} Sld\omega_{\xi} m'_y \dfrac{v_{r\zeta}}{\sin\delta_r} \end{cases} \tag{12-71}$$

6. 气动偏心产生的附加力矩和附加升力

弹丸有气动外形不对称时,即使攻角 $\delta = 0$,仍有静力矩和升力,只有当 $\delta = \delta_{\mathrm{M}}$ 时静力矩才为零,$\delta = \delta_{\mathrm{N}}$ 时升力才为零,故可将静力矩和升力矩写成如下形式

$$\begin{cases} M_x = \rho v^2 Slm'_z(\delta - \delta_{\mathrm{M}})/2 \\ R_y = \rho v^2 Sc'_y(\delta - \delta_{\mathrm{N}})/2 \end{cases}$$

故外形不对称的作用等效于增加了一个附加静力矩和附加升力:

$$\begin{cases} \Delta M_z = -\rho v^2 Slm'_z\delta_{\mathrm{M}}/2 \\ \Delta R_y = -\rho v^2 c'_y\delta_{\mathrm{N}}/2 \end{cases} \tag{12-72}$$

式中:δ_{M} 和 δ_{N} 分别为附加力矩的气动偏心角和附加力的气动偏心角。一般说来二者并不相等,但当气动不对称主要由尾翼不对称引起时,$\delta_{\mathrm{N}} \approx S_{\mathrm{M}}$,这可解释如下:

设攻角恰好为 $\delta = \delta_{\mathrm{M}}$,则 $M_z = 0, R_y = \dfrac{\rho v^2}{2} Sc'_y(\delta_{\mathrm{M}} - \delta_{\mathrm{N}})$;另一方面,此时总空气动力 R 必须沿弹轴反方向通过质心(图 12-8),此时阻力 R_x 仍与速度相反,升力则为

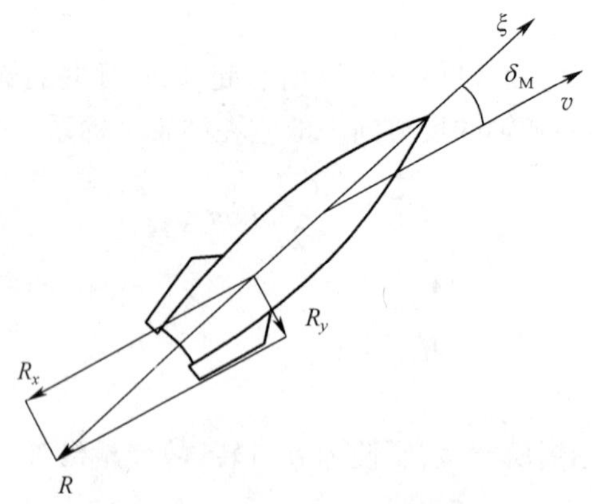

图 12-8　δ_M 与 δ_N 关系说明图

$$R_y = -R_x \tan\delta_M \approx -\rho v^2 S c_x \cdot \delta_M / 2$$

令以上两个 R_y 表达式相等并注意到 $c_y' \gg c_x$ 即可解出

$$\delta_N = (1 + c_x / c_y')\delta_M \approx \delta_M$$

当弹丸旋转时,附加力矩和附加气动力也将随之旋转,改变作用方向。与以前一样,现在的问题是要求出附加力矩在弹轴坐标系里的投影,附加升力在速度坐标系里的投影。

沿弹轴从弹尾向弹头观察一垂直于弹轴的横截面,气动偏心角 δ_N 所在的平面 oE 相对于弹轴坐标系的 $o\eta$ 轴转过 γ_1 角,如图 12-9 所示。在只研究附加升力和力矩时可认为 $\delta=0$,并取 $\beta=0$,则速度坐标系与弹轴坐标系重合,则附加升力 ΔR_y,沿 oE 反方向,三个分量为

$$[\Delta R_{yx_2}, \Delta R_{yy_2}, \Delta R_{yx_2}] = \frac{-\rho v^2}{2} S c_y' \delta_N [0, \cos\gamma_1, \sin\gamma_1] \tag{12-73}$$

式中:$\gamma_1 = \gamma_{01} + \gamma$。而 γ_{01} 表示气动偏心角 δ_N 的起始方位,或相对于弹体的方位,是个常数,故 $\dot{\gamma}_1 = \gamma$。

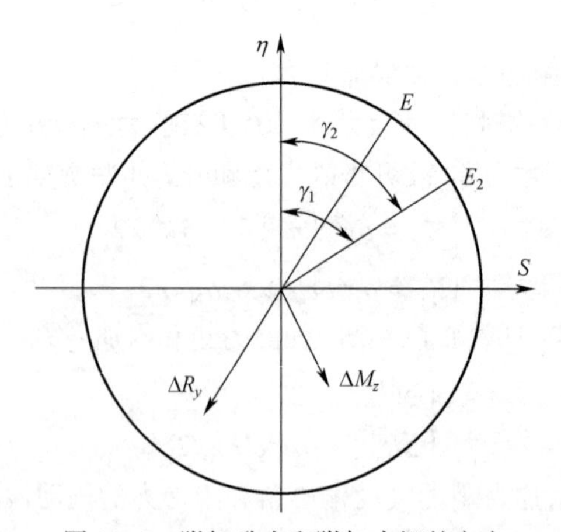

图 12-9　附加升力和附加力矩的方向

同理,设附加力矩的偏心角为 δ_M 所在平面为 oE_2 方向,与 $o\eta$ 轴夹 γ_2 角,附加力矩 ΔM_z 的方向与 oE_2 垂直,由图 12-9 可见它的分量可写成如下形式

$$\begin{cases}\Delta M_{x\xi} = 0 \\ \Delta M_{x\eta} = -\dfrac{\rho v^2}{2}Slm_z'\delta_M\sin\gamma_2 \\ \Delta M_{x\xi} = \dfrac{\rho v^2}{2}Slm_z'\delta_M\cos\gamma_2\end{cases} \tag{12-74}$$

式中：$\gamma_2 = \gamma_{02} + \gamma$，而 γ_{02} 表示气动偏心角 δ_M 的起始方位角，也是个常数，故也有 $\dot{\gamma}_2 = \dot{\gamma}$。

12.4 弹丸的6自由度刚体弹道方程

将作用在弹丸上的所有的力和力矩的表达式代入弹丸刚体运动一般方程中去，就可以得到弹丸6自由度刚体运动方程的具体形式，这种方程常称为6自由度方程。

利用表12-1，还可将地球自转角速度分量转到速度坐标系中，再由科氏惯性，巧定义 $\boldsymbol{F}_k = -2M\boldsymbol{\Omega}_E \times \boldsymbol{V}$，即得科氏惯性力在速度坐标系里分量的矩阵表达式：

$$\begin{pmatrix}F_{KX_2}\\F_{KY_2}\\F_{XZ_2}\end{pmatrix} = 2\Omega_E mv\begin{pmatrix}0\\ \sin\psi_2\cos\theta_a\cos\Lambda\cos\alpha_N + \sin\theta_a\sin\psi_2\sin\Lambda + \\ \cos\psi_2\cos\Lambda\sin\alpha_N - \sin\theta_a\cos\Lambda\cos\alpha_N + \cos\theta_a\sin\Lambda\end{pmatrix} \tag{12-75}$$

再略去动不平衡 $\beta_{D\eta}$、$\beta_{D\zeta}$ 与横向角速度 ω_η、η_ζ 相乘积的项，即得到弹丸6自由度刚体运动方程组：

$$\begin{cases}\dfrac{dv}{dt} = \dfrac{1}{m}F_{x_2}, \dfrac{d\theta_a}{dt} = \dfrac{1}{mv\cos\psi_2}, \dfrac{d\psi_2}{dt} = \dfrac{F_{z_2}}{mv} \\ \dfrac{d\omega_\xi}{dt} = \dfrac{1}{C}M_\xi \\ \dfrac{d\omega_\eta}{dt} = \dfrac{1}{A}M_\eta - \dfrac{C}{A}\omega_\xi\omega_\zeta + \omega_\eta^2\tan\varphi_2 + \dfrac{A-C}{A}(\beta_{D\eta}\ddot{\gamma} - \beta_{D\zeta}\dot{\gamma}^2) \\ \dfrac{d\omega_\zeta}{dt} = \dfrac{1}{A}M_\zeta + \dfrac{C}{A}\omega_\xi\omega_\eta - \omega_\eta\omega_\zeta\tan\varphi_2 + \dfrac{A-C}{A}(\beta_{D\zeta}\ddot{\gamma} - \beta_{D\eta}\dot{\gamma}^2) \\ \dfrac{d\varphi_a}{dt} = \dfrac{\omega_\zeta}{\cos\varphi_2}, \dfrac{d\varphi_2}{dt} = -\omega_\eta, \dfrac{d\gamma}{dt} = \omega_\xi - \omega_\zeta\tan\varphi_2 \\ \dfrac{dx}{dt} = v\cos\psi_2\cos\theta_a, \dfrac{dy}{dt} = v\cos\psi_2\sin\theta_a, \dfrac{dz}{dt} = v\sin\psi_2\end{cases} \tag{12-76}$$

$$\sin\delta_2 = \cos\psi_2\sin\varphi_2 - \sin\psi_2\cos\varphi_2\cos(\varphi_a - \theta_a) \tag{12-77}$$

$$\sin\delta_1 = \cos\varphi_2\sin(\varphi_a - \theta_a)/\cos\delta_2 \tag{12-78}$$

$$\sin\beta = \sin\psi_2\sin(\varphi_a - \theta_a)/\cos\delta_2 \tag{12-79}$$

$$F_{x_2} = -\frac{\rho v_r}{2}Sc_x(v - w_{x_2}) + \frac{\rho S}{2}c_y\frac{1}{\sin\delta_r}[v_r^2\cos\delta_2\cos\delta_1 - v_{r\xi}(v - v_{x_2})] + \frac{\rho v_r}{2}Sc_z\frac{1}{\sin\delta_r}(-w_{z_2}\cos\delta_2\sin\delta_1 + w_{y_2}\sin\delta_2) - mg\sin\theta_a\cos\psi_2 \tag{12-80}$$

$$F_{y_2}=\frac{\rho v_r}{2}Sc_x w_{y_2}+\frac{\rho S}{2}c_y\frac{1}{\sin\delta_r}[v_r^2\cos\delta_2\cos\delta_1+v_{r\eta}w_{y_2})]-\frac{\rho v_r^2}{2}Sc_y'\delta_N\cos\gamma_1+\frac{\rho v_r}{2}Sc_z\frac{1}{\sin\delta_r}[(v-w_{x_2})\sin\delta_2+w_{z_2}\cos\delta_2\cos\delta_1]-mg\cos\theta_a+2\Omega_E mv(\sin\psi_2\cos\theta_a\cos\Lambda\cos\alpha_N+\sin\theta_a\sin\psi_2\sin\Lambda+\cos\psi_2\cos\Lambda\sin\alpha_N \tag{12-81}$$

$$F_{z_2}=\frac{\rho v_r}{2}Sc_x w_{z_2}+\frac{\rho S}{2}c_y\frac{1}{\sin\delta_r}(v_r^2\cos\delta_2+v_{r\zeta}w_{x_2})]-\frac{\rho v_r^2}{2}Sc_y'\delta_N\sin\gamma_1+\frac{\rho v_r}{2}Sc_z\frac{1}{\sin\delta_r}(-w_{y_2}\cos\delta_2\cos\delta_1-(v-w_{x_2})\cos\delta_2\sin\delta_1)+mg\sin\theta_a\sin\psi_2+2\Omega_E mv(\sin\Lambda\cos\theta_a-\cos\Lambda\sin\theta_a\cos\alpha_N) \tag{12-82}$$

$$M_\xi=-\frac{\rho Sl\mathrm{d}}{2}m_{xz}'v_r\omega_\xi+\frac{\rho v_r^2}{2}Slm_{xw}'\delta_f \tag{12-83}$$

$$M_\eta=\frac{\rho Sl}{2}v_r m_z\frac{1}{\sin\delta_r}v_{r\zeta}-\frac{\rho Sld}{2}v_r m_{zz}'\omega_\eta-\frac{\rho Sld}{2}m_y'\frac{1}{\sin\delta_r}\omega_\xi v_{r\eta}-\frac{\rho v^2}{2}Slm_z'\delta_M\sin\gamma_2 \tag{12-84}$$

$$M_\zeta=\frac{\rho Sl}{2}v_r m_z\frac{1}{\sin\delta_r}v_{r\eta}-\frac{\rho Sld}{2}v_r m_{zz}'\omega_\zeta-\frac{\rho Sld}{2}m_y'\frac{1}{\sin\delta_r}\omega_\xi v_{r\zeta}+\frac{\rho v^2}{2}Slm_z'\delta_M\cos\gamma_2 \tag{12-85}$$

$$v_r=\sqrt{(v-w_{x_2})^2+w_{y_2}^2+w_{z_2}^2},\delta_r=\arccos(v_{r\xi}/v_r) \tag{12-86}$$

$$v_{r\xi}=(v-w_{x_2})\cos\delta_2\cos\delta_1-w_{y_2}\cos\delta_2\sin\delta_1-w_{x_2}\sin\delta_2 \tag{12-87}$$

$$v_{r\eta}=v_{r\eta_2}\cos\beta+v_{r\zeta_2}\sin\beta,v_{r\zeta}=-v_{r\eta_2}\sin\beta+v_{r\zeta_2}\cos\beta \tag{12-88}$$

而

$$v_{r\eta_2}=-(v-w_{x_2})\sin\delta_1-w_{y_2}\cos\delta_1 \tag{12-89}$$

$$v_{r\zeta_2}=-(v-w_{x_2})\sin\delta_2\cos\delta_1+w_{y_2}\sin\delta_2\sin\delta_1-w_{z_2}\cos\delta_2 \tag{12-90}$$

$$w_{x_2}=w_x\cos\psi_2\cos\theta_a+w_z\sin\psi_2,w_{y_2}=-w_x\sin\theta_a \tag{12-91}$$

$$w_{z_2}=-w_x\sin\psi_2\cos\theta_a+w_z\cos\psi_2 \tag{12-92}$$

$$w_x=-w\cos(\alpha_W-\alpha_N),w_z=-w\sin(\alpha_W-\alpha_N) \tag{12-93}$$

这就是弹丸准确的六自由度刚体弹道方程,共有 15 个变量:v、θ_a、ψ_2、φ_a、φ_2、δ_2、δ_1、ω_ξ、ω_η、ω_ζ、γ、x、y、z、β,也有 15 个方程,当已知弹丸结构参数、气动力参数、射击条件、气象条件、起始条件就可积分求得弹丸的运动规律和任一时刻的弹道诸元。其计算的准确度取决于各个参数的准确程度,根据所研究问题的不同,由此方程出发经过不同的简化可得到其他形式的弹丸运动方程。无风时,只需令 $w=0$ 时,当只仿真计算散布时可去掉其中地球旋转的科氏惯性力。

12.5 稳定飞行原理及飞行稳定性理论概述

所谓稳定飞行,就是指弹丸在飞行中受到扰动后其攻角能逐渐减小,或保持在一个小角度范围内。稳定飞行是弹丸的基本要求。如果不能保证稳定飞行,攻角将会很快增大,此时不但达不到预定射程,而且会使落点散布也很大。

12.5.1　稳定飞行的原理及飞行稳定的必要条件

使炮弹和无控火箭稳定飞行的方法有两种:尾翼稳定和旋转稳定(即陀螺稳定)。现分述如下。

1. 尾翼稳定原理

尾翼稳定原理比较容易理解,古代的弓箭就是靠尾翼稳定的。其实质是使空气动力的压力中心位于质心之后,此时的静力矩就是稳定力矩,其作用方向是使攻角减小的方向。除了设置尾翼以外,凡能使静力矩成为稳定力矩的方式都属于尾翼稳定的范畴。

尾翼稳定的必要条件是压心在质心以后,即 $m_z' < 0$。但并非满足此条件就够了,一般还需要一定富裕量。压心(X_P)至质心(X_C)的距离与弹长(L)之比称为稳定储备量,即

$$B = \frac{X_P - X_C}{L} \times 100\% \tag{12-94}$$

通常认为尾翼弹的稳定储备量在10%~30%范围内比较适合。稳定储备量大并非肯定就能稳定,尾翼弹丸当转速过高时也会发生不稳定。这说明满足稳定储备量的要求仅仅是稳定飞行的必要条件。

2. 陀螺稳定原理

陀螺稳定是利用高速旋转所产生的陀螺效应来改变弹轴的运动规律,以此来达到稳定飞行的目的。玩具陀螺之所以能不倒也是同样道理。

不旋转的弹丸当受到外力矩作用使弹轴产生一个角速度后,如果不再受其他外力矩作用,则弹轴将以此角速度继续在此平面内转动,只有受到另一个力矩的作用后才能改变转动方向。但高速旋转弹丸其弹轴的运动规律与不旋转弹丸完全不同。

高速旋转弹丸的运动与陀螺仪完全相似。如图12-10所示,不妨把弹丸看成高速旋转的陀螺转子,其转速为 $\dot{\gamma}$。设想有一个框架,弹丸可以在框架上绕弹轴自转,框架可以绕框架轴转动。如果使框架轴以角速度 $\dot{\varphi}$ 逆时针转动,则弹丸和框架在随同框架轴转动的同时,必将产生一个绕框架轴的角加速度,使弹尖向外转动,就像受到一个绕框架轴的力矩作用一样。这种现象称为陀螺效应,这个假想的绕框架轴的力矩就是陀螺力矩。

在具体说明陀螺力矩产生的原因之前,为了容易理解陀螺力矩的物理本质,先来看两个惯性力的例子。

第一个最简单的例子如图12-11(a)所示,在火车的车厢内放一个小球,当火车以加速度 a 向前加速时,如欲使小球与车厢保持相对位置不变,必须设法给小球提供向前的力,例如用绳子将小球拉住,这样小球才能与车厢一起向前加速运动。如果不给小球提供此力,小球相对车厢向后运动,好像受到一个向后的作用力一样。如果假想在小球上加一个向后的力(其大小等于小球的质量与车厢加速度的乘积,方向与车厢加速度方向相反),则在车厢(非惯性参考系)内研究小球的运动时,就可以像在惯性参考系内一样用牛顿定律来研究小球的运动了。此假想的力就是由于车厢加速度运动产生的惯性力。

第二个例子如图12-11(b)所示,设一个小球处在圆盘的槽内。当圆盘绕其中心轴

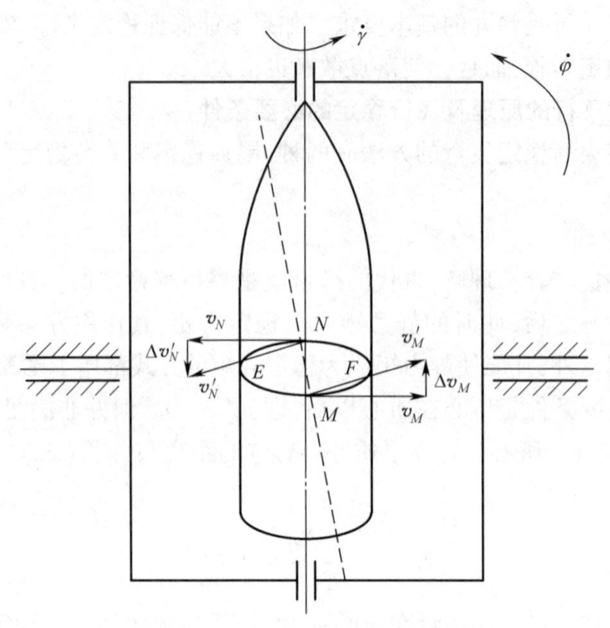

图 12-10　陀螺力矩的物理本质

以角速度 ω 旋转时,如欲使小球与圆盘保持位置不变,则必须设法给小球提供向心力,例如用绳子将小球拉住,这样小球才能随圆盘一起做圆周运动。如果不给小球提供此力(将绳子剪断),则小球将沿槽向外运动,好像受到一个向外的力一样。这个假想的向外的力就是由于圆盘旋转产生的惯性力。如果加上此假想的惯性力,就可以像在惯性参考系中一样来观察小球的运动了。

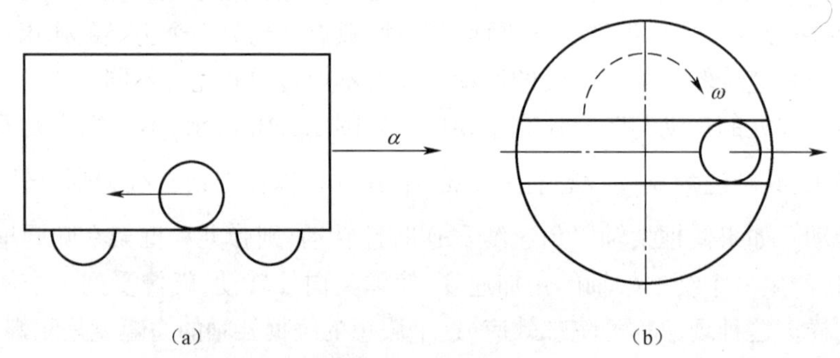

图 12-11　惯性力的例子

下面再来具体说明陀螺力矩产生的原因。

如图 12-10 所示,在弹上取四个小质点 M 、N 和 E 、F 。当弹绕弹轴高速自转时;这些小质点的速度都是与弹轴垂直的。设弹轴以角速度 $\dot{\varphi}$ 转动,并设想转了一个小角度,弹轴转到了虚线所示位置。则 M 、N 两点的速度方向都将随之发生变化(E 、F 两点速度方向不变), M 点速度由 v_M 变为 v_M' ,产生了向上的一个速度增量 Δv_M ;N 点速度由 v_N 变为 v_N' ,产生一个向下的速度增量 Δv_N 。这意味着如果弹轴以角速度 $\dot{\varphi}$ 作平面摆动时,则 M 点将产生向上的加速度, N 点将产生向下的加速度。但欲使 M 点产生向上的加速度必须向其提供向上的力才有可能,在外界没有提供此力的条件下, M 点必然向下加速运动,

N 点必然向上加速运动。也就是弹轴和框架以 $\dot{\varphi}$ 逆时针转动的同时,必然绕框架轴使弹头向纸面(当前框架平面)外加速转动,其角加速度矢量向右,好像受到一个向右的力矩矢量作用一样。此力矩就是陀螺力矩,其实质是惯性力矩。以上说明高速旋转的右旋弹丸,当其产生一个使弹头向左的角速度的同时,必然产生一个向右的惯性力矩矢量。

与前面两个例子对比可以体会到,提出惯性力矩概念的作用在于,加惯性力和惯性力矩后便可应用在一般环境(惯性参考系)中或研究一般运动对象(不旋转物体)时的方法,来研究特殊环境(非惯性参考系)中或特殊的运动对象(高速旋转物体)的运动。这样可以更适合人们观察运动的习惯。加上陀螺力矩后就可以像观察不旋转弹丸一样来观察高速旋转弹丸的角运动了。

陀螺力矩的大小与自转角速度 $\dot{\gamma}$ 成正比,与极转动惯量 C 成正比,与摆动角速度 $\dot{\varphi}$ 成正比。它等于三者的乘积 $C\dot{\gamma}\dot{\varphi}$,写成矢量形式为 $C\dot{\gamma} \times \dot{\varphi}$ 。

在陀螺力矩的作用下,由于陀螺力矩矢量的方向始终与角速度矢量垂直,所以弹轴不可能再做平面摆动。此时弹轴将在空间做复杂的角运动,弹轴上任一点都在做曲线运动,且自转角速度越大,此曲线的曲率越大。在转速足够高时有可能使弹轴的运动局限在一个小的范围内,通常将弹轴的这种性质称为定向性。转速越高,弹轴的运动范围越小,弹轴的定向性越强。利用弹轴的这种定向性,在一定条件下就能使弹的攻角保持在很小的范围内。这就是陀螺稳定原理。

基于陀螺稳定原理的旋转弹丸在空中飞行时将形成包括进动和章动的复杂的角运动,如图 12-12 所示。

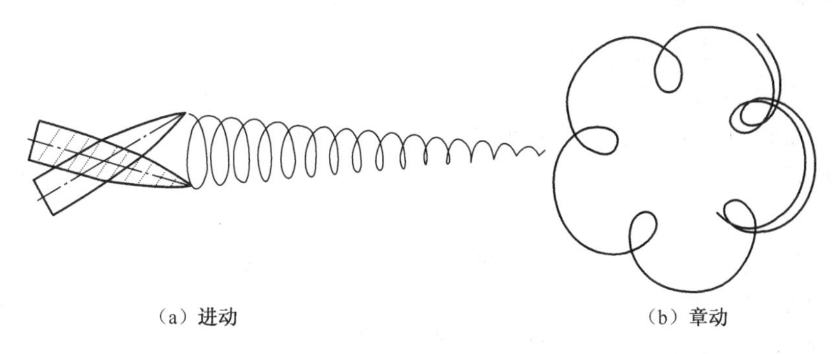

(a) 进动　　(b) 章动

图 12-12　旋转稳定弹丸的进动和章动运动

但并非所有高速旋转弹丸都能稳定飞行。决定弹丸能否稳定飞行的一个重要参量叫陀螺稳定因子,它的定义为

$$S_g = \left(\frac{C\dot{\gamma}}{2A}\right)^2 \bigg/ \left(\frac{M_Z}{A\delta}\right) \tag{12-95}$$

它的分子与 $\dot{\varphi} = 1$ 时的陀螺力矩有关;它的分母与 $\delta = 1$ 时的静力矩有关。陀螺稳定因子的大小反映陀螺力矩相对静力矩的大小。当 S_g 很大时,陀螺力矩的作用胜过翻转力矩,弹丸飞行可能是稳定的;当 S_g 接近零时,翻转力矩的作用胜过陀螺力矩,弹丸的运动不可能稳定。由旋转稳定炮弹角运动理论可以知道,保证稳定飞行的必要条件是 $S_g > 1$,称为陀螺稳定条件。由此知欲使弹丸稳定飞行必须使自转角速度 $\dot{r}$ 大于一定数值。

12.5.2　飞行稳定条件

为了保证稳定飞行,除了必须满足以上条件外,还必须同时满足一些其他条件。这些稳定条件是:动稳定条件、共振稳定条件以及追随稳定条件。

1. 动稳定条件

陀螺稳定因子也可推广应用于尾翼弹。尾翼弹的静稳定条件 $m_z' < 0$ 和旋转稳定弹丸的陀螺稳定条件 $S_g > 1$ 可以合成下面一个不等式:

$$1/S_g < 1 \tag{12-96}$$

当 $m_z' < 0$ 时 $S_g < 0$,自然满足上式;$m_z' > 0$ 时,如果 $S_g > 1$,则也能满足上式。所以式(12-96)是两种稳定方式共同的稳定必要条件。

动稳定条件比式(12-96)要求要高一些,动稳定条件为

$$1/S_g < 1 - S_d^2 \tag{12-97}$$

式中:S_d 称为动稳定因子,它的大小取决于马氏力矩系数、赤道阻尼力矩系数和升力系数等。

对于静不稳定弹丸($m_z' > 0$),$S_g > 0$,式(12-97)要求 $1/S_g$ 小于一个比 1 还小的数,也就是要求 S_g 大于比 1 大的数,因而动稳定条件比陀螺稳定条件要求高一些。

对于静稳定弹($m_z' < 0$),$S_g < 0$,当转速 $\dot{\gamma} = 0$ 时,$1/S_g = -\infty$,式(12-97)永远成立,即不旋转的静稳定弹永远是动稳定的。对于旋转的静稳定弹,如果马氏力矩系数等于0,则 $|S_d| < 1$,此时式(12-97)也永远成立,弹仍然永远是稳定的。但如果马氏力矩系数不等于0,便有可能 $|S_d| > 1$,由式(12-97)知,转速过高时就可能出现动不稳定现象。这说明尾翼弹发生动不稳定是由马氏力矩引起的,尾翼式火箭由于转速过高而出现不稳定的现象在试验中是曾经发生过的。

2. 动态稳定域的划分

动态稳定性条件取决于两个变量:$1/S_g$ 和 S_d,如果以 S_d 为横坐标,$1/S_g$ 为纵坐标,并将动态稳定条件公式取等号,则得到下面的方程:

$$1/S_g = 1 - S_d^2 \tag{12-98}$$

这是坐标平面上以纵轴为对称轴的抛物线,此抛物线与横轴相交于 $S_d = \pm 1$ 两点,如图 12-13 所示。此抛物线将整个坐标平面分成内外两部分,在抛物线内部的点都满足式(12-98),故称此区域为动态稳定域,抛物线外部的区域称为动态不稳定域。

此抛物线的顶点在纵轴上(0,1)点处。在 $1/S_g = 1$ 横线以下的区域都满足陀螺稳定条件 $1/S_g < 1$,故称为陀螺稳定域;反之,在 $1/S_g = 1$ 横线以上的区域称为陀螺不稳定域。

坐标平面横轴以下的区域 $S_g < 0$,故为静稳定域,横轴以上称为静不稳定域。由图 12-13 可见,静稳定域内的点必满足陀螺稳定,但静不稳定域中的点只有一部分满足陀螺稳定;动态稳定域内的点必然陀螺稳定,但陀螺稳定域内的点只有一部分满足动态稳定。

3. 共振稳定条件

弹在设计中除了需要满足动稳定条件外,还应满足共振稳定条件,也就是避免共振。尾翼弹有其固有的摆动周期,此固有周期的长短取决于稳定力矩系数和赤道转动惯量等。如果弹的自转周期接近摆动周期,则将发生共振,在此情况下攻角将明显增大,设计时应避免。

静不稳定弹丸不存在固有摆动周期,故不存在共振问题。

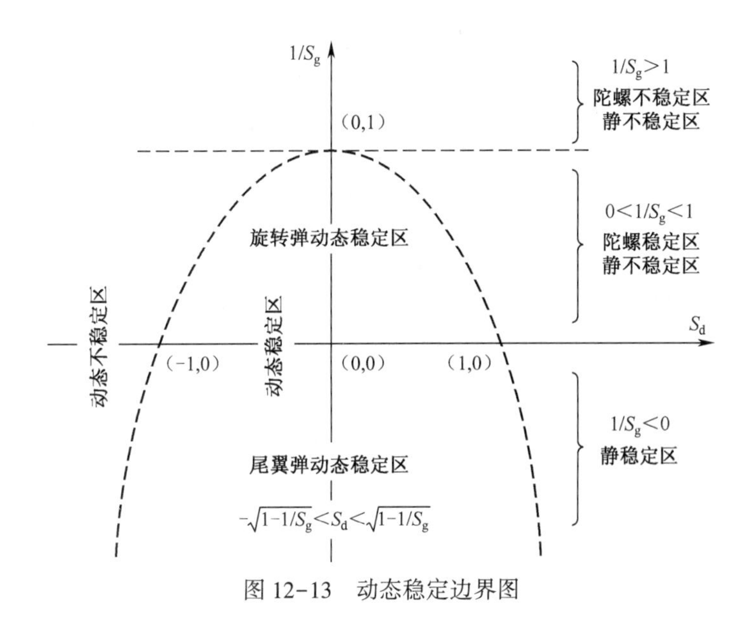

图 12-13 动态稳定边界图

12.6 动力平衡角和偏流产生的原因及追随稳定条件

12.6.1 动力平衡角和偏流产生的原因

在不考虑弹道弯曲的情况下,在起始扰动作用下弹轴将围绕速度矢量做复杂的角运动,此时速度矢量就是弹轴的平衡位置。在考虑弹道弯曲时,即使在没有其他扰动情况下也会产生角运动。由于弹道弯曲,最初产生的攻角是向上的,即弹轴(弹头)在速度矢量上方。高速旋转的右旋弹丸在翻转力矩和陀螺力矩的作用下,弹轴将向右上方运动,继而向右下方运动,由于速度矢量不断向下转动,弹轴很难绕到速度矢量的左侧,故其平衡位置不再是速度矢量,而是偏向射击面右侧的某一平衡位置。此平衡位置称为动力平衡轴,它与速度矢量的夹角称为动力平衡角或动态平衡角。

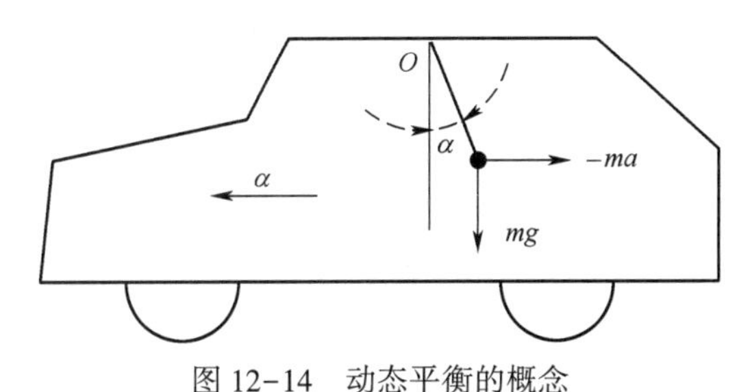

图 12-14 动态平衡的概念

为了易于理解动态平衡的概念,先举一个简单的例子。如图 12-14 所示,在静止的汽车中用绳子吊一个小球,当受到扰动时,小球将在铅垂线两侧摆动。铅垂线就是它的平衡位置,在此位置上小球受力(重力和绳子拉力)达到平衡状态。当汽车匀加速运动时,小球不再绕铅垂线摆动。这时新的平衡位置将偏离铅垂线向后倾斜一个角度。小球将在此新的位置两侧前后摆动,当摆动衰减后小球即平衡于此倾斜位置。其原因是当汽车向前加速时,小球将受到一个与加速度 a 方向相反的惯性力—— ma ,这时只有在新的位置上小球受力才能达到平衡。为了寻求新的平衡位置,设该位置上绳子与铅垂线的夹角为

α ,绳长为 l ,则惯性力对悬点 O 的力矩为 $malcos\alpha$,逆时针;重力对悬点的力矩为 $mgl\sin\alpha$,顺时针。只有当以上两力矩相等时小球才能平衡。令两力矩相等即可求出平衡位置对应的倾斜角 $\alpha = \arctan(a/g)$,此平衡位置就是动态平衡位置,即动参考系加速运动时的平衡位置。

当弹道弯曲时,弹轴也同样存在动态平衡位置。为了说明问题方便,仍可像图 12-10 那样设想有一个框架。当弹道以角速率 $|\dot{\theta}|$ 向下弯曲时,设想陀螺框架也随之向下转动,此时必将产生使弹头向左转动的陀螺力矩,其大小为 $C\dot{\gamma}|\dot{\theta}|$ 。欲使弹轴达到动态平衡,必须有反方向的外力矩与之对等。弹在飞行中所受的主要外力矩是翻转力矩,如果弹轴能有一个向右的攻角,则可产生一个与上述陀螺力矩方向相反的翻转力矩 M_z 。如果此攻角的大小能使翻转力矩的大小与 $\dot{\theta}$ 产生的陀螺力矩相等,即

$$M_z = C\dot{\gamma}|\dot{\theta}| \tag{12-99}$$

则弹轴即可达到动态平衡,此攻角即动力平衡角 δ_p 。将翻转力矩公式代入式(12-99)左端即可求出动力平衡角:

$$\delta_{\mathrm{p}} = 2C\dot{\gamma}|\dot{\theta}|/(\rho v^2 S_M l m_z') \tag{12-100}$$

如果与小球的例子对比,速度矢量的方向相当于小球的铅垂位置;偏向右方的动力平衡轴相当于向后倾斜的平衡位置;弹道弯曲角速率 $|\dot{\theta}|$ 相当于汽车的加速度 a ;陀螺力矩 $C\dot{\gamma}|\dot{\theta}|$ 相当于惯性力 ma ;翻转力矩相当于小球所受重力;动力平衡角 δ_{p} 相当于绳子的倾斜角 α 。

飞行中 $\dot{\theta}$ 是随时间变化的,所以动力平衡角也是随时间变化的。由于弹道顶点附近 $|\dot{\theta}|$ 最大且 v 最小,由式(12-100)知弹道顶点附近动力平衡角最大。射角越大则顶点速度越小,故射角越大动力平衡角越大。

既然弹道上始终存在一个向右的平均攻角,因而便会出现一个向右的升力。在此升力作用下弹道即偏向右方,这就是所谓的偏流。由于射角越大动力平衡角越大,故射角越大偏流越大。

12.6.2 追随稳定条件

如上所述,弹轴在追随速度矢量向下转动的过程中,将同时产生动力平衡角。当动力平衡角过大时,理论和试验表明,弹丸的运动将会出现不稳定现象,致使攻角发散,因而在设计中要求最大动力平衡角必须小于某一容许数值,这就是追随稳定条件。

由式(12-100)知,动力平衡角随自转角速度 $\dot{\gamma}$ 的增大而增大,为实现追随稳定条件必须控制转速不能太高,以使在最大射角下弹道顶点的动力平衡角小于容许值。追随稳定条件与动态稳定条件是矛盾的,因为动态稳定条件要求静不稳定弹丸的转速不能太低。这个矛盾有时会给设计带来一些困难。特别是在初速比较高的情况下,由于最大弹道高很高,弹道顶点空气密度很小,由式(12-100)知空气密度小也能使动力平衡角过大。所以除了初速比较小的榴弹炮外,一般线膛火炮都不用大于最大射程角的射角射击。

保证追随稳定的难易程度除了与翻转力矩系数 m_s' 有关外,还与弹道系数有关。当弹道系数太大时,弹道顶点速度太小,由式(12-100)知此时也会使动力平衡角过大。涡轮式火箭加阻力环后在大射角射击时往往出现弹底着地,致使引信不能起爆就是这个缘故。

第 13 章　射表编拟和使用简介

13.1　有关射表的基本知识

13.1.1　射表的作用与用途

对于特定的弹药,在实际条件下使用的、含有所需射击诸元的数字表或图表叫射表。

射表是指挥射击所必需的基本文件。当目标位置及射击条件等已知时,利用射表即可查取命中目标所必需的射角和射向。射表中还包含其他一些指挥射击所必需的基础数据。射表精确与否直接影响射击效果,特别是现代战争对炮兵提出首发命中要求的情况下,提高射表精度并正确使用射表具有更加重要的意义。

射表也是设计指挥仪或火控计算机的依据。因为指挥仪和火控计算机都是以射表的数据为基础设计出来的,没有精确的射表,就不可能有良好的设计。对于指挥仪和火控计算机的设计人员,不但需要了解射表的内容及其涵义,而且为了更方便合理地处理射表数据,对射表编拟方法及其所需的原始数据也应有所了解。

直接利用电子计算机根据当时实际条件计算射击开始诸元,摒弃射表,无疑是最理想的,是今后发展的方向。目前有不少单位已经或正在研制这种炮兵专用计算机,不同型号的这类计算机已普遍装备到每个炮兵连。但即使装备了计算机,也应考虑到战斗条件的复杂性和艰苦性,也不能完全依赖计算机而必须有手工作业的第二手准备。因此,利用射表来决定射击开始诸元仍然是不可缺少的手段。另外,在设计、研制炮兵专用的电子计算机时,也必须利用编拟射表的一些基本原理。所以,不断研究和改进编拟射表的理论和方法,不论现在和将来都是提高射击效果所不可忽视的方面。

对射表一般有三个基本要求:第一,数据要完备精确;第二,篇幅不能太大,要便于携带和翻阅;第三,计算使用要方便。上述三个要求往往是互相制约的。目前射表的格式还有一些自编的适合本单位使用习惯的简易射表或简明射表,都是企图较好地适应上述一些要求,但往往只能侧重其中某一个基本要求。因而从射表的格式来说也仍然有必要进行研究,以便较好地达到上述三个基本要求。

13.1.2　标准射击条件

影响弹道的因素很多,包括火炮、弹药以及气象等各方面的因素。实际射击条件的组合是无穷无尽的,这给编拟射表造成了困难。射表不可能按实际一切可能的射击条件组合提供相应的数据,所以必须确定一个标准射击条件(也称为表定条件)作为编表的依据,在这个表定条件下的弹道称为表定弹道,其各种诸元称为表定诸元。当射击时的实际条件与标准条件不一致时,再根据其偏差大小进行修正。

标准射击条件包括标准气象条件、标准弹道条件及标准地球和地形条件。

标准气象条件就是前面章节中所述炮兵标准气象条件,不再重述。

标准弹道条件的内容包括表定弹丸质量、表定药温、表定初速和表定跳角。

由于生产中存在加工误差,每发弹的质量都不相同,其数值在一定范围内变化。为此必须选取一个适当的数值作为标准值,并按弹丸质量的变化范围分为若干等级。在标准值附近的为正常级,射击时不需修正。比标准弹重的弹分四个等级,根据其与标准值偏差的大小分别在弹上标有“+”“++”“+++”或“++++”;比标准弹轻的也分四个等级,分别在弹上标有“-”“--”“---”或“----”。射击时根据弹丸上的标志进行修正。

火药的温度对初速有明显的影响,在确定表定初速之前必须先确定表定药温。表定药温统一规定为15℃。当射击时的实际药温不标准时需要进行药温修正。

同一种火炮其各门炮的初速并不完全相同,而且同一门火炮随着射击发数的增加,其初速也是缓慢变化的。在表定药温下火炮初速随射击发数的变化规律如图13.1所示。表定初速应该选在曲线比较平的部分,以便使火炮在使用过程中尽可能长的时间内不需进行初速修正。每一门火炮在执行作战任务前都必须测出其实际初速,在测定实际初速时应注意所使用的弹药的质量和药温必须符合表定值。如果该炮的实际初速与表定初速不相等,在对目标射击时必须进行初速修正。

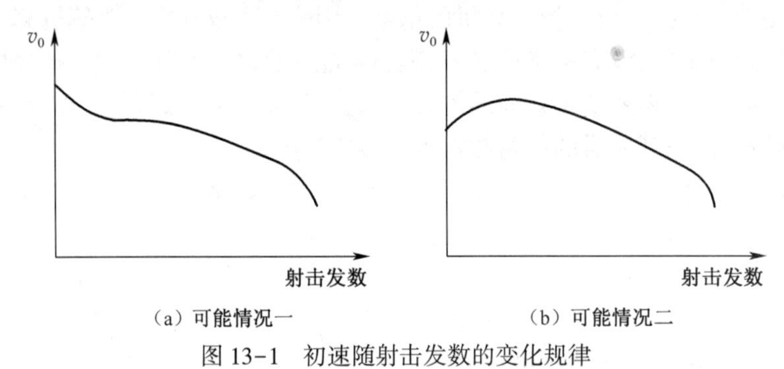

(a) 可能情况一　　(b) 可能情况二

图13-1　初速随射击发数的变化规律

跳角是射角的组成部分。发射前身管的轴线称为仰线,仰线与水平面的夹角称为仰角。由于发射过程中火炮震动等原因,弹丸出炮口时初速的方向并不完全与仰线重合,而是有一个小的夹角。初速矢量与仰线的夹角称为跳角。此跳角可分解为纵向分量和横向分量,横向分量使射击方向发生变化,而纵向分量则构成射角的一部分。射角即为仰角与跳角纵向分量之和,跳角的纵向分量也称定起角。跳角的随机性比较大,每门炮的跳角都不相等,每发弹的跳角也不完全相同,但它也有系统分量。表定跳角是若干门火炮的系统分量的平均值。在编拟射表中,计算弹道时所用的射角即仰角与表定纵向跳角之和。对于直接瞄准的反坦克炮,为了提高射击精度,应采用校炮的方法来修正本门火炮的平均跳角与表定跳角之差。特别是无坐力炮的平均跳角是随射击发数的增加在逐渐变化的,因此在射击比较多的发数后还应重新校炮,以修正该炮变化后的平均跳角与表定跳角之差。

所谓标准地球和地形条件,指的是不考虑科氏惯性力的影响;地面是平坦的,或者说目标在炮口水平面上。当目标不在炮口水平面上时,则需进行修正;还有一点即重力加速度取标准值,目前我国炮兵采用的标准值为9.80m/s^2。实际上不同纬度的重力加速度还略有不同,但由于变化较小,射表中一般不考虑此项修正,如需修正,可在对科氏惯性力的修正项中一并进行。

13.1.3　射表的内容与格式

射表的内容及格式见表13-1。

射表的内容包括:基本诸元、修正诸元、散布诸元、辅助诸元和射表说明等。

表 13-1　射表格式

(a)基本射表

海拔/m	0	500	1000	高角变化1mil距离改变量	炮目高低差10m高低修正量	飞行时间	落角	落速	公算偏差			最大弹道高	偏流
气压/mm	750	707	666						距离	高低	方向		
气温℃	15	12	9										
射距离/m	表尺/mil	表尺/mil	表尺/mil	/m	/mil	/s	/(°)	/(m/s)	/m	/m	/m	/mil	/mil
200	4.0	4	4	54.3		0.4	0.2	502	16	0.1	0.1	0.2	0.1
400	7.7	8	8	53.0		0.8	0.5	493	16	0.1	0.1	0.8	0.2
600	11.5	11	11	51.7		1.2	0.7	484	16	0.2	0.2	1.8	0.3
800	15.4	15	15	50.5		1.6	0.9	476	15	0.3	0.3	3.2	0.4
1000	19.4	19	19	49.2		2.0	1.2	467	15	0.3	0.3	5.1	0.5
200	23.5	23	23	48.0		2.5	1.5	458	15	0.4	0.4	7.6	0.6
400	27.7	28	27	46.8		2.9	1.8	450	15	0.5	0.4	10	0.8
600	32.0	32	32	45.6		3.4	2.1	442	15	0.5	0.5	14	0.9
800	36.5	36	36	44.4		3.8	2.4	433	15	0.6	0.6	18	1.0
2000	41.0	41	41	43.3	4.78	4.3	2.8	425	15	0.7	0.6	23	1.1
200	45.7	45	45	42.1	4.35	4.8	3.1	417	15	0.8	0.7	28	1.2
400	50.5	50	50	41.0	4.00	5.3	3.5	409	15	0.9	0.8	34	1.3
600	55.5	55	55	39.9	3.69	5.8	3.9	402	15	1.0	0.8	41	1.5
800	60.6	60	59	38.8	3.43	6.3	4.3	394	15	1.2	0.9	48	1.7
3000	65.8	65	65	37.7	3.21	6.8	4.7	386	16	1.3	1.0	57	1.8
200	71.2	70	70	36.6	3.01	7.3	5.2	379	16	1.5	1.0	66	1.9
400	76.7	76	75	35.6	2.84	7.9	5.7	372	16	1.6	1. 1	76	2.0
600	82.4	81	80	34.6	2.68	.8.4	6.2.	365	17	1.8	1.2	87	2.2
800	88.3	87	86	33.6	2.55	9.0	6.7	359	17	2.0	1.2	99	2.4
4000	94.4	93	92	32.7	2.42	9.5	7.2	353	17	2.2	1.3	112	2,6
200	100.6	99	98	31.7	2.31	10	7.8	347	18	2.4	1.4	126	2.7
400	107.0	105	104	30.8	2.21	11	8.4	341	18	2.7	1.4	142	2.9
600	113.6	112	110	30.0	2.12	11	9.0	336	19	3.0	1.6	158	3.0
800	120.5	118	116	29.1	2.04	12	9.6	331	19	3.3	1.6	176	3.2

（续）

(b)修正量算成表

射击条件/偏差量		1	2	3	4	5	6	7	8	9	10	20	30
200m 冲帽 0 弹重 +1 未涂漆 0	横风	0	0	0	0	0	0	0	0	0	0	0	0
	纵风	0	0	0	0	0	0	0	0	0	0	0	0
	气压	0	0	0	0	0	0	0	0	0	0	0	0
	气温	0	0	0	0	0	0	0	0	0	0	0/0	0/0
	药温	0	0	0	0	1	1	1	1	1	1	2	4
	初速	0	1	1	2	2	2	3	3	4	4	8	12
1000m 冲帽 1 弹重 +5 未涂漆 1	横风	0	0	0	0	0	1	1	1	1	1	2	3
	纵风	0	0	0	1	1	1	1	1	1	2	3	5
	气压	0	0	0	0	0	0	1	1	1	1	2	2
	气温	0	0	0	1	1	1	1	1	1	2	3/3	5/5
	药温	1	1	2	2	3	3	4	5	5	6	11	17
	初速	2	4	6	8	10	11	13	15	17	19	38	58
2000m 冲帽 弹重 3 未涂漆 +9 4	横风	0	0	1	1	1	1	1	1	2	2	4	5
	纵风	1	1	2	3	3	4	5	5	6	7	13	20
	气压	0	1	1	1	2	2	2	2	3	3	6	9
	气温	1	1	2	3	3	4	4	5	6	6	12/14	18/21
	药温	1	2	3	4	5	7	8	9	10	11	22	33
	初速	4	7	11	15	18	22	25	29	33	36	73	110
3000m 冲帽 6 弹重 +11 未涂漆 8	横风	0	1.	1	1	1	2	2	2	3	3	6	9
	纵风	2	3	5	6	8	9	11	13	14	16	32	48
	气压	1	1	2	3	3	4	5	5	6	7	14	20
	气温	1	3	4	6	7	9	10	12	13	14	28/31	42/47
	药温	2	3	5	6	8	9	11	12	14	15	31	46
	初速	5	10	15	21	26	31	36	41	46	52	104	156
4000m 冲帽 10 弹重 +12 未涂漆 14	横风	0	1	1	2	2	2	3	3	4	4	8	12.
	纵风	3	6	9	12	15	18	21	24	27	30	59	90
	气压	1	2	4	5	6	7	8	9	11	12	23	35
	气温	3	5	8	10	13.	16	.18	21	23	26	51/55	75/84
	药温	2	4	6	8	10	12	14	16	17	19	39	58
	初速	6	13	19	26	32	39	45	52	58	65	130	196

基本诸元是在标准条件下计算得到的射程与仰角的关系；当实际射击条件与表定条

件不符时,再按修正原理进行修正,这就要提供修正诸元;此外为了计算射击的命中率和修正炸点偏差,射表还必须提供射弹散布的数值表征,称为散布诸元。所以任何一种射表都必须有表定条件下的基本诸元、修正诸元和散布诸元,这就构成了射表的主体。除主体外,射表中还包含一些射击中所需的其他数据,即辅助诸元,如飞行时间、落角、落速、最大弹道高和偏流等。

射表的格式不是一成不变的。确定射表格式的原则应该是计算准确、使用方便。

为了说明射表的内容和格式,作为一个例子,表 13-1 列出了某榴弹炮射表的一部分。表 13-1(a)中左面第一列中的"射距离"就是射程,当目标不在炮口水平面内时指的是炮目距离;第二、三、四列中的"表尺",即为与各射程对应的火炮仰角,其中第二列为当炮位海拔高度为零时的情况,其地面标准气压和气温即为 t_{on} 和 p_{on};第三、四列为炮位海拔高度分别为 500m 和 1000m 情况,其炮位标准气压和气温按炮兵标准气象条件规定的标准定律确定,其数值已在表中标出。当射击时的实际气压和气温与表中所标数值不符时,需进行气压和气温的修正。当海拔高于 1500m 时另外编有相应的射表。

表 13-1(b)的"修正量算成表"中所列的即为修正诸元。表 13-1 的左侧给出了对应的射程,此射程间隔比表 13-1(a)大 5 倍。表 13-1 中的修正量分两类。第一类包括弹丸质量修正量和带冲帽及未涂漆的修正量,列在表的左侧。第二类包括横风、纵风、气压、气温、药温和初速修正量,第二类给出了不同大小的偏差量所对应的修正量。这样可以使修正计算更方便,同时也便于考虑偏差量与射程修正量之间的非线性关系。所有修正量的单位都是 m,为了换算成射角的修正量,可利用表 13-1(a)左面第五列所列的数据进行转换。此外表 13-1(a)中左面第六列为目标不在炮口水平面时仰角的修正量(炮目高差 10m 高低修正量)。当目标偏离炮口水平面更多时,另有专门的修正量表。关于地球自转(即科氏惯性力)的修正量也另有修正量表。以上都属于修正诸元的范围。

13.1.4 射表体系

目前我国的射表体系一般是每种火炮有四个高程的完整射表。这四个高程是:海拔 0m、1500m、3000m 和 4500m,一般称为基本高程。海拔每相差 500m 的高程称为使用高程。基本高程当然也属于一种使用高程。在每一个基本高程的完整射表中给出了邻近的 3~4 个使用高程上的表尺分划表(即射程每隔 200m 所相应的射角),而这些使用高程上的其他诸元也仍旧借用基本高程上的。

各个不同高程上的射表数据之所以不同,就是因为在起点的标准气压和标准虚温不同。根据气压和虚温随高度变化的标准定律,可以推算出各使用高程上的标准地面气压和地面虚温。

采用这种射表体系的意图是为了避免不同高程上的气压和虚温对海拔 0m 上标准值的偏差量太大,如果采用射击条件修正的方法就可能由于非线性误差和从属误差而使开始诸元产生较大误差,其他的基本诸元和散布诸元的数据也会因射击条件海拔 0m 的标准条件相差过大而不准确。

但是这种射表体系并不是令人满意的。由于使用高程过多,如果用器材决定开始表尺,器材的件数或体积就必须增大,而其精度也并不令人满意,并且使用中也易发生错误。这种射表体系也不能解决有时产生射击条件偏差量过大的情况。例如我国北方冬季,气温和药温偏差量可能达到-40℃以上,射击条件的距离修正量超过 1000m 的情况并不少见,它比海拔 4500m 相对于海拔 0m 的修正量有时甚至更大。因此,1958 年原军事工程学院在研究我国炮兵标准气象条件时曾建议增编东北冬季射表,但这一建议并未付诸实施。

北京军区炮兵曾研究认为,各项射击条件修正量对初速偏差的从属误差最大,他们已编成了以初速偏差-12%、-8%、-4%、0 和+4%为头标的射击条件修正量算成表,以减少由于药温很低使初速偏差很大(负值)而导致的从属误差和非线性误差。但因其篇幅较大也未能解决气温过低时的从属误差和非线性误差情况,也未能在全国推广。

为了减少使用高程数目,还有采用海拔高修正量的方式。把使用高程只保留完整射表的四个基本高程,而后用修正海拔高的方法,先求出阵地高程所相应的标准气压和气温对较接近的射表基本高程的标准气压和气温的偏差量,再用求差法求出其距离修正量即为海拔高修正量。目前,这种方法已得到广泛运用。

所以,对于射表体系的研究,从射击角度来说,也应是研究外弹道学的重要目的之一。

13.2 射表编拟方法简介

13.2.1 概述

如果完全靠射击试验来编拟射表,不仅需要消耗过多的弹药,而且由于无法进行各方面条件的修正,射表误差也必然很大。外弹道学为射表编拟奠定了理论基础。前面各章分别建立了各种质点弹道方程和刚体弹道方程,这些都为计算射表创造了有力条件。但是完全靠理论计算也还不能编出精确的射表,原因是一方面由于数学模型还不够精确,在建立运动方程时曾做了一些假设;另一方面,即使使用精确的数学模型,由于原始数据不够精确也会造成很大的射表误差。例如,对于初速等于 500m/s,最大射程为 11500m 的弹道,如果阻力系数有 5%的误差,就能产生 250m 的射程误差;当初速增大 1 倍时,上述阻力系数误差引起的射程误差就能达到 800m。

单纯靠试验或理论计算都不可能编出精确的射表,故射表编拟一般都采用理论计算与射击试验相结合的办法。我们知道,弹道是由初速、掷角、弹道系数和当时的气象条件决定的。气象条件由气象准备来解决,初速是由火炮装药设计时确定的。掷角等于射角加定起角,射角可以任意装定,要决定掷角实质上就是决定定起角。弹道系数虽然从理论上说可以根据弹形系数、弹丸直径和弹重计算,而弹形系数可用风洞试验求出。但这样求出的弹道系数对编拟射表来说精度是很不够的,这样求得的弹道系数只能在火炮弹药研制设计过程中大致估计能否达到预定技术指标时使用,因为实际射击的情况毕竟与风洞试验时不同,其不同点表现为实际射击中不可避免地要产生章动角而且章动角又是不断变化的,弹道倾角也是不断变化的,飞行速度也是不断变化的,所以在一条弹道上弹道系数实际上也在不断变化。但我们在弹道计算时却把弹道系数当作常数处理,这就与实际情况不符,所以必须通过实弹射击试验,求得在一条弹道上平均的弹道系数。对该平均弹道系数的基本要求就是使实际射击获得的射程(要换算到标准条件下)与根据给定的初速、掷角和某一弹道系数计算所获得的射程相符合,那么这个弹道系数就可作为这一条具体弹道上的平均弹道系数。这个符合过程也就把在建立弹道方程时其他一些与实际不完全一致的假设以及忽略的一些次要因素统统符合进去了。例如重力加速度随高度变化的影响,地球表面曲率的影响,章动角的影响等,都在符合的弹道系数中间接地修正了。所以求符合的弹道系数是编拟射表中的一个核心问题。此外,确定火炮装药的定起角以便决定掷角也是编拟射表必须先行解决的问题。

上述符合方法的实质是采用调整某些原始数据的办法使计算结果与试验结果相一致,这项工作在射表编拟中就被称为"符合计算"。被调整的原始数据称为符合系数或符合参数。采取这一步骤的目的之一是为了修正某些不够精确的原始数据,同时对由于数学模型的不完善所造成的误差也进行了补偿。符合计算的方法可以有多种,选取更合理的符合方法是改善射表编拟方法和提高射表精度的重要环节。

在确定起始参量以后求射表的基本诸元就是一个求解空气弹道的问题。这时可采用两种方法:一种是利用弹道表;一种是利用电子计算机。目前编拟射表一般使用电子计算机。但有时要研究射表上的个别问题或是为了检验电子计算机程序是否正确,利用弹道表求基本诸元仍然有一定的使用价值。

13.2.2 确定射表编拟方法时应考虑的几个问题

既然编拟射表的基本方法是理论计算与试验相结合,所以确定射表编拟方法时考虑的问题应包括以下三个方面:一是根据计算工具的发展及所编射表的类型选取与之相适应的数学模型;二是根据测试技术的发展水平制订合理的试验方案,以便提高关键数据的测试精度;三是合理地拟定符合方法,以便使理论计算与试验有机地结合起来。现对这三方面问题分析如下。

1. 数学模型的选取

弹丸在标准条件和非标准条件下的质点弹道方程组,是在攻角恒等于零的假设下建立的,因而有较大的误差。考虑攻角影响的刚体弹道方程以及降阶的刚体弹道方程,显然较质点弹道方程精确得多。但方程越精确,则数值积分时的步长越小,所需的计算时间越长,而且需要的原始数据也越多。

在过去测试技术和计算工具不发达的年代,只能使用质点弹道方程,数学模型不精确,编拟射表时必然要消耗大量弹药,而且编拟周期很长,射表精度也不高。现在计算机已高度发展,可以使用更精确的弹道方程来改进编拟方法。但是也并非所用方程越精确越好,使用刚体弹道方程计算时间长,需要的原始数据多,延长编拟周期,因而需要根据所编射表的类型选取适当的数学模型。

例如对于穿甲弹射表,由于弹道低伸,攻角对弹道影响较小,有可能继续使用质点弹道方程。对于火箭主动段,其攻角对弹道有很大影响,此时使用刚体弹道方程更为适宜。其他各种射表必须根据其弹道特点选取合适的数学模型,以便为改进编拟方法打下良好基础。

2. 试验方案的制订

试验的目的是为了获取所需数据。这些数据包括两方面:一是原始数据;二是射击结果数据。原始数据包括计算弹道所需的一切数据,数据的范围与选取的数学模型有关。如初速、射角(包括仰角和跳角)、弹丸质量、尺寸和空气阻力系数(使用刚体弹道方程时还有弹丸的转动惯量、质心位置及其他空气动力系数等)。此外还有射击时的气温、气压、风速、风向及其随高度的分布。射击结果数据包括落点坐标和飞行时间等。如果弹着点不在炮口水平面内,还需测出弹着点与炮口的高差。对火箭弹还有主动段终点参数,如最大速度等。

为了提高所测数据的精度和可靠性,应随时注意把测试技术方面的新成果、新设备应用到弹道测试中去,对于一些关键性数据还应制订计划研制专门的测试设备。有时由于采用某种新的测试设备,有可能使编拟方法得到重大革新。

在现有条件下为了提高射表的精度,应注意合理地、巧妙地制订试验方案,例如为了避免跳角的随机性对射程的影响,可采用与最大射程对应的射角射击,因为在此情况下射角误差对射程的影响最小。

在用弹数量方面应该既要保证射表精度,也要节约用弹。

3. 符合方法的选择

符合计算是联系数学模型和试验结果的中间纽带。符合方法是否合理对于整个编拟方法的优劣起着关键作用。但这三个方面是相互联系又相互制约的,应该通盘考虑。

符合方法的选择包括两方面的问题:一是选择哪些射击结果作为符合对象;二是选择哪些原始数据作为符合参数。

符合对象应该是射击结果中对命中目标起决定作用的量(如地炮榴弹的射程、甲弹的立靶弹道高、高炮的空中坐标),以及对这些量起重要作用的量或中间结果(如火箭弹的主动段终点速度)。符合系数应该是对符合对象起作用的参数中影响最大的那些参数。符合系数的个数应该与符合对象个数相等。

13.2.3 射表编拟过程

1. 准备工作和静态测试

编拟试验之前的准备工作包括火炮弹药、场地及测试设备等方面的准备,有关资料的收集及靶场试验以外的数据的获取,如风洞试验数据或空气动力计算结果、火箭发动机静止试验数据等。

静态测试是指对射击试验之前应测数据的测试,如弹丸的质量和尺寸等。

2. 射击试验

射击试验弹道射和距离射分两大类。

所谓弹道射,指的是为了获取弹道计算所需原始数据而进行的射击试验,即测定初速和跳角的试验。所谓距离射是指为了获取射击结果数据而进行的试验,如地炮的落点数据和高炮的空中坐标的测试都称为距离射。

由于过去没有在大射角条件下测初速的设备,必须在平射条件下利用测速靶来测定初速,因而必须组织专门的测初速的试验。现在有了测初速的多普勒雷达,可以在距离射时同时测初速,所以现在的弹道射中已不再进行测初速的试验。将来如果能研制出在大射角条件下测跳角的设备,则跳角也可以在距离射时同时测定,那时就可以取消弹道射了。

取消弹道射的意义不仅节约了这一部分弹药,更重要的是,在距离射时同时测初速和跳角,可以提高距离射结果的使用价值,使射表精度得到提高。实际上利用弹道射时所测的初速和跳角代替距离射时的初速和跳角是存在很大误差的,特别是由于跳角的随机性大,不同组之间相差较大,此种代替误差更大。况且大射角时和小射角时的跳角从理论上讲也未必相等,所以这种代替本来就是不合理的,只是由于条件所限,不得已才这样做的。

为了减小随机性的影响,试验应分组进行,将被测量的组平均值作为试验结果。每组发数多少取决于所测数据的离散程度,即散布大小。散布越大则每组发数应越多。

为了减小试验条件对射击结果的影响,同一试验项目应在不同时间重复试验数次。因为如在同一天一次试验完毕,则当天的试验条件误差(如气象条件的测试误差等)就可能使射击结果产生系统误差,此误差即所谓当日误差。如果在不同日期重复试验,则由于试验条件的变化,当日误差就变成了随机误差。将几天试验结果平均后,此误差就减小了。

3. 符合计算

以地炮榴弹射表为例,结合我国原有编拟方法说明符合计算的方法和应考虑的问题。

对地炮榴弹来说,符合对象当然是射程。由于对射程影响最大的是阻力系数,因而原有编拟方法选取弹道系数为符合系数,即通过调整弹道系数来使计算出的射程与试验结果一致。这些显然都是合理的。但由于原有方法采用的是质点弹道的数学模型,而且阻力系数又用的是43年阻力定律,所以计算误差很大。显然经符合计算后,在试验射角下计算的射程能与试验结果一致,但是用符合后的弹道系数来计算其他射角下的射程时,必然存在很大的误差。这就是模型误差。为了减小这一误差,原有方法需要在五个射角下进行距离射并进行符合计算。将所求五个射角下的符合系数当支撑点做 $C_b-\theta_0$ 曲线,然后用曲线上的弹道系数来计算弹道。这样不仅需要消耗大量弹药,而且在试验射角以外的其他射角下计算弹道时,仍将产生较大的插值误差。

在远距离多普勒雷达用于弹道试验后,测阻力系数已经很方便了,故现在编拟射表可以不再使用43年阻力定律,这无疑是一个进步。但如果不改进数学模型,编拟方法仍然难有大的提高。因为质点弹道方程假设攻角时刻保持为零,这与实际情况是不相符的,特别在大射角时将造成较大误差。采用质点弹道模型条件下,尽管用多普勒雷达测阻力系数,如果只在一个射角下进行距离射和符合计算,仍将造成很大的模型误差。所以仍然需要在多射角下进行距离射和符合计算,仍然需要做 $C_b-\theta_0$ 曲线。既然要做曲线,支撑点的点数太少,曲线是很难做准的,因而比原有方法不可能有很大的改进。要想使编拟方法有大的提高,必须采用更精确的数学模型。

原有方法在符合计算之前还需进行标准化计算,即根据距离射时的试验条件与标准条件之差对试验结果进行修正,将试验结果换算到标准条件下。这是由于原有方法最早是由弹道表来计算弹道的,而弹道表是在标准条件下编出的。在采用计算机计算弹道后,标准化计算对编拟射表已不是必需的了。符合计算也可在距离射时的实际条件下进行。

4. 基本诸元与修正诸元计算

在符合计算之后,利用所得到的符合系数在标准条件下计算弹道即可得射表的基本诸元。然后再分别在各种非标准条件下计算弹道,求出该条件下的射程与标准条件下射程之差,即可得修正诸元。

13.2.4　射表编拟的一般程序

1. 射表射击

为了编拟射表而进行的实弹试验射击称为射表射击。

射表射击一般包括下列项目,其内容和试验目的如下:

1) 弹道性能试验

弹道性能试验是运用测速仪器测速以达到下述目的:

(1) 选择满足编拟射表要求的炮身和装药。

(2) 测定火炮和装药的实际初速(有时要确定表定初速)和初速散布的公算偏差。

(3) 测定药温系数和弹重系数。

2) 跳角试验

其目的是测定火炮定起角(跳角的垂直分量)和方向跳角(跳角的水平分量)以及掷角和方向角散布的公算偏差。

3) 立靶射击试验

其目的是求取小射角上的符合弹道系数及射弹散布的高低和方向公算偏差,并且求出相应的弹道系数散布的公算偏差和偏流散布系数(是用来衡量方向散布大小的一种基础数据)。

4) 射程射击试验

其目的是通过数个射角上的实际射程求出符合的弹道系数及射弹散布的距离和方向公算偏差,并且求出相应的弹道系数散布公算偏差和偏流散布系数。同时可以通过对比射击求出引信带冲帽、弹丸不涂漆(或涂漆)和其他弹丸对常用榴弹的弹道系数改变量。

5) 偏流试验

其目的是求取理论公式计算的偏流与实际偏流的符合系数。有时可在射程射击试验时同时获得。

2. 确定基础技术数据

通过整理试验射击的成果,求出各项基础技术数据。它们包括:

(1) 弹重系数。

(2) 药温系数。

(3) 初速散布的公算偏差。

(4) 定起角。

(5) 掷角散布的公算偏差。

(6) 方向角散布的公算偏差。

(7) 各个射角上的符合弹道系数。

(8) 弹道系数散布的公算偏差。

(9) 偏流符合系数。

(10) 偏流散布系数。

(11) 引信带冲帽时的弹道系数改变量。

(12) 弹体不涂漆(或涂漆)时的弹道系数改变量。

各号装药的基础技术数据一般是不同的,要分别为各号装药求取。若某些装药号数未进行试验射击,则可根据相邻装药号数求得的数据用内插法求得(一般不允许用外插法求取)。

3. 射表计算

射表计算应包括以下几方面。

1) 计算基本诸元

通常是以射程(射距离)为头标求出相应的射角(表尺)、落角、飞行时间、落速和最大弹道高。

2) 计算修正诸元

即求出各项射击条件的表定修正量或编出修正量算成表,同时还要求出偏流、高角修正量或高低修正量和地球自转修正量等。

3）计算散布诸元

即求出各距离上的射弹散布的距离、高低和方向公算偏差。

此外，还有一些附表如高差函数表、弹道风速分化表等，有时需要计算，有时则可转抄。

4. 编排射表

根据使用单位的要求，按照数据完整、使用方便、篇幅适当的原则，编排射表。

13.3 射表的使用

为了决定火炮射击诸元，就一定要使用射表。

1. 完整射表的使用

完整射表是按海拔 0m、1500m、3000m、4500m 四个高程编制并分成两册。实际使用时，根据阵地高程（营、群的平均阵地高程），选用与其接近的完整射表来查取所需要的表定诸元，具体规定如表 13-2 所列。

表 13-2 射表使用条件

区 分	完整射表海拔高度/m	阵地高程/m
第一册	0	750
	1500	750～2250
第二册	3000	2250～3750
	4500	>3750

2. 表定诸元的查取

射表中的表定诸元都是在标准射击条件下求得的，当实际射击条件不符合标准射击条件时，就不能从射表中查得精确的数据，此时只能根据与实际弹道特性相接近的标准弹道去查取，通过分析，一般认为射击时实际弹道与目标开始距离相应的表定弹道接近。所以，当未明确规定根据测地距离查取时，表定诸元一般都根据开始距离或计算距离查取（开始距离和计算距离的概念参见炮兵射击学相关内容）。具体规定参见表 13.3。

表 13-3 利用射表查取常用诸元的若干规定

区 分		查取常用诸元的若干规定
（1）查取弹道基本诸元时	1	落角、飞行时间、高变量、高角修正量通常根据开始距离查取
	2	最大弹道高一般根据开始距离查取，当射验时，根据成果射角查取；当山地射击时，根据开始射角查取
（2）查取散布诸元时	3	距离、高低、方向公算偏差根据开始距离查取
（3）查取修正诸元时	4	各项表定修正量通常根据计算距离查取
	5	直接计算目标修正量的简易法，各项表定修正量根据测地距离（取整公里数）查取
	6	射验计算射击条件修正量时，各项表定修正量根据成果距离内插查取或根据其远、近整千米查取，然后内插求出成果距离的修正量

（续）

区分		查取常用诸元的若干规定
(4)查取偏流时	7	直接计算目标修正量的简易法;根据测地距离查取
	8	成果法计算目标与试射点偏流时,分别根据目标和试射点的测地距离查取
	9	精密法和预先计算修正量的简易法,根据计算距离查取
(5)查取或计算高低修正量时	10	$\|\Delta H_{PM}\| \leqslant 200$m $\|$,直接查取 ΔGD 或 Δgd 时,一般根据测地距离查取 $\|\Delta H_{PM}\|$ 200m,计算 ΔGD 时,其中利用密位公式或三角函数公式 ε_M 求应使用测地距离, $\Delta\alpha$ 根据开始距离(开始高角)查取

3. 海拔高修正量的查取

同一射角在不同高程上的标准射程之差,称为海拔高修正量。它等于使用完整射表的某射角的标准射程减去相应炮阵地高程的该射角的标准射程。海拔高修正量实质上是炮阵地高程与所使用的完整射表高程的标准气压和气温之差所引起的距离修正量。理论分析如下。

当炮阵地的高程和所用射表的高程不同时,即使炮阵地的气温、气压是标准的,但对所用射表而言仍然属于非标准情况。换句话说,这时用于计算修正量的气温偏差 ΔT_v 和气压偏差 ΔP 应为:

$$\Delta T_v = \Delta T_{v0} + \Delta T_{vTv} \tag{13-1}$$

$$\Delta P = \Delta P_0 + \Delta P_{Tv} \tag{13-2}$$

上述式中: ΔT_{v0} 、ΔP_0 为炮阵地的气温偏差、气压偏差; ΔT_{vTv} 为炮阵地标准气温与所用射表的标准气温之差; ΔP_{Tv} 为炮阵地标准气压与所用射表的标准气压之差。

射击中把 ΔT_{vTv} 和 ΔP_{Tv} 引起的修正量称为海拔高修正量。

海拔高修正量根据阵地高程与所使用完整射表高程之差、计算距离和装药号数,从《海拔高修正量表》中内插查取。

4. 射击条件偏差及其修正

实际射击条件的测定值与射击条件的标准值之差,称为射击条件偏差量。即

偏差量=测定值-标准值

射击条件不标准时,将影响射弹飞行的距离和方向,因而射击时要修正射击条件偏差对射弹的影响。弹道、气象条件偏差对射击的影响及修正可参见表 13-4。

表 13-4　弹道、气象条件偏差对射击的影响及修正

射击条件	方向		距					离				
	横风		纵风		气温		气压		药温		初速	
偏差符号	向左吹	向右吹	顺风	逆风	+高	−低	+高	−低	+高	−低	+大	−小
影响	偏左	偏右	远	近	远	近	近	远	远	近	远	近
修正符号	+向右	−向左	−减	+加	−减	+加	+加	−减	−减	加	−减	+加

5. 射表应用举例

例 13.1　152mm 加榴炮,阵地高程 250m,甩榴弹、全号装药射击,射击方向为 15-

00,计算距离为12000m。测得射击条件为:气压765mmHg,气温24℃,装药批号初速偏差$-0.6\%v_0$,药温21℃,顺风$10\text{m}\cdot\text{s}^{-1}$,横风(从右向左吹)$4\text{m}\cdot\text{s}^{-1}$,带冲帽,弹重为"++",弹体未涂漆,试求各项射击条件偏差量及其相应的修正量。

解:根据阵地高程海拔250m,选用0m完整射表。计算结果如表13-5所列。

表13-5 计算修正量

射击条件	测定值	标准值	偏差量	修正量
横风			向左吹4	+0-04
纵风		0	顺风10	-212m
气压	765	750	+15	+103m
气温	24	15	+9	-153m
药温	21	15	+6	-127m
初速			-0.6	+85m
海拔高			+2.5	-135m
偏流				-007.4
地球自转				距离:-37m 方向:-001
冲帽	带冲帽	不带冲帽		+42m
弹重	"++"	"±"		-20m
涂漆	未涂漆	涂漆		+115m

13.4 射表误差初步分析

1. 射表误差的来源

从射表的编拟过程中,可以看出射表编拟的许多环节都有误差。现将射表误差产生的原因及其性质分几方面简述如下。

由于射表符合计算的依据是距离射的结果,因而距离射结果的可信程度直接影响射表的可信程度。影响弹道的因素很多,这些因素中很多都是随机的,因而射击结果本身是一个随机量。即便在相同射击条件下射击,每发弹的射程也皆不相同,很难肯定该射击条件下的准确射程究竟是多少。在射击试验中通常是取该射击条件下所有各发弹射程的平均值作为射击结果,但这只是一种估值方法。结果的可信程度取决于射程散布的大小和射击发数的多少。散布越大,则该结果的误差越大;而射击发数越多,则结果误差越小。所以散布越大,所需射击的发数越多。设相同条件下射击n发弹,其散布(即射程的概率误差)为B_x,则其平均值作为射程的估值误差为$\sqrt{B_x^2/n}$,此误差是结果的随机性引起的,称为随机误差。

设不同条件下射击m组,每组n发,则射击总发数为$m\times n$,若药平均散布为B_x,则m组总平均值的随机误差为

$$B_{x1}=\sqrt{B_x^2/(mn)} \tag{13-3}$$

式中:B_{x1}为由随机误差引起的射表误差。

除了射击结果的随机误差外,初始条件的测量误差也是随机性的:例如初速测量的随

机误差,使所测出的初速不能完全反映真实的初速,这也会影响符合计算的结果,因而影响表定初速下的射程。仰角测量的随机误差也有同样的作用,这些误差的大小都与射击发数的多少有关。

2. 当日误差

如前所述,试验条件的误差对当天的试验结果能产生系统误差。例如试验时气压测量偏高,而实际气压低于测量值,则实际射程将大于计算射程。如果将实测射程换算到标准条件下,将使射程产生一个正误差。因为这次试验气压测量都偏高,所以这一误差是系统误差,不能靠增加射击发数来减小当日误差。但是如果在不同日期反复试验,每次试验条件的测试误差不可能是相同的,所以当日误差就成了随机性的。求出不同日期试验结果的总平均值作为试验结果,即可减小当日误差的影响。

设在不同日期共试验 m 组,每次的当日误差为 ε_x ,则由当日误差引起的射表误差为

$$B_{x2} = \sqrt{\varepsilon_x^2 / m} \tag{13-4}$$

式中:ε_x 为总的当日误差,引起当日误差的因素除气象条件的测试误差外,还包括跳角的误差等。

跳角的大小与很多因素有关。由于每次试验时火炮的支撑情况不可能完全相同,因而跳角必然有差别。现在还无法在距离射的同时测跳角,只能用弹道射时的跳角来代替,因而将产生系统误差。如果在不同日期反复试验,即可减小跳角的系统误差。此外初速测量除了有随机误差外,也存在当日误差。

3. 模型误差

数学模型的误差主要来自于建立运动方程时所做的假设。这些假设都将不同程度地造成弹道计算误差。

如果距离射只在一个射角下进行,经过符合计算后在该试验射角下模型误差已不存在。但在利用符合计算结果计算其他射角时,模型误差就会出现。这时模型的优劣将起到很大作用。

如果距离射在几个射角下进行,这时模型误差主要体现在 $C_b - \theta_0$。曲线的拟合误差上。模型误差越大,则 C_b 随 θ_0 的变化越大,变化的规律性也越差,因而曲线拟合误差越大。经验表明,利用同样的符合计算结果做支撑点,用不同的拟合方法所得到的 $C_b - \theta_0$ 曲线计算出的射程是有明显差别的。这一误差也应归属于模型误差。此误差的大小与射击的组数和发数都没有关系。

4. 射表误差的结合计算

通过以上分析,可对射表误差有一个初步了解。实际上误差来源可能还不止于此。但概括起来射表的误差源有三种类型:第一种是与距离射总发数有关的误差,统称为随机误差,用 B_x 表示;第二种是与射击组数有关的误差,统称为当日误差,用 ε_x 表示;第三种是与距离射的射击组数和发数皆无关的误差,统称为模型误差,用 η_x 表示。例如运动方程中某些原始数据,有的来自理论计算,有的来自地面试验(如推力试验台所测推力),它们都有误差。此误差与距离射的组数和发数皆无关系,也可以列入模型误差的范围。

综上所述,由式(13-2)、式(13-3)可得射表总误差为

$$B_{x\sum} = \sqrt{B_x^2/(mn) + \varepsilon_x^2/m + \eta_x^2} \tag{13-5}$$

第 14 章　外弹道试验

14.1　弹丸飞行速度的测定

确定弹丸沿弹道运动速度的一种最通常的方法是测量弹丸通过一定弹道长 s 所需的时间 t，然后以

$$v = s/t \tag{14-1}$$

求得 s 中点的速度 v。

记录一般用电子测时仪，在两端提供测时仪启动和停止信号的装置则称为区截装置。区截装置的种类很多，有铜丝网靶、线圈靶、天幕靶、光幕靶。如图 14-1 所示为天幕靶和光幕靶。

（a）

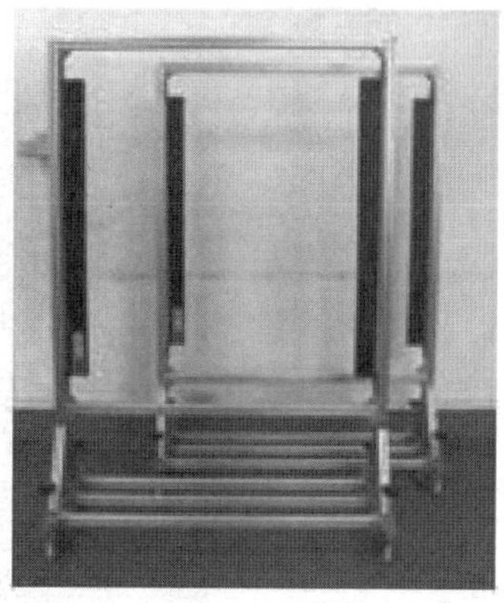

（b）

图 14-1　天幕靶(a)和光幕靶(b)

天幕靶实质上是一种光电区截装置。原理如图 14-2 所示。从区截装置 1 和 2 中发出有一定作用范围的光幕，弹丸通过光幕时由于光通量的变化，光电管产生一个电脉冲信号，信号经过放大器输入到测时仪，作为测时仪启动和停止的信号，即可测出弹丸通过两个光幕间弹道的时间，从而可得到弹丸的运动速度。天幕靶作用距离一般为 20m 以内，只能测直射武器低伸弹道上某点的速度或仰角射击时炮口附近的速度。由于天幕靶作用范围较大，架设方便，所以在大射角射击时，经常使用。

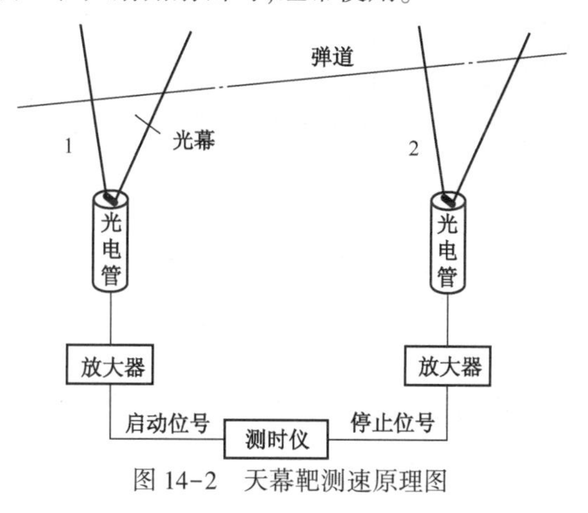

图 14-2　天幕靶测速原理图

由于区截装置的尺寸、架设方法、射击瞄准、基线测量和射弹散布等方面的限制。对弹道上任意点速度的测量,目前多采用多普勒测速雷达。

多普勒测速雷达是利用多普勒效应测定弹丸飞行速度的。由物理学可知,以一定频率发射的波,被运动物体反射之后,其反射波的频率要发生改变,频率变化与物体运动速度有关。

若雷达发射出波长为 λ ,频率为 f_0 的电磁波;反射波的频率为 f_r ,则

$$f_D = f_0 - f_r \tag{14-2}$$

f_D 为多普勒频率,根据 f_D 与物体运动速度 v 的关系式:

$$v = \frac{\lambda}{2} f_D \tag{14-3}$$

可求得弹丸的运动速度。多普勒初速测量雷达如图 14-3 所示,多普勒雷达测速原理如图 14-4 所示。

图 14-3　多普勒初速测量雷达

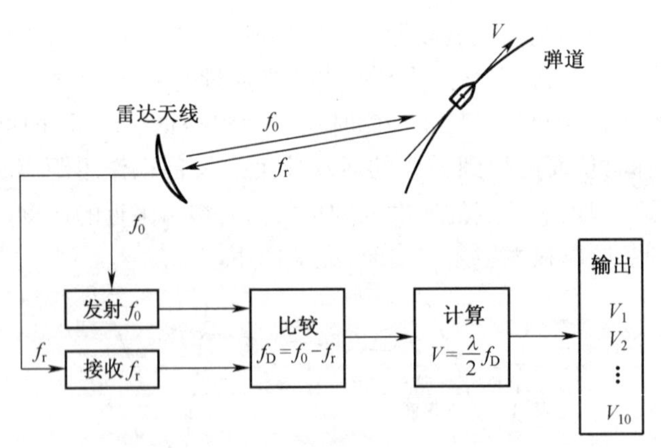

图 14-4　多普勒雷达测速原理图

多普勒测速雷达可连续测定多个点的速度,第一点开始时间及两点间隔时间可根据需要改变。也有数据处理系统,可给出速度时间、速度距离的关系数据,并给出对应点的阻力系数。

另外,在试验中也经常用高速录像的图像来处理得到弹丸的速度。

14.2 迎面阻力系数的射击试验测定

射击法和风洞法是测试空气动力及其力矩的基本方法。射击法的原理是,弹丸在飞行过程中动能的减少,等于克服空气阻力所做的功。由此原理可知,应使弹丸飞行距离较短且接近水平飞行,才能近似认为重力与弹丸运动方向垂直、不做功,只有空气阻力做功。

如图 14-5 所示,枪炮身管接近水平放置,测量出弹丸在 1、2 两点的速度 v_1 和 v_2,由于 L 不是很大,故可用 L 中点的平均速度 $\bar{v}=(v_1+v_2)/2$ 所对应的迎面阻力平均值,作为 L 路程上的弹丸所受的阻力:

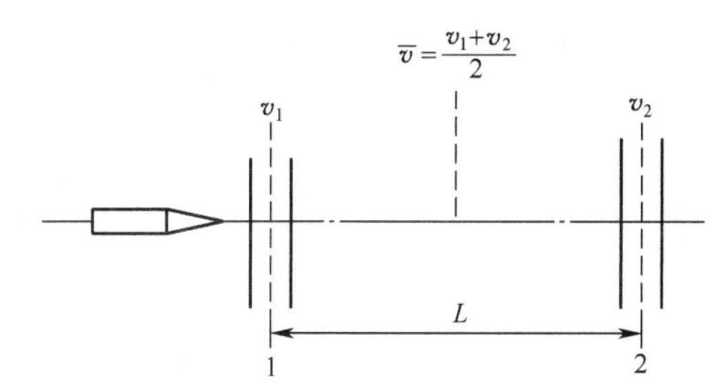

图 14-5 迎面阻力系数的射击测定示意图

$$\overline{R_x}=\frac{1}{2}\rho\bar{v}^2Sc_{x0}\left(\frac{\bar{v}}{c}\right) \tag{14-4}$$

根据动能原理,有

$$\overline{R_x}L=\frac{m}{2}(v_1^2-v_2^2) \tag{14-5}$$

将式(14-4)、式(14-5)化简整理得

$$c_{x0}\left(\frac{\bar{v}}{c}\right)=\frac{4m}{\rho SL}\frac{v_1-v_2}{v_1+v_2} \tag{14-6}$$

测量并计算出 $c=\sqrt{kR\tau_0}$ 和 $\rho=p_0/R\tau_0$

查 43 年阻力定律表中 $\bar{v}/c$ 所对应的阻力系数,则可计算出弹形系数:

$$i=c_{x0}\left(\frac{\bar{v}}{c}\right)/c_{x43}\left(\frac{\bar{v}}{c}\right) \tag{14-7}$$

及弹道系数:

$$c=\frac{id^2}{m}\times10^3 \tag{14-8}$$

实际射击中弹丸攻角一般不为零,但是对于一般枪弹攻角通常很小,可忽略其影响,近似认为 c_{x0} 对应的是零攻角时的阻力系数。如果试验中存在弹丸攻角较大,则需要进行修正。

为了保证试验的准确性,应要求 v_1 和 v_2 与差值必须比速度测量误差要大得多,另外 L 的值要保证 v_1 和 v_2 与差值较大。对于弹道系数较大即速度衰减较快的弹丸如枪弹等,L 取 50~100m 左右,对于大中口径弹丸 L 可取 300 左右,但 L 值不能过大,以免受重力影响过大。故而对小初速或空气阻力影响小的弹丸不宜使用本试验方法。

14.3 弹丸空间坐标和飞行时间的测定

摄影经纬仪、电影经纬仪、高速摄影机等,都可用来确定弹丸空间坐标。目前测定火箭弹主动段和高炮弹道多用摄影经纬仪。

如图 14-6 所示,在一定长度的基线两端,放置具有一定仰角 ε 的两架照相机,照相机镜头前装有周期开闭器,在夜间把快门打开,利用弹丸尾部曳光剂或火箭发动机燃气的火光,可摄出点线(或虚线)弹道,利用照相底片上弹道坐标与弹丸空间坐标的几何关系,便可求出各点坐标与时间。

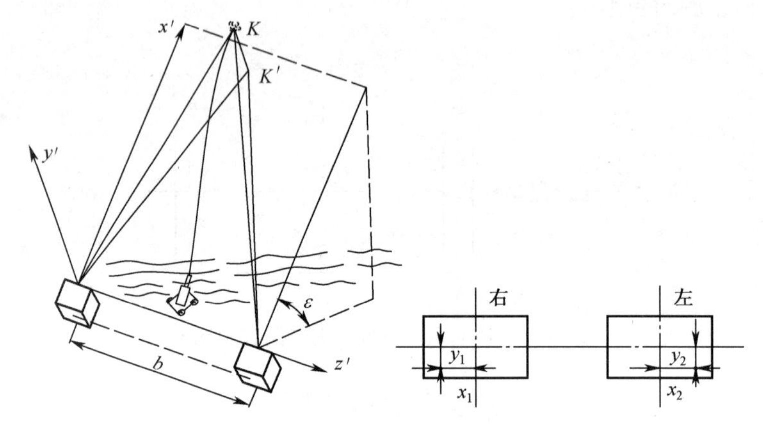

图 14-6 空间坐标的测量

可用多种方法测定弹丸飞行时间,前面介绍弹丸速度测量方法也是时间测量方法。这里介绍一种较长飞行时间的测定方法。如图 14-7 所示,光电管 1 和 2 分别对准炮口和炸点,利用炮口闪光产生的电脉冲,经过放大器 3 输入到测时仪 4 启动测时仪;光电管 2 利用炸点火花产生的电脉冲,经放大器 3 输入到测时仪 4,使测时仪停止工作。这样就可测出炮口至炸点(或落点)的弹丸飞行时间。

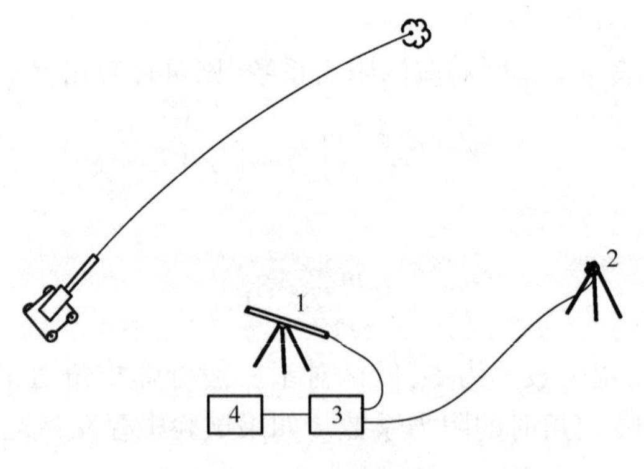

图 14-7 飞行时间的测定

14.4 弹丸转速的测定

转速的测量方法有多种,归纳起来有:机械法、电子法、电磁法和摄影法等。方法虽多,但测量原理都是测出两个相邻位置上弹丸的转角及所需的时间,然后算出转速。与测速方法相比,两相邻位置也可认为是测转角的区截装置,各种方法的区别,也就是区截装置不同所致。

机械法测定弹丸的转速,对旋转稳定弹丸或同口径尾翼弹多用擦印法。如图 14-8 所示,在弹丸某一部位涂以慢干漆,弹丸通过纸靶Ⅰ、Ⅱ时,油漆将附在纸靶弹孔的某一位置上,以铅垂线为基准,测出对应油漆位置的转角 φ_1、φ_2,则两靶间的转角

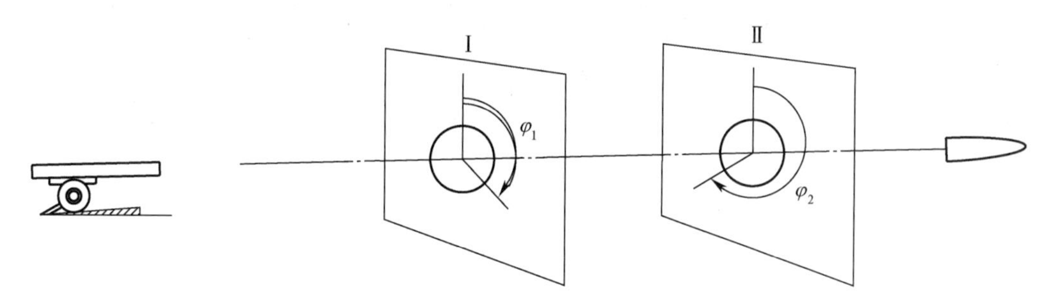

图 14-8　擦印法测转速

$$\Delta\varphi = \varphi_2 - \varphi_1 \tag{14-9}$$

如同时测得通过两靶的时间 Δt ,即得转速:

$$\omega = \frac{\Delta\varphi}{\Delta t} \tag{14-10}$$

对于超口径尾翼弹,多用于销子法测转速,也就是在某一片尾翼上装上销子,当弹丸通过纸靶时会出现销子的痕迹,如图 14-9 所示。具体测量方法与擦印法相同。

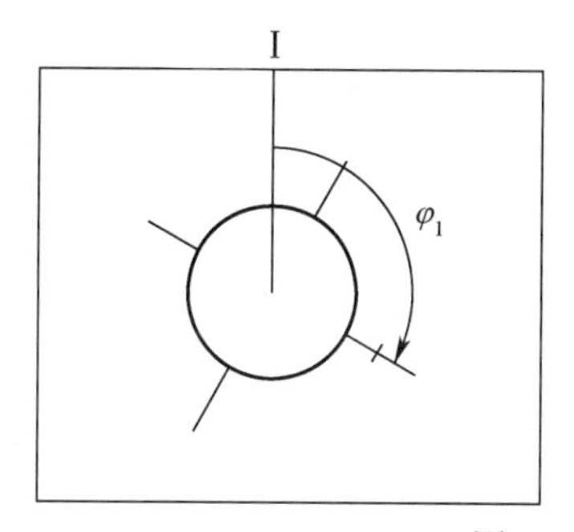

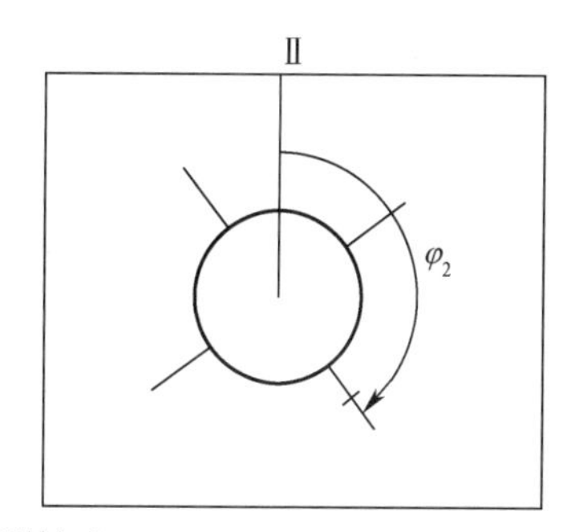

图 14-9　销子法测转速

摄影法测定转速只不过是把纸靶对弹丸转动的记录,换成高速摄影机而已。在弹丸外表面涂上标记,弹丸飞行时,高速摄影机连续拍照弹丸照片,在照片上可测出标记的转角和对应的时间,从而可求出弹丸的转速。

电子法是在弹上装有能产生脉冲信号的装置,它所产生的信号与弹丸的转动周期有关,也就是每转动一周产生一脉冲信号,同时又可以给出两个脉冲信号的时间,因此可测出转速。

电磁法测定弹丸的转速是在射击前把弹丸横向磁化,并在弹道侧方设置测量回路(线圈),当弹丸从回路侧方通过时,弹丸的磁力线切割回路产生电动势,由于弹丸在旋转,因此电动势的大小在周期变化,所以可测出转速。原理如图 14-10 所示。

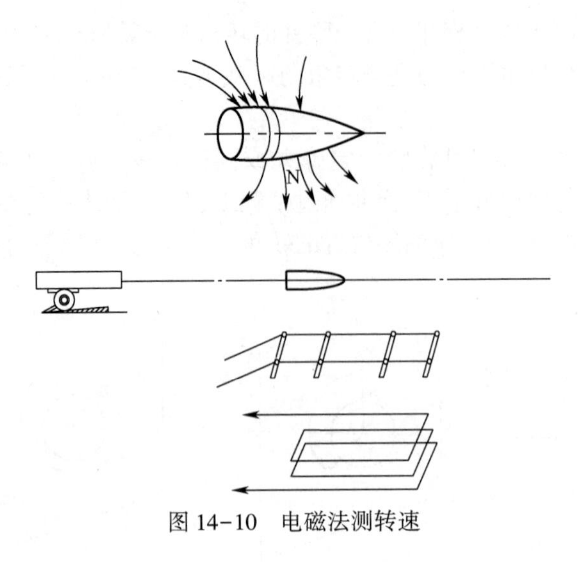

图 14-10　电磁法测转速

14.5　立靶密集度试验与地面密集度试验

为了确定武器系统,特别是高射弹药、反坦克武器在垂直射向平面上的散布,要进行所谓的立靶密集度试验。

如图 14-11 所示,根据武器的直射距离或有效射程,在距炮口一定距离上,设置与射向垂直的立靶,以不变的射击诸元对立靶进行一组射击,然后测出立靶上弹孔的高低和方向坐标 y_i 、z_i ,则一组弹丸散布的高低和方向中间偏差分别为

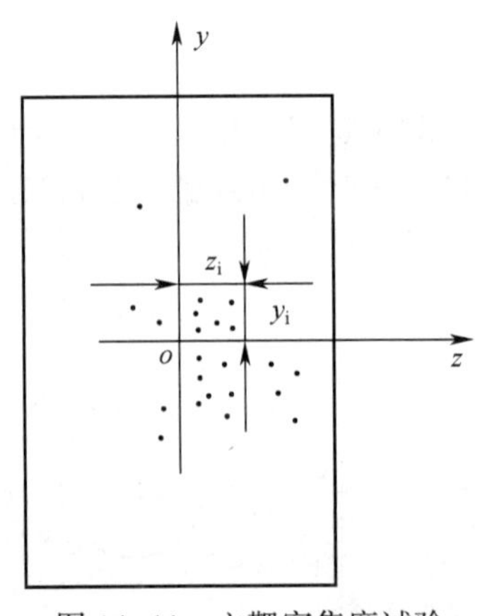

图 14-11　立靶密集度试验

$$\begin{cases} E_y = 0.6745\sqrt{\dfrac{\sum\limits_{i=1}^{n}(y_i - y_{cp})^2}{n-1}} \\ E_z = 0.6745\sqrt{\dfrac{\sum\limits_{i=1}^{n}(z_i - z_{cp})^2}{n-1}} \end{cases} \tag{14-11}$$

式中:n 为一组弹发数,y_{cp} 、z_{cp} 表达式如下:

$$\begin{cases} y_{cp} = \dfrac{\sum\limits_{i=1}^{n} y_i}{n} \\ z_{cp} = \dfrac{\sum\limits_{i=1}^{n} z_i}{n} \end{cases} \tag{14-12}$$

试验时,气象条件特别是风速及其变化范围,弹重级和每组射击时间要符合试验法或图纸规定。

对曲射武器要进行地面密集度试验。如图 14-12 所示,武器系统以不变的射击诸元

对某一区域进行射击,测出一组弹丸各发弹着点的距离和方向坐标 x_i 、z_i ,则一组弹丸散布的距离和方向中间偏差分别为

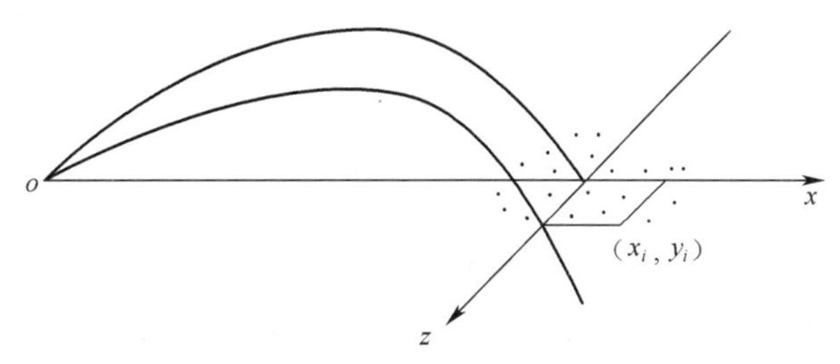

图 14-12　地面密集度试验

$$\begin{cases} E_x = 0.6745\sqrt{\dfrac{\sum\limits_{i=1}^{n}(x_i - x_{cp})^2}{n-1}} \\ E_z = 0.6745\sqrt{\dfrac{\sum\limits_{i=1}^{n}(z_i - z_{cp})^2}{n-1}} \end{cases} \tag{14-13}$$

式中:n 为一组弹的发数,x_{cp} 、z_{cp} 表达式如下:

$$\begin{cases} x_{cp} = \dfrac{\sum\limits_{i=1}^{n} x_i}{n} \\ z_{cp} = \dfrac{\sum\limits_{i=1}^{n} z_i}{n} \end{cases} \tag{14-14}$$

同样,在试验中,气象条件特别是风速及其变化范围,弹质量级和每组射击时间要符合试验法或图纸规定。

附　录

表 1　虚温随高度变化表

单位:K

h	0	100	200	300	400	500	600	700	800	900
0	288.9	288.3	287.6	287.0	286.4	285.7	285.1	284.5	283.8	283.2
1000	282.6	281.9	281.3	280.7	280.0	279.4	278.8	278.1	277.5	276.9
2000	276.2	275.6	275.0	274.3	273.7	273.1	272.4	271.8	271.2	270.5
3000	269.9	269.3	268.7	268.0	267.4	266.8	266.1	265.5	264.9	264.2
4000	263.6	263.0	262.3	261.7	261.1	260.4	259.8	259.2	258.5	257.9
5000	257.3	256.6	256.0	255.4	254.7	254.1	253.5	252.8	252.2	251.6
6000	250.9	250.3	249.7	249.0	248.4	247.8	247.1	246.5	245.9	245.2
7000	244.6	244.0	243.3	242.7	242.1	241.4	240.8	240.2	239.5	238.9
8000	238.3	237.6	237.0	236.4	235.7	235.1	234.5	233.8	233.2	232.6
9000	231.9	231.3	230.7	230.0	229.4	228.8	228.2	227.7	227.1	226.6
10000	226.1	225.7	225.3	224.8	224.5	224.1	223.8	223.4	223.1	222.9
11000	222.6	222.4	222.2	222.0	221.9	221.8	221.6	221.6	221.5	221.5

注:当 12000m $\leqslant h<$ 30000m 时,虚温为 221.5K

表 2　气压函数表

h	0	100	200	300	400	500	600	700	800	900
0	1.0000	0.9882	0.9766	0.9650	0.9536	0.9423	0.9310	0.9199	0.9089	0.8981
1000	0.8873	0.8766	0.8660	0.8556	0.8452	0.8349	0.8248	0.8147	0.8047	0.7949
2000	0.7851	0.7755	0.7659	0.7564	0.7470	0.7378	0.7286	0.7195	0.7105	0.7016
3000	0.6928	0.6840	0.6754	0.6669	0.6584	0.6500	0.6417	0.6335	0.6254	0.6174
4000	0.6095	0.6016	0.5938	0.5861	0.5785	0.5710	0.5635	0.5562	0.5489	0.5417
5000	0.5345	0.5274	0.5205	0.5136	0.5067	0.5000	0.4933	0.4867	0.4801	0.4736
6000	0.4672	0.4609	0.4547	0.4485	0.4424	0.4363	0.4303	0.4244	0.4185	0.4128
7000	0.4070	0.4014	0.3958	0.3903	0.3848	0.3794	0.3741	0.3688	0.3636	0.3584
8000	0.3533	0.3483	0.3433	0.3384	0.3335	0.3287	0.3240	0.3193	0.3146	0.3100
9000	0.3055	0.3010	0.2966	0.2923	0.2879	0.2837	0.2795	0.2753	0.2712	0.2672
10000	0.2632	0.2592	0.2553	0.2515	0.2477	0.2439	0.2402	0.2366	0.2330	0.2294
11000	0.2260	0.2225	0.2191	0.2158	0.2125	0.2092	0.2060	0.2029	0.1998	0.1967
12000	0.1937	0.1908	0.1878	0.1850	0.1821	0.1793	0.1766	0.1739	0.1712	0.1686
13000	0.1660	0.1635	0.1610	0.1585	0.1561	0.1537	0.1514	0.1490	0.1468	0.1445

（续）

h	0	100	200	300	400	500	600	700	800	900
14000	0. 1423	0. 1401	0. 1380	0. 1359	0. 1338	0. 1317	0. 1297	0. 1277	0. 1258	0. 1239
15000	0. 1220	0. 1201	0. 1183	0. 1164	0. 1147	0. 1129	0. 1112	0. 1095	0. 1078	0. 1062
16000	0. 1045	0. 1029	0. 1014	0. 0998	0. 0983	0. 0968	0. 0953	0. 0938	0. 0924	0. 0910
17000	0. 0896	0. 0882	0. 0869	0. 0855	0. 0842	0. 0829	0. 0817	0. 0804	0. 0792	0. 0780
18000	0. 0768	0. 0756	0. 0745	0. 0733	0. 0722	0. 0711	0. 0700	0. 0689	0. 0679	0. 0668
19000	0. 0658	0. 0648	0. 0638	0. 0628	0. 0619	0. 0609	0. 0600	0. 0591	0. 0582	0. 0573
20000	0. 0564	0. 0555	0. 0547	0. 0539	0. 0530	0. 0522	0. 0514	0. 0506	0. 0499	0. 0491
21000	0. 0483	0. 0476	0. 0469	0. 0462	0. 0454	0. 0448	0. 0441	0. 0434	0. 0427	0. 0421
22000	0. 0414	0. 0408	0. 0402	0. 0396	0. 0390	0. 0384	0. 0378	0. 0372	0. 0366	0. 0361
23000	0. 0355	0. 0350	0. 0344	0. 0339	0. 0334	0. 0329	0. 0324	0. 0319	0. 0314	0. 0309
24000	0. 0304	0. 0300	0. 0295	0. 0291	0. 0286	0. 0282	0. 0277	0. 0273	0. 0269	0. 0265
25000	0. 0261	0. 0257	0. 0253	0. 0249	0. 0245	0. 0241	0. 0238	0. 0234	0. 0231	0. 0227
26000	0. 0224	0. 0220	0. 0217	0. 0213	0. 0210	0. 0207	0. 0204	0. 0201	0. 0198	0. 0195
27000	0. 0192	0. 0189	0. 0186	0. 0183	0. 0180	0. 0177	0. 0175	0. 0172	0. 0169	0. 0167
28000	0. 0164	0. 0162	0. 0159	0. 0157	0. 0154	0. 0152	0. 0150	0. 0147	0. 0145	0. 0143
29000	0. 0141	0. 0139	0. 0136	0. 0134	0. 0132	0. 0130	0. 0128	0. 0126	0. 0124	0. 0122

表 3 空气密度函数表

h	0	100	200	300	400	500	600	700	800	900
0	1. 000	0. 990	0. 981	0. 971	0. 962	0. 953	0. 943	0. 934	0. 925	0. 916
1000	0. 907	0. 898	0. 889	0. 881	0. 872	0. 863	0. 855	0. 846	0. 838	0. 829
2000	0. 821	0. 813	0. 805	0. 797	0. 789	0. 781	0. 773	0. 765	0. 757	0. 749
3000	0. 741	0. 734	0. 726	0. 719	0. 711	0. 704	0. 697	0. 689	0. 682	0. 675
4000	0. 668	0. 661	0. 654	0. 647	0. 640	0. 633	0. 627	0. 620	0. 613	0. 607
5000	0. 600	0. 594	0. 587	0. 581	0. 575	0. 568	0. 562	0. 556	0. 550	0. 544
6000	0. 538	0. 532	0. 526	0. 520	0. 514	0. 509	0. 503	0. 497	0. 492	0. 486
7000	0. 481	0. 475	0. 470	0. 465	0. 459	0. 454	0. 449	0. 444	0. 438	0. 433
8000	0. 428	0. 423	0. 418	0. 414	0. 409	0. 404	0. 399	0. 394	0. 390	0. 385
9000	0. 381	0. 376	0. 371	0. 367	0. 363	0. 358	0. 354	0. 349	0. 345	0. 341
10000	0. 336	0. 332	0. 327	0. 323	0. 319	0. 314	0. 310	0. 306	0. 302	0. 297
11000	0. 293	0. 289	0. 285	0. 281	0. 277	0. 273	0. 269	0. 265	0. 261	0. 257
12000	0. 253	0. 249	0. 245	0. 241	0. 238	0. 234	0. 230	0. 227	0. 223	0. 220
13000	0. 217	0. 213	0. 210	0. 207	0. 204	0. 200	0. 197	0. 194	0. 191	0. 188
14000	0. 186	0. 183	0. 180	0. 177	0. 174	0. 172	0. 169	0. 167	0. 164	0. 162
15000	0. 159	0. 157	0. 154	0. 152	0. 150	0. 147	0. 145	0. 143	0. 141	0. 138
16000	0. 136	0. 134	0. 132	0. 130	0. 128	0. 126	0. 124	0. 122	0. 121	0. 119

（续）

h	0	100	200	300	400	500	600	700	800	900
17000	0.117	0.115	0.113	0.112	0.110	0.108	0.107	0.105	0.103	0.102
18000	0.100	0.099	0.097	0.096	0.094	0.093	0.091	0.090	0.089	0.087
19000	0.086	0.085	0.083	0.082	0.081	0.079	0.078	0.077	0.076	0.075
20000	0.074	0.072	0.071	0.070	0.069	0.068	0.067	0.066	0.065	0.064
21000	0.063	0.062	0.061	0.060	0.059	0.058	0.057	0.057	0.056	0.055
22000	0.054	0.053	0.052	0.052	0.051	0.050	0.049	0.049	0.048	0.047
23000	0.046	0.046	0.045	0.044	0.044	0.043	0.042	0.042	0.041	0.040
24000	0.040	0.039	0.038	0.038	0.037	0.037	0.036	0.036	0.035	0.035
25000	0.034	0.033	0.033	0.032	0.032	0.031	0.031	0.031	0.030	0.030
26000	0.029	0.029	0.028	0.028	0.027	0.027	0.027	0.026	0.026	0.025
27000	0.025	0.025	0.024	0.024	0.023	0.023	0.023	0.022	0.022	0.022
28000	0.021	0.021	0.021	0.020	0.020	0.020	0.020	0.019	0.019	0.019
29000	0.018	0.018	0.018	0.018	0.017	0.017	0.017	0.016	0.016	0.016

表 4　声速随高度数值表　　单位 m/s

h	0	100	200	300	400	500	600	700	800	900
0	341.1	340.8	340.4	340.0	339.7	339.3	338.9	338.5	338.1	337.8
1000	337.4	337.0	336.6	336.3	335.9	335.5	335.1	334.7	334.4	334.0
2000	333.6	333.2	332.8	332.4	332.1	331.7	331.3	330.9	330.5	330.1
3000	329.7	329.4	329.0	328.6	328.2	327.8	327.4	327.0	326.6	326.3
4000	325.9	325.5	325.1	324.7	324.3	323.9	323.5	323.1	322.7	322.3
5000	321.9	321.5	321.1	320.7	320.3	319.9	319.5	319.1	318.7	318.3
6000	317.9	317.5	317.1	316.7	316.3	315.9	315.5	315.1	314.7	314.3
7000	313.9	313.5	313.1	312.7	312.3	311.9	311.5	311.1	310.6	310.2
8000	309.8	309.4	309.0	308.6	308.2	307.8	307.3	306.9	306.5	306.1
9000	305.7	305.3	304.8	304.4	304.0	303.6	303.2	302.8	302.5	302.2
10000	301.8	301.5	301.2	301.0	300.7	300.5	300.2	300.0	299.8	299.6
11000	299.5	299.3	299.2	299.1	299.0	298.9	298.8	298.8	298.7	298.7
12000	298.7	298.7	298.7	298.7	298.7	298.7	298.7	298.7	298.7	298.7
注：当 13000m≤h<30000m 时，声速为 298.7m/s										

表 5　43 年阻力定律 c_{x0n}　　单位：Ma

Ma	0	1	2	3	4	5	6	7	8	9
0.7	0.157	0.157	0.157	0.157	0.157	0.157	0.158	0.158	0.159	0.159
0.8	0.159	0.160	0.161	0.162	0.164	0.166	0.168	0.170	0.174	0.178
0.9	0.184	0.192	0.204	0.219	0.234	0.252	0.270	0.287	0.302	0.314
1.0	0.325	0.334	0.343	0.351	0.357	0.362	0.366	0.370	0.373	0.376

（续）

Ma	0	1	2	3	4	5	6	7	8	9
1.1	0.378	0.379	0.381	0.382	0.382	0.383	0.384	0.384	0.385	0.385
1.2	0.384	0.384	0.384	0.383	0.383	0.382	0.382	0.381	0.381	0.380
1.3	0.379	0.379	0.378	0.377	0.376	0.375	0.374	0.373	0.372	0.371
1.4	0.370	0.370	0.369	0.368	0.367	0.366	0.365	0.365	0.364	0.363
1.5	0.362	0.361	0.359	0.358	0.357	0.356	0.355	0.354	0.353	0.353
1.6	0.352	0.350	0.349	0.348	0.347	0.346	0.345	0.344	0.343	0.343
1.7	0.342	0.341	0.340	0.339	0.338	0.337	0.336	0.335	0.334	0.333
1.8	0.333	0.332	0.331	0.330	0.329	0.328	0.327	0.326	0.325	0.324
1.9	0.323	0.322	0.322	0.321	0.320	0.320	0.319	0.318	0.318	0.317
2.0	0.317	0.316	0.315	0.314	0.314	0.313	0.313	0.312	0.311	0.310
2	0.317	0.308	0.303	0.298	0.293	0.288	0.284	0.280	0.276	0.273
3	0.270	0.269	0.268	0.266	0.264	0.263	0.262	0.261	0.261	0.260
4	0.260	0.260	0.260	0.260	0.260	0.260	0.260	0.260	0.260	0.260

注：当 $Ma<0.7$ 时，$c_{x0n}=0.157$

表 6　$G(v)$ 函数表(43 年定律)

v	0	10	20	30	40	50	60	70	80	90
100	0.0075	0.0082	0.0089	0.0097	0.0104	0.0112	0.0119	0.0127	0.0134	0.0142
200	0.0149	0.0157	0.0164	0.0171	0.0179	0.0216	0.0174	0.0166	0.0185	0.0225
300	0.0278	0.0342	0.0410	0.0479	0.0547	0.0609	0.0663	0.0707	0.0739	0.0757
400	0.0732	0.0747	0.0761	0.0775	0.0788	0.0801	0.0813	0.0825	0.0837	0.0848
500	0.0859	0.0870	0.0880	0.0890	0.0900	0.0909	0.0919	0.0928	0.0937	0.0946
600	0.0955	0.0964	0.0972	0.0981	0.0989	0.0997	0.1006	0.1014	0.1022	0.1030
700	0.1038	0.1046	0.1054	0.1062	0.1070	0.1078	0.1086	0.1094	0.1102	0.1110
800	0.1118	0.1126	0.1135	0.1143	0.1151	0.1159	0.1167	0.1176	0.1184	0.1192
900	0.1201	0.1209	0.1218	0.1226	0.1235	0.1244	0.1253	0.1262	0.1270	0.1280
1000	0.1289	0.1298	0.1307	0.1316	0.1326	0.1335	0.1345	0.1354	0.1364	0.1374
1100	0.1384	0.1394	0.1404	0.1414	0.1424	0.1435	0.1445	0.1456	0.1466	0.1477
1200	0.1488	0.1499	0.1510	0.1521	0.1532	0.1543	0.1555	0.1566	0.1578	0.1590
1300	0.1601	0.1613	0.1625	0.1638	0.1650	0.1662	0.1675	0.1687	0.1700	0.1713
1400	0.1726	0.1736	0.1749	0.1761	0.1773	0.1786	0.1798	0.1810	0.1823	0.1835
1500	0.1847	0.1860	0.1872	0.1884	0.1897	0.1909	0.1921	0.1933	0.1946	0.1958
1600	0.1970	0.1983	0.1995	0.2007	0.2020	0.2032	0.2044	0.2057	0.2069	0.2081
1700	0.2094	0.2106	0.2118	0.2130	0.2143	0.2155	0.2167	0.2180	0.2192	0.2204
1800	0.2217	0.2229	0.2241	0.2254	0.2266	0.2278	0.2291	0.2303	0.2315	0.2328
1900	0.2340	0.2352	0.2364	0.2377	0.2389	0.2401	0.2414	0.2426	0.2438	0.2451

注：当 $v<100$m/s 时，$G(v)=0.000074v$，声速取 341.1m/s

表 7　火炮直射距离表(43 年阻力定律)　　单位:m

$v_0 \backslash c$	0.5	1	1.5	2	2.5	3	3.5	4	5	6
100	127	127	127	126	126	126	125	125	125	124
200	254	253	252	251	250	248	247	246	244	242
300	380	377	375	372	369	367	364	362	357	352
400	499	489	479	469	460	452	445	439	427	417
500	622	605	590	576	562	549	537	525	504	486
600	744	722	702	683	665	648	632	617	588	563
700	866	839	814	790	767	746	726	707	672	641
800	987	954	923	895	868	843	819	796	754	717
900	1108	1068	1032	998	966	936	908	882	834	791
1000	1127	1181	1138	1099	1062	1028	996	966	911	862
1100	1347	1293	1243	1198	1156	1117	1081	1047	985	930
1200	1464	1403	1346	1295	1247	1203	1162	1124	1056	995
1300	1581	1510	1446	1388	1335	1286	1241	1199	1123	1057
1400	1697	1616	1544	1479	1420	1366	1316	1270	1188	1116
1500	1811	1720	1639	1567	1502	1442	1388	1338	1249	1172
1600	1925	1822	1732	1652	1581	1516	1458	1404	1308	1225
1700	2039	1923	1824	1736	1658	1588	1525	1467	1364	1276
1800	1251	2023	1914	1818	1733	1658	1589	1527	1418	1324
1900	2262	2122	2002	1898	1807	1725	1652	1586	1470	1371
2000	2373	2220	2089	1977	1878	1791	1713	1643	1520	1416

表 8　火炮直射射角表(43 年阻力定律)　　单位:mil

$v_0 \backslash c$	0.5	1	1.5	2	2.5	3	3.5	4	5	6
100	59.9	59.9	60.0	60.0	60.1	60.1	60.2	60.2	60.3	60.4
200	29.9	30.0	30.0	30.1	30.1	30.2	30.2	30.3	30.4	30.5
300	20.0	20.0	20.1	20.1	20.2	20.2	20.3	20.3	20.4	20.5
400	15.1	15.2	15.3	15.4	15.5	15.6	15.7	15.8	16.0	16.2
500	12.1	12.2	12.3	12.4	12.5	12.6	12.7	12.8	13.0	13.3
600	10.1	10.2	10.3	10.4	10.5	10.6	10.7	10.8	11.0	11.2
700	8.6	8.7	8.8	8.9	9.0	9.1	9.2	9.3	9.5	9.7
800	7.6	7.6	7.7	7.8	7.9	8.0	8.1	8.2	8.3	8.5
900	6.7	6.8	6.9	7.0	7.1	7.1	7.2	7.3	7.5	7.6
1000	6.1	6.1	6.2	6.3	6.4	6.5	6.5	6.6	6.8	6.9
1100	5.5	5.6	5.7	5.7	5.8	5.9	6.0	6.1	6.2	6.4
1200	5.1	5.1	5.2	5.3	5.4	5.5	5.6	5.7	5.8	5.9
1300	4.7	4.4	4.5	4.6	4.6	4.7	4.8	4.9	5.0	5.5

(续)

v_0\c	0.5	1	1.5	2	2.5	3	3.5	4	5	6
1400	4.3	4.4	4.5	4.6	4.6	4.7	4.8	4.9	5.0	5.1
1500	4.1	4.1	4.2	4.3	4.4	4.4	4.5	4.6	4.7	4.8
1600	3.8	3.9	4.0	4.0	4.1	4.2	4.3	4.3	4.5	4.6
1700	3.6	3.5	3.5	3.6	3.7	3.8	3.8	3.9	4.0	4.2
1800	3.4	3.5	3.5	3.6	3.7	3.8	3.8	3.9	4.0	4.2
1900	3.2	3.3	3.4	3.4	3.5	3.6	3.7	3.7	3.9	4.0
2000	3.1	3.1	3.2	3.3	3.4	3.4	3.5	3.6	3.7	3.8

表 9　最大射程表(43 年阻力定律)　　单位:m

v_0\c	0.2	0.4	0.6	0.8	1	2	3	4	5	6
100	1008.6	997.1	986.0	975.1	946.6	915.7	872.6	834.1	799.5	768.2
200	3907.3	3750.0	3607.1	3476.7	3357.1	2880.2	2538.6	2279.8	2075.7	1910.1
300	8389.1	7739.8	7179.7	9736.9	6339.8	4955.0	4156.2	3546.5	3130.8	2812.3
400	13067.6	11125.9	10011.0	9080.0	8344.0	6100.9	4907.4	4146.2	3611.7	3212.7
500	17793.7	14406.4	12343.5	10917.3	9852.9	6877.7	5420.5	4526.1	3911.9	3460.2
600	22981.9	17704.8	14698.8	12721.5	11227.5	7590.7	5883.4	4865.7	4179.1	3679.9
700	29302.1	21017.5	17133.0	14542.2	12742.3	8266.4	6315.8	5180.7	4425.6	3882.0
800	37414.0	25012.3	19664.6	16395.8	14177.3	8911.6	6722.8	5475.9	4655.4	4070.3
900	46859.7	29967.7	22296.9	18281.6	15610.4	9527.3	7105.8	5750.9	4869.8	4244.8
1000	58129.3	35348.1	25313.1	20213.8	17055.4	10074.8	7468.5	60t0.5	5071.5	4409.4
1100	70936.8	42430.2	28862.5	22194.3	18509.4	10682.6	7810.3	6253.5	5259.2	4561.8
1200	85063.6	50696.0	32502.9	24501.5	19969.7	11222.0	8133.0	6482.0	5434.8	4704.4
1300	100417.6	59985.0	37323.4	27036.4	21440.6	11736.7	8436.6	6695.2	5599.6	4837.4
1400	116830.4	70130.3	43043.0	29448.1	23100.1	12230.2	8721.9	6896.0	5753.3	4962.8
1500	134224.0	80988.7	49496.4	32564.5	24972.0	12700.6	8992.2	7083.7	5896.5	5078.1
1600	152580.0	92461.9	56544.2	36144.3	26608.8	13152.9	9247.7	7260.9	6031.2	5187.1
1700	171999.5	104515.4	64097.7	40269.8	28441.4	13588.2	9489.8	7427.7	6259.1	5290.1
1800	192524.2	117137.7	72134.4	44922.6	30685.4	14010.0	9720.6	7585.8	6279.1	5386.8
1900	214187.9	130321.2	80529.6	50024.1	33226.8	14419.3	9941.4	7737.2	6393.5	5479.0
2000	237006.3	144102.3	89296.3	55493.1	36060.5	14817.8	10153.0	7880.8	6502.3	5566.5

表 10　最大射程角表(43 年阻力定律)　　单位:(°)

v_0\c	0.2	0.4	0.6	0.8	1	2	3	4	5	6
100	44.883	44.805	44.727	44.602	44.586	44.180	43.812	43.453	43.180	42.867
200	44.688	44.438	44.250	44.023	43.766	42.711	41.758	40.977	40.367	39.711
300	44.625	44.187	43.758	43.422	43.055	41.492	40.211	39.117	38.273	37.586
400	45.359	44.859	44.344	43.758	43.320	41.281	39.680	38.555	37.516	36.750

（续）

$v_0 \backslash c$	0.2	0.4	0.6	0.8	1	2	3	4	5	6
500	46.328	45.422	44.680	43.922	43.305	40.961	39.203	37.977	36.945	36.117
600	47.500	46.125	44.945	44.117	43.367	40.602	38.812	37.500	36.414	35.539
700	47.328	47.109	45.484	44.383	43.445	40.359	38.422	37.047	35.953	35.094
800	47.289	50.023	46.258	44.914	43.727	40.172	38.141	36.688	35.547	34.656
900	49.820	50.844	47.500	45.531	44.242	40.102	37.906	36.320	35.172	34.289
1000	50.680	51.930	51.688	46.453	44.820	40.133	37.648	36.078	34.922	33.953
1100	51.063	53.375	49.453	47.453	45.562	40.180	37.609	35.875	34.633	33.641
1200	51.180	54.109	54.516	52.109	46.312	40.375	37.406	35.664	34.398	33.391
1300	51.195	54.602	55.539	49.719	47.219	40.437	37.406	35.500	34.273	33.211
1400	51.188	54.734	56.297	54.352	51.516	40.742	37.445	35.430	34.094	33.016
1500	51.047	54.922	56.828	56.578	50.922	40.898	37.445	35.336	33.961	32.820
1600	50.961	54.773	57.180	57.898	48.484	41.203	37.383	35.258	33.766	32.703
1700	50.938	54.766	57.391	58.359	55.000	41.438	37.414	35.258	33.703	32.625
1800	50.906	54.625	57.438	58.875	56.758	41.836	37.594	35.164	33.633	32.461
1900	50.938	54.625	57.391	59.141	58.242	42.281	37.516	35.266	33.562	32.281
2000	50.930	54.547	57.398	59.352	59.492	42.562	37.734	35.102	33.523	32.305

参 考 文 献

[1] 韩子鹏.弹丸外弹道学[M].北京:北京理工大学出版社,2008.
[2] 徐明友.火箭外弹道学[M].北京:兵器工业出版社,1989.
[3] 雷申科.外弹道学[M].韩子鹏,薛晓中,译.北京:国防工业出版社,2000.
[4] 郭锡福.底部排气弹外弹道学[M].北京:兵器工业出版社,1995.
[5] 杨绍卿.火箭弹散布与稳定性分析[M].北京:国防工业出版社,1979.
[6] 宋丕极.枪炮与火箭外弹道学[M].北京:兵器工业出版社,1993.
[7] 邵大燮.火箭外弹道学[M].南京:华东工程学院,1982.
[8] 浦发.外弹道学[M].北京:国防工业出版社,1980.
[9] 郭锡福,赵子华.火控弹道模型理论及应用[M].北京:国防工业出版社,1997.
[10] 赵新生.弹道解算理论与应用[M].北京:兵器工业出版社,2006.
[11] 芷国才,李树常.弹丸空气动力学[M].北京:兵器工业出版社,1989.
[12] 董亮.弹丸飞行稳定性理论及其应用[M].北京:兵器工业出版社,1990.
[13] 张有济.战术导弹飞行力学设计[M].北京:宇航出版社,1996.
[14] 曾颖超,陆毓峰.战术导弹弹道与姿态动力学[M].西安:西北工业大学出版社,1990.
[15] 钱杏芳.导弹飞行力学[M].北京:北京理工大学出版社,2000.
[16] 袁子怀,钱杏芳.有控飞行力学与计算机仿真[M].北京:国防工业出版社,2001.
[17] 王儒策,刘荣忠.灵巧弹药的构造及作用[M].北京:兵器工业出版社,2001.
[18] 祁载康.制导弹药技术[M].北京理工大学出版社,2002.